高等院校计算机系列教材

数据库系统原理与应用

主　　编　刘先锋　羊四清
副主编　许尚武　徐长梅　许又泉
编　　委　何昭青　肖　伟　蒲保兴

武汉大学出版社

图书在版编目(CIP)数据

数据库系统原理与应用/刘先锋,羊四清主编.—武汉:武汉大学出版社,2005.8
高等院校计算机系列教材
ISBN 978-7-307-04582-8

Ⅰ.数… Ⅱ.①刘… ②羊… Ⅲ.数据库系统—高等学校—教材 Ⅳ.TP311.13

中国版本图书馆 CIP 数据核字(2005)第 069575 号

责任编辑:杨华 黄金文　责任校对:黄添生　版式设计:支笛

出版发行:武汉大学出版社　(430072 武昌 珞珈山)
（电子邮件:cbs22@whu.edu.cn　网址:www.wdp.whu.edu.cn)
印刷:通山金地印务有限公司
开本:720×1000　1/16　印张:26.25　字数:463 千字
版次:2005 年 8 月第 1 版　2011 年 1 月第 4 次印刷
ISBN 978-7-307-04582-8/TP·164　　定价:38.00 元

版权所有,不得翻印;凡购我社的图书,如有质量问题,请与当地图书销售部门联系调换。

内容简介

本书详细介绍了数据库原理、方法及其应用开发技术。全书共分 10 章,分别介绍了数据模型,关系数据库,Microsoft SQL Server 2000 基础,关系数据库标准语言——SQL,数据库的安全与保护,SQL 语言高级功能(触发器和存储过程),关系模式的规范化与查询优化,数据库设计与实施等内容。同时还介绍了数据库技术的新发展,如面向对象数据库技术、分布式数据库、数据仓库与数据挖掘技术等。书中配有较多的实例、适量的习题和上机实验指导,以利教师教学和学生自学。

本书既可作为普通高等学校有关专业"数据库原理及其应用"课程的教材,也可作为成人教育和自学考试同名课程的教材和教学参考书,亦可供 IT 领域的科技人员参考。

当今是一个信息爆炸的时代,信息已经成为社会和经济发展的重要支柱之一。数据库技术作为一种存储和使用信息的信息系统核心技术正在发挥着越来越重要的作用。从 20 世纪 60 年代末期开始,数据库系统已经走过了近四十年的历程,经历了两代的演变。第一代数据库系统是层次与网状数据库系统。第二代数据库系统是关系数据库系统。目前,人们正在研究新一代数据库系统。三十多年来,数据库系统的理论研究和系统开发都取得了辉煌的成就,数据库系统已经成为现代计算机环境的重要组成部分。从 20 世纪 70 年代后期开始,国外各大学先后把数据库列为计算机专业的一门重要课程。我国各高等院校从 80 年代开始,也把数据库作为计算机专业的主要课程之一。目前,数据库系统已经成为计算机科学技术教育的重要基础。

本书写作大纲由湖南师范大学、长沙理工大学、湖南农业大学、湖南人文科技学院、湖南文理学院、长沙学院、邵阳学院、湖南第一师范学院、湘南学院等院校计算机学院或计算机系"数据库原理与应用"课程任课教师经过多次会议讨论修订而成。

本书详细介绍了数据库原理、方法及其应用开发技术。全书共分 10 章,分别介绍了数据模型,关系数据库,Microsoft SQL Server 2000 基础,关系数据库标准语言——SQL,数据库的安全与保护,SQL 语言高级功能(触发器和存储过程),关系模式的规范化与查询优化,数据库设计与实施,数据库新技术等内容。

本书具有如下特点:

(1) 以 SQL Server 2000 数据库管理系统为主线来讲述,在有关章节中先讲述理论与原理,再介绍这些理论在 SQL Server 2000 中的具体实现。克服了传统教材要么单一讲述数据库原理,理论与实践脱节,不利于学生上机实践;要么侧重于某一数据库产品的功能介绍而忽略原理与理论基础的介绍这一弊端。

(2) 以一个贯穿全书的图书管理示例为主线,把各种数据库技术的知识要点,串联成一个逻辑严密的整体。这个示例不断深化、丰富和完善的过程,实际上就是读者不断学习、理解和掌握数据库技术的过程。

(3) 在每章的开始,对该章将要涉及的内容和作用进行了简单的介绍,然后指出了学完本章后学生应该掌握的重要内容。每章正文内容结束之后,有一个对本章所讲述的内容进行总结和评价的小结。另外,每章后面都附有练习题,以加深读者对各章涉及概念的理解,培养应用本章学到的知识来解决实际问题的能力。

(4) 在附录 B 中,布置了 10 个供学生上机实践的题目,给出了详尽的上机指导,以供教师和学生参考。

(5)最近几年,数据库技术的进展十分迅速,大量的新技术不断涌现。本书还介绍了数据库技术的新发展,如面向对象数据库技术、分布式数据库、数据仓库与数据挖掘技术等,基本覆盖了数据库系统的最新技术。

在本书的编写过程中,刘先锋教授统筹全书并编写了第一章和第十章,何昭青编写了第二章、第四章,肖伟编写了第三章,徐长梅编写了第五章、第七章和第六章的部分内容,许尚武同志编写了第六章的部分内容,羊四清同志编写了第八章,第九章由许又泉编写。

作者特别感谢湖南师范大学数学与计算机科学学院的研究生赵唱玉、曹步文、彭冰沁、曾舸,他们在本书资料收集、参考文献编辑和书稿校对等方面做了大量工作。

在本书的编写过程中,查阅了国内外大量数据库研究成果和文献,力求把数据库领域的新理论、新技术和新方法纳入本书,使之既包括数据库系统的基本理论、概念和技术,也能够反映数据库领域的最新进展。但是,由于才疏学浅,时间紧迫,不足之处在所难免,我们会在每次重印时,及时改正已发现的错误,望使用本书的教师和学生不吝指教。

作者

2005 年 4 月

目　录

第一章　绪　　论 ... 1
1.1　数据库的概念 ... 1
1.2　数据库管理系统 ... 2
1.2.1　数据库管理系统的目标 ... 3
1.2.2　数据库管理系统的功能 ... 4
1.2.3　数据库管理系统的组成 ... 5
1.3　数据库管理和数据库管理员 ... 7
1.4　数据库系统 ... 8
1.4.1　数据库系统的体系结构 ... 8
1.4.2　数据库系统的工作流程 ... 10
1.5　数据库的发展 ... 11
1.5.1　人工管理阶段(20世纪50年代中期以前) ... 11
1.5.2　文件系统阶段(20世纪50年代后期至60年代中后期) ... 12
1.5.3　数据库系统阶段(20世纪60年代后期以来) ... 14
1.5.4　数据库技术的研究领域、应用领域和发展方向 ... 15
习题一 ... 16

第二章　数据模型 ... 17
2.1　数据描述 ... 17
2.1.1　数据的三种范畴 ... 17
2.1.2　实体间的联系 ... 19
2.2　概念数据模型与E-R方法 ... 21
2.2.1　数据模型概述 ... 21
2.2.2　数据模型的三要素 ... 22
2.2.3　概念数据模型 ... 23
2.2.4　概念数据模型的E-R表示方法 ... 24
2.2.5　概念数据模型E-R实例 ... 25
2.3　传统的三大数据模型 ... 28
2.3.1　层次模型 ... 29

2.3.2　网状模型 30
　　2.3.3　关系模型 32
2.4　数据独立与三层结构 34
　　2.4.1　数据库系统的三级模式结构 35
　　2.4.2　数据独立性 36
2.5　数据库管理系统 38
　　2.5.1　数据库管理系统DBMS的主要功能 38
　　2.5.2　数据库管理系统DBMS的组成 39
　　2.5.3　用户访问数据库的过程 41
习题二 43

第三章　关系数据库 44
3.1　关系模型的基本概念 44
　　3.1.1　关系及基本术语 44
　　3.1.2　关键字（码） 45
3.2　关系模式 46
3.3　关系模型的完整性 46
3.4　关系代数 47
　　3.4.1　关系代数的五种基本操作 47
　　3.4.2　关系代数的其他操作 50
3.5　关系演算 53
　　3.5.1　元组关系演算 53
　　3.5.2　域关系演算 54
习题三 56

第四章　Microsoft SQL Server 2000 数据库基础 58
4.1　SQL Server 2000 系统概述 58
4.2　客户/服务器体系结构 59
　　4.2.1　客户/服务器结构的数据库系统 59
　　4.2.2　客户/服务器结构的数据库系统实现技术 61
4.3　Microsoft SQL Server 2000 基础 61
　　4.3.1　SQL Server 2000 的体系结构 62
　　4.3.2　SQL Server 2000 工具程序简介 65
　　4.3.3　SQL Server 2000 的系统数据库及特殊用户 67
　　4.3.4　SQL Server 的企业管理器和查询分析器 69
　　4.3.5　创建用户数据库 73

4.3.6 创建用户数据库表 ·· 79
4.4 Transact-SQL 简介 ·· 83
　4.4.1 Transact-SQL 语法格式 ···································· 84
　4.4.2 数据类型、变量和运算符 ·································· 86
　4.4.3 函数 ·· 91
　4.4.4 程序流程控制 ·· 93
习题四 ·· 100

第五章 关系数据库标准语言——SQL ···························· 101
5.1 SQL 概述 ·· 101
　5.1.1 SQL 的三级模式结构 ······································ 101
　5.1.2 SQL 的功能 ·· 102
5.2 SQL 的数据定义功能 ·· 103
　5.2.1 SQL 的基本数据类型 ······································ 103
　5.2.2 基本表的创建、修改和删除 ································ 105
　5.2.3 索引的建立和删除 ·· 107
5.3 SQL 的数据查询功能 ·· 109
　5.3.1 简单查询 ·· 109
　5.3.2 汇总查询 ·· 116
　5.3.3 连接查询 ·· 120
　5.3.4 子查询 ·· 125
　5.3.5 合并查询 ·· 130
　5.3.6 利用查询结果创建新表 ···································· 131
5.4 SQL 的数据更新功能 ·· 131
　5.4.1 插入数据 ·· 131
　5.4.2 修改数据 ·· 133
　5.4.3 删除数据 ·· 134
5.5 视图 ·· 134
　5.5.1 定义视图 ·· 135
　5.5.2 查询视图 ·· 137
　5.5.3 更新视图 ·· 138
　5.5.4 视图的优点 ·· 139
5.6 SQL 的数据控制功能 ·· 140
习题五 ·· 141

第六章 数据库安全与保护 ······································ 142

6.1 安全与保护概述 …………………………………………………………… 142
6.2 数据库的安全性 …………………………………………………………… 143
　6.2.1 安全性问题 …………………………………………………………… 143
　6.2.2 数据库安全性控制 …………………………………………………… 144
　6.2.3 统计数据库的安全性 ………………………………………………… 147
　6.2.4 应用程序安全 ………………………………………………………… 148
　6.2.5 SQL Server 的安全性措施 …………………………………………… 149
6.3 数据库的完整性 …………………………………………………………… 168
　6.3.1 完整性约束条件 ……………………………………………………… 169
　6.3.2 完整性控制 …………………………………………………………… 171
　6.3.3 SQL Server 完整性的实现 …………………………………………… 174
6.4 事务 ………………………………………………………………………… 185
　6.4.1 事务的概念 …………………………………………………………… 185
　6.4.2 事务调度 ……………………………………………………………… 186
　6.4.3 事务隔离级别 ………………………………………………………… 189
　6.4.4 SQL Server 中的事务定义 …………………………………………… 192
6.5 并发控制 …………………………………………………………………… 195
　6.5.1 封锁技术 ……………………………………………………………… 195
　6.5.2 事务隔离级别与封锁规则 …………………………………………… 197
　6.5.3 封锁的粒度 …………………………………………………………… 198
　6.5.4 封锁带来的问题 ……………………………………………………… 200
　6.5.5 两段锁协议 …………………………………………………………… 201
　6.5.6 乐观并发控制与悲观并发控制 ……………………………………… 202
　6.5.7 SQL Server 的并发控制 ……………………………………………… 203
6.6 数据库恢复技术 …………………………………………………………… 205
　6.6.1 故障的种类 …………………………………………………………… 205
　6.6.2 恢复的实现技术 ……………………………………………………… 206
　6.6.3 SQL Server 基于日志的恢复策略 …………………………………… 208
　6.6.4 SQL Server 检查点 …………………………………………………… 211
　6.6.5 SQL Server 的备份与恢复 …………………………………………… 213
习题六 …………………………………………………………………………… 219

第七章 SQL 高级功能 …………………………………………………… 222
7.1 存储过程 …………………………………………………………………… 222
　7.1.1 存储过程的概念 ……………………………………………………… 222
　7.1.2 存储过程的创建和执行 ……………………………………………… 223

    7.1.3 存储过程与参数 225
    7.1.4 存储过程中的游标 229
    7.1.5 存储过程的处理 235
    7.1.6 存储过程的重编译 236
    7.1.7 自动执行的存储过程 236
    7.1.8 存储过程的查看、修改和删除 236
    7.1.9 扩展存储过程 237
    7.1.10 使用 SQL Server 企业管理器创建和管理存储过程 238
  7.2 触发器及其用途 239
    7.2.1 触发器的概念和工作原理 239
    7.2.2 创建触发器 241
    7.2.3 查看、修改和删除触发器 247
    7.2.4 使用 SQL Server 企业管理器创建和管理触发器 249
    7.2.5 触发器的用途 250
  7.3 嵌入式 SQL 251
    7.3.1 一个嵌入式 SQL 的简单例子 251
    7.3.2 嵌入式 SQL 的 C 程序开发环境的配置过程及程序的开发步骤 252
    7.3.3 嵌入式 SQL 语句 252
    7.3.4 动态 SQL 语句 260
  习题七 264

第八章 关系模式的规范化与查询优化 265
  8.1 问题的提出 265
  8.2 关系模式的函数依赖 267
    8.2.1 函数依赖 267
    8.2.2 键(Key) 269
    8.2.3 函数依赖的逻辑蕴涵 269
  8.3 关系模式的规范化 276
    8.3.1 第一范式(1NF) 276
    8.3.2 第二范式(2NF) 277
    8.3.3 第三范式(3NF) 278
    8.3.4 BCNF 范式(BCNF) 279
    8.3.5 多值依赖与第四范式 280
    8.3.6 各范式之间的关系 283
  8.4 关系模式的分解特性 283
    8.4.1 关系模式的分解 283

8.4.2　分解的无损连接性 …………………………………… 284
　　8.4.3　关系模式分解算法 …………………………………… 291
8.5　关系模式的优化 ………………………………………………… 295
　　8.5.1　水平分解 ……………………………………………… 295
　　8.5.2　垂直分解 ……………………………………………… 296
8.6　关系查询优化 …………………………………………………… 297
　　8.6.1　关系系统及其查询优化 ……………………………… 297
　　8.6.2　查询优化的一般准则 ………………………………… 299
　　8.6.3　关系代数等价变换规则 ……………………………… 300
　　8.6.4　关系代数表达式的优化算法 ………………………… 301
　　习题八 ………………………………………………………… 303

第九章　数据库设计与实施 ………………………………………… 306
9.1　数据库设计概述 ………………………………………………… 306
　　9.1.1　数据库设计的内容与特点 …………………………… 306
　　9.1.2　数据库设计方法 ……………………………………… 308
　　9.1.3　数据库设计的步骤 …………………………………… 308
9.2　数据库规划 ……………………………………………………… 310
9.3　需求分析 ………………………………………………………… 310
　　9.3.1　需求分析的任务 ……………………………………… 310
　　9.3.2　需求分析的方法 ……………………………………… 311
　　9.3.3　需求分析的步骤 ……………………………………… 311
9.4　概念结构设计 …………………………………………………… 315
　　9.4.1　设计各局部应用的 E-R 模型 ………………………… 315
　　9.4.2　全局 E-R 模型的设计 ………………………………… 316
9.5　逻辑结构设计 …………………………………………………… 319
　　9.5.1　E-R 图向关系模型的转换 …………………………… 319
　　9.5.2　关系模型向特定的 RDBMS 的转换 ………………… 321
　　9.5.3　逻辑模式的优化 ……………………………………… 321
　　9.5.4　外模式的设计 ………………………………………… 322
9.6　物理结构设计 …………………………………………………… 323
　　9.6.1　数据库物理设计的内容与方法 ……………………… 323
　　9.6.2　关系模式存取方法选择 ……………………………… 324
　　9.6.3　确定系统的存储结构 ………………………………… 327
　　9.6.4　评价物理结构 ………………………………………… 328
9.7　数据库的实施和维护 …………………………………………… 328

9.7.1 数据库的实施 ·········· 328
9.7.2 数据库试运行 ·········· 329
9.7.3 数据库的运行和维护 ·········· 330
9.8 数据库应用的结构和开发环境 ·········· 331
9.8.1 数据库应用模型 ·········· 331
9.8.2 数据库应用开发环境 ODBC ·········· 335
习题九 ·········· 342

第十章 数据库技术新发展 ·········· 343

10.1 面向对象数据库系统 ·········· 343
10.1.1 面向对象数据库系统 ·········· 343
10.1.2 面向对象简述(OO) ·········· 344
10.1.3 面向对象的数据模型(OO 模型) ·········· 345
10.1.4 面向对象数据库系统 ·········· 347
10.1.5 对象-关系数据库 ·········· 349
10.1.6 面向对象数据库与传统数据库的比较 ·········· 349
10.2 分布式数据库系统 ·········· 351
10.2.1 分布式数据库系统概述 ·········· 351
10.2.2 分布式数据库系统的设计概述 ·········· 357
10.2.3 分布式数据库系统的安全技术 ·········· 359
10.2.4 分布式数据库系统的发展前景与应用趋势 ·········· 360
10.3 数据仓库与数据挖掘 ·········· 361
10.3.1 数据仓库 ·········· 361
10.3.2 数据挖掘 ·········· 370
10.4 数据库技术新应用 ·········· 379
10.4.1 数据模型研究 ·········· 379
10.4.2 与新技术结合的研究 ·········· 380
10.4.3 与应用领域结合的研究 ·········· 385
习题十 ·········· 387

附录 A　上机实验指导 ·········· 388

附录 B　Pubs 示例数据库的结构及数据表之间的关系 ·········· 399

参　考　文　献 ·········· 405

第一章 绪 论

【学习目的与要求】

数据库技术是计算机领域中的重要技术之一,是数据管理的最新技术,目前已经形成相当规模的理论体系和实用技术。本章主要讲述数据库的有关概念,学生应理解并熟练掌握数据库的定义,掌握数据库管理系统,了解数据库的发展和每个发展阶段的特点。

1.1 数据库的概念

首先来看数据的概念,说起数据,人们首先想到的是数字。其实数字只是最简单的一种数据,是数据的一种传统和狭义的理解。广义的理解,数据的种类很多,在日常生活中数据也无所不在,如文字、图形、图像、声音、学生的档案记录等,这些都是数据。

可以对数据做如下定义:数据是描述事物的符号记录。描述事物的符号可以是数字,也可以是文字、图形、图像、声音、语言等,数据有多种表现形式,它们都可以经过数字化后存入计算机。在日常生活中,人们直接用自然语言(如汉语)描述事物,在计算机中,为了存储和处理这些事物,就要抽取这些事物的一些特征组成一个记录来描述。例如,在建立学生档案时,就可以抽取学生的姓名、性别、出生年月、籍贯、入学时间等信息组成一个记录来描述。那么,什么是数据库呢?人们考虑的角度不同,所给的定义也不同。例如,有人称数据库是一个"记录保存系统"(该定义强调了数据库是若干记录的集合),又有人称数据库是"人们为解决特定的任务,以一定的组织方式存储在一起的相关的数据的集合"(该定义侧重于数据的组织),更有甚者称数据库是"一个数据仓库"。当然,这种说法虽然形象,但并不严谨。数据库对应的英文单词是 DataBase,如果直译是数据基地的意思;而数据仓库是 DataWarehouse,所以数据库和数据仓库不是同义词,数据仓库是在数据库技术的基础上发展起来的一个新的应用领域。数据库(DataBase,简称 DB)是指长期保存在计算机的存储设备上、并按照某种模型组织起来的、可以被各种用户或应用共享的数据的集合。数据库中的数据是按一定结构存储的,其结构有层次型、网状型和关系型三种,相应地数据库也有三种不同的形式,即层次型数据库、网状型数据库、关系型数据库。

过去人们把数据存放在文件柜中,现在则借助计算机和数据库技术科学地保存和管理大量复杂的数据,以便能方便而充分地利用这些宝贵的信息资源。数据库技术发展到今天已经是一门非常成熟的技术,在财务管理、仓库管理、生产管理等方面都可以利用计算机实现财务、仓库、生产的自动化管理。

数据库是相互关联的数据的集合。数据库中的数据不是孤立的,数据和数据之间是相互关联的,也就是说,在数据库中不仅要能够表示数据本身,还要能够表示数据与数据之间的关系。

数据库技术之所以能够在近期内有如此快速的发展,受到计算机科学界的普遍重视,成为引人注目的一门新兴科学,是因为数据库系统的独特性。概括起来,数据库有以下几个基本特征:

(1)数据库具有较高的数据独立性。数据独立性是指数据的组织方法和存储方法与应用程序互不依赖、彼此独立的特性。这种特性可以大大降低应用程序的开发代价和维护代价,因为数据库技术可以使数据的组织方式和应用程序互不相关,所以当改变数据结构时相应的应用程序并不需要随之改变,从而大幅度降低应用程序的开发代价和维护代价。

(2)数据库用综合的方法组织数据,保证尽可能高的访问效率。数据库能够根据不同的需要按不同的方法组织数据,例如可以有顺序组织方法、索引组织方法、倒排数据库组织方法等,从而最大程度地提高用户或应用程序访问数据的效率。

(3)数据库具有较小的数据冗余,可供多个用户共享。在使用数据库技术之前,数据文件都是独立的,所以任何数据文件都必须含有满足某一应用的全部数据,而在数据库中,可以共享一些共用数据,从而降低数据的冗余度,降低数据冗余不仅可以节省存储空间,更重要的是可以保证数据的一致性。

(4)数据库具有安全控制机制,能够保证数据的安全、可靠。数据库有一套安全机制,可以有效地防止数据库中的数据被非法使用或被非法修改,数据库还有一套完整的备份和恢复机制,以便保证当数据遭到破坏或者出现故障时,能立即将数据完全恢复,从而保证系统能够连续、可靠地运行。

(5)数据库允许多用户共享,能有效、及时地处理数据,并能保证数据的一致性和完整性。数据库中的数据是共享的,并且允许多个用户同时使用相同的数据,这就要求数据库能够协调一致,从而保证各个用户之间对数据的操作不发生矛盾和冲突,也就是保证数据的一致性和完整性。

1.2 数据库管理系统

了解了数据和数据库的概念,下一个问题就是如何科学地组织这些数据并将其存储在数据库中,以及如何高效地获取和维护数据。完成这一任务的是一个支持管理数据库的系统软件——数据库管理系统(DataBase Management System,简称DBMS)。

数据库管理系统是位于用户与操作系统之间的一层数据管理软件,数据库在建立、运用和维护时由数据库管理系统统一管理、控制。数据库管理系统使用户能方便地定义数据和操纵数据,并能够保证数据的安全性、一致性、完整性,保证多用户对数据的并发使用以及故障发生后的系统恢复。有了数据库管理系统,用户就可以在抽象意义下处理数据,而不必顾及这些数据在计算机中的布局和物理位置。数据库管理系统就是实现把用户意义下抽象的逻辑数据的处理,转换成为计算机中具体的物理数据处理的软件。

1.2.1 数据库管理系统的目标

从计算机软件系统的构成看,DBMS 是介于用户和操作系统之间的一组软件,它实现对共享数据的有效组织、存取和管理。

一般来说,由于支撑各种数据库管理系统的硬件资源、软件环境不同,它们的功能和性能就会有所差异,但不管怎样,每个 DBMS 都应该尽量满足几个系统目标。

1. 用户界面友好

众所周知,用户界面的质量直接影响一个实用数据库管理系统的生命力,它的用户接口应面向应用、面向多种用户。首先,用户界面应具有一定的容错能力,能及时正确地给出运行状态指示和出错信息,并引导用户及时改正错误,这就是用户界面的可靠性;其次,用户界面还应具有易用性,也就是说,应该操作方便、简单易记,输入/输出容易理解,并且要尽量减少用户负担。此外,用户界面还应具有立即反馈和多样性等特点。立即反馈是指对用户的应用要求应在用户心里许可的时间范围内给予响应,即使不能马上得到结果,也应该给出某些信息以缓和用户等待心理。多样性则是指应该根据用户背景的不同,提供多种用户接口以适应不同层次用户的需要。

2. 功能完备

DBMS 核心功能随系统的大小而异,大型系统功能较强,而小型系统功能则较弱些;通用系统功能较强,而专用系统功能则较弱些。一般说来,DBMS 的主要功能包括数据库定义功能、数据库操纵功能、数据库控制功能、数据库运行管理、数据库组织和存储管理、数据库建立和维护、数据库通信功能等,这些功能将在 1.2.2 节讨论。

3. 效率高

DBMS 应该具有高的系统效率和高的用户生产率。其中系统效率包括两个方面,一是计算机系统内部资源的利用率,即能充分利用磁盘空间、CPU、设备等资源,并注意使各种资源的负载均衡以提高整个系统的效率;二是 DBMS 本身的运行效率,根据系统目标确定恰当的体系结构、数据结构和算法,保证 DBMS 运行的高效率。所谓用户生产率则是指用户设计和开发应用程序的效率。

4. 结构清晰

DBMS 是一个复杂的系统软件,涉及面广,包括与用户的接口,与操作系统及其他软、硬件资源的接口,它的实现技术很复杂,需要程序设计、操作系统、编译原理、数据结构等许多知识和技术的支持。因此,使 DBMS 内部结构清晰、层次分明,既便于它支持其外层开发环境的构造,也便于自身的设计、开发和维护。DBMS 的结构清晰也是它具有开放性的一个必要条件。

5. 开放性

DBMS 的开放性是指符合标准和规范,如 ODBC 标准,SQL 标准等。遵循标准可以大大提高 DBMS 的互操作性和可扩展性,从而为建立以 DBMS 为核心的软件开发环境和大规模的信息系统提供基础。

1.2.2 数据库管理系统的功能

目前世界上使用的数据库管理系统种类繁多,由于应用环境、应用背景和应用需求的不同,它们在用户接口和其他系统性能方面都不尽相同。但是一般说来,不管是功能比较强的大型系统还是功能较弱的小型系统,一个数据库管理系统都应该具有如下的基本功能。

1. 数据库定义功能

DBMS 提供数据定义语言(Data Definition Language,简称 DDL),可以定义数据库中数据之间的联系,可以定义数据的完整性约束条件和保证完整性的触发机制等,包括全局逻辑数据结构(模式)的定义,局部逻辑数据结构(子模式)的定义,保密定义等。

2. 数据库操纵功能

DBMS 还提供数据操纵语言(Data Manipulation Language,简称 DML),可以接收、分析和执行用户提出的访问数据库的各种要求,完成对数据库的各种基本操作,如对数据库的检索、插入、删除和修改等操作,可以重新组织数据的存储结构,可以完成数据库的备份和恢复等操作。这是面向用户的主要功能。

3. 数据库控制功能

DBMS 对数据的控制功能包括数据库的完整性控制、数据库的安全性控制以及多用户环境下的数据库并发访问控制等。

4. 数据库运行管理

这是指 DBMS 运行控制和管理功能,包括多用户环境下的事务管理和自动恢复、并发控制和死锁检测、安全性检查和存取控制、完整性检查和执行、运行日志的组织管理等。该功能保证了数据库系统的正常运行。

5. 数据库组织和存储管理功能

数据库中需要存放多种数据,如数据字典、用户数据和存储路径等,DBMS 负责组织、存储和管理这些数据,确定以何种文件结构和存取方式物理地组织这些数据,如何实现数据之间的联系,以便提高存储空间利用率和各种基本操作的时间效率。

6. 数据库的建立和维护功能

DBMS 对数据库的建立功能包括数据库初始数据的输入和数据转换等。维护功能包括数据库的转储和恢复功能,数据库运行时记录运行情况的日志和监视数据库的性能,数据库被破坏或系统软、硬件发生故障时恢复数据库等。

7. 数据库通信功能

DBMS 具有与操作系统的联机处理、分时处理及远程作业输入的相应接口,因此,在分布式数据库或提供网络操作功能的数据库中还必须提供数据库与其他软件系统进行通信的功能。

数据库管理系统是数据库系统的一个重要组成部分。

1.2.3 数据库管理系统的组成

从程序的角度看,DBMS 是实现上述各项系统功能的程序的集合,作为一个庞大的系统软件,它由众多程序模块组成,它们分别实现 DBMS 复杂而繁多的功能。因为不同的 DBMS 功能并不完全相同,因此不同的 DBMS 所包含的程序模块也不相同。但总的来说,DBMS 通常至少要包括以下四个部分:数据定义语言及其翻译处理程序、数据操纵语言及其编译(或解释)程序、数据库运行控制程序、实用程序。

1. 数据定义语言及其翻译程序

在 DBMS 中要提供一套数据定义语言来正确地描述数据及数据之间的联系,从而保证能实现 DBMS 的数据定义功能。

2. 数据操纵语言及其编译(或解释)程序

DBMS 提供的数据操纵语言可实现对数据库的一些基本操作,如数据检索、数据插入、数据修改和数据删除,其中数据插入、删除和修改操作又称为数据更新操作。

DML 分为宿主型 DML 和自主型 DML。其中,宿主型 DML 本身不能独立使用,必须嵌入宿主语言中,如 C,COBOL,PASCAL 等,因此也称为嵌入型 DML。宿主型 DML 仅负责对数据库数据的操作,其他工作都由宿主语言完成。自主型 DML 又称为自含型 DML,它可以独立用来进行数据查询、更新等操作,其语法简单,使用方便,适合于终端用户使用。DML 是 DBMS 提供给用户或者应用程序员使用的语言工具,在 DBMS 中应包含有 DML 的编译程序,把用户的数据操作请求(如查询语句)进行优化,并将其转换成 DBMS 的查询运行程序能执行的低层指令形式。

3. 数据库运行控制程序

DBMS 提供了一些系统运行控制程序,负责数据库运行过程中的控制和管理,数据运行控制程序包括如下一些程序:

(1)系统初启程序。它是 DBMS 的神经枢纽,负责初始化 DBMS,建立 DBMS 的系统缓冲区、系统工作区等。它控制并协调 DBMS 各个程序的活动,使系统有条不紊地运行。

(2)访问控制程序。负责用户标识、口令和权限的核对,检验存取操作的合法性,然后决定该访问是否能够进入数据库。

(3)安全性控制程序。负责数据库中数据的安全保密工作。

(4)完整性检查程序。在执行操作之前或之后,检查完整性约束条件,决定是否执行数据库的操作。

(5)并发控制程序。在多个用户同时访问数据时,协调各用户的访问和操作,保证数据库数据的一致性。例如可以按优先级安排访问顺序,封锁某些访问或某些数据,撤销某种封锁,允许某个访问执行或者撤销某个事务等。

(6)数据存取、更新程序。根据用户访问请求,实施对数据的访问,从物理文件中查找数据,进行插入、修改和删除等操作。

(7)通信控制程序。顾名思义,通信控制程序就是实现用户程序与 DBMS 之间的通信。

4. 数据库服务实用程序

（1）数据装入程序。用于把大量原始数据按某种文件组织方式（如顺序、索引等），存储到外存介质上，完成数据库的装入。

（2）工作日志程序。负责记载进入数据库的所有访问，日志内容包括：用户名称、进入系统时间、进行何种操作、数据对象、数据改变情况、操作执行情况等，使每个访问者都留下踪迹。

（3）性能监督程序。负责监督操作执行时间与存储空间占用情况，做出系统性能估算，以决定数据库是否需要重新组织。

（4）数据库重新组织程序。当数据库系统性能变坏时，对数据重新进行物理组织，或者按原组织方法重新装入，或者改变原组织方法，采用新的结构。

（5）系统恢复程序。当软、硬件设备遭到破坏，并引起数据库的破坏时，该程序把数据库恢复到可用状态。

（6）转储、编辑、打印程序。用于转储数据库的部分或全部数据、编辑数据、按规定格式打印所选数据。

总的说来，DBMS 的程序模块结构大致如图 1-1 所示。

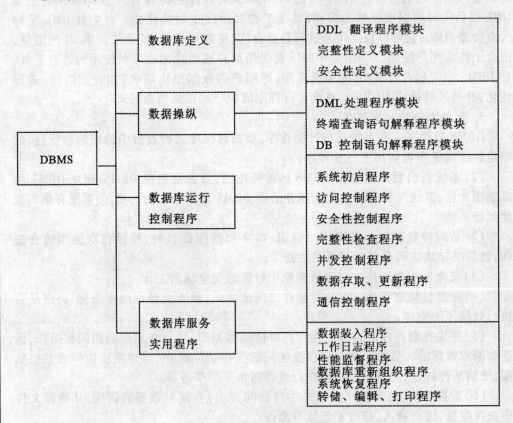

图 1-1　DBMS 程序模块结构

1.3 数据库管理和数据库管理员

在数据库时代,数据库技术克服了以前所有管理方式的缺点,试图提供一种完善的、更高级的数据管理方式。其基本思想是实现了数据共享,实现对数据集中统一管理,具有较高的数据独立性,并为数据提供各种保护措施。数据库技术的使用正在改变着企事业单位的管理方式,很多部门或者用户把他们的数据集中放在了数据库中,这样自然会带来很多好处。例如,数据变得更加可靠实用,因为消灭了数据不必要的重复和数据不一致性。此外,由于数据的独立性,减少了程序的维护代价,还为数据的特定查询请求提供了快速响应等。但是,要把众多部门或者用户的数据放在同一个数据库中,就必须考虑很多问题。比方说,这些数据会不会产生冲突,重要的数据会不会丢失,会不会有越权使用数据的情况发生,等等。这些问题都是用户非常关心的。因此,为了解决这些问题,就要有一个数据库管理的部门来负责与数据库管理有关的一切工作,也就是说负责数据库的管理。

从事数据库管理工作的人员称为数据库管理员(DataBase Administrator,简称DBA)。DBA 不是数据库的"占有者",而是数据库的"保护者",他们对程序语言和系统软件如 OS,DBMS 等都很熟悉,他们是一些懂得和掌握数据库全局工作、并设计和管理数据库的核心骨干人员。他们有大量的工作要做,既有技术方面的工作,又有管理方面的工作。总的来说,DBA 的工作可以概括为如下几个方面:

(1)在数据库设计开始之前,DBA 首先要调查数据库用户需求,在数据库规划阶段要参与选择和评价与数据库有关的计算机软、硬件,与用户共同确定数据库系统的目标和数据库应用需求,确定数据库的开发计划。

(2)在数据库设计阶段,DBA 要负责数据库标准的制定和共用数据字典的研制,要负责各级数据库模式的设计,负责数据库安全、可靠方面的设计,此外,还要决定文件的组织方法。

(3)在数据库运行阶段,DBA 首先要负责对用户进行数据库方面的培训;负责数据库的转储和恢复;负责对数据库中的数据进行维护;负责用户对数据库的使用权限,确定授权核对和访问生效方法;负责监视数据库的性能,并调整、改善数据库性能;响应系统的某些变化,改善系统的"时空"性能,提高系统的效率。此外,还要继续负责数据库安全系统的管理,在运行过程中发现问题、解决问题。由此可见,数据库管理员的工作是十分繁重和重要的,要负责数据库的全面管理工作,任何一个数据库系统如果没有数据库管理员进行管理工作,数据自动化处理就很难成功,数据库就会失去统一的管理和控制,从而造成数据库的混乱。对于规模比较大的数据库,一两个人是很难完成数据库管理工作的,所以 DBA 通常是指数据库管理部门。在开发数据库系统时,一开始就应该设置数据库管理员的职务或相应的机构,要明确 DBA 的责任,也要保证 DBA 的权限。在数据库系统的开发过程中,DBA 应该发挥极其重要的作用。

1.4 数据库系统

数据库系统(DataBase System,简称 DBS)是指在计算机系统中引入数据库后的系统构成,一般由数据库、数据库系统运行环境、数据库管理系统及其开发工具、数据库管理员和用户构成。在一般不引起混淆的情况下,人们常常把数据库系统简称为数据库。

数据库系统采用数据库技术,以计算机为硬件和应用环境,以 OS、DBMS、某种程序语言和实用程序等为软件环境,以某一应用领域为应用背景而建立,是一个可实际运行的、按照数据库方法存储和维护数据的、并为用户提供数据支持和管理功能的应用系统。

值得注意的是,习惯上有时也将一个数据库系统软件(即数据库软件产品)简称为数据库系统。例如 ORACLE 数据库系统,所以数据库系统的具体含义还要根据上下文来理解。

1.4.1 数据库系统的体系结构

从数据库管理系统的角度看,数据库是一个三级模式结构。数据库的这种模式结构对程序员和用户是透明的,他们见到的是数据库的外模式和应用程序。从最终用户角度来看,数据库系统分为单用户结构、主从式结构、分布式结构以及客户/服务器结构。下面分别介绍这几种结构的数据库系统。

1. 单用户结构的数据库系统

单用户数据库系统(如图 1-2 所示)是早期最简单的数据库系统。在单用户系统中,整个数据库系统,包括数据、数据库管理系统和应用程序等都装在一台计算机上,由一个用户独占,不同的机器之间不能共享数据。例如,一个大型公司的各个部门都使用本部门的机器来管理本部门的数据,各个部门的机器之间是独立的,不能共享数据。

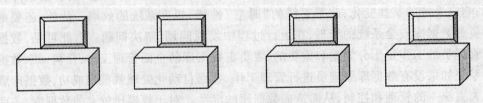

图 1-2 早期单用户结构的数据库系统

2. 主从式结构的数据库系统

主从式结构是指一台主机带多个终端的多用户结构。在这种结构中,数据库系统,包括数据、数据库管理系统、应用程序等集中存放在主机上,所有的任务都由主机完成,各个用户通过主机的终端并发地存取数据库,共享数据资源。如图 1-3 所示。

这种结构的优点是结构简单,数据易于维护和管理。它的缺点则在于当用户增加到一定程度后,主机的任务过于繁重会成为瓶颈,从而使系统的性能大大下降。此外,当主机出现故障时,整个系统就不能使用,也就是说系统的可靠性不高。

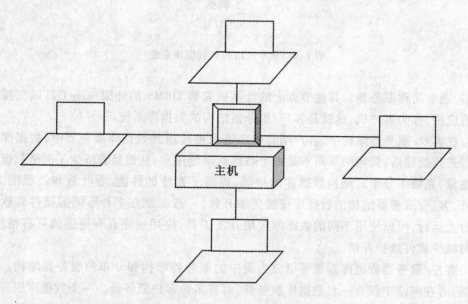

图 1-3　主从式结构的数据库系统

3. 分布式结构的数据库系统

分布式结构的数据库系统是计算机网络发展的必然产物。分布式结构的数据库系统是指数据库中的数据在逻辑上是一个整体,但物理分布在计算机网络的不同节点上(如图 1-4 所示),网络的每一个节点都可以独立地处理本地数据库中的数据,还可以同时存取或处理多个异地数据库中的数据,它适应了地理上分散的公司、团体或者组织对数据库应用的需求。但是由于数据分布存放给数据的管理和维护带来了困难,而且当用户远程访问数据时增加了网络数据的传输量,故系统效率会受到制约。

4. 客户/服务器结构的数据库系统

主从式结构数据库系统中的主机和分布式结构数据库系统中的每个节点机都是一个通用计算机,既执行数据库管理系统功能,又执行应用程序。由于工作站的功能越来越强,使用越来越广泛,人们开始把数据库管理系统功能和应用程序分开,网络中某个(些)节点上的计算机专门用于执行 DBMS 功能,这个(些)节点称为数据库服

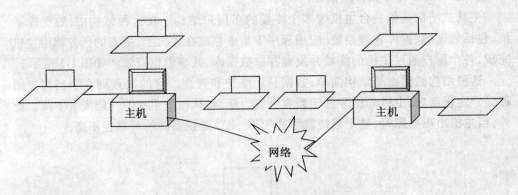

图1-4 分布式结构的数据库系统

务器,通常简称服务器。其他节点上的计算机安装DBMS的外围应用工具以支持用户的应用,称为客户机,这就是客户/服务器结构的数据库系统。

在客户/服务器结构中,客户端的用户请求被传送到数据库服务器中,数据库服务器进行处理后,只将结果而不是整个数据返回给用户,从而显著减少了网络数据的传输量,克服了分布式结构数据库的缺陷,提高了系统的性能、吞吐量和负载能力。另外,客户/服务器结构的数据库往往更加开放,一般都能在多种不同的硬件和软件平台上运行,可以使用不同的数据库应用开发工具,应用程序具有更强的可移植性,同时减少软件维护开销。

客户/服务器数据库系统可以分为集中的服务器结构和分布的服务器结构。其中,前者在网络中仅有一台数据库服务器,而有多台客户服务器。一个数据库服务器要为众多的客户服务,往往容易成为瓶颈,制约系统的性能;后者是客户/服务器与分布式数据库的结合,在网络中有多台数据库服务器,数据分布在不同的服务器上,从而给数据库的处理、管理和维护带来困难。

1.4.2 数据库系统的工作流程

基于我们前面对数据库系统的了解可以知道,一个数据库系统除了要设置一个数据库外,至少还要提供数据库管理系统,包括各种管理用的例行程序以及模式DDL、子模式DDL和DML等语言的编译程序。

整个数据库系统的工作流程大致可以分为三个阶段。下面分别介绍:

第一阶段:数据库管理员建立并维护数据库。DBA利用模式DDL、子模式DDL等语言描述数据库的总体逻辑结构,决定数据在数据库中存放的方式及位置,并通过各种维护管理程序来建立、更新、删除有关数据,维护管理和控制系统运行及日常工作。

第二阶段:用户编写应用程序。当用户想要通过应用程序访问数据库有关内容时,就可以利用子模式 DDL 语言定义自己的子模式,并用 DML 语言编写所需要的操作命令,并将其嵌入到用宿主语言写的程序中。

第三阶段:应用程序在 DBMS 支持下运行,当模式、子模式、物理模式、用户源程序翻译为目标代码后,即可启动目标程序执行。

1.5 数据库的发展

数据库的核心任务是进行数据管理。数据管理包括数据的分类、组织、编码、存储、检索和维护等操作过程,其基本目的是从大量的、杂乱无章的、难以理解的数据中抽取并导出对那些特定的应用来说有价值的、有意义的数据。但是,并不是一开始就有数据库技术,数据库技术是一步步发展起来的。在计算机诞生的初期,计算机只用于科学计算,这时的数据管理是以人工的方式进行的。随着信息概念的深化和发展,数据管理也得到了相应的发展,渐渐发展到文件系统,再后来才是数据库。也就是说,数据管理经历了人工管理阶段、文件系统阶段和数据库系统阶段三个阶段。

1.5.1 人工管理阶段(20 世纪 50 年代中期以前)

在 20 世纪 50 年代中期以前,计算机主要用于科学计算。当时的硬件状况很差,外存只有纸带、卡片、磁带,根本没有磁盘等直接存取的存储设备;软件状况也很不好,没有操作系统,没有管理数据的软件;数据处理方式是批处理。

人工管理数据具有以下特点:

1. 数据不保存

由于当时计算机主要用于科学计算,数据一般不需要长期保存,只是在计算某一课题需要时将数据输入,用完就可以将数据撤走,而且不止对用户数据这样处置,有时对系统软件也是这样。

2. 应用程序管理数据

数据需要由应用程序自己管理,没有相应的软件系统负责数据的管理工作,应用程序中不仅要规定数据的逻辑结构,而且还要负责设计数据的物理结构,包括存储结构、存取方法、输入方式等。所以人工管理阶段程序员的负担往往很重。

3. 数据不共享

数据是面向应用的,一组数据只能对应一个程序。当多个应用程序都需要某些相同的数据时,也必须各自定义,不能互相利用、互相参照,也就是不能共享。所以,程序与程序之间有大量数据冗余。

4. 数据不具有独立性

数据和应用程序相互关联,当数据的逻辑结构或者物理结构发生变化后,必须对应用程序做相应的修改。这也就进一步加重了程序员的负担。

在人工管理阶段,数据与程序一一对应,各个应用程序按计算要求组织各自需要的数据,程序与数据的对应关系如图 1-5 所示。

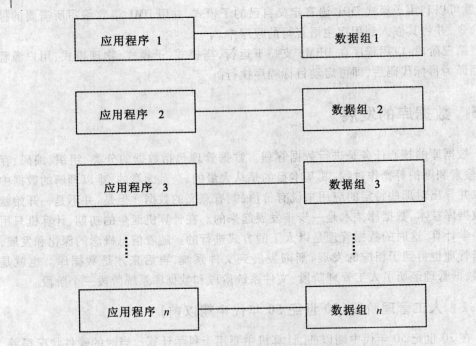

图 1-5　人工管理阶段数据与应用程序之间的对应关系

1.5.2　文件系统阶段(20世纪50年代后期至60年代中后期)

20世纪50年代后期至60年代中期,计算机的应用范围逐渐扩大,计算机不仅用于科学计算,而且还逐渐扩大到非计算领域,如用于管理。这时硬件方面已经有了很大改善,已经有了磁盘、磁鼓等直接存取存储设备,尤其是磁盘已经成为联机应用的主要存储设备。在软件方面,有了操作系统和高级语言,而且还有了专门的数据管理软件,也就是文件管理系统(或操作系统的文件管理部分),处理方式不仅有了文件批处理,而且能够联机实时处理。

这一时期的数据管理和数据处理有自身的优点,但也仍然存在一些缺点,下面分别介绍。

1. 文件系统管理数据的优点

(1)数据可以长期保存。由于计算机应用范围逐渐扩大,大量用于数据处理,数据需要长期保留在外存上,以便于反复进行查询、插入、删除和修改等操作。数据也不再仅仅属于某个特定的程序,而可以由多个程序反复使用。

(2)有专门的软件即文件系统管理数据,文件系统把数据组织成相互独立的数据文件。程序和数据之间由软件提供的存取方法进行转换,使数据与应用程序之间有了一定的独立性,程序员可以不必过多地考虑物理细节,可以将精力集中于算法,而且数据在存储上的改变不一定反映在程序上,大大节省了维护程序的工作量。

（3）文件的形式多样化。由于有了磁盘等直接存取存储设备，文件不再局限于顺序文件，有了索引文件、链表文件等，因而对文件的访问也就可以是顺序访问，也可以是直接访问，但文件之间是独立的，它们之间的联系通过程序去构造。

2. 文件系统管理数据的缺点

（1）数据共享性差，冗余度大。在文件系统中，一个文件基本上对应于一个应用程序，也就是说文件仍然是面向应用的。当不同的应用程序具有部分相同的数据时，也必须各自建立自己的文件，而不能共享相同的数据，因此数据的冗余度也就增大了，从而导致存储空间的浪费。同时，由于相同数据的重复存储以及各自进行管理，增加了修改数据、维护数据的难度，容易造成数据的不一致。

（2）数据独立性差。文件系统中的文件是为某一特定应用程序服务的，文件的逻辑结构对该应用程序来说是优化的，因此，要想对现有的数据再增加一些应用是很困难的，系统不容易扩充，一旦数据的逻辑结构发生改变，就必须对应用程序及文件结构的定义做出相应的修改。同样，应用程序的修改也会引起文件数据结构的改变，例如应用程序改用不同的高级语言，文件的数据结构也就必须做出相应修改。因此数据与程序之间仍缺乏独立性。

（3）数据联系弱。文件与文件之间是独立的，文件之间的联系必须通过程序来构造，可见，文件是一个不具有弹性的、无结构的数据集合，不能反映现实世界事物之间的内在联系。

在文件系统阶段，程序与数据之间的关系如图1-6所示。

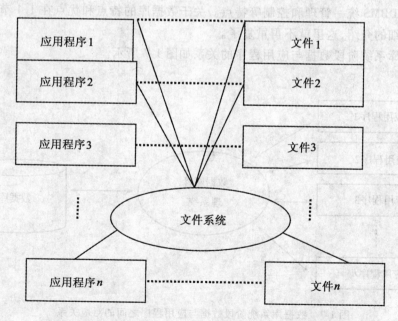

图1-6 文件系统阶段数据与应用程序之间的关系

1.5.3 数据库系统阶段(20世纪60年代后期以来)

20世纪60年代后期,计算机用于管理的规模日益庞大,应用也越来越广泛,数据量急剧增长,对数据管理提出了更高的要求,要求数据具有更高的独立性,同时多种应用、多种语言互相覆盖地共享数据集合的要求也越来越强烈。

这时计算机硬件和软件技术都有了更大的发展,硬件方面出现了大容量直接存取设备,硬件价格下降;而软件价格则逐渐上升,为编制和维护系统软件及应用程序所需的成本相应增加;在处理方式上,联机实时处理要求更多,并开始提出分布处理的概念和怎样进行分布处理。在这种背景下,以文件系统作为数据管理手段已经不能满足广大用户的需求,于是数据库应运而生,解决了多用户、多应用共享数据的要求,使数据为尽可能多的应用服务。

到20世纪80年代初,随着计算机科学技术的进一步发展,数据库技术和计算机网络、人工智能、软件工程、面向对象技术等的相互结合,使数据库进入了高级发展阶段,其标志就是分布式数据库系统和面向对象数据库系统的出现。此后,数据库技术蓬勃发展,并在并行数据库技术、模糊数据库技术等新一代数据库技术与理论方面得到了更大的发展。

数据库技术克服了以前管理方式的缺点,试图提供一种完善的、更高级的数据管理方式,标志着数据库管理技术的飞跃。与人工管理阶段和文件系统阶段相比,数据库系统管理阶段具有数据结构化、数据共享性高、冗余度低、易扩充、数据独立性高以及数据由DBMS统一管理和控制等特点。关于数据库的特点和优点在1.1节已经作了比较详细的介绍,这里就不再重复了。

数据库系统阶段数据与应用程序的关系如图1-7所示。

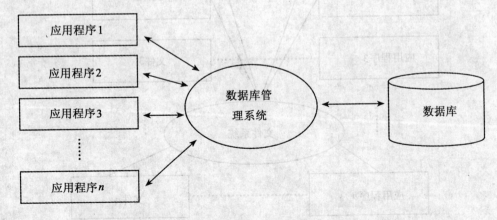

图1-7 数据库系统阶段数据与应用程序之间的对应关系

1.5.4 数据库技术的研究领域、应用领域和发展方向

目前虽然已有了一些比较成熟的数据库技术,但随着计算机硬件的发展和应用领域的扩大,数据库技术还在不断向前发展。

概括地讲,当前数据库学科的主要研究范围有以下几个领域:

1. 数据模型

数据模型的研究可以说是数据库系统的基础性研究,它重点研究如何构造数据模型,如何表示数据及它们之间的联系。数据模型经历了层次模型、网状模型和关系模型的发展阶段,现在面向对象模型是数据库领域的专家们研究的一个非常重要的课题。

2. 数据库管理系统软件的研制

数据库管理系统 DBMS 是数据库系统的基础,DBMS 的研制包括 DBMS 本身的研制以及以 DBMS 为核心的一组相互联系的软件系统的研制。研制的目标是扩大功能、提高性能和提高用户的生产率。随着数据库应用领域的不断扩大,许多新的应用领域,如计算机辅助设计、自动控制等,就要求数据库能够处理与传统数据类型不同的新的数据类型,如图像、声音等非格式化数据。面向多媒体数据库系统、对象的数据库系统、扩展的数据库系统等的兴起就是应这些新的需求和应用背景产生的。

3. 数据库设计

数据库设计的主要任务是在 DBMS 的支持下,按照应用的要求,为某一部门、团体或者组织设计一个结构合理、使用方便、效率较高的数据库及其应用系统。其中主要包括数据库设计方法、设计工具和设计理论的研究,计算机辅助数据库设计方法及其软件系统的研究,数据库设计规范和标准的研究等。

4. 数据库理论

数据库理论的研究主要集中于关系的规范化理论、关系数据理论等。随着人工智能与数据库理论的结合以及并行计算机的发展,并行算法、数据库逻辑演绎和知识推理等理论的研究,以及演绎数据库系统、知识库系统和数据仓库的研制都已经成为新的研究方向。

下面介绍几个比较有代表性的数据库应用领域和发展方向。

(1) Internet 上的 Web 数据库。Internet 即国际互联网,它将全世界的计算机连成网络,人们为了从 Internet 上得到动态的、实时的信息,将数据库技术引入 Internet,从而有了 Web 数据库。

(2) 面向对象数据库。面向对象数据库是将面向对象思想应用于数据库。它的研究思路一是面向对象数据模型的研究,以建立全新的对象数据库管理系统为目标;二是以 SQL 为基础,扩充关系数据模型,支持面向对象思想,进而建立对象关系数据库系统。

(3) 多媒体数据库。数据库不仅可以存储和管理文字和报表数据,还可以存储

和管理声音、图像和动画等各种媒体数据,这种多媒体数据库可以支持广泛的应用。

(4) 并行数据库。并行数据库系统的思路是通过充分利用并行计算机的处理机和硬盘等硬件设备的并行数据处理能力来提高数据库系统的性能。

(5) 人工智能领域的知识库。人工智能是从20世纪60年代开始发展起来的,它是研究机器智能和智能机器的高科技学科,它需要大量的演绎和推理规则的支持,这就为数据库提供了用武之地。它通过将人的知识抽象化、条理化,利用数据库技术建立知识库,从而使数据库智能化。

以上只是概括介绍了数据库的几个应用领域,实际上还远远不止这些,数据库技术的发展还有更广阔的领域。

本章小结

本章详细介绍了数据库的概念以及数据库的特点,介绍了数据库管理系统的目标、功能及组成,也介绍了数据库管理工作的重要性和数据库管理员的职责所在,最后还介绍了数据库技术的发展过程及一些新的研究领域、应用及发展方向。在学习这一章时,要充分理解数据库、数据库管理系统、数据库系统等概念及它们的区别,这是学习后面各章的基础。

习 题 一

1.1 简述数据、数据库、数据库管理系统和数据库系统的概念。
1.2 数据库管理系统的主要功能有哪些?
1.3 DBA 的主要职责是什么?
1.4 文件系统与数据库系统有何区别和联系?

第二章 数据模型

【学习目的与要求】

深刻理解数据模型的内涵、数据库的三层模式结构与数据独立性的关系,理解数据从现实世界到计算机数据库中要经过三个范畴(现实世界、信息世界和机器世界),了解什么是实体、属性,弄清楚实体和属性的"型"与"值"的概念,弄懂实体间可能存在的不同联系方式,掌握用 E-R 图表示实体间联系的方式。

信息结构和数据模型是理解数据库的基础。这一章将从这两个方面讨论数据库管理系统的构成和工作原理。

2.1 数据描述

2.1.1 数据的三种范畴

数据不是直接从现实世界到计算机数据库中的,它需要人们的认识、理解、整理、规范和加工,然后才能存放到数据库中。也就是说数据从现实生活进入到数据库实际上经历了若干个阶段。一般划分为三个阶段,即现实世界、信息世界和机器世界,称为数据的三种范畴。

1. 现实世界

现实世界也叫客观世界。存在于人们头脑之外的客观事物及其相互联系就处在这个世界之中。在现实世界中所反映的所有客观存在的事物及其相互之间的联系,是处理对象最原始的表现形式。

2. 信息世界(也叫观念世界)

信息世界又称观念世界,是现实世界在人们头脑中的反映;或者说,在信息世界中所存在的信息是现实世界中的客观事物在人们头脑中的反映,并经过一定的选择、命名和分类。

在进行现实世界管理时,客观事物必然在人们的头脑中产生反映,把这种反映称为信息。例如在日常的库存管理中,首先涉及的是仓库、货物的存放以及货物的进出库等,这种管理称为现实世界管理。在库存管理中可以用账本管理库存业务,这种账本就是人们经过头脑加工、记录、整理和归类的信息,这种管理就是信息管理。所以信息是现实世界状态的反映,信息管理是现实世界管理的反映。

信息世界不是现实世界的录像,这是因为信息世界的对象是经过了人为的选择、加工的,人们把这些有意义的对象进行命名、分类,并在信息世界范畴建立了一套描述这些对象的术语。

下面给出在信息世界中所涉及的基本概念。

(1) 实体(Entity)。

实体是客观存在的事物在人们头脑中的反映,或者说,客观存在并可相互区别的客观事物或抽象事件称为实体。实体可以指人,如一名教师、一名护士等;也可以指物,如一把椅子、仓库、一个杯子等。实体不仅可以指实际的事物,还可以指抽象的事物,如一次访问、一次郊游、订货、演出、足球赛等;甚至还可以指事物与事物之间的联系,如"学生选课记录"和"教师任课记录"等。

(2) 属性(Attribute)。

在观念世界中,属性是一个很重要的概念。所谓属性是指实体所具有的某一方面的特性。一个实体可由若干个属性来刻画。例如,教师的属性有姓名、年龄、性别、职称等。

属性所取的具体值称做属性值。例如,某一教师的姓名为李辉,这是教师属性"姓名"的取值;该教师的年龄为45岁,这是教师属性"年龄"的取值,等等。

(3) 域(Domain)。

一个属性可能取的所有属性值的范围称为该属性的域。例如,教师属性"性别"的域为男、女,教师属性"职称"的域为助教、讲师、副教授、教授,等等。

由此可见,每个属性都是个变量,属性值就是变量所取的值,而域则是变量的变化范围。因此,属性是表征实体的最基本的信息。

(4) 码(Key)。

惟一标识实体的最小属性集称为码。例如学号是学生实体的码。

(5) 实体型(Entity Type)。

具有相同属性的实体必然具有共同的特性和性质。用实体名及其属性名集合来抽象和刻画同类实体,称为实体型。例如,教师(姓名,年龄,性别,职称)就是一个实体型。

(6) 实体集(Entity Set)。

实体集指同一类型实体的集合。例如,某一学校中的教师具有相同的属性,他们就构成了实体集"教师"。

在信息世界中,一般就用上述这些概念来描述各种客观事物及其相互的区别与联系。

3. 机器世界(也叫数据世界)

当信息管理进入计算机后,就把它称为机器世界范畴或存储世界范畴。机器世界也称数据世界。

由于计算机只能处理数据化的信息,所以对信息世界中的信息必须进行数据化。信息经过加工、编码后即进入数据世界,利用计算机来处理它们。因此,数据世界中的对象是数据。现实世界中的客观事物及其联系在数据世界中是用数据模型来描述的。

数据化后的信息称为数据,所以说数据是信息的符号表示。

与观念世界中的基本概念对应,在数据世界中也涉及一些相关的基本概念。

(1)数据项(字段)(field),对应于观念世界中的属性。例如,实体型"教师"中的各个属性中,姓名、性别、年龄、职称等就是数据项。

(2)记录(record),指每个实体所对应的数据。例如,对应某一教师的各项属性值为:李辉、45岁、男、副教授等就是一个记录。

(3)记录型(record type),对应于观念世界中的实体型。

(4)文件(file),对应于观念世界中的实体集。

(5)关键字(key),能够惟一标识一个记录的字段集。

在数据世界中,就是通过上述这些概念来描述客观事物及其联系的。

描述信息是为了更好地处理信息,计算机所处理的信息形式是数据。因此,为了用计算机来处理信息,首先必须将现实世界中的客观事物转换为观念世界,然后将这些信息数据化。

2.1.2 实体间的联系

在现实世界中,事物内部以及事物之间是有联系的,这些联系在信息世界中反映为实体(型)内部的联系和实体(型)之间的联系。实体内部的联系通常是指组成实体的各属性之间的联系。实体之间的联系通常是指不同实体集之间的联系。

两个实体型之间的联系可以分为三类:

1. 一对一联系(1:1)

如果对于实体集 A 中的每一个实体,实体集 B 中至多有一个(也可以没有)实体与之联系,反之亦然,则称实体集 A 与实体集 B 具有一对一联系,记为 1:1,用图 2-1 表示。

例如,实体集学院与实体集院长之间的联系就是 1:1 的联系。因为一个院长只领导一个学院,而且一个学院也只有一个院长。再如学校里,实体集班级与实体集班长之间也具有 1:1 联系,一个班级只有一个班长,而一个班长只在一个班中任职。

2. 一对多联系(1:n)

如果对于实体集 A 中的每一个实体,实体集 B 中有 n 个($n \geq 0$)实体与之联系,反之,对于实体集 B 中的每一个实体,实体集 A 中至多有一个实体与之联系,则称实体集 A 与实体集 B 具有一对多联系,记为 1:n,用图 2-2 表示。

例如,实体集班级与实体集学生就是一对多联系。因为一个班级中有若干名学生,而每个学生只在一个班级中学习。

3. 多对多联系($m:n$)

如果对于实体集 A 中的每一个实体,实体集 B 中有 n 个($n \geq 0$)实体与之联系。反之,对于实体集 B 中的每一个实体,实体集 A 中也有 m 个($m \geq 0$)实体与之联系,则称实体集 A 与实体集 B 具有多对多联系,记为 $m:n$,用图 2-3 表示。

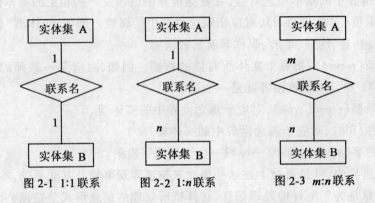

图 2-1　1:1 联系　　　图 2-2　1:n 联系　　　图 2-3　m:n 联系

例如,实体集课程与实体集学生之间的联系是多对多联系($m:n$)。因为一门课程同时有若干名学生选修,而一个学生可以同时选修多门课程。

实际上,一对一联系是一对多联系的特例,而一对多联系又是多对多联系的特例。

实体集之间的这种一对一、一对多、多对多联系不仅存在于两个实体集之间,也存在于两个以上的实体集之间。例如,对于课程、教师与参考书这三个实体集,如果一门课程可以有若干个教师讲授,使用若干本参考书,而每一个教师只讲授一门课程,每一本参考书只供一门课程使用,则课程与教师、参考书之间的联系是一对多的,如图 2-4(a)所示。

又如,三个实体集:供应商、项目、零件,一个供应商可以供给多个项目多种零件,而每个项目可以使用多个供应商供应的零件,每种零件可由不同供应商供给,由此可见,供应商、项目、零件三个实体之间是多对多的联系,如图 2-4(b)所示。

同一个实体集内的各实体之间也存在一对一、一对多、多对多的联系。例如职工实体集内部具有领导与被领导的联系,即某一职工(干部)"领导"若干名职工,而一个职工仅被另外一个职工直接领导,因此这是同一实体集一对多的联系,如图 2-5 所示。

描述信息是为了更好地处理信息,计算机所处理的信息形式是数据。因此,为了用计算机来处理信息,首先必须将现实世界中的客观事物转换为信息世界中的信息,然后将这些信息数据化。

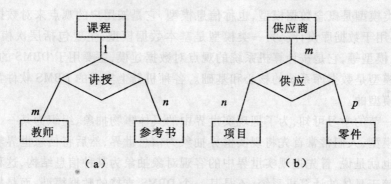

图 2-4 三个实体集之间的联系

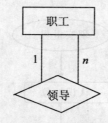

图 2-5 一个实体集之间的一对多联系

2.2 概念数据模型与 E-R 方法

2.2.1 数据模型概述

数据库是某个企业、组织或部门所涉及的数据综合,它不仅要反映数据本身的内容,而且要反映数据之间的联系。为了用计算机处理现实世界中的具体事物,人们必须事先对具体事物加以抽象,提取主要特征,归纳形成一个简单清晰的轮廓,转换成计算机能够处理的数据,这就是"数据建模"。通俗地讲数据模型就是现实世界的模型。

数据模型应满足三方面要求:一是能比较真实地模拟现实世界;二是容易为人所理解;三是便于在计算机上实现。一种数据模型要很好地满足这三方面的要求在目前尚很困难。在数据库系统中针对不同的使用对象和应用目的,采用不同的数据模型。

不同的数据模型实际上是提供给我们模型化数据和信息的不同工具。根据模型应用的不同目的,可以将这些模型划分为两类,它们分属于两个不同的层次。

第一类模型是概念数据模型,也称信息模型,它是按用户的观点来对数据和信息建模,主要用于数据库设计。另一类模型是基本数据模型,主要包括层次模型、网状模型、关系模型等,它是按计算机系统的观点对数据建模,主要用于 DBMS 的实现。

数据模型是数据库系统的核心和基础。各种机器上实现的 DBMS 软件都是基于某种数据模型的。

从上一节的学习可知,为了把现实世界中的具体事物抽象、组织为某一 DBMS 支持的数据模型,人们常常首先将现实世界抽象为信息世界,然后将信息世界转换为机器世界。也就是说,首先把现实世界中的客观对象抽象为某种信息结构,这种信息结构并不依赖于具体的计算机系统,不是某一个 DBMS 支持的数据模型,而是概念级的模型;然后再把概念模型转换为计算机上某一 DBMS 支持的数据模型,这一过程如图 2-6 所示。

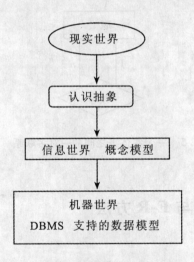

图 2-6　现实世界中客观对象的抽象过程

下面先介绍数据模型的共性——数据模型的组成要素,然后介绍概念数据模型、概念数据模型的 E-R 表示方法,基本数据模型留到下一节讲解。

2.2.2　数据模型的三要素

模型是现实世界特征的模拟抽象。在数据库技术中,我们用模型的概念描述数据库的结构与语义,对现实世界进行抽象。表示实体类型及实体之间联系的模型称为"数据模型"(Data Model)。数据模型是严格定义的概念的集合。这些概念精确地描述了系统的静态特性、动态特性和完整性约束条件。因此,数据模型通常都应包含数据结构、数据操作和完整性约束三个部分,它们是数据模型的三要素。

1. 数据结构

数据结构是所研究的对象类型的集合。这些对象是数据库的组成部分,它们包括两类,一类是与数据类型、内容、性质有关的对象,例如网状模型中的数据项、记录,关系模型中的域、属性、关系等;一类是与数据之间联系有关的对象,例如网状模型中的系型(Set Type)。

数据结构用于描述系统的静态特性。

数据结构是刻画一个数据模型性质最重要的方面。因此,在数据库系统中,通常按照其数据结构的类型来命名数据模型。例如层次结构、网状结构、关系结构的数据模型分别命名为层次模型、网状模型和关系模型。

2. 数据操作

数据操作用于描述系统的动态特性。

数据操作是指对数据库中各种对象(型)的实例(值)允许执行的操作的集合,包括操作及有关的操作规则。数据库主要有检索和更新(包括插入、删除、修改)两大类操作。数据模型必须定义这些操作的确切含义、操作符号、操作规则(如优先级)以及实现操作的语言。

3. 数据完整性约束

数据完整性约束是一组完整性规则的集合。完整性规则是给定的数据模型中数据及其联系所具有的制约和依存规则,用以限定符合数据模型的数据库状态以及状态的变化,用以确保数据的正确、有效和相容。

数据模型应该反映和规定本数据模型必须遵守的、基本的、通用的完整性约束。例如,在关系模型中,任何关系必须满足实体完整性和参照完整性这两类约束。

此外,数据模型还应该提供定义完整性约束的机制,以反映具体应用所涉及的数据必须遵守的特定的语义约束。例如,在教师信息中的"性别"属性只能取值为男或女,教师任课信息中的"课程号"属性的值必须取自学校已经开设的课程等。

2.2.3 概念数据模型

概念数据模型,有时也简称概念模型。概念数据模型是按用户的观点对现实世界数据建模,是一种独立于任何计算机系统的模型,完全不涉及信息在计算机系统中的表示,也不依赖于具体的数据库管理系统。只是用来描述某个特定组织所关心的信息结构。它是对现实世界的第一层抽象,是用户和数据库设计人员之间交流的工具。

概念数据模型是理解数据库的基础,也是设计数据库的基础。

1. 概念数据模型的基本概念

概念数据模型所涉及的基本概念主要有:实体、属性、域、码、实体型和实体集。这些概念已经介绍,在这里不再详述。

2. 概念数据模型中的基本联系

实体间一对一、一对多和多对多三类基本联系是概念数据模型的基础,也就是说,在概念数据模型中主要解决的问题仍然是实体之间的联系。

实体之间的联系类型并不取决于实体本身,而是取决于现实世界的管理方法,或者说取决于语义,即同样两个实体集,如果有不同的语义,则可以得到不同的联系类型。比如有仓库和器件两个实体集,现在来讨论它们之间的联系。

(1) 如果规定一个仓库只能存放一种器件,并且一种器件只能存放在一个仓库中,那么这时仓库和器件之间的联系是一对一的;

(2) 如果规定一个仓库可以存放多种器件,但是一种器件只能存放在一个仓库中,那么这时仓库和器件之间的联系是一对多的;

(3) 如果规定一个仓库可以存放多种器件,同时一种器件可以存放在多个仓库中,那么这时仓库和器件之间的联系是多对多的。

2.2.4 概念数据模型的 E-R 表示方法

概念数据模型用于信息世界的建模,强调其语义表达能力,还应该简单、清晰、易于用户理解。它是现实世界的第一层抽象,是用户和数据库设计人员之间进行交流的工具。

概念数据模型的表示方法很多,其中最为著名、最为常用的是 P. P. S. Chen 于 1976 年提出的实体-联系方法(Entity-Relationship Approach)。该方法用 E-R 图来描述现实世界的概念模型,E-R 方法也称为 E-R 模型。

这里介绍 E-R 图的要点。有关如何认识和分析现实世界,确定实体和实体间的联系,建立概念模型的方法将在第九章详细介绍。

E-R 图提供了表示实体型、属性和联系的方法。

(1) 实体型:用矩形表示,矩形框内写明实体名。

(2) 属性:用椭圆表示,椭圆形框内写明属性名,并用无向边将其与相应的实体连接起来。

例如,学生实体具有学号、姓名、性别、年龄、系等属性,产品实体具有产品号、产品名、型号、主要性能等属性,用 E-R 图表示如图 2-7 所示。

(3) 联系:用菱形表示,菱形框内写明联系名,并用无向边分别与有关实体连接起来,同时在无向边旁标注联系的类型(1:1,1:n 或 m:n)。

现实世界中的任何数据集合,均可用 E-R 图来描述。图 2-8 给出了一些简单的例子。

需要注意的是,如果一个联系具有属性,则这些属性也要用无向边与该联系连接起来。

实体-联系方法是抽象描述现实世界的有力工具。用 E-R 图表示的概念模型独立于具体的 DBMS 所支持的数据模型,它是各种数据模型的共同基础,因而比基本数

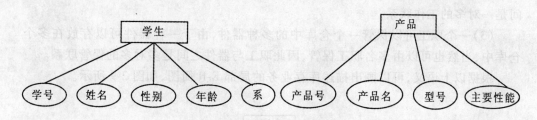

图 2-7　实体及属性

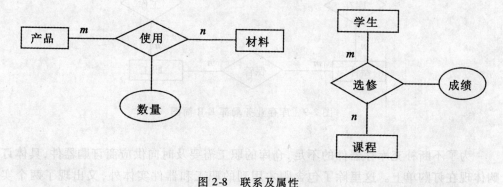

图 2-8　联系及属性

据模型更一般、更抽象、更接近现实世界。

E-R 模型有两个明显的优点：一是接近人的思想，容易理解；二是与计算机无关，用户容易接受。因此，E-R 模型已经成为数据库概念设计的一种重要方法，它是设计人员和不熟悉计算机的用户之间的共同语言。一般遇到一个实际问题，总是先设计一个 E-R 模型，然后再把 E-R 模型转换成计算机能实现的数据模型。

2.2.5　概念数据模型 E-R 实例

前面介绍了概念数据模型的相关理论知识，接下来利用这些理论，为某企业设计一个较完整的概念数据模型。

该实例的目标是为某企业设计一个库存-订购数据库，为此首先根据库存和订购两项业务确定相关的实体。

库存是指在仓库中存放器件，具体工作是由仓库的职工来管理的。这样，根据库存业务找到了三个实体：仓库、器件和职工，具体管理模式用语义描述如下：

（1）在一个仓库中可以存放多种器件，一种器件也可以存放在多个仓库中，因此仓库与器件之间是多对多的库存联系。用库存量表示某种器件在某个仓库中的数量。

(2)一个仓库有多个职工,而一个职工只能在一个仓库工作,因此仓库与职工之间是一对多的工作联系。

(3)一个职工可以保管一个仓库中的多种器件,由于一种器件可以存放在多个仓库中,当然也可以由多名职工保管,因此职工与器件之间是多对多的保管联系。

根据以上语义,可以画出描述库存业务的局部 E-R 简图,如图 2-9 所示。

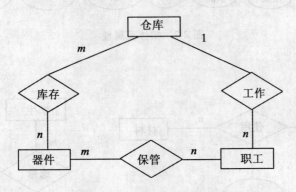

图 2-9　库存业务局部 E-R 简图

为了不断补充库存器件的不足,仓库的职工需要及时向供应商订购器件,具体订购体现在订购单上。这里除了包含刚才用到的职工和器件实体外,又出现了两个实体:供应商和订购单。关于订购业务的管理模式语义描述如下:

(1)一名职工可以经手多张订购单,但一张订购单只能由一名职工经手,因此职工与订购单之间是一对多的联系,该联系取名为发出订单。

(2)一个供应商可以接受多张订购单,但一张订购单只能发给一个供应商,因此供应商与订购单之间是一对多联系,该联系取名为接收订单。

(3)一个供应商可以供应多种器件,每种器件也可以由多个供应商供应,因此供应商与器件之间是多对多的联系,该联系取名为供应。

(4)一张订购单可以订购多种器件,对每种器件的订购也可以出现在多张订购单上,因此订购单与器件之间是多对多的联系,该联系取名为订购。

根据以上语义,可以画出描述订购业务的局部 E-R 简图 2-10。

综合图 2-9 和图 2-10,可以得到如图 2-11 所示的整体 E-R 简图。在这张图中共包括 5 个实体和 7 个联系,其中 3 个一对多联系,4 个多对多联系。图 2-12 给出了 5 个实体的 E-R 图,在表 2-1 中给出了这些实体和联系的属性。

实体-联系方法是抽象和描述现实世界的有力工具。用 E-R 图表示的概念模型独立于具体的 DBMS 所支持的数据模型,它是各种数据模型的共同基础,因而比数据模型更一般、更抽象、更接近现实世界。

第二章 数据模型

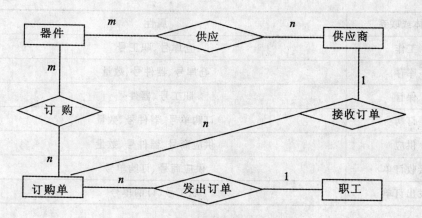

图 2-10 订购业务的局部 E-R 简图

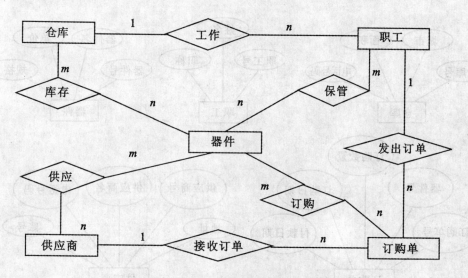

图 2-11 库存和订购模型整体 E-R 简图

表 2-1 库存和订购业务模型的相关属性列表

实体或联系	属 性
仓库	仓库号、城市、面积、电话号码
职工	职工号、姓名、职称
器件	器件号、器件名、规格、单价
供应商	供应商号、供应商名、地址、电话号码、账号
订购单	订购单号、器件号、订购日期、订购数量、付款日期

续表

实体或联系	属性
工作	仓库号、职工号
库存	仓库号、器件号、数量
保管	职工号、器件号
订购	订购单号、器件号、数量
供应	供应商号、器件号、数量
接收订单	供应商号、订购单号
发出订单	职工号、订购单号

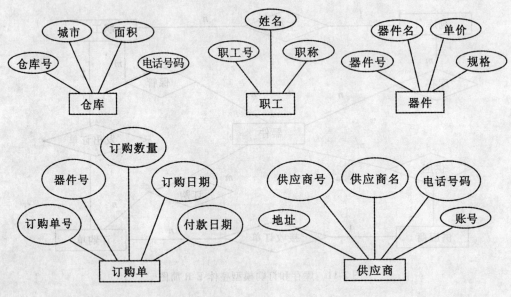

图 2-12 实体及其属性图

2.3 传统的三大数据模型

基本数据模型则是直接面向数据库逻辑数据结构的,例如传统的层次模型、网状模型、关系模型等,这一类模型称为基本数据模型或结构数据模型。

不同的数据模型具有不同的数据结构形式。在数据库系统中,由于采用的数据模型不同,相应的数据库管理系统(DBMS)也不同。目前常用的数据模型有三种:层次模型、网状模型和关系模型。其中层次模型和网状模型统称为非关系模型。非关系模型的数据库系统在20世纪70年代非常流行,到了20世纪80年代,逐渐被关系模型的数据库系统取代,但在美国等一些国家里,由于历史的原因,目前层次数据库系统和网状数据库系统仍为某些用户所使用。

数据结构、数据操作和完整性约束条件完整地描述了一个数据模型,其中数据结构是刻画模型性质的最基本的方面。下面着重从数据结构依次介绍层次模型、网状模型和关系模型。

2.3.1 层次模型

层次模型是数据库系统中最早出现的数据模型,层次数据库系统采用层次模型作为数据的组织方式。

用树形结构来表示实体之间联系的模型称为层次模型。

构成层次模型的树是由节点和连线组成的,节点表示实体集(文件或记录型),连线表示相连两个实体之间的联系,这种联系只能是一对多的。通常把表示"一"的实体放在上方,称为父节点;而把表示"多"的实体放在下方,称为子节点。根据树结构的特点,建立数据的层次模型需要满足下列两个条件:

(1) 有且仅有一个节点没有父节点,这个节点即为根节点。

(2) 其他节点有且仅有一个父节点。

现实世界中许多实体之间的联系本来就呈现一种很自然的层次关系,如行政机构、家族关系等。例如,一个学院下属有若干个系、处和研究所;每个系下属有若干个教研室和办公室;每个处下属有若干个科室;每个研究所下属有若干个研究室和办公室;等等。这样一个学校的行政机构就有明显的层次关系,可以用图2-13所示的层次模型将这种关系表示出来。

层次模型的一个基本特点是,任何一个给定的记录值只有按其路径查看时,才能显出它的全部意义,没有一个子女记录值能够脱离双亲记录值而独立存在。

层次模型最明显的特点是层次清楚、构造简单以及易于实现,它可以很方便地表示出一对一和一对多这两种实体之间的联系。但由于层次模型需要满足上面两个条件,这样就使得多对多联系不能直接用层次模型表示。如果要用层次模型来表示实体之间多对多的联系,则必须首先将实体之间多对多的联系分解为几个一对多联系。分解方法有两种:冗余节点法和虚拟节点法。这两种分解方法的具体细节请参看相关书籍。因此,对于复杂的数据关系,用层次模型表示是比较麻烦的。

层次模型的主要优点有:

(1) 层次数据模型本身比较简单。

(2) 对于实体间联系是固定的,且预先定义好的应用系统,采用层次模型来实现,其性能优于关系模型,不低于网状模型。

(3) 层次数据模型提供了良好的完整性支持。

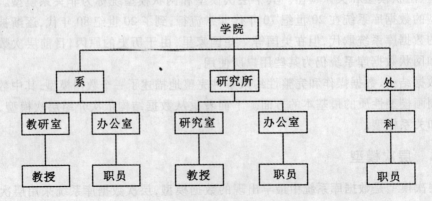

图 2-13　学院行政机构的层次模型

层次模型的主要缺点有：

(1)现实世界中很多联系是非层次性的,如多对多联系、一个节点具有多个双亲等,层次模型表示这类联系的方法很笨拙,只能通过引入冗余数据(易产生不一致性)或创建非自然的数据组织(引入虚拟节点)来解决。

(2)对插入和删除操作的限制比较多。

(3)查询子节点必须通过双亲节点。

(4)由于结构严密,层次命令趋于程序化。

可见用层次模型对具有一对多层次关系的部门进行描述非常自然、直观,容易理解。这是层次数据库的突出优点。

层次数据库系统的典型代表是 IBM 公司的 IMS(Information Management System)数据库管理系统,这是 1968 年 IBM 公司推出的第一个大型商用数据库管理系统,曾经得到广泛的使用。

2.3.2　网状模型

网状模型和层次模型在本质上是一样的,从逻辑上看它们都是用连线表示实体之间的联系,用节点表示实体集;从物理上看,层次模型和网络模型都是用指针来实现两个文件之间的联系,其差别仅在于网状模型中的连线或指针更加复杂,更加纵横交错,从而使数据结构更复杂。

在网状模型中同样使用父节点和子节点的术语,并且同样把父节点安排在子节点的上方。

在数据库中,把满足以下两个条件的基本层次联系集合称为网状模型:

(1)允许一个以上的节点无双亲;

(2)一个节点可以有多于一个的双亲。

网状模型是一种比层次模型更具普遍性的结构,它去掉了层次模型的两个限制,允许多个节点没有双亲节点,允许节点有多个双亲节点,此外它还允许两个节点之间有多种联系(称之为复合联系)。因此网状模型可以更直接地去描述现实世界。而层次模型实际上是网状模型的一个特例。

与层次模型一样,网状模型中每个节点表示一个记录类型(实体),每个记录类型可包含若干个字段(实体的属性),节点间的连线表示记录类型(实体)之间一对多的父子联系。例如,学院的教学情况可以用图2-14所示的网状模型来描述。

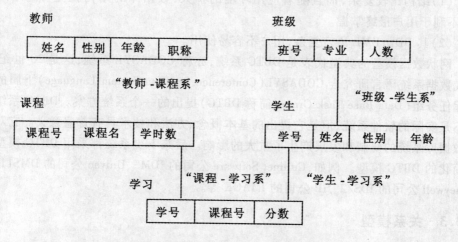

图2-14 学院教学情况的网状模型

网状模型和层次模型都属于格式化模型。格式化模型是指在建立数据模型时,根据应用的需要,事先将数据之间的逻辑关系固定下来,即先对数据逻辑结构进行设计使数据结构化。

由于网状模型所描述的数据之间的联系要比层次模型复杂得多,在层次模型中子节点与父节点的联系是惟一的,而在网状模型中这种联系可以不惟一,因此,为了描述网状模型记录之间的联系,引进了"系(set)"概念。所谓"系"可以理解为命名了的联系,它由一个父记录型和一个或多个子记录型构成。每一种联系都用"系"来表示,并将其标以不同的名称,以便相互区别,如图2-14中的"教师-课程系"、"课程-学习系"、"学生-学习系"和"班级-学生系"等。从图中可以看到教师的属性有:姓名、性别、年龄、职称;班级的属性有:班号、专业、人数;课程的属性有:课程号、课程名、学时数;学生的属性有:学号、姓名、性别、年龄;在课程与学生的联系学习中也有其相关属性:学号、课程号、分数。

用网状模型设计出来的数据库称为网状数据库。网状数据库是目前应用较为广泛的一种数据库,它不仅具有层次模型数据库的一些特点而且也能方便地描述较为复杂的数据关系。因此,它可以直接表示实体之间多对多的联系。可以看出,网状模型是层次模型的一般形式,层次模型则是网状模型的特殊情况。

由于记录之间的联系是通过存取路径实现的,应用程序在访问数据时必须选择适当的存取路径,因此,用户必须了解系统结构的细节,由此加重了编写应用程序的负担。

网状数据模型的优点主要有:

(1)能够更为直接地描述现实世界,如一个节点可以有多个双亲。

(2)具有良好的性能,存取效率较高。

网状数据模型的缺点主要有:

(1)结构比较复杂,而且随着应用环境的扩大,数据库的结构就变得越来越复杂,不利于用户最终掌握。

(2)其 DDL,DML 语言复杂,用户不容易使用。

网状数据模型的典型代表是 DBTG 系统,亦称 CODASYL 系统,这是 20 世纪 70 年代数据系统语言研究会 CODASYL(Conference On Data System Language)下属的数据库任务组(Data Base Task Group,简称 DBTG)提出的一个系统方案。DBTG 系统虽然不是实际的软件系统,但是它提出的基本概念、方法和技术具有普遍意义。它对网状数据库系统的研制和发展产生了重大的影响。后来不少系统都采用 DBTG 模型或者简化的 DBTG 模型。例如,Cullinet Software 公司的 IDMS、Univac 公司的 DMS1100、Honeywell 公司的 IDS/2、HP 公司的 IMAGE 等。

2.3.3 关系模型

关系模型是目前最重要的一种数据模型。关系数据库系统采用关系模型作为数据的组织方式。

关系模型是与格式化模型完全不同的数据模型,它与层次模型、网状模型相比有着本质的区别。它是建立在严格数学概念基础上的。严格的定义将在下一章给出,这里只简单勾画一下关系模型。关系模型是用表格数据来表示实体本身及其相互之间联系的,在用户观点下,关系模型中数据的逻辑结构是一张二维表,它由行和列组成。

在关系模型中,把数据看成一个二维表,每一个二维表称为一个关系。例如,图 2-15 所示的二维表就是一个关系。表中的每一列称为属性,相当于记录中的一个数据项,对属性的命名称为属性名;表中的一行称为一个元组,相当于记录值。

学号(S#)	学生姓名(SN)	所属系(SD)	…
984221	刘杨	Physics	…
986547	赵俊	Computer	…
…	…	…	…
987912	李明	Chemistry	…

图 2-15 关系实例

对于表示关系的二维表,其最基本的要求是,表中的每一个分量必须是不可分的数据项,即不允许表中再有表。关系是关系模型中最基本的概念。

在格式化模型中,事先要根据应用的需要,将数据之间的逻辑关系固定下来,即先对数据进行结构化。但在关系模型中,不需要事先构造数据的逻辑关系,只要将数据按照一定的关系存入计算机内,也就是建立关系。当需要用这些数据作某种应用时,就将这些关系归结为某些集合的运算,如并、交、差及投影等,从而达到在许多数据中选取所需要数据的目的。

关系模型较之格式化模型有以下几个方面的优点:

(1)数据结构比较简单。在关系模型中,对实体的描述以及对实体之间联系的描述,都采用关系这个单一的结构来表示。

(2)具有很高的数据独立性。在关系模型中,用户完全不涉及数据的物理存放,只与数据本身的特性发生关系。

(3)可以直接处理多对多的联系。在关系模型中,由于使用表格数据来表示实体之间的联系,因此,可以直接描述多对多的实体联系。例如,图2-16所示的二维表表示了一个"学生选课"的关系。而层次模型和网状模型都不能直接表示出"学生"和"课程"这两个实体之间多对多的联系,必须通过引进"学生选课"这样一种记录,将其分解为两个一对多的联系,才能表示出它们的联系。但图2-16所示的二维表则能直接表示它们之间的联系。

学号	课程号	分数
984221	CS1	78
986547	CS2	65
…	…	…
987912	CSn	56

图2-16 "学生选课"关系的二维表

(4)坚实的理论基础。在层次模型和网状模型的系统研究和数据库设计中,其性能和质量主要取决于设计者的主观经验和客观技术水平,但缺乏一定的理论指导。因此,系统的研制和数据库的设计都比较盲目,即使是同一个数据库管理系统,相同的应用,不同的设计者设计出来的系统的性能可以差别很大。而关系模型是以数学理论为基础的,从而避免了层次模型和网状模型系统中存在的问题。

在关系模型中,一个 n 元关系有 n 个属性,属性的取值范围称为值域。

一个关系的属性名表称为关系模式,也就是二维表的框架,相当于记录型。若某一关系的关系名为 R,其属性名为 A1,A2,…,An,则该关系的关系模式记为:

$$R(A1,A2,\cdots,An)$$

例如,图 2-17 所示的二维表为一个三元关系,其关系名为 ER,关系模式(即二维表的表框架)为 ER(S#,SN,SD)。其中 S#,SN,SD 分别是这个关系中的三个属性的名字,{984221,986547……987912} 是属性 S#(学号)的值域,{刘杨,赵俊……李明} 是属性 SN(学生姓名)的值域,{Physics,Computer……Chemistry} 是属性 SD(所属系)的值域。

学号(S#)	学生姓名(SN)	所属系(SD)
984221	刘杨	Physics
986547	赵俊	Computer
…	…	…
987912	李明	Chemistry

图 2-17　关系 ER

对于用户,关系方法应该是很简单的,但是关系数据库管理系统本身是很复杂的。关系方法之所以对用户简单,是因为它把大量的困难转嫁给了数据库管理系统。尽管在层次模型数据库和网络模型数据库诞生的同时就已经有了关系模型数据库的设想,但是研制和开发关系数据库管理系统却花费了比人们想像的要长得多的时间。关系数据库管理系统真正成为商品并投入使用要比层次数据库和网状数据库晚了十几年。但是,关系数据库管理系统一经投入使用,便显示了旺盛的活力和生命力,并逐步取代了层次数据库和网状数据库。现在耳闻目睹的数据库管理系统,全部都是关系数据库管理系统,像 Sybase、Oracle、MS SQL Server 以及 FoxPro 和 Access 等。

当然,关系数据模型也有缺点,其中最主要的缺点是,由于存取路径对用户透明,查询效率往往不如非关系数据模型。因此为了提高性能,必须对用户的查询请求进行优化,这增加了开发关系数据库管理系统的难度。

2.4　数据独立与三层结构

数据库是在文件系统的基础上发展起来的。在数据结构或程序设计语言中编写文件管理的程序是很复杂的,如果把这样的程序用于实际数据文件的管理就会更复杂,这时候程序是为特定的文件而写的,也许还是高效的,但它的最大缺点是与文件本身太密切。如果发现文件的组织不合适,例如,由于采用顺序文件响应速度太慢了,想把它改成索引文件结构或倒排文件结构,这将不仅仅是文件本身的事情,与之相关的应用程序都必须要进行彻底的修改。这对一个规模稍大的系统来说,是难而又难的事情,所需要的程序开发和维护工作量也是难以承受的。更重要的是,随着时间的推移,整个系统可能会混乱不堪。所以,希望能将应用程序与存储的数据分离开来。

为了解决这一问题,人们设计了一个软件——数据库管理系统,它的独特三级模式体系结构,就使应用程序与数据的组织、存储数据分离开来,真正地实现了应用程序与数据的相互独立。

数据库管理系统的产品种类很多,它们支持不同的数据模型,使用不同的数据库语言,建立在不同的操作系统之上,数据的存储结构也各不相同,但它们在体系结构上通常具有相同的特征,即采用三层模式结构。

数据库系统的三层模式结构如图 2-18 所示。

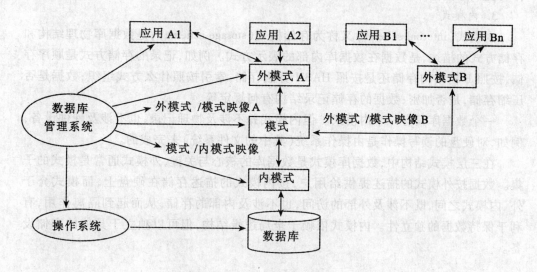

图 2-18 数据库系统的三层模式结构

2.4.1 数据库系统的三级模式结构

数据库的三层结构是数据的三个抽象级别,用户只要抽象地处理数据,而不必关心数据在计算机中是如何表示和存储的。

1. 外模式

外模式(external schema)又称为用户模式,是数据库用户和数据库系统的接口,是数据库用户的数据视图(view),是数据库用户可以看见和使用的局部数据逻辑结构和特征的描述,是与某一应用有关的数据的逻辑表示。

一个数据库通常都有多个外模式。当不同用户在应用需求、保密级别等方面存在差异时,其外模式描述就会有所不同。一个应用程序只能使用一个外模式,但同一外模式可为多个应用程序所使用。外模式是保证数据安全的重要措施。每个用户只能看见和访问所对应的外模式中的数据,而数据库中的其他数据均不可见。

2. 模式

模式(schema)又可分为概念模式(conceptual schema)和逻辑模式(logical schema),是所有数据库用户的公共数据视图,是数据库中全部数据的逻辑结构和特征的描述。它是数据库系统模式结构的中间层,既不涉及数据的物理存储细节和硬件环境,也与具体的应用程序,与所使用的应用开发工具及高级程序设计语言无关。

一个数据库只有一个模式。其中概念模式可用实体-联系模型来描述,逻辑模式以某种数据模型(比如关系模型)为基础,综合考虑所有用户的需求,并将其形成全局逻辑结构。模式不但要描述数据的逻辑结构,比如数据记录的组成,各数据项的名称、类型、取值范围,而且要描述数据之间的联系、数据的完整性、安全性要求。

3. 内模式

内模式(internal schema)又称为存储模式(storage schema),是数据库物理结构和存储方式的描述,是数据在数据库内部的表示方式。例如,记录的存储方式是顺序存储、按照 B 树结构存储还是按照 HASH 方法存储;索引按照什么方式组织;数据是否压缩存储,是否加密;数据的存储记录结构有何规定等。

一个数据库只有一个内模式。但内模式并不涉及物理记录,也不涉及硬件设备,例如,对硬盘的读写操作是由操作系统(其中的文件系统)来完成的。

在三层模式结构中,数据库模式是数据库的核心与关键,外模式通常是模式的子集。数据按外模式的描述提供给用户,按内模式的描述存储在硬盘上,而模式介于外、内模式之间,既不涉及外部的访问,也不涉及内部的存储,从而起到隔离作用,有利于保持数据的独立性。内模式依赖于全局逻辑结构,但可以独立于具体的存储设备。

2.4.2 数据独立性

数据库系统的三级模式是数据的三个抽象级别,它把数据的具体组织留给 DBMS 管理,使用户能逻辑地抽象地处理数据,而不必关心数据在计算机中的具体表示方式与存储方式。为了能够在内部实现这三个抽象层次的联系和转换,数据库管理系统在这三级模式之间提供了两层映像:

- 外模式/模式映像;
- 模式/内模式映像。

这两层映像保证了数据库系统中的数据能够具有较高的逻辑独立性和物理独立性。

所谓映像(mapping)就是一种对应规则,说明映像双方如何进行转换。

1. 逻辑数据独立性

为了实现数据库系统的外模式与模式的联系和转换,在外模式与模式之间建立映像,即外模式/模式映像。通过外模式与模式之间的映像把描述局部逻辑结构的外模式与描述全局逻辑结构的模式联系起来。由于一个模式与多个外模式对应，因此，对每个外模式，数据库系统都有一个外模式/模式映像，它定义了该外模式与模式之间的对应关系。这些映像定义通常包含在各自外模式的描述中。

有了外模式/模式映像，当模式改变时，比如增加新的属性、修改属性的类型，只要对外模式/模式的映像做相应的改变，可使外模式保持不变，则以外模式为依据编写的应用程序就不受影响，从而应用程序不必修改，保证了数据与程序之间的逻辑独立性，也就是逻辑数据独立性。

逻辑数据独立性说明模式变化时一个应用的独立程度。现今的系统，可以提供下列逻辑数据独立性：

（1）在模式中增加新的记录类型，只要不破坏原有记录类型之间的联系；
（2）在原有记录类型之间增加新的联系；
（3）在某些记录类型中增加新的数据项。

2. 物理数据独立性

为了实现数据库系统模式与内模式的联系和转换，在模式与内模式之间提供了映像，即模式/内模式映像。通过模式与内模式之间的映像把描述全局逻辑结构的模式与描述物理结构的内模式联系起来。由于数据库只有一个模式，也只有一个内模式，因此，模式/内模式映像也只有一个，通常情况下，模式/内模式映像放在内模式中描述。

有了模式/内模式映像，当内模式改变时，例如存储设备或存储方式有所改变，只要对模式/内模式映像做相应的改变，使模式保持不变，则应用程序就不受影响，从而保证了数据与程序之间的物理独立性，称为物理数据独立性。

物理数据独立性说明在数据物理组织发生变化时一个应用的独立程度。现今的系统，可以提供以下几个方面的物理数据独立性：

（1）改变存储设备或引进新的存储设备；
（2）改变数据的存储位置，例如把它们从一个区域迁移到另一个区域；
（3）改变物理记录的体积；
（4）改变数据物理组织方式，例如增加索引，改变 Hash 函数，或从一种结构改变为另一种结构。

从上面可以看出，由于数据库的三级模式、两层映像结构，在内模式发生变化，甚至模式发生变化时，都可以使外模式在最大限度上保持不变；而应用程序是在外模式所描述的数据结构的基础上编写的，与数据库的模式和存储结构独立；数据库的二级映像保证了数据库外模式的稳定性，从而从底层保证了应用程序的稳定性，因此，数据库结构采用三层模式、两层映像为系统提供了高度的数据独立性，使数据和程序的代价大大降低，而且还可以使数据达到共享，使同一数据满足更多用户的不同要求。数据与程序之间的独立性，使数据的定义和描述可以从应用程序中分离出去。另外，由于数据的存取由 DBMS 管理，用户不必考虑存取路径等细节，从而简化了应用程序的编制,大大减少了应用程序的维护和修改。

当然,存储文件的存储方法的改变,很可能会影响存储子程序的存取速度,即用户程序的性能和效率可能会受到影响,所以,通过修改和调整数据的存储结构,就可以提高用户程序的性能。因此,物理数据独立性还和性能调整密切相关,一个具有数据独立性的用户程序不用修改就可以得到性能的调整和提高。

物理数据独立性的最大好处是可以大大节省程序的维护代价。一般在一个大的系统中,会有很多用户程序操作存储文件,如果所有这些程序都通过存储子程序和概念文件完成它们的操作,那么当要改变存储文件的存储方法时,所有这些程序都不会受到影响。

应当指出,逻辑数据独立性比物理数据独立性更难以实现。例如模式的下述变化就无法保证逻辑数据独立性:
(1)在模式中删去了应用程序所需的某个记录类型;
(2)在模式中删去了应用程序所需的某个记录类型的某个数据项;
(3)改变模式中记录类型之间的联系,引起与应用程序对应的外模式发生变化等。

2.5 数据库管理系统

数据库管理系统(DBMS)是个非常复杂的软件系统,对数据库系统的所有操作,包括定义、查询、更新和各种运行控制最终都是通过 DBMS 实现的,因此它是使数据库系统具有数据共享、并发访问、数据独立等特性的根本保证。

2.5.1 数据库管理系统 DBMS 的主要功能

DBMS 的主要职责就是有效地实现数据库三级之间的转换,即把用户(或应用程序)对数据库的一次访问,从用户级带到概念级,再导向物理级,转换为对存储数据的操作。

DBMS 主要是实现对数据有效组织、管理和存取,因此,DBMS 主要功能有以下几个方面:

1. 数据库定义

DBMS 总是提供数据定义语言 DDL 用于描述模式、子模式、存储模式及其模式之间的映射,描述的内容包括数据的结构(以及操作,如何面向对象数据库等)、数据的完整性约束条件和访问控制条件等,并负责将这些模式的源形式转换成目标形式,存在系统的数据字典中,供以后操作或控制数据时查用。

2. 数据库操作及查询优化

DBMS 总是提供数据操作语言(DML)实现对数据库的操作,基本操作包括检索、插入、删除和修改。用户只需要根据子模式给出操作要求,而其处理过程的确定和优化则由 DBMS 完成，并且查询处理和优化机制的好坏直接反映 DBMS 的性能。

3．数据库控制运行管理

如前所述，数据库方法的最大优势在于允许多个用户并发地访问数据库，充分实现共享，相应地，DBMS 必须提供并发控制机制、访问控制机制和数据完整性约束机制，从而避免多个读写操作并发执行可能引起的冲突、数据失密以及安全性或完整性被破坏等一系列问题。

4．数据组织、存储和管理

数据库中物理存在的数据包括两部分：一部分是元数据，即描述数据的数据，主要是前述的三类模式，它们构成数据字典（DD）的主体，DD 由 DBMS 管理、使用；另一部分是原始数据，它们构成物理存在的数据库。DBMS 一般提供多种文件组织方法供数据库设计人员选用。数据一旦按某种组织方法装入数据库，其后对它的检索和更新都由 DBMS 的专门程序完成。

5．数据库的恢复和维护

DBMS 一般都要保持工作日志、运行记录等若干恢复数据，一旦出现故障，使用这些历史和维护信息可将数据库恢复到一致状态。此外，当数据库性能下降，或系统软硬设备变化时也能重新组织或更新数据库。

6．数据库的多种接口

一个数据库一旦设计完成，可能供多类用户使用，包括常规用户、应用程序的开发者、DBA 等。为适应不同用户的需求，DBMS 常提供各种接口，近年来还增加了图形接口，用户使用起来更直观、方便。

7．其他功能

如 DBMS 与网络中其他软件的通信功能，一个 DBMS 与另一个 DBMS 或文件系统的数据转换功能等。

2.5.2　数据库管理系统 DBMS 的组成

1．DBMS 的组成概述

DBMS 由查询处理器和存储管理器两大部分组成。其中，查询处理器主要有 4 个部分：DDL 编译器、DML 编译器、嵌入式 DML 的预编译器及查询运行核心程序；存储管理器有 4 个部分：授权和完整性管理器、事务管理器、文件管理器及缓冲区管理器。

数据库管理系统 DBMS 的主要组成部分如图 2-19 所示。

最底部表示存放数据的地方。习惯上，用圆盘形来表示存储数据的地方。注意，我们在这里标注的不仅有"数据"，还有"元数据"（metadata）——有关数据结构的信息。例如，如果这个 DBMS 是关系型的，那么元数据就包括关系名、这些关系的属性名、属性的数据类型（如整型或长度为 20 的字符串等）。

图 2-19 的最上方，是三种类型的 DBMS 输入。

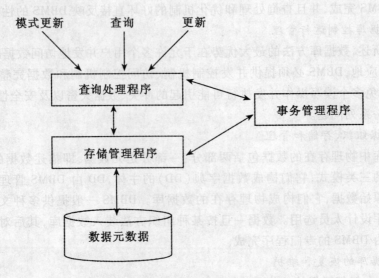

图 2-19 DBMS 的主要组成部分

（1）查询。查询就是对数据的询问。对数据的查询有两种方式。一是通过通用的查询接口，例如关系数据库管理系统允许用户输入 SQL 查询语句，然后将查询传给查询处理程序，并给出回答；二是通过应用程序的接口，典型的 DBMS 允许程序员通过应用程序调用 DBMS 来查询数据库。例如，使用图书销售系统的代理可以通过运行应用程序查询数据库了解图书的销售情况。可通过专门的接口提出查询要求，接口中也许包括城市名和时间之类的对话框。通过这种接口，并不能进行任意的查询，但对于合适的查询，这种方式通常比直接写 SQL 语句更容易。

（2）更新。对数据的插入、修改和删除等操作统称为更新。对数据的更新和对数据的查询一样，也可以通过通用接口或应用程序接口来提出。

（3）模式更新。模式更新命令一般由被授予了一定权限的人使用，有时我们称这些人为数据库管理员，他们能够更改数据库模式或者建立新的数据库。

所谓数据库的模式，就是指数据的逻辑结构。模式更新命令一般只能由数据库管理员使用，他们能够更改数据库模式或者建立新的数据库。例如学生选课系统要求能提供课程的上课地点，就要在课程关系中加入一个新的属性——上课地点（address），这就是对模式的更新。

2. 查询处理程序

查询处理程序的任务是把用较高级的语言所表示的数据库操作（包括查询、更新等）转换成一系列对数据库的请求。查询处理最复杂和最重要的部分是查询优化，也就是选择一个好的查询计划，从而尽可能地减少开销，使用户的操作尽快完成，得到结果。

3. 存储管理程序

在简单的数据库系统中,存储管理程序可能是低层操作系统的文件系统,但有时为了提高效率,DBMS 往往直接控制磁盘存储器。存储管理程序包括两个部分——文件管理程序和缓冲区管理程序。文件管理程序跟踪文件在磁盘上的位置,并负责取出一个或几个数据块,数据块中含有缓冲区管理程序所要求的文件。磁盘通常划分成一个个连续存储的数据块,每个数据块大小从 4KB 到 16KB 不等。缓冲区管理程序控制着主存的使用。它通过文件管理系统从磁盘取得数据块,并选择主存的一个页面来存放它。如果有另一个数据块想要使用这个页面,就把原来的数据块写回磁盘。假如事务管理程序发出请求,缓冲区管理程序也会把数据块写回磁盘。

4. 事务管理程序

DBMS 必须对执行数据库的操作提供一些特殊的保障。例如,即使出现系统故障,操作数据也不能丢失。典型的 DBMS 允许用户把一个或多个数据库操作(查询/更新)组成"事务"。可以认为,事务是一组按顺序执行的操作单位。

数据库系统常常允许多个事务并发地执行,事务管理程序的任务就是保证这些事务全都能正确执行。那么这个"正确执行"的标准到底是什么呢?一般来说,满足下列 4 个特性,就可以认为事务正确地执行了。这 4 个特性是:原子性、一致性、隔离性和持久性。

2.5.3 用户访问数据库的过程

为了便于理解 DBMS 的工作过程,下面给出应用程序 A 读数据过程中的主要步骤,如图 2-20 所示。应用程序 A 工作时,DBMS 为其开辟一个数据库系统工作区,用

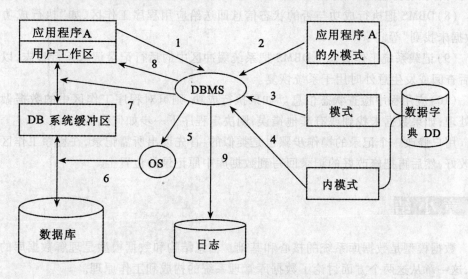

图 2-20 通过 DBMS 访问数据的步骤

于数据的传输和格式的转换,应用程序 A 对应的外模式、模式和物理模式存放在数据字典 DD 中。

(1)用户在应用程序中首先要给出它使用的外模式名称,然后在需要读取记录处嵌入一个用数据操作语言书写的读记录语句(其中给出要读记录的关键字值或其他数据项值)。当应用程序执行到该语句时,即转入 DBMS 的特定程序或向 DBMS 发出读记录的命令。

(2)DBMS 按照应用程序的外模式名,查找外模式表,确定对应的模式名称,并进行权限检查,即检查该操作是否在合法的授权范围内。若有问题,则拒绝执行该操作,并向应用程序回送出错状态信息。

(3)DBMS 按模式名查阅模式表,找到对应的目标模式,从中确定该操作所涉及的记录类型,并通过模式到存储映射(往往也在模式中)找到这些记录类型的存储模式。这里还有可能进一步检查操作的有效性、保密性。若通不过,则拒绝执行该操作并回送出错状态信息。

(4)DBMS 从数据字典 DD 调出相应的内模式描述,并从模式映像到内模式,从而确定读入的物理数据和具体的地址信息,即确定应从哪个物理文件、区域、存储地址调用哪个访问程序去读取所需记录。

(5)DBMS 的访问程序找到有关的物理数据块(或页面)地址,向操作系统(OS)发出读块(页)操作命令。

(6)操作系统(OS)收到该命令后,启动联机 I/O 程序,完成读块(页)操作,把要读取的数据块或页面送到内存的系统缓冲区,随后读入数据库(DB)的系统缓冲区。

(7)DBMS 收到操作系统 I/O 结束回答后,按模式、外模式定义,将读入系统缓冲区的内容映射为应用程序所需要的逻辑记录,送到应用程序的工作区。

(8)DBMS 把执行成功与否的状态信息回送给应用程序工作区,如"执行成功"、"数据未找到"等。

(9)记载系统工作日志。DBMS 把系统缓冲区中的运行记录记入运行日志,以备以后查阅或发生意外时用于系统恢复。

(10)应用程序检查状态信息。如果执行成功,则可对程序工作区中的数据做正常处理;如果数据未找到或有其他错误,则决定程序下一步如何执行。

用户修改一个记录的操作步骤也是类似的:首先读出所需记录,在程序工作区中修改好,然后再把修改好的记录回写到数据库中原记录的位置上。

本章小结

数据模型是数据库系统的核心和基础。信息结构和数据模型是理解数据库的基础,这一章从这两个方面讨论了数据库管理系统的构成和工作原理。

数据描述主要描述信息存在的三个范畴(现实世界、信息世界和机器世界),其中在机器世界应该掌握实体的基本概念尤其是实体间相互联系,并能够区分实体间的联系属于一对一联系、一对多联系还是多对多联系。

概念数据模型是一种与具体的数据库管理系统无关的模型,概念数据模型是理解数据库设计和进行数据库设计的基础。

把数据库管理系统支持的实体之间联系的表示方式称为基本的数据模型。传统的三大数据模型是层次模型、网状模型和关系模型。层次模型用层次关系表示联系,网状模型用网状结构表示联系,关系模型用关系表示联系。

本章的另一个重要内容是数据库的三层结构和数据独立性。数据库的三层结构是存储层、概念层和外部层,存储层和概念层之间的映像提供了物理数据独立性,概念层和外部层之间的映像提供了逻辑数据独立性。只有存储层才是物理上真正存放数据的层次。

最后介绍了数据库系统的体系结构。数据库系三级模式(模式、外模式和内模式)的系统结构保证了数据库系统中能够具有较高的逻辑独立性和物理独立性。读者应了解数据库系统不仅是一个单一的计算机系统,而且还是一个人-机系统,人的作用特别是数据库管理员(DBA)的作用尤其重要。

习 题 二

2.1 试述数据三种范畴之间的联系。

2.2 试给出三个实际部门的 E-R 图,要求实体型之间具有一对一、一对多、多对多的不同联系。

2.3 某工厂生产若干产品,每种产品由不同的零件组成,不同零件可用在不同的产品上。这些零件由不同的材料制成,不同的零件所用的材料可以相同。这些零件按所属的不同产品分别放在仓库中。试用 E-R 图画出此工厂产品、零件、材料、仓库的概念模型。

2.4 试给出一个实际部门的 E-R 图,要求有三个实体型,而且三个实体型之间有多对多联系。三个实体型之间的多对多联系和三个实体型两两之间的三个多对多联系等价吗?为什么?

2.5 什么是数据模型?数据模型的作用及三要素是什么?

2.6 传统的三大数据模型是哪些?它们分别是如何表示实体之间的联系的?

2.7 为什么数据库系统采用三层模式结构?两层映像的作用是什么?

2.8 什么叫模式、外模式和内模式?

2.9 何谓数据独立性,数据库为什么要有数据独立性?

2.10 DBMS 的主要组成部分是什么?各部分的主要功能是什么?

第三章 关系数据库

【学习目的与要求】

利用关系数据模型描述的数据库称为关系数据库。关系数据库是目前应用最为广泛的数据库系统。关系数据库模型特点是：具有严格的数学理论基础，用户接口比较简单，可用于并行式数据库、分布式数据库和数据库机等多个领域。本章首先介绍关系模型的基本概念及术语，然后讨论关系模型的数据结构和完整性约束条件，最后详细讨论关系代数与关系演算的操作。

3.1 关系模型的基本概念

关系模型使我们能以单一的方式来表示数据，即以称为"关系"的二维表格来表示数据。对用户而言，现实世界的实体和实体间的各种联系均用关系来表示。表3-1描述了学生的基本情况。

表 3-1

学号	姓名	年龄	性别	籍贯	是否党员
9908011	陈志刚	21	男	长沙	是
9908015	欧阳长红	19	女	太原	否
9904125	王体坚	20	女	广州	否
9807007	张兵	18	男	上海	是

表中的第一行为关系的基本属性结构，每一行描述了一个学生的具体情况，每一列的一个值为一个学生某一属性的具体值。

3.1.1 关系及基本术语

在关系模型中，将表格的头一行称为关系框架：是属性 $A_1, A_2, \cdots, A_K$ 的有限集合。每个属性 A_i 对应一个值域 $D_i = d(A_i)(i = 1, \cdots, k)$，值域可以是任意的非空有限集合或可数无限集合。

每一张表称为该关系框架上的一个具体关系：关系框架 R 上的一个关系 $r[R]$ 是

它的属性 $A_j(j=1,2,\cdots,k)$ 的对应域 $d(A_j)$ 构成的笛卡儿空间 $d(A_1)\times d(A_2)\times\cdots\times d(A_k)$ 中的一个子集。

表中的每一行称为关系的一个元组;每一列称为属性,它在某个值域上取值,不同的属性可以在相同的值域上取值。

当某些域为无穷集合时,乘积空间也是一个无穷集合,因而子集可以是有穷集合,也可以是无穷集合。乘积空间中的有限集合称为有限关系,无限集合称为无限关系。在后续讨论中若无特殊声明,关系总是指有限关系。

关系中的属性个数称为"元数",元组个数称为"基数"。例如表 3-1 的关系元数为 6,基数为 4。

3.1.2 关键字(码)

当关系中包含若干个元组时,如何将它们区分开来,这就需要通过属性集合的不同来确认,以下给出不同的关键字(码)的定义。

超关键字(super key):在关系中能惟一标识元组的属性集合称为超关键字。显然,一个关系所有属性的集合为该关系本身的超关键字。

候选关键字(candidate key):如某一属性集合是超关键字,但去掉其中任一属性后就不再是超关键字了,这样的属性集称为候选关键字。

候选关键字的诸属性称为主属性。不包含在任何候选关键字中的属性称为非主属性(非码属性)。

主关键字(primary key):如果关系中存在多个候选关键字,用户选作元组标识的一个候选关键字为主关键字。在关系操作时,通常选用一个主关键字作为插入、删除、检索元组的操作变量。

合成关键字(composite key):当某个候选关键字包含多个属性时,则称该候选关键字为合成关键字。

外部关键字(foreign key):如果关系 R 的某一(些)属性 K 不是 R 的候选关键字,而是另一关系 S 的候选关键字,则称 K 为 R 的外部关键字。它是两个关系联系的一种非常重要的方法。

关系是规范化了的二维表格,有下列的规范性限制:

(1)关系中的每个属性是不可分解的。
(2)不同的列可出自同一个域,不同的属性要给予不同的属性名。
(3)关系中不允许出现相同的元组(没有重复的元组)。
(4)由于关系是一个集合,因此不考虑元组间的顺序。
(5)列的顺序无所谓,即列的次序可以任意交换。

在许多实际关系数据库产品中,并不完全具有以上的几条性质。例如,有的数据库产品(如 FoxPro)仍然区分了属性顺序和元组的顺序;其他关系数据库产品中(如 Oracle)允许关系中存在两个完全相同的元组。

3.2 关系模式

关系模型基本上遵循数据库的三级体系结构。在关系模型中,概念模式是关系模式的集合;外模式是关系子模式的集合,子模式是用户所用到的那部分数据的描述,除了指出用户的数据外,还应指出模式与子模式之间的对应性;内模式是存储模式的集合,关系存储时的基本组织方式是文件。通过模式定义语言可对每种不同的模式进行定义。

在数据库中要区分型和值。关系数据库中,关系模式是型,关系是值。我们应从如下几个方面来说明关系模式的内容。

首先必须指出元组集合的结构,即它由哪些属性组成,这些属性的取值域,以及属性与域之间的映像关系。其次,一个关系通常是由赋予它的元组语义来确定的,凡使 n 目谓词(n 是属性集合中属性的个数)为真的笛卡儿积中的元素的全体构成了该关系模式的关系。最后,由于现实世界的许多事实限制了关系模式的可能关系,故必须给出一定的完整性约束条件。这些约束或者通过对属性的取值限定,或者通过属性间的相关关系来体现出来。

关系模式的定义包括:模式名、属性名、值域名以及模式的主键。它仅仅是对数据特性的描述,与物理存储方式没有关系。

定义 3-1 关系的描述称为关系模式,形式化表示如下:

$$R(U, D, \text{dom}, F)$$

其中 R 为关系名,U 是组成该关系的属性名集合,D 是属性组 U 中属性所来自的域,dom 为属性到域的映像集合,F 为属性间数据的依赖关系集合。

通常关系模式简记为 $R(A_1, A_2, \cdots, A_k)$,R 为关系名,$A_1, A_2, \cdots, A_k$ 为属性名,并指出主关键字。

【例 3-1】 在学校教学模型中,如果学生的属性 S#,SNAME,AGE,SEX 分别表示学生的学号、姓名、年龄和性别;课程的属性 C#,CNAME,TEACHER 分别表示课程号、课程名和任课教师姓名。请给出它们的关系模式。

学生关系模式 S(<u>S#</u>、SNAME、AGE、SEX)

课程关系模式 C(<u>C#</u>、CNAME、TEACHER)

关系模式中带有下画线的属性集为主关键字。

3.3 关系模型的完整性

为了维护数据库中数据与现实世界的一致性,在关系模型中加入完整性规则,其中可以有 4 类完整性约束:域完整性约束、实体完整性约束、参照完整性约束和用户定义完整性约束。其中域完整性、实体完整性和参照完整性是关系模型必须满足的约束条件,由关系系统自动支持。

1. 域完整性约束

域完整性约束主要规定属性值必须取自值域,一个属性能否为空值由其语义决定。域完整性约束是最基本的约束,一般关系 DBMS 都提供此项检查功能。

2. 实体完整约束

若属性 A 是关系 R 主关键字上的属性,则属性 A 不能取空值。

实体完整性规则规定基本关系中组成主关键字的各属性都不能取空值,有多个候选关键字时,主关键字以外的候选关键字可取空值。例如在关系"学生成绩关系 SC(学号,课程号,成绩)"中,"学号"和"课程号"为主属性,都不能取空值。

3. 参照完整约束

这条规则要求"不引用不存在的实体",考虑的是不同关系之间或同一关系的不同元组之间的制约。参照完整性的形式定义如下:

如果属性集 K 是关系模式 R 的主关键字,K 也是关系模式 S 的外关键字(关系 R 和 S 不一定是不同的关系),那么在 S 的关系中,K 的取值只允许两种可能,或者为空值,或者等于 R 关系中某个主关键字的值。

在上述形式定义中,关系模式 R 称为"参照关系"模式,关系模式 S 称为"依赖关系"模式。

4. 用户定义完整约束

不同的关系数据库系统根据其应用环境的不同,往往还需要一些特殊的约束条件,用户定义的完整性就是针对某一具体关系数据库的约束条件。例如学生的年龄定义为两位整数,还可以写一条规则,如把年龄限制为 16～20 岁之间。

3.4 关系代数

关系数据库的数据操作分为查询和更新两类。更新语句用于插入、删除或修改等操作,查询语句用于各种检索操作。关系查询语言根据其理论基础的不同分为两大类。

关系代数语言:查询操作是以集合操作为基础运算的 DML 语言。

关系演算语言:查询操作是以谓词演算为基础运算的 DML 语言。

关系代数是一种抽象的查询语言,是关系数据操纵语言的一种传统表达方式,它是用对关系的运算来表达查询的。关系代数的运算对象是关系,运算结果亦为关系。

3.4.1 关系代数的五种基本操作

关系代数的一部分运算是集合运算(如并、交、差、笛卡儿积),另一部分是关系代数所特有的投影、选择、连接和除等运算。这里先介绍关系代数中五种基本操作:并、差、笛卡儿积、投影和选择。它们组成了关系代数完备的操作集。

首先定义关系的相等。设有同类关系 r_1 和 r_2，若 r_1 的任何一个元组都是 r_2 的一个元组，则称关系 r_2 包含关系 r_1，记为 $r_2 \supseteq r_1$，或 $r_1 \subseteq r_2$。如果 $r_1 \subseteq r_2$ 且 $r_1 \supseteq r_2$，则称 r_1 等于 r_2，记为 $r_2 = r_1$。

定义 3-2　并(union)

设有同类关系 $r_1[R]$ 和 $r_2[R]$，二者的合并运算定义为：

$$r_1 \cup r_2 = \{t | t \in r_1 \vee t \in r_2\}$$

式中"$\cup$"为合并运算符。$r_1 \cup r_2$ 的结果关系是 r_1 的所有元组与 r_2 的所有元组的并集(去掉重复元组)。

定义 3-3　差(difference)

设有同类关系 $r_1[R]$ 和 $r_2[R]$，二者的差运算定义为：

$$r_1 - r_2 = \{t | t \in r_1 \wedge t \notin r_2\}$$

式中"$-$"为差运算符。$r_1 - r_2$ 的结果关系是 r_1 的所有元组减去 r_1 与 r_2 相同的那些元组所剩下元组的集合。

定义 3-4　笛卡儿积(Cartesian product)

设 $r[R]$ 为 k_1 元关系，$s[S]$ 为 k_2 元关系，二者的笛卡儿积运算定义为：

$$r \times s = \{t | t = <u,v> \wedge u \in r \wedge v \in s\}$$

$r \times s$ 的结果是一个 $k_1 + k_2$ 元的关系，它的关系框架是 R 与 S 框架的并集(由于 R 与 S 中可能有重名的属性，故对结果关系框架允许其中有同名属性，或将同名属性改名，在连接运算中亦有类似问题)。它的每个元组的前 k_1 个分量为 r 的一个元组，后 k_2 个分量为 s 的一个元组，$r \times s$ 是所有可能的这种元组构成的集合。若 r,s 分别有 m,n 个元组，则 $r \times s$ 有 $m \times n$ 个元组。

定义 3-5　投影(projection)

这个操作是对一个关系进行垂直分割，消去某些列，并重新安排列的顺序。

设有 k 元关系 $r[R]$，它的关系框架 $R = \{A_1, A_2, \cdots, A_k\}$，$A_{j_1}, A_{j_2}, \cdots, A_{j_n}$ 为 R 中互不相同的属性。那么关系 r 在属性(分量) $A_{j_1}, A_{j_2}, \cdots, A_{j_n}$ 上的投影运算定义为：

$$\pi_{A_{j_1}, A_{j_2}, \cdots, A_{j_n}}(r) = \{u | u = <t[A_{j_1}], t[A_{j_2}], \cdots, t[A_{j_n}]> \wedge t \in r\}$$

式中"π"为投影运算符，$A_{j_1}, A_{j_2}, \cdots, A_{j_n}$ 也可写成 $j_1, j_2, \cdots, j_n$，它们表示要投影的属性(列)，$\pi_{j_1, j_2, \cdots, j_n}(r)$ 的结果是一个 n 元关系，它的关系框架为 $\{A_{j_1}, A_{j_2}, \cdots, A_{j_n}\}$，它的每个元组由关系 r 的每个元组的第 $j_1, j_2, \cdots, j_n$ 个分量按此顺序排列而成(不计重复元组)。

定义 3-6　选择(selection)

选择操作是根据某些条件对关系做水平分割，即选取符合条件的元组。条件可用命题公式 F 表示。F 由两个部分组成：

运算对象：常数(用引号括起来)，元组分量(属性名或列的序号)。

运算符：算术比较运算符($<, \leq, >, \geq, =, \neq$，也称为 θ 符)，逻辑运算符($\wedge, \vee, \neg$)。

关系 R 关于公式 F 的选择操作用 $\sigma_F(R)$ 表示,形式定义如下:

$$\sigma_F(R) \equiv \{t \mid t \in R \wedge F(t) = \text{true}\}$$

σ 为选择运算符,$\sigma_F(R)$ 表示从 R 中挑选满足公式 F 为真的元组所构成的关系。

例如,$\sigma_{A \leqslant '8'}(S)$ 表示从 S 中挑选属性 A 的值小于等于 8 的元组所构成的关系。如果 A 的属性在关系 S 中为第 2 个分量,也可表示为 $\sigma_{2 \leqslant '8'}(S)$。常量用引号括起来,而属性名和属性序号不要用引号括起来。

【例 3-2】 有两个关系 R 和 S,如图 3-1(a)和(b)所示,图 3-1(c)、(d)、(e)分别表示 $R \cup S$、$R \times S$ 和 $R - S$。注意在笛卡儿运算时,如果两个关系有相同的属性名,在相应的属性名前加上关系名作为前缀。(f)和(g)分别表示 $\pi_{2,3}(S)$ 和 $\sigma_{A_1 > 3}(R)$ 的运算结果。

关系 R

A_1	A_2	A_3
2	c	6
5	f	5
1	d	1

(a)

关系 S

A_1	A_2	A_3
5	f	5
7	a	1

(b)

$R \cup S$

A_1	A_2	A_3
2	c	6
5	f	5
1	d	1
7	a	1

(c)

$R \times S$

$R.A_1$	$R.A_2$	$R.A_3$	$S.A_1$	$S.A_2$	$S.A_3$
2	c	6	5	f	5
5	f	5	5	f	5
1	d	1	5	f	5
2	c	6	7	a	1
5	f	5	7	a	1
1	d	1	7	a	1

(d)

$R - S$

A_1	A_2	A_3
2	c	6
1	d	1

(e)

$\pi_{2,3}(S)$

A_2	A_3
f	5
a	1

(f)

$\sigma_{A_1 > 3}(R)$

A_1	A_2	A_3
5	f	5

(g)

图 3-1 关系代数的五种基本运算

3.4.2 关系代数的其他操作

关系代数还有其他的操作,但都可从上面的基本操作推出,在实际应用中极为有用。

定义 3-7 交(intersection)

设有同类关系 $r_1[R]$ 和 $r_2[R]$,二者的交运算定义为:

$$r_1 \cap r_2 = \{t \mid t \in r_1 \wedge t \in r_2\}$$

式中"∩"为相交运算符,$r_1 \cap r_2$ 的结果关系是 r_1 和 r_2 所有相同的元组构成的集合,它与 r_1 和 r_2 为同类关系。显然 $r_1 \cap r_2$ 等于 $r_1 - (r_1 - r_2)$ 或 $r_2 - (r_2 - r_1)$。

【例 3-3】 有两个关系 R 和 S,如图 3-1(a) 和 3-1(b) 所示,图 3-2 给出的为 $R \cap S$ 的结果。

$R \cap S$

A_1	A_2	A_3
5	f	5

图 3-2 投影运算举例

定义 3-8 θ-连接(θ-join)

设 $r[R]$、$s[S]$ 关系框架分别为 $R = \{A_1, A_2, \cdots, A_{K_1}\}$ 和 $S = \{B_1, B_2, \cdots, B_{K_2}\}$,那么关系 r 和 s 的 θ-连接运算定义为:

$$r \underset{A_i \theta B_j}{\bowtie} s = \{t \mid t = <u, v> \wedge u \in r \wedge v \in S \wedge u[A_i] \theta v[B_j]\}$$

r 和 s 的 θ-连接运算的结果关系由所有满足下列条件的元组构成:它的元组的前 k_1 个分量是 r 的某个元组,后 k_2 个分量是 s 的某个元组,且对应于属性 A_i、B_j 的分量满足 θ 比较运算。显然有:

$$r \underset{A_i \theta B_j}{\bowtie} s = \sigma_{A_i \theta B_j}(r \times s)$$

当 θ 为 "=" 时,$r \underset{A_i = B_j}{\bowtie} s$ 为等值连接,它是比较重要的一种连接方法。

定义 3-9 F-连接(F-join)

设 $r[R]$、$s[S]$ 关系框架分别为 $R = \{A_1, A_2, \cdots, A_{K_1}\}$ 和 $S = \{B_1, B_2, \cdots, B_{K_2}\}$,$F(A_1, A_2, \cdots, A_{K_1}, B_1, B_2, \cdots, B_{K_2})$ 为一公式,F 说明如定义 3-6 中的 F,r 和 s 的 F-连接运算定义为:

$$r \underset{F}{\bowtie} s = \{t \mid t = <u, v> \wedge u \in r \wedge v \in s \wedge F(u[A_1], \cdots, u[A_{k_1}], v[B_1], \cdots, v[B_{k_2}])\}$$

且有 $r \underset{F}{\bowtie} s = \sigma_F(r \times s)$。

定义 3-10 自然连接(natural join)

两个关系 $r[R]$ 和 $s[S]$ 的自然连接操作用 $r \bowtie s$ 表示,具体的计算过程如下:

(1) 计算 $r \times s$;

(2) 设 r 和 s 的公共属性是 $A_1, A_2, \cdots, A_m$,选出 $r \times s$ 中满足 $r \cdot A_1 = s \cdot A_1, \cdots, r \cdot A_m = s \cdot A_m$ 的那些元组;

(3) 去掉 $s \cdot A_1, s \cdot A_2, \cdots, s \cdot A_m$ 这些列。

自然连接是连接中应用最为广泛的操作。一般的连接操作是从行的角度进行运算。但自然连接还需要取消重复列,所以是同时从行和列的角度进行运算。

【例 3-4】 设图 3-3(a) 和 (b) 分别显示关系 R 和关系 S,图 3-3(c) 显示 $R \underset{(C>D)}{\bowtie} S$ 的结果,图 3-3(d) 显示等值连接 $R \underset{R.C=S.C}{\bowtie} S$ 的结果,图 3-3(e) 显示自然连接 $R \bowtie S$ 的结果。

R

A	B	C
a	5	4
c	6	7
d	1	12
e	3	9

(a)

S

C	D
3	5
7	8
9	10

(b)

$R \underset{C>D}{\bowtie} S$

R.A	R.B	R.C	S.C	S.D
c	6	7	3	5
d	1	12	3	5
d	1	12	7	8
d	1	12	9	10
e	3	9	3	5
e	3	9	7	8

(c)

$R \underset{R.C=S.C}{\bowtie} S$

R.A	R.B	R.C	S.C	S.D
c	6	7	7	8
e	3	9	9	10

(d)

$R \bowtie S$

A	B	C	D
c	6	7	8
e	3	9	10

(e)

图 3-3 连接运算举例

定义 3-11 除(division)

给定关系 $r(X,Y)$ 和 $s(Y,Z)$,其中 X,Y,Z 为属性组。r 中的 Y 与 s 中的 Y 可以有不同的属性名,但必须出自相同的域集。R 与 S 的除运算得到一个新的关系 $p(X)$,p 是 r 中满足下列条件的元组在 X 属性列上的投影:

元组在 X 上分量值 x 的像集 Y_x 包含 s 在 Y 上投影的集合。记为:

$$r \div s = \{ t_r[X] \mid t_r \in r \wedge \pi_y(s) \subseteq Y_x \}$$

其中 Y_x 为 x 在 r 中的像集，$x = t_r[X]$。

【例 3-5】 设图 3-4(a)和(b)分别显示关系 R 和关系 S，图 3-4(c)显示 $R \div S$ 的结果。

R

A	B
a	f
c	g
c	f
a	g
e	f
f	d

(a)

S

B	C
f	h
g	m

(b)

$R \div S$

A
a
c

(c)

图 3-4 除运算举例

在关系代数运算中，把多个基本操作运算经过有限次的复合后得到的式子称为关系代数表达式。这种表达式的结果仍然是个关系。通常我们可利用关系代数表达式来表示查询结果。

【例 3-6】 设教学课程数据库中有三个关系：

学生关系 S(S#, sname, age, sex)　　(学号，姓名，年龄，性别)

课程关系 C(C#, cname, teacher)　　(课程号，课程名，教师名)

成绩关系 SC(S#, C#, grade)　　(学号，课程号，成绩)

用关系代数表达式表示如下查询要求。

(1)查询姓名为“张山”的学生学习的情况。

$$\pi_{\text{S.S\#, S.sname, SC.grade}}(\sigma_{\text{s.name}=\text{"张山"}}(\text{S} \bowtie \text{SC}))$$

(2)查询学号为“S2”的学生学习“数据库原理”课程的成绩。

$$\pi_{\text{grade}}(\sigma_{\text{S.S\#}=\text{"S2"} \wedge \text{C.cname}=\text{"数据库原理"}}(\text{S} \bowtie \text{SC} \bowtie \text{C}))$$

(3)查询至少学习了课程号为“C2”和“C4”的学生的学号。

$$\pi_1(\sigma_{1=4 \wedge 2=\text{"C2"} \wedge 5=\text{"C4"}}(\text{SC} \times \text{SC}))$$

这里 SC × SC 表示关系 SC 自身相乘的笛卡儿积。

(4)查询学习了所有课程的学生的姓名。

$$\pi_{\text{sname}}(\text{S} \bowtie \pi_{\text{S\#,C\#}}(\text{SC}) \div \text{C})$$

对一个查询要求来说，关系代数表达式可能不是惟一的，而且可以通过优化找出更好的表达式来，这在后面的章节中会详细介绍。

3.5 关系演算

关系演算是以数理逻辑中的谓词演算为基础的。按谓词变元的不同,关系演算可分为元组关系演算和域关系演算。前者以元组为变量,后者以属性(域)为变量。

3.5.1 元组关系演算

在元组演算中,元组关系演算表达式的一般形式为:
$$\{t \mid P(t)\}$$
其中,t 是元组变量,表示一个元数确定的元组;P 是满足一定逻辑条件的公式;$\{t \mid P(t)\}$ 表示满足公式 P 的所有元组 t 的集合。

1. 原子公式的定义,原子公式的三种形式

(1) $r(x)$。r 是关系名,x 是元组变量,$r(x)$ 表示"x 是关系 r 中的元组"。

(2) $x[A]\theta C$ 或 $C\theta x[B]$。x 是元组变量;A,B 为属性;C 为常量;θ 为比较运算符;$x[A]\theta C$ 表示 x 的 A 分量与 C 之间满足 θ 关系;$C\theta x[B]$ 类似。

(3) $x[A]\theta y[B]$。x,y 为元组变量;A,B 为属性;θ 为比较运算符;$x[A]\theta y[B]$ 表示 x 中的 A 分量与 y 中的 B 分量满足 θ 关系。

θ 一般有六种运算符,分别为 ">","<","$\leq$","$\geq$","=","$\neq$"。

在一个演算公式中,如果元组变量未用存在量词 $\exists$ 或全称量词 $\forall$ 符号定义,称为自由元组变量,否则称为约束元组变量。

2. 公式生成规则

(1) 任何原子公式都是公式。

(2) 若 A 为公式,则 $\neg A$ 也是公式。

(3) 若 A,B 为公式,则 $A \wedge B, A \vee B$ 也都是公式。

(4) 若 x 是元组变量,$A(x)$ 是涉及 x 的公式,则 $\exists x A(x)$ 和 $\forall x A(x)$ 也都是公式。

(5) 若 A 是公式,则 (A) 也是公式。

(6) 所有公式都是从原子公式出发,按上述规则经有限次复合运算求得的。除此之外构成的都不是公式。

为确定公式求值的运算次序,将运算按优先级从高到低排列如下:括号、算术比较符、$\exists$、$\forall$、$\neg$、$\wedge$、$\vee$。

【例 3-7】 设有两个关系 $r[R], s[S]$,如图 3-5(a)、(b) 所示,且 $R = S = \{A, B, C\}$。下列元组演算表达式的结果如图 3-5(c)、(d)、(e)、(f) 所示。

$R_1 = \{t \mid r(t) \wedge t[3] > 4\}$

$R_2 = \{t \mid r(t) \wedge \neg s(t)\}$

$R_3 = \{t \mid (\forall u)(r(t) \wedge s(u) \wedge t[3] > u[3])\}$

$R_4 = \{t \mid (\exists u)(\exists v)(r(u) \wedge s(v) \wedge u[1] < v[3] \wedge t[1] = u[2] \wedge t[2] = v[3] \wedge$

$t[3] = u[1])\}$

关系 r

A	B	C
1	a	10
6	c	8
10	e	7
9	f	9

(a)

关系 s

A	B	C
10	e	7
2	h	2
9	f	9
6	k	2

(b)

R_1

A	B	C
1	a	10
6	c	8
10	e	7
9	f	9

(c)

R_2

A	B	C
1	a	10
6	c	8

(d)

R_3

A	B	C
1	a	10

(e)

R_4

r.B	s.C	r.A
a	7	1
a	2	1
a	9	1
c	7	6
c	9	6

(f)

图 3-5 元组关系演算举例

【例 3-8】 针对例 3-6 给出的学生关系 S,课程关系 C 和成绩关系 SC,用元组演算表示下列查询:

(1) 查询所有男生的学号、姓名、年龄、性别。

$\{t | S(t) \wedge t[3] = "男"\}$

(2) 查询学习课程号为"C2"的学生学号和姓名。

$\{t | (\exists u)(\exists v)(S(u) \wedge SC(v) \wedge v[2] = "C2" \wedge u[1] = v[1] \wedge t[1] = u[1] \wedge t[2] = u[2])\}$

(3) 查询至少选修课程号为 C2 和 C4 的学生学号。

$\{t | (\exists u)(\exists v)(SC(u) \wedge SC(v) \wedge u[2] = "C2" \wedge v[2] = "C4" \wedge u[1] = v[1] \wedge t[1] = u[1])\}$

(4) 查询学习了全部课程的学生姓名。

$\{t | (\exists u)(\forall v)(\exists w)(S(u) \wedge C(v) \wedge SC(w) \wedge u[1] = w[1] \wedge w[2] = v[1] \wedge t[1] = u[2])\}$

3.5.2 域关系演算

域关系演算简称域演算,类似于元组关系演算,惟一的区别是用域变量取代元组变量,域变量的变化范围是某个值域而不是一个关系。

域演算公式递归定义如下：
1. 原子公式
(1) $r(x_1, x_2, \cdots, x_k)$，r 是一个 k 元的关系，每个 x_i 为常量或域变量。
(2) $x\theta y$，其中 x, y 是常量或域变量，但至少有一个是域变量，θ 是算术比较符。
2. 复合规则
(1) 任何原子公式都是公式
(2) 如果 g, f 是公式，则 $\neg g, g \wedge f, g \vee f$ 也是公式。
(3) 如果 g 是公式，A 是 U 中的属性，x 是 A 所对应域变量，则 $\exists x[A]g, \forall x[A]g$ 也都是公式。
(4) 如果 g 是公式，则 (g) 也是公式。

所有域演算公式均从原子公式出发按上述复合规则经有限次复合而得，别无其他形式。公式中运算的优先级与元组演算相同。

【例3-9】 设有图3-6(a)、(b)、(c)所示的三个关系 $r[R], s[S], w[W]$，且 $R = S = \{A, B, C\}, W = \{D, E\}$，给出下面域表达式的值：

$R_1 = \{xyz \mid s(xyz) \wedge y > 3\}$

$R_2 = \{xyz \mid r(xyz) \vee (s(xyz) \wedge z < 7)\}$

$R_3 = \{xyz \mid (\exists u)(\exists v)(r(zxu) \wedge w(yv) \wedge u > v)\}$

关系 r

A	B	C
2	4	1
5	6	5
9	7	8

(a)

关系 s

A	B	C
1	2	3
5	4	6
7	8	9

(b)

关系 w

D	E
7	4
2	7

(c)

R_1

A	B	C
5	4	6
7	8	9

(d)

R_2

A	B	C
2	4	1
5	6	5
9	7	8
1	2	3
5	4	6

(e)

R_3

B	D	A
6	7	5
7	7	9
7	2	9

(f)

图3-6 域关系演算举例

本章小结

关系数据库系统是目前使用最广泛的数据库系统,也是目前为止最为成功的数据库系统,在数据库发展的历史上,最重要的成就是关系模型。关系模型与非关系模型的区别主要在于操作的单一性和非过程性,它只有"表"这一种数据结构,而且能自动地完成数据的优化。

本章系统介绍了关系模型的基本概念、体系结构和完整性规则。给出的关系代数是面向集合的操作,具有非常严谨的理论基础,编写较简单,但效率不是很高。关系演算是基于谓词演算的关系运算,理论性较强,实现难度相对较大。

习 题 三

3.1 名词解释:
关系模式 关系 属性 域 超关键字 候选关键字 主关键字

3.2 为什么关系中不允许有重复元组?

3.3 试述关系数据模型的完整性约束条件。

3.4 笛卡儿积、等值连接、自然连接三者之间的区别是什么?

3.5 设有关系 R 和 S,如图3-7所示。

计算: $R \cup S, R \cap S, R - S, R \times S, \pi_{2,3}(R), \sigma_{C<"4"}(S), R \underset{2<2}{\bowtie} S, R \bowtie S$。

关系 R

A	B	C
4	6	9
1	5	8
7	4	7
2	3	4

关系 S

A	B	C
5	7	6
7	3	4

图3-7 关系表

3.6 如果 R 是二元关系,那么下列元组演算表达式的结果是什么?
$\{t \mid (\exists u)(R(t) \wedge R(u) \wedge (t[1] \neq u[1] \wedge t[2] \neq u[2]))\}$

3.7 设有三个关系:
S (s#, sname, age, sex)
SC (s#, c#, grade)
C (c#, cname, teacher)

中文说明见例 3-6。

试用关系代数表达式表示下列查询：

（1）查询 WANG 老师所授的课程号、课程名。

（2）查询学习了 WANG 老师所授课程的女学生的学号与成绩。

（3）查询学号为 9801001 学生所学课程与任课教师名。

（4）查询至少学习了 WANG 老师与 ZHANG 老师所授课程的学生学号与姓名。

（5）查询全部学生都选修的课程的课程号与教师。

3.8　在题 3.7 的关系集合上，请用元组关系演算的式子完成以下操作：

（1）检索选修课程号为 C2 或 C4 的学生学号。

（2）检索不学 C2 课程的学生姓名及其年龄。

（3）检索选修课程包含 WANG 老师所授课程的学生学号。

3.9　设 R,S 是任意两个同类关系，U 是 R 关系框架中所有属性的集合，属性集 $A \subseteq U$，试说明下列等式是否成立，并指出它们的正确表示。

$$\pi_A(R-S) = \pi_A(R) - \pi_A(S)$$

$$\pi_A(R \cap S) = \pi_A(R) \cap \pi_A(S)$$

$$\pi_A(R \cup S) = \pi_A(R) \cup \pi_A(S)$$

第四章 Microsoft SQL Server 2000 数据库基础

【学习目的与要求】

了解客户/服务器结构的概念和特点,理解 SQL Server 2000 的体系结构及 SQL Server 2000 提供的常用管理工具程序,掌握企业管理器和查询分析器工具的使用。同时也要掌握 Transact-SQL 程序设计的基本概念、基本语法、函数及控制语句的使用,在 SQL Server 系统中,SQL Server 管理系统所有应用程序之间的通信需要通过 Transact-SQL 语句来进行。

4.1 SQL Server 2000 系统概述

随着各种大型数据库处理系统以及商业网站对数据可靠性和安全性要求的不断提高,陈旧的数据库管理服务已经无法满足最终用户的需求。SQL Server 2000 正是在这种环境下应运而生的。

SQL Server 2000 是微软公司最新开发的大型数据库服务器,是一种关系型数据库系统,是基于客户/服务器(Client/Server,简称 C/S)的关系型数据库管理系统(Relational DataBase Management System,简称 RDBMS)。它不但可以满足大型数据处理系统对数据存储量的需求,而且对小型企业和个人来说,也可以作为管理数据的简易工具。

SQL Server 2000 可以在多种操作系统上运行,服务器环境可以是 Windows NT、Windows 2000 Server 或 Windows 9x,客户机环境可以是 Windows NT、Windows 2000 Server、Windows 9x、Windows 3x、MS-DOS、第三方平台和 Internet 浏览器。

SQL Server 使用的数据库编程语言是 Transact-SQL,它支持最新的 SQL 标准,并且增加了许多新的功能和特点,使用 Transact-SQL 可以访问、查询、修改和管理关系型数据库系统。

SQL Server 2000 在 SQL Server 7.0 的基础上对数据库性能、数据可靠性、易用性方面做了重大改进,这些改进使 SQL Server 2000 更加安全且易于使用,成为大规模联机事务处理(OLTP)、数据仓库和电子商务应用程序的优秀数据库平台。

继 SQL Server 7.0 增加了 4 种新的数据类型之后,SQL Server 2000 又提供了 3 种新的数据类型,分别是 bigint、sql_variant 和 table。在 SQL Server 2000 中,用户可以建立自定义的函数,函数返回值可以是一个值,也可以是一个表。

SQL Server 2000 的常见版本有 4 个:企业版(enterprise edition)、标准版(standard edition)、个人版(personal edition)和开发者版(developer edition)。

4.2 客户/服务器体系结构

数据库系统的体系结构分为单机系统、集中式系统、分布式系统和客户/服务器系统。

单机数据库系统是由同一台计算机完成所有数据库系统的工作,包括存储、处理、管理及使用数据库系统等。

在集中式数据库系统中,客户终端和主机之间传递数据的方式非常简单,一是用户从客户终端键盘键入信息到主机,二是由主机返回到终端上的字符。计算机的所有资源(数据)都在主机上,所有处理(程序)也在主机上完成。这种结构的优点是可以实现集中管理,安全性很好。但这种计算机的费用非常昂贵,并且应用程序和数据库都存放在主机中,没有办法真正划分应用程序的逻辑。

分布式数据库系统由一个概念数据库组成,这个概念数据库的数据存储在网络中多个节点的物理数据库中。

客户/服务器数据库系统的软件按逻辑功能分为客户端软件和服务器端软件,它们运行在各自的节点上,各负其责,协调工作。

4.2.1 客户/服务器结构的数据库系统

20 世纪 80 年代末到 20 世纪 90 年代初,许多应用系统从主机终端方式、文件共享方式向客户/服务器方式过渡。客户/服务器系统比文件服务器系统能提供更高的性能,因为客户机和服务器将应用的处理要求分开,同时又共同实现其处理要求(即分布式应用处理)。服务器为多个客户机管理数据库,而客户机发送请求并分析从服务器接收的数据。

通常所说的客户/服务器结构既可以指硬件的结构,也可以指软件的结构。这里主要指的是后者。软件的客户/服务器结构是指将一个软件系统或应用系统按逻辑功能分成若干组成部分,例如,用户界面、表示逻辑、事务逻辑、数据访问等。这些软件成分按照其相对角度不同区分为客户软件和服务器软件,客户软件能够请求服务器软件的服务。例如,客户软件负责数据的表示和应用,请求服务器软件为其提供数据的存储和检索服务。从系统配置上,服务软件通常安装在功能强大的服务器上,而客户软件就放在相对简单的 PC 机上。客户软件和服务器软件可以分布在网络中不同的计算机节点上,也可以放置在同一台计算机上。

客户/服务器结构的数据库系统中,客户机与服务器通过消息传递机制进行对话,客户请求程序首先通过网络协议(如 TCP/IP 及 IPX/SPX 等)与服务器程序进行连接,然后将用户的需求以某种方式传送给服务器。服务器针对客户的请求提供数据服务(这些服务包括数据插入、修改和查询等),并将服务结果返回给客户端。客户端应用程序接收到数据库服务器返回的数据后,分析并呈现给用户。因此,客户/服务器(C/S)结构的主要特点是客户机与服务器之间的职责明确,客户机主要负责服务请求和数据表示的工作,而服务器主要负责数据处理。即由客户端发出请求给服务器端,服务器进行相应的处理,然后送回客户端。客户/服务器消息传递如图4-1所示。

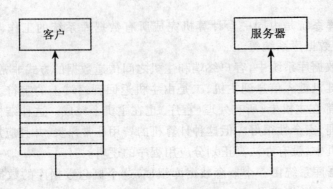

图 4-1　客户/服务器消息传递

在一个客户/服务器应用中,网络上的信息传输减到最少,因而可以改善系统的性能。

典型客户/服务器计算的特点为:

(1)服务器负责数据管理及程序处理;

(2)客户机负责界面描述和界面显示;

(3)客户机向服务器提出处理要求;

(4)服务器响应后将处理结果返回客户机;

(5)网络数据传输最小。

客户端开发工具有很多,如 Visual C++、Visual Basic、Delphi 等,但它们都不是专用的,对于复杂的数据库应用,还是选择专用工具较好。PowerBuilder 就是流行的专用数据库应用开发工具之一,它也是目前市场占有率最高的专用数据库应用开发工具。

服务器主要负责数据库服务,数据库是客户/服务器体系结构的核心,选择合适的数据库管理系统是应用系统开发成功与否的关键。目前市场上应用较多的数据库产品很多,如 Oracle、Sybase、MS SQL Server 等,其中 MS SQL Server 的最新版本 SQL Server 2000,具有操作简单、技术先进、功能完善的特点,为广大数据库开发者所选择。

在客户/服务器结构中,常把客户端称为前台或前端客户,而把服务器称为后台或后端服务器。

4.2.2 客户/服务器结构的数据库系统实现技术

客户/服务器结构的数据库系统实现主要依赖以下技术：

1. 开放的数据库访问接口

目前，市场上有许多数据库产品，客户端开发工具也为数不少。不管选择何种数据库和何种客户端开发工具，都存在客户应用如何访问数据库的问题。开放的数据库访问接口就是解决这个问题的。

（1）开放数据库互连 ODBC（Open DataBase Connectivity）。ODBC 是 Microsoft 公司提供的一种访问数据库的统一界面标准，使应用程序可以操纵数据库。ODBC 通过其驱动程序提供了数据库的独立性。应用程序可以动态地连接到不同类型数据库的 ODBC 驱动程序，以操纵不同类型的数据库。

（2）Open Client/Open Server 接口。一些数据库厂商提供了专用的数据库接口，以支持客户软件对数据的访问，包括 Open Client 接口和 Open Server 接口。

2. 存储过程

存储过程是用 SQL 语句编写的能够完成一定功能的程序。它有自己的名字，在需要使用它时执行它，即可自动实现该存储过程所定义的功能。

3. 分布数据管理

客户/服务器结构的数据库系统中，如果数据分布在多个数据库服务器上，则需要采用分布数据管理技术。

客户/服务器结构的数据库系统能够提供数据和服务的无缝集成，为联机事务处理提供高性能，同时提供了开放的系统结构，提高了应用开发生产率。

客户/服务器结构的一个很重要的特点是，数据库服务器的平台与客户端无关（无论是软件平台还是硬件平台）。数据库服务器上的数据库关系系统集中负责管理数据库服务器上的数据和资源，它向客户端提供一个开放的使用环境，客户端的用户通过数据库接口和 SQL 语言访问数据库。也就是说，不管客户端采用的是什么样的硬件平台和软件环境，它只要能够通过网络协议和数据库接口程序连接到服务器就可以对数据库进行访问。

4.3 Microsoft SQL Server 2000 基础

Microsoft SQL Server 2000 是 Microsoft 公司推出的一个高性能、多用户的关系型数据库管理系统，它建立在坚固雄厚的技术基础 SQL Server 7.0 之上，它是专为客户/服务器计算环境设计的，是当前最流行的数据库服务器系统之一。它提供的内置数据复制功能、强大的管理工具和开放式的系统体系结构，为基于事务的企业级信息管理方案提供了一个卓越的平台。SQL Server 与网络操作系统 Windows NT 构成一个集成环境，可以说 SQL Server 是 Windows NT 平台上最好的数据库管理系统。

4.3.1 SQL Server 2000 的体系结构

SQL Server 2000 由一组数量众多的数据库组件组成。这些组件在功能上互相补充,在使用方式上彼此协调,以满足用户在数据存储和管理、大型 Web 站点支持和企业数据分析处理上的需求。

从不同的应用和功能角度出发,SQL Server 2000 具有不同的系统结构分类,具体可以划分为:

(1) 客户/服务器体系结构:主要应用于客户端可视化操作、服务器端功能配置以及客户端和服务器端的通信。

(2) 数据库体系结构:又划分为数据库逻辑结构和数据库物理结构。数据库逻辑结构主要应用于面向用户的数据组织和管理,如数据库的表、视图、约束、用户权限等。数据库物理结构主要应用于面向计算机的数据组织和管理,如数据文件、表和视图的数据组织方式、磁盘空间的利用和回收、文本和图形数据的有效存储等。

(3) 关系数据库引擎体系结构:主要应用于服务器端的高级优化,如查询服务器(Query Processor)的查询过程、线程和任务的处理、数据在内存的组织和管理等。

(4) 服务器管理体系结构:主要面向 SQL Server 2000 的数据库管理员(DBA),具体内容包括分布式管理框架、可视化管理工具、数据备份和恢复以及数据复制等。

SQL Server 2000 对大多数用户而言,首先是一个功能强大的具有客户/服务器体系结构的关系数据库管理系统,所以,从入门和学习的角度来看,理解它的客户/服务器体系结构是非常有益的。它可以使用户明白自己所执行的每一个普通操作主要将利用或影响到整个数据库体系中的哪几个组件,出了问题应该到什么地方去找毛病,从而有的放矢地进行系统学习。

SQL Server 2000 的客户/服务器体系结构可以划分为:客户端组件、服务器端组件和通信组件三部分。

1. SQL Server 2000 的服务器端组件

SQL Server 2000 服务器端组件主要包括:SQL Server(MS SQL Server Service)、SQL Server Agent、MS DTC(Microsoft Distributed Transaction Coordinator Server)、Microsoft Search(Microsoft Search Service)。

(1) SQL Server。SQL Server 是 SQL Server 2000 数据库管理系统的核心数据库引擎,它在数据库管理系统中的地位就像发动机在汽车上的地位一样,是最重要的组成部分。在 Windows NT 或者 Windows 2000 操作系统中,SQL Server 以服务(Service)的形式实现,具体表现为 MS SQL Server Service。

MS SQL Server Service 从服务一启动就运行在 Windows NT 或 Windows 2000 服务器上,直到服务停止。MS SQL Server Service 管理着由该 SQL Server 2000 系统拥有的所有文件,MS SQL Server Service 是 SQL Server 2000 系统中惟一可以直接读取和修改数据的组件。客户对数据库的所有服务请求,最终都会体现为一组 Transact-

SQL 命令。MS SQL Server Service 的功能是负责协调和安排这些服务请求的执行顺序,然后逐一解释和执行 SQL 命令,并向提交这些服务请求的客户返回执行的结果。MS SQL Server Service 同时也支持分布式的数据库查询,并不把范围局限在 SQL Server 2000 系统中。

MS SQL Server Service 的功能还包括监督客户对数据库的操作、实施企业规则、维护数据一致性等,具体体现在:
①负责存储过程和触发器的执行;
②对数据加锁,实施并发性控制,以防止多个用户同时修改一个数据;
③管理分布式数据库,保证不同物理地址上存放数据的一致性和完整性;
④加强系统的安全性。

注意:SQL Server 2000 是一个功能完善的数据库管理系统,它包括了从数据库文件到数据库管理软件等一系列相关组件,所以称 SQL Server 2000 系统。而 SQL Server 是 SQL Server 2000 系统里服务器端最核心的组成部分,是系统的一个服务器组件。

(2) SQL Server Agent。SQL Server Agent(SQL 服务器代理)在 Windows NT 或 Windows 2000 系统里以服务的形式存在和运行,体现为 SQL Server Agent Service。Server Agent 提供 SQL Server 的调度服务,能够自动执行数据库管理员预先安排好的作业(JOB),监视 SQL Server 事件并根据事件触发警报(Alert)或运行事先安排好的程序。

(3) MS DTC(分布式事务协调器)。随着网络的普及,分布式数据库的应用也越来越普及。在分布式数据库中,逻辑上作为一个整体的数据被存储在多个服务器上。例如,一家大的商业银行完全有可能将客户的信用卡消费信息和支票信息存储在不同的服务器上,但是用户的存款账户只有一个,当用户用任何一种形式进行了消费之后,计算机必须同时对存储在不同服务器上的信息进行更新。

SQL Server 2000 使用 MS DTC 来协调和处理这种分布式事务。MS DTC 也以 Windows NT 服务的形式存在和运行。MS DTC 是一个事务管理器,它允许客户的应用程序在一个事务中对分布在多个服务器上的数据源进行操作。MS DTC 通过两段式提交的方法来实施分布式事务,针对多个服务器的更新要么全部成功执行,要么全部不执行,从而有效保证数据的一致性和完整性。

(4) Microsoft Search。Microsoft Search 是一个全文搜索和查询服务,它是一个可选的组件,可以在标准 SQL Server 安装过程中或者安装完成后补充安装。Microsoft Search 为 SQL Server 2000 提供了更为复杂而强大的查询能力。它的作用分为索引支持和查询支持两方面的功能。索引支持提供了 SQL Server 2000 建立全文目录(full-text catalog)的能力,而查询支持使 SQL Server 2000 可以有效地响应全文搜索查询。

2. SQL Server 2000 客户端组件

SQL Server 2000 提供的客户端组件包括：企业管理器、查询分析器、SQL Server 管理工具和向导、SQL Server 命令提示管理工具等。

（1）企业管理器。企业管理器是图形化的集成管理工具，提供了调用其他管理工具的简单途径，利用企业管理器可以实现 SQL Server 2000 服务器的有效配置和管理。

（2）查询分析器。SQL Server 2000 提供了查询分析器作为编写 Transact-SQL 脚本程序的开发工具。查询分析器提供的是一个图形化地编写和调试 Transact-SQL 程序的工作环境。它通过彩色代码编辑器和上下文敏感帮助提高了应用程序的可用性。

除此以外，查询分析器还可以完成以下几方面的工作：Transact-SQL 语句的执行计划显示；通过索引调整表，明确对特定表格采用什么样的索引才能达到性能的优化；显示关于 SQL 语句工作性能的统计。

（3）SQL Server 管理工具和向导。SQL Server 2000 提供了许多管理工具和向导以实现 SQL Server 在某一具体方面的功能。

（4）SQL Server 命令提示管理工具。SQL Server 命令提示工具允许输入 Transact-SQL 语句并执行脚本文件。比较常用的 SQL Server 命令提示程序有：BCP，ISQL，OSQL 和 TEXTCOPY。

①BCP 是一个命令行工具，主要用于从 SQL Server 中导入和导出数据，它可以把数据库中的数据存储到一个文本文件或者二进制文件中；

②ISQL 是利用 DB-Library 与 SQL Server 进行通信的数据查询工具；

③OSQL 是利用 ODBC 来与 SQL Server 进行通信的数据查询工具；

④TEXTCOPY 是一个用来从 SQL Server 中导入或者导出图像文件的命令行工具；

3. 客户端应用程序与数据库服务器的通信

SQL Server 2000 采用多种方式以实现客户端应用程序与数据库服务器之间的通信。具体可以划分为以下两种情况：

（1）客户端应用程序与数据库服务器位于同一台计算机。在这种情况下，SQL Server 2000 利用 Windows 进程间的通信组件，如本地命名管道（local named pipes）或者共享内存等。

（2）客户端应用程序与数据库服务器位于不同计算机。在这种情况下，SQL Server 将使用网络进程通信组件（Interprocess Communication Component，IPC）进行客户端和服务器端的连接。

（3）一个 IPC 组成。一个 IPC 通常由两个部分组成：

①API（Application Programming Interface，应用程序接口）。API 主要是一组已经定义好的函数，应用软件通过调用这些函数来向 IPC 发送查询请求，取回查询的

结果。

②协议(Protocol)。协议定义了两个 IPC 传递数据所使用的格式。当使用网络 IPC 进行通信时,协议定义了传递的分组数据格式。

由于 SQL Server 2000 强大的网络应用功能,所以客户端的通信方式比以往任何一个版本都要复杂。但是 SQL Server 2000 做了大量的简化工作,把复杂的通信方式屏蔽在用户的使用范围之外。SQL Server 的客户端应用程序可以动态确定服务器的网络地址,所需要的仅仅是服务器计算机的网络名字。

在 SQL Server 所使用的通信组件中,网络库(Net-Library)是最主要的。网络库的功能是按照适当的网络协议将数据库请求以及传输结果进行打包。网络库必须在客户/服务器上进行安装。客户/服务器可以同时使用多个网络库,但它们必须都使用通用的网络库以便成功地进行通信。

4.3.2 SQL Server 2000 工具程序简介

SQL Server 2000 提供了多功能、强大的工具程序,例如服务管理器、企业管理器、查询分析器、客户端网络实用工具和服务端网络实用工具等,如图 4-2 所示。

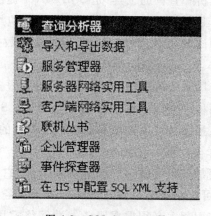

图 4-2 SQL Server 工具

1. 服务管理器(Service Manager)

服务管理器的功能是启动、停止和暂停 SQL Server 服务。在对 SQL Server 中的数据库和表进行任何操作之前,首先要启动 SQL Server 服务。SQL Server 服务管理器对话框如图 4-3 所示。

2. 企业管理器(Enterprise Manager)

企业管理器是一个 MMC(Microsoft Management Console)插接程序,MMC 为所有的插接程序提供了类似 Windows 资源管理器的界面,操作非常方便。

企业管理器是 SQL Server 工具中最重要的一个,是管理服务器和数据库的主要

图 4-3　SQL Server 服务管理器对话框

工具。

　　3. 查询分析器（Query Analyzer）

　　查询分析器是用来分析和查询的工具，是 SQL Server 提供的使用方便、界面友好的 Transact-SQL 语句编译工具，是 SQL Server 2000 客户端应用程序的重要组成部分。其主要功能是帮助用户调试 SQL 程序、测试查询以及管理数据库。

　　4. 客户端网络实用工具（Client Network Utility）

　　客户端网络实用工具用来安装通信协议和配置客户/服务器通信参数。

　　使用客户端网络实用程序可以设置在客户端连接 SQL Server 时启用或禁用的通信协议、配置服务器别名、显示数据库选项和查看已经安装的网络连接库。

　　5. 服务器网络实用工具（Server Network Utility）

　　服务器网络实用程序是安装在服务器端的管理工具，它同安装在客户端的客户端网络实用程序相对应，可以使用它来管理 SQL Server 服务器为客户端提供的数据存取接口。客户端网络实用程序必须根据服务器端网络实用程序进行相应的设置，才能确保正确的数据通信。

　　SQL Server 网络实用工具使用"常规"选项卡查看或指定服务器属性，包括协议、加密和代理。

　　6. 导入导出数据

　　导入导出数据功能有助于把其他类型的数据转换存储到 SQL Server 2000 的数据库中，也可以将 SQL Server 2000 的数据库转换输出为其他数据格式。

　　7. 联机丛书

　　联机丛书提供了一个在使用 SQL Server 时可以随时参考的辅助说明。它的内容包括了对 SQL Server 2000 功能、各项管理工具的使用等各方面的帮助信息。

4.3.3 SQL Server 2000 的系统数据库及特殊用户

1. 系统数据库

SQL Server 2000 在安装过程中自动创建了 6 个数据库：master，model，msdb，tempdb，pubs 和 Northwind。其中 master，model，msdb 和 tempdb 为系统数据库，它们是运行 SQL Server 的基础，建立在这 4 个系统数据库中的表格定义了运行和使用 SQL Server 的规则。pubs 和 Northwind 为示例数据库。数据库列表如图 4-4 所示。

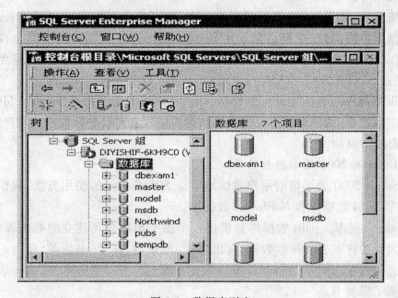

图 4-4　数据库列表

（1）master 数据库。master 数据库存放了 SQL Server 2000 所有的服务器级系统信息，包括本地及远程用户账号、系统配置信息、系统错误信息、所有数据库的主文件地址和初始化信息等。

因此 master 系统数据库是一个非常重要的系统数据库，一旦它受到损坏（如无意中被用户删除了该数据库中的某个表格，或存储介质出现问题），都有可能导致用户 SQL Server 应用系统的瘫痪，所以应经常对 master 数据库进行备份。

master 数据库对应的主数据文件是 master.mdf，日志文件是 masterlog.ldf。

（2）model 数据库。model 数据库是建立新数据库的模板，它包含了将复制到每个数据库中的系统表。每一个用户数据库都是以它为样板创建的。当发出 CREATE DATABASE 语句时，新数据库的第一部分通过复制 model 数据库中的内容创建，剩余部分由空页填充。

model 数据库对应的主数据文件是 model.mdf，日志文件是 modellog.ldf。

(3) msdb 数据库。msdb 数据库主要被 SQL Server Agent 用于进行复制、作业调度以及管理报警等活动。该数据库常用于通过调度任务排除故障。

msdb 数据库对应的主数据文件是 msdbdata.mdf,日志文件是 msdblog.ldf。

(4) tempdb 数据库。tempdb 数据库保存所有的临时表和临时存储过程,它还可以满足任何其他的临时存储要求,例如存储 SQL Server 生成的工作表。tempdb 数据库是全局资源,没有专门的权限限制,所有连接到系统的用户的临时表和存储过程都存在该数据库中。tempdb 数据库在 SQL Server 每次启动时都重新创建,因此该数据库在系统启动时总是干净的。

默认情况下,SQL Server 在运行时 tempdb 数据库会根据需要自动增长。不过,与其他数据库不同,每次重新启动 SQL Server 时,tempdb 数据库的空间会自动增加到支持工作负荷所需的大小。这在每次启动时增加了系统的负担。为避免这种开销,可以使用 ALTER DATABASE 命令增加 tempdb 数据库的空间尺寸。

tempdb 数据库对应的主数据文件是 tempdb.mdf,日志文件是 templog.ldf。

需要注意的是,用户最好不要在系统数据库中建立自己的数据库或用户对象,以免带来不必要的麻烦。

2. SQL Server 2000 的示例数据库

SQL Server 2000 为了帮助用户尽快地掌握 SQL Server 的使用方法,提供了两个示例数据库:pubs 数据库和 Northwind 数据库。

(1) pubs 数据库。pubs 数据库是模仿一个图书出版公司建立的数据库模型,其中包含了大量的样本表和样本数据,有出版者、出版物、作者、书店等,还有一些表记录着各表之间的状态关系,如 tiltleauthor 表记录哪位作者写了哪本书,sales 表说明哪些书店购买了哪些书。

pubs 数据库对应的主数据文件是 pubs.mdf,日志文件是 pubs_log.ldf。

(2) Northwind 数据库。Northwind 数据库是从 SQL Server 2000 开始建立的示例数据库。这个数据库是模仿一个贸易公司的数据库模型。这个公司名叫 Northwind,专门经营世界各地风味食品的进出口。在 Northwind 数据库中包含了与公司经营有关的大多数数据,如:雇员(employees)、顾客(customers)、运输商(shipper)、供货商(supplier)、销售区(territories)、订单(order)以及一些记录各表之间状态关系的表等。

Northwind 数据库对应的主数据文件是 Northwnd.mdf,日志文件是 Northwnd.ldf。

3. SQL Server 的特殊用户

管理和控制 SQL Server 有 3 类特殊用户,分别是系统管理员(SA),数据库拥有者(DBO)和数据库对象拥有者(DBOO)。

(1) 系统管理员(SA)。SA 是独立于任何特殊应用的管理者,对 SQL Server 和其他所有应用具有全局管理能力。

(2) 数据库拥有者(DBO)。DBO 是创建数据库的用户,每个数据库只有一个拥有者,它在数据库内具有全部特权,且可决定提供给其他用户哪些访问权限和功能。

(3)数据库对象拥有者(DBOO)。DBOO是创建数据库对象的用户。每个数据库对象只有一个拥有者,数据库对象自动地获得该数据库对象的所有权限。数据库对象的拥有者可以向其他使用该对象的用户分配权限。

4.3.4　SQL Server的企业管理器和查询分析器

SQL Server提供了一套完整的管理工具,使用户得以充分管理他们的系统和数据库中的所有用户和对象。用户可以使用管理实用工具(如SQL Server企业管理器)直接管理系统。程序员可以使用SQL-DMO API,在他们的应用程序中加入完整的SQL Server管理功能。程序员在生成Transact-SQL脚本和存储过程时,可以使用系统存储过程和Transact-SQL DDL语句来支持系统中的所有管理功能。

在SQL Server的日常管理和使用过程中,最常用的是企业管理器和查询分析器。

1. 企业管理器(Enterprise Manager)

企业管理器是一个MMC(Microsoft Management Console,微软管理控制台)插接程序,MMC为所有的插接程序提供了类似Windows资源管理器的标准用户界面,在这里数据库管理员可以完成管理SQL Server数据库的全部工作,操作非常方便。在企业管理器中不仅可以管理本地的SQL Server数据库,还可以将网络中其他计算机上的SQL Server数据库注册进来,从而通过一台计算机上的SQL Server企业管理器管理网络中整个"企业"的所有SQL Server数据库。

企业管理器是SQL Server工具中最重要的一个,是管理服务器和数据库的主要工具。

可以从开始菜单命令"开始→程序→Microsoft SQL Server→企业管理器"打开企业管理器,如图4-5所示。

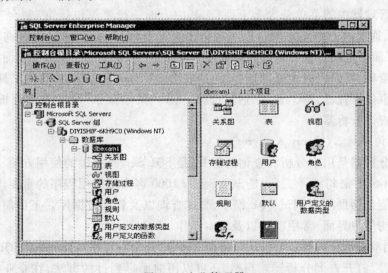

图4-5　企业管理器

可以看到,企业管理器的操作窗口和 Windows 资源管理器非常相似。在企业管理器中包含了两个窗口,其中左侧的窗口是以"树状目录"显示的活动窗口,右侧的窗口是显示内容的窗口。通过单击左侧窗口中的"+"可以展开各个项目包含的子项目,通过选中某个项目节点可以在右侧的内容窗口中看到该项目包含的内容。

(1)树状目录窗口。在左边的树状目录中,根节点是"控制面板根目录",表示它是所有服务器控制面板的根。在它的下一级节点中,有一个节点是"Microsoft SQL Server",所有的 SQL Server 服务器组都包含在这个节点中。可以在"Microsoft SQL Server"节点下面根据需要创建新的服务器组,一般将按照服务器功能和用途的不同,将服务器分配到不同的组中。例如可以新建一个服务器组"WebServer",然后将执行 Web 数据库服务的所有服务器都放在这个组中。在服务器的下一级节点中包含了该服务器中的所有管理对象和管理任务,包括"数据库"、"数据库转换服务"、"管理"、"复制"、"安全性"、"支持服务"和"源数据服务"等,在这些节点中又包含着各自的子节点等。

企业管理器在默认的情况下,将所有的对象项目都集中在一个主窗口中管理。如果感到这样的窗口过于复杂或者操作不便,可以为每一个对象单开一个窗口。方法就是右击要单独打开窗口的对象,然后从弹出的快捷菜单中选择"从这里创建窗口"。

这时就可以看到一个新开的窗口,在这个窗口中刚才选择的对象做了根节点。

(2)内容窗口。企业管理器右边的窗口为内容窗口。在该窗口中显示的是在树状目录中处于"焦点"状态(或选中状态)的条目中包含的内容。可以根据自己的需要或习惯更改内容窗口的浏览模式,可供选择的浏览模式有 7 种:大图标、小图标、列表、详细信息、任务版、默认数据库关系图和企业管理器的工具菜单。

企业管理器中的菜单分为上下两行,其中上面一行菜单包括"控制台"、"窗口"和"帮助",通过这三个菜单项可以实现退出企业管理器、排列窗口或查询联机帮助等操作;下面一行菜单是针对每一个树状目录中处于"焦点"状态的变化而变化。通过这三个菜单,可以完成大量的任务,包括启动 SQL Server 2000 的其他工具(如查询分析器和事件探查器)等。例如,通过选择"工具"菜单命令"SQL 查询分析器"可以直接打开查询分析器。

2. 查询分析器(Query Analyzer)

查询分析器是用来分析和查询的工具,是 SQL Server 提供的使用方便、界面友好的 Transact-SQL 语句编译工具,是 SQL Server 2000 客户端应用程序的重要组成部分。其主要功能是帮助用户调试 SQL 程序、测试查询以及管理数据库。下面简要介绍查询分析器的用户界面、常用功能以及基本操作。

(1)启动查询分析器。可以从开始菜单命令"开始→程序→Microsoft SQL Server→查询分析器"打开查询分析器。当然,还可以用前面提到过的方法,在企业管理器中使用"工具"菜单中的命令打开查询分析器。如果还没有连接上数据库服务器,那么在打开查询分析器时会显示如图4-6所示的窗口。

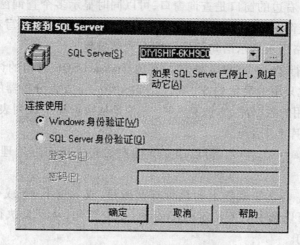

图4-6 连接到SQL Server

在该窗口中需要选择连接的实例以及用于连接的身份验证方式。可供选择的身份验证方式有两种：Windows身份验证和SQL Server身份验证。

选择连接的实例和身份验证方式后，便打开了如图4-7所示的查询分析器。

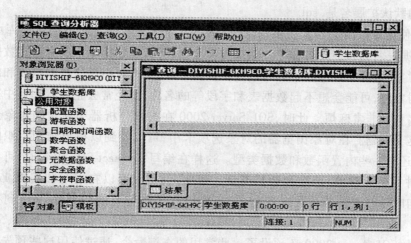

图4-7 查询分析器

（2）查询分析器的工作环境。查询分析器左边的窗口是"对象浏览器"，这个窗口是SQL Server 2000中新增的窗口。该窗口包含两个选项卡：

①"对象"选项卡——用于浏览SQL Server中所有的数据库对象、内置函数和数据库类型等。

②"模板"选项卡——提供一些常用的程序模板，用户可以在这些模板的基础上

进行修改,以简化 Transact-SQL 语言的输入操作。

查询分析器中右边的窗口是查询窗口,可以同时显示多个查询窗口,每个查询窗口包含一个编辑查询窗格和一个结果窗格。编辑查询窗格用来书写和编辑 Transact-SQL 语句,结果窗格用于显示语句的执行情况或结果集。

(3)编辑和执行 Transact-SQL 语句。有关 Transact-SQL 语句的详细介绍参看本章的下一节。在此只用最简单的 SELECT 语句介绍一下查询分析器的使用步骤。

① 选择要使用的数据库,方法有两种:一种是从数据库下拉列表中选择,另一种是使用"USE 数据库名"语句。

② 输入 Transact-SQL 语句,可以用 Tab 键对语句进行缩进处理,增加语句的可读性。

③ 执行语句。单击工具栏上的执行查询按钮,或者按下 F5 或〈Ctrl + E〉,可以执行查询语句。可以选中一条特定的 Transact-SQL 语句,从而只执行编辑查询窗口中选中的一条语句。

④ 执行该语句后,该语句的执行结果会显示在结果窗格中。默认情况下,查询结果在"网格"标签中以网格的形式显示,同时它也能以自由文本的格式显示。"消息"标签中将显示同查询有关的信息和错误消息。

⑤ 如果希望将该查询保存起来,以备将来再次使用,可以单击工具栏中"保存"按钮,弹出"保存查询"对话框,在对话框中选择保存查询的路径并输入查询名称,注意文件的默认扩展名是.sql。

(4)使用对象浏览器。在书写 Transact-SQL 语句时,经常要引用数据库中的对象,如数据表名称和字段名称等。如果数据库比较大,在数据库中又有很多数据表等数据库对象,而各个数据表中有可能包含很多字段,那么在引用这些数据表和字段等数据库对象时,可能会想不起数据表和字段等的名称,而经常去企业管理器中查阅这些对象名称又非常麻烦。此时,SQL Server 2000 在查询分析器中新增的对象选项卡解决了这个问题。在对象浏览器的对象选项卡中,可以看到以树形结构组织的数据库对象,还有一些内置函数和数据类型。这样在编写 Transact-SQL 语句时,可以随时查看各种数据库对象、函数和数据类型。事实上,不仅可以在书写和编辑 Transact-SQL 语句时随时查看各种数据库对象,还可以直接将需要的数据库"拖"到查询窗口。

另外,SQL Server 2000 还预设了一些常用的查询命令,通过使用这些预先设置的查询命令,可以很方便地实现对数据库的查询。例如,若希望查询数据库学生中学生信息数据表的所有记录,可以从对象浏览器中按如下步骤操作:

① 展开对象浏览器中的数据库节点学生数据库。
② 展开在学生数据库下一级的"用户表"节点。
③ 在"用户表"的下一级节点中选择表 dbo.学生信息表。
④ 在节点 dbo.学生信息表上单击鼠标右键,在弹出菜单中选择命令"在新窗口

中编写对象脚本→选择"。此时在查询窗口中会显示出预设的选择查询命令,如图 4-8 所示。

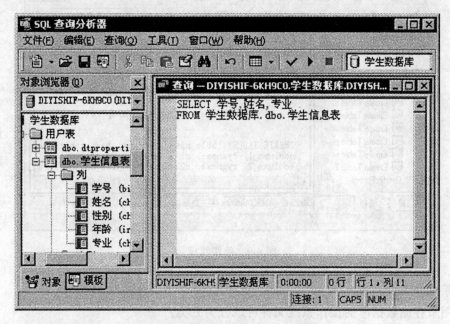

图 4-8 使用对象浏览器中的预设命令

⑤ 根据需要对该选择查询命令进行修改。

SQL Server 2000 还提供了其他一些预设命令,例如创建、修改、删除、插入和更新等。

(5)使用模板。SQL Server 2000 将一些常用的 Transact-SQL 语句制订为模板,通过调用并修改这些模板,可以方便、准确地完成一些 Transact-SQL 语句的编写。下面以创建表为例,介绍调用这些模板的方法。

① 在对象浏览器中选择"模板"选项卡。

② 打开"Create Table"节点,在该节点中包含了多种创建的模板。

③ 双击"Create Table Basic Template",在查询窗口中便显示了该模板的内容,如图 4-9 所示。

④ 根据需要在模板的基础上进行修改。

4.3.5 创建用户数据库

在建立用户逻辑组件之前(如基本表)必须首先建立数据库。而建立数据库时完成的最实质性任务是向操作系统申请用来存储数据库数据的物理磁盘存储空间。这些存储空间以操作系统文件的方式体现,它们的相关信息将存储在 master 数据库

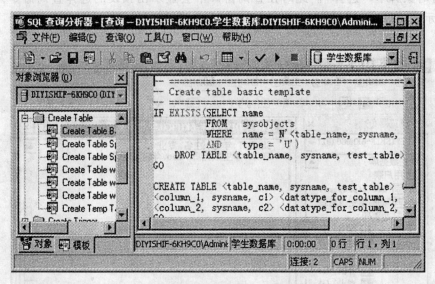

图 4-9 使用模板

及其系统表中。

用来存储数据库的操作系统文件可以分为三类：

（1）主文件：存储数据库的启动信息和系统表，主文件也可以用来存储用户数据。每个数据库都包含一个主文件。通常主文件使用的扩展名为.mdf。

（2）次文件：保存所有主文件中容纳不下的数据。如果主文件大到足以容纳数据库中的所有数据，这时候可以没有次文件。而如果数据库非常大，也可以有多个次文件。使用多个独立磁盘驱动器上的次文件，还可以将一个数据库中的数据分布在多个物理磁盘上。通常次文件使用的扩展名为.ndf。

（3）事务日志文件：用来保存恢复数据库的日志信息。每个数据库必须至少有一个事务日志文件。通常日志文件使用的扩展名为.ldf。

每个数据库至少有两个文件：一个主文件和一个事务日志文件。

数据库是 SQL Server 用以存放数据和数据库对象的容器，数据和数据库对象包括表、索引、存储过程、视图以及触发器等。在 SQL Server 2000 中，可以创建用户数据库来存放自己的数据，并根据需要对创建的数据库进行维护。

SQL Server 2000 创建数据库主要有两种方法：一种是在企业管理器中使用现成的命令和功能，另一种是在查询分析器中用 Transact-SQL 书写语句。大多数情况下，使用图形化用户界面的"企业管理器"创建和管理数据库，比使用 Transact-SQL 语句显得更容易。

1. 使用企业管理器创建数据库

使用企业管理器创建数据库有两种方法：第一种是使用创建数据库向导；第二

种是在控制面板上选择数据库,然后选择新建数据库菜单命令直接创建用户数据库。在此只介绍第二种方法。

【例4-1】 使用企业管理器,创建"学生数据库",一个主文件、两个次文件和一个日志文件。其中主文件的逻辑名为"学生数据库",磁盘文件名为"学生数据库_Data.mdf"。一个次文件的逻辑名为"学生数据库1_Data",磁盘文件名为"学生数据库1_Data.ndf";另一个次文件的逻辑名为"学生数据库2_Data",磁盘文件名为"学生数据库2_Data.ndf"。事务日志文件的逻辑名为"学生数据库_log",磁盘文件名为"学生数据库_log.ldf"。所有文件增长为10%。

在企业管理器中创建"学生数据库"步骤如下:

第一步,打开企业管理器,在企业管理器的控制面板(主界面)选择一个SQL服务器,单击这个服务器旁边的"+"号打开这个文件夹,出现SQL服务器文件夹。

第二步,在控制面板目录中选择"数据库"节点。

第三步,在"数据库"节点上单击右键,从弹出的快捷菜单中选择"新建数据库",出现数据库属性对话框(除了使用弹出菜单外,还可以通过选择菜单"操作→新建数据库"命令,或者直接单击工具栏中的"新建数据库"按钮来实现创建数据库的功能)。

执行上述操作后,就会出现如图4-10所示的数据库属性对话框。

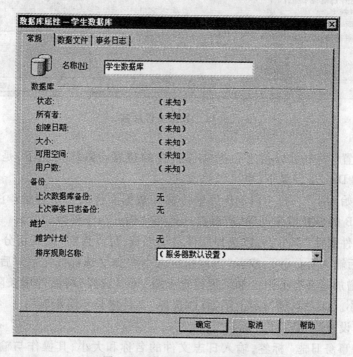

图4-10 数据库属性对话框

对话框中有"常规"、"数据文件"和"事务日志"三个标签,只有在完成这三个标签中的内容以后,才全部完成数据库的创建。

第四步,设置"常规"标签。单击"常规"标签,在"常规"标签的"名称"框中输入新建的数据库名称"学生数据库",见图 4-10。

第五步,设置"数据文件"标签。

- 单击"数据文件"标签,设置数据库文件(数据文件是 SQL Server 2000 用于实际存储数据、索引等数据库对象的文件。数据库文件的正确设置非常重要),在"文件名"一栏中输入数据文件的逻辑名,如图 4-11 所示。默认情况下系统自动产生"学生数据库_data"的数据文件,也可以修改这个名字,而且可以输入多个文件。

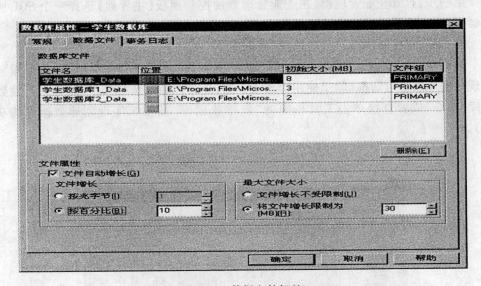

图 4-11 数据文件标签

- 在"位置"栏中可以指定数据文件所在的位置。默认情况下,是安装在 SQL Server 目录的 Data 子目录下,也可以修改它。
- 在"初始大小"一栏中以 MB 为单位输入数据文件的初始容量。注意,数据文件必须以 1MB 的整数倍来创建,所以在这里必须输入一个整数。
- 在"文件属性"部分,可以选择文件自动增长,可以指定"按照百分比增加"(选择按百分比后输入百分数),或者"按照指定大小增加"(选择按兆字节后输入大小),还可以指定增加是否有上限。如果想指定上限,可以选择"将文件增长限制为"并输入上限的大小。如果不想指定上限,可以选择"文件增长不受限制"。

第六步,设置"事务日志"标签。

- 单击"事务日志"标签,输入日志文件的名称和大小,其操作与输入数据文件类似。

第四章 Microsoft SQL Server 2000 数据库基础

- 单击"确定"按钮,关闭数据库属性对话框,立即创建数据库。
2. 使用 Transact-SQL 语句创建数据库

在查询分析器中使用 Transact-SQL 语句创建新的用户数据库,其语法格式有以下几种形式。

(1) Transact-SQL 语句创建数据库一般格式。

```
CREATE DATABASE database_name
    [ ON [ PRIMARY ]
        [ , < filespec > [ , . . . n ] ]
        [ , < filegroupspec > [ , . . . n ] ]
    ]
    [ LOG ON { < filespec > [ , . . . n ] } ]
    [ FOR LOAD | FOR ATTACH ]
```

database_name 表示为数据库的名字,在同一个服务器内数据库的名字必须惟一。数据库的名字必须符合 SQL Server 2000 的标识符命名标准,即最大不得超过 128 个字符。

其中, < filespec > 定义为:

```
< filespec > :: =
    ( [ NAME = logical_file_name, ]
    FILENAME = 'os_file_name'
    [ , SIZE = size ]
    [ , MAXSIZE = { max_size | UNLIMITED } ]
    [ , FILEGROWTH = growth_increment ] ) [ , . . . n ] )
```

< filegroupspec > 定义为:

< filegroupspec > :: = FILEGROUP filegroup_name < filespec > [, . . . n]

ON:表示存放数据库的数据文件将在后面分别给出定义。

PRIMARY:指定数据库的主文件。在 PRIMARY filegroup 中,第一个数据文件是主数据文件,如果没有给出 PRIMARY 关键字,则默认文件序列中的第一个文件为主数据文件。

LOG ON:定义数据库的日志文件。

FOR LOAD:为了和过去的 SQL Server 版本兼容,FOR LOAD 表示将备份直接装入新建的数据库。

FOR ATTACH:表示在一组已经存在的操作系统文件中建立一个新的数据库。

NAME:定义数据库的逻辑文件名。逻辑文件名只在 Transact-SQL 语句中使用,是实际磁盘文件名的代号。

FILENAME:定义数据库所在文件的操作系统文件名,包括文件所在的路径。

SIZE:定义文件的初始长度。

MAXSIZE:定义文件能够增长到的最大长度,可以设置 UNLIMITED 关键字,使文件可以无限制增长。

FILEGROWTH:定义操作系统文件长度不够时每次增长的速度。可以使用 MB,KB,或使用%来设置增长的百分比。默认的情况下,SQL Server 使用 MB 作为增长的单位,最少增长 1MB。

(2)最简单语句格式:

CREATE DATABASE 数据库名称

在这种情况下,所有的数据库设置都是用系统的默认值。

【例 4-2】 用 Transact-SQL 语句创建例 4-1 所述"学生数据库"。

用 Transact-SQL 语句创建步骤如下:

第一步,首先打开查询分析器。查询分析器窗口横向分成两部分,其中上面的窗口为查询窗口,下面的窗口用来查看语句的执行结果,称为结果查看窗口。

第二步,在查询分析器的查询窗口输入下列 Transact-SQL 创建数据库语句:

CREATE DATABASE 学生数据库
ON
PRIMARY
(NAME = 学生数据库_Data ,
FILENAME = 'C:\program files\Microsoft sql server\mssql\data\学生数据库_Data.mdf',
SIZE = 8 ,
MAXSIZE = 30 ,
FILEGROWTH = 10%) ,
(NAME = 学生数据库 1_Data,
FILENAME = 'C:\program files\Microsoft sql server\mssql\data\学生数据库 1_Data.ndf',
SIZE = 3 ,
MAXSIZE = 10 ,
FILEGROWTH = 10%) ,
(NAME = 学生数据库 2_Data,
FILENAME = 'C:\program files\Microsoft sql server\ mssql\ data\学生数据库 2_Data.ndf',
SIZE = 2 ,
MAXSIZE = 10 ,
FILEGROWTH = 10%)
LOG ON
(NAME = 学生数据库_Log,

FILENAME = 'C:\program files\Microsoft sql server\mssql\data\学生数据库_log.ldf',
   SIZE = 4,
   MAXSIZE = 20,
   FILEGROWTH = 10%
)
   GO

这个例子创建了一个名为"学生数据库"的数据库,数据文件的逻辑文件名为"学生数据库_Data",磁盘文件名为"学生数据库_Data.mdf",事务日志文件的逻辑文件名为"学生数据库_Log",磁盘文件名为"学生数据库_Log.ldf",两个磁盘文件都存储在 SQL Server 2000 目录的 data 子目录下。

第三步,按 F5,执行上述语句即可。

在查询分析器窗口的查看窗口即可看到执行结果,如图 4-12 所示。

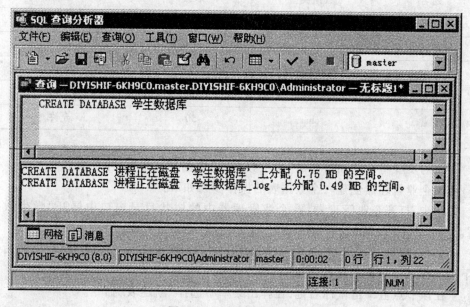

图 4-12　查询分析器窗口

4.3.6　创建用户数据库表

创建了一个数据库以后,就可以在该数据库中创建表了。表是一种最重要的数据库对象,它在数据库中存储数据,可以创建自己的数据表。表是用来存储数据和操作数据的逻辑结构,其结构和电子表格相似,由行和列组成。

所谓数据库对象即为依附于某一数据库的逻辑对象。SQL Server 2000 中有如下类型的数据库对象：表（table）、视图（view）、存储过程（stored procedures）、触发器（triggers）、用户自定义数据类型（user-defined data types）、索引（indexes）、规则（constraints）、默认值（defaults）等。

像建立数据库一样，创建数据库表也有两种方法：一种是通过企业管理器创建，另一种是使用 Transact-SQL 语句创建。下面介绍如何使用企业管理器创建数据库表。

1. 使用企业管理器创建数据库表

企业管理器提供了图形化工具——表设计窗口，在这个窗口中可以轻轻松松地创建并管理一个数据表。

【例 4-3】 用企业管理器，在学生数据库中创建"学生信息表"，该表的结构如表 4-1 所示。

表 4-1　　　　　　　　　　　学生信息表结构

列名	数据类型	长度	允许空
学号	bigint	8	不允许
姓名	char	10	允许
性别	char	2	允许
年龄	int	4	允许
专业	char	50	允许

下面的步骤将在前面所建的"学生数据库"中创建一个"学生信息表"。

使用企业管理器创建一个数据表的操作步骤如下：

第一步，打开企业管理器，在企业管理器中的树状目录窗口中展开"学生数据库"。

第二步，单击"表"节点，此时该数据库中的表对象会显示在内容窗口中，然后选择下列操作之一打开表设计窗口。

- 在该节点上单击鼠标右键，在弹出菜单中选择"新建表"命令。
- 在操作菜单上选择"操作→新建表"命令。

第三步，在表设计器窗口设计表列，即定义表数据字段，如图 4-13 所示。

表设计窗口由上下两个窗口组成，上面的窗口用来定义表字段的一般属性，每行对应一列，其中前 3 项是必须在创建时填写的。下面的窗口用来定义各个表字段的特殊属性。所谓一般属性，是指表中所有字段共有的属性，如字段名、字段长度、字段数据类型和字段值是否允许为空。而特殊属性的设置会根据字段数据类型的不同而有所不同。例如，只有字段的数据类型为数值型时，才能设置小数位数属性。

列名：指定字段名称，每个表至多可定义 1 024 个字段。字段名要遵守标识符的

第四章 Microsoft SQL Server 2000数据库基础

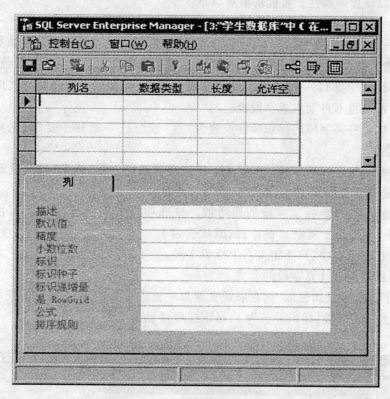

图 4-13 表设计窗口

规定,在特定表中必须是惟一的,但同一数据库中的不同表可使用相同的列名。

数据类型:指定该字段的数据类型。用户可以自己输入也可以从下拉列表中选择,但是输入的数据类型必须与下拉列表中所列数据类型相匹配。如果定义了用户自定义数据类型,该类型也会自动出现在这个下拉列表中。

长度:指定字段的长度,也就是字段所占字节数。

允许空:指定该字段在表中是否允许空值。空值表示没有输入,但并不等于零或零长度的字符串(如"")。如果指定一列不允许空值,那么用户在向表中写数据时必须在列中输入一个值,否则该行不被接收。

描述:指定字段的注释文本描述。

默认值:指定字段的默认值。默认值是指在插入记录时没有指定字段值的情况下,自动使用的值。

精度:指定该字段的位数。对于 decimal 和 numeric 数据类型的字段可以设置精度属性。

小数位数:显示该列值小数点右边能出现的最多数字个数。

标识:指定一个字段是否为标识字段。只有 bigint,int,smallint,tinyint,decimal 和

numeric 可以设置该属性。可能的值有以下 3 个:

否——不设置该字段为标识字段。

是——指定该字段为标识字段,设置了该属性以后,在插入一个新的数据行时不必为字段指定数值,系统会根据标识种子和标识递增量自动生成一个字段值。

是(不适用于复制)——与第二个选项功能相似,但如果是以复制方式向表中输入数据,则系统将不自动生成字段值。

注意:如果将某字段的标识属性设置为"是"或"是(不适用于复制)",则该字段不能允许空值。

标识种子:指定标识字段的初始值。该选项只适用于其"标识"属性设置为"是"或"是(不适用于复制)"的字段,默认值为 1。

标识递增量:指定标识字段的递增值。该选项只适用于其"标识"属性设置为"是"或"是(不适用于复制)"的字段,默认值为 1。

注意:在一个表中,只能定义一个标识字段。

公式:指定用于计算字段的公式。

设置了这些字段属性以后,在表设置窗口中设置了如图 4-14 所示的表结构。其中"学号"为标识字段,标识种子为 1,标识递增量也为 1。

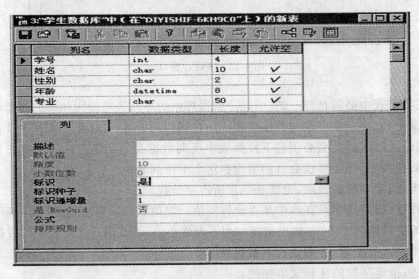

图 4-14 设置表字段属性

第四步,在填写完所有列后(如图 4-14 所示),存盘,关闭表设计器窗口。同时打开"选择名称"对话框,在对话框内输入名字"学生信息表",然后单击"确定"按钮,即完成了新表的设计。

2. 向表中输入记录

刚刚建好的新表中不包含任何记录,如果需要向表格中添加记录,步骤如下:

第一步,在企业管理器的树状目录中选择刚刚建好的表格"学生信息表"。

第二步,选择菜单"操作→打开表→返回所有行"命令,打开数据录入窗口。

第三步,在数据录入窗口输入新的表记录,也可以使用这个窗口对记录进行修改或删除等操作,如图4-15所示。

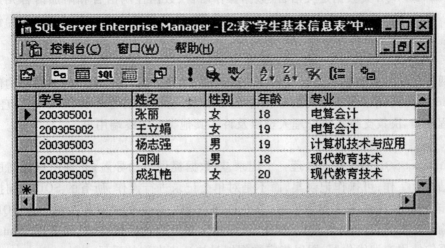

图 4-15　向表中添加记录

4.4　Transact-SQL 简介

SQL 是结构化查询语言(Structured Query Language)的英文缩写,它是使用关系模型的数据库应用语言,由 IBM 在 20 世纪 70 年代开发出来,作为 IBM 关系数据库原型 System R 的原型关系语言,实现了关系数据库中的信息检索。

20 世纪 80 年代初,美国国家标准局(ANSI)开始着手制定 SQL 标准,最早的 ANSI 标准于 1986 年完成,它也被称为 SQL86。标准的出台使 SQL 作为标准的关系数据库语言的地位得到加强。SQL 标准几经修改和完善,目前新的 SQL 标准是 1992 年制定的 SQL-92,它的全名是"International Standard ISO/IEC 9075:1992,Database Language SQL"。

SQL 标准的确定使得大多数数据库厂家纷纷采用 SQL 作为其数据库检索语言,这些厂家又在 SQL 标准的基础上进行了部分扩充,形成各自数据库的检索语言。Transact-SQL 就是其中一种,它应用于 SQL Server 数据库。Transact-SQL 在标准 SQL 基础上进行了扩展,它增强了 SQL 的功能,提供了声明参照完整性支持和基于服务器的强大的游标支持,而且增加了流程控制语句,让程序员能够控制命令的执行顺序。

SQL Server 提供的 Transact-SQL 不仅可以完成数据的查询,而且具有数据库管理功能。SQL Server 所提供的企业管理器所能完成的大多数功能,都可以利用 Transact-SQL 语言编写代码来实现。

由于 Transact-SQL 直接来源于 SQL,因此它具有 SQL 的几个特点:

1. 一体化特点

Transact-SQL 集数据定义语言、数据操作语言、数据控制语言和附加语言元素为一体。其中附加语言元素不是标准 SQL 的内容,但是它增强了用户对数据库操作的灵活性和简便性,从而增强了程序的功能。

2. 两种使用方式,统一的语法结构

两种使用方式即联机交互式和嵌入高级语言的使用方式。统一的语法结构使得 Transact-SQL 可用于所有用户的数据库活动模型,包括系统管理员、数据库管理员、应用程序员、决策支持系统管理人员以及许多其他类型的终端用户。

3. 高度非过程化

Transact-SQL 语言一次处理一个记录,对数据提供自动导航;允许用户在高层的数据结构上工作,可操作记录集,而不是对单个记录进行操作;所有的 SQL 语句接受集合作为输入,返回集合作为输出,并允许一条 SQL 语句的结果作为另一条 SQL 语句的输入。另外,Transact-SQL 不要求用户指定对数据的存放方法,所有的 Transact-SQL 语句使用查询优化器,用以指定数据以最快速度存取的手段。

4. 类似于人的思维习惯,容易理解和掌握

Transact-SQL 对使用 Microsoft Server 非常重要。与 SQL Server 通信的所有应用程序都通过向服务器发送 Transact-SQL 语句来进行通信,而与应用程序的用户界面无关。所以,对使用 SQL Server 产品的用户而言,Transact-SQL 语言是必不可少的工具,学好 Transact-SQL 是非常必要的。

本节就以 SQL Server 2000 为基本环境学习如何使用 Transact-SQL 对数据库进行操作。

4.4.1 Transact-SQL 语法格式

Transact-SQL 语句由以下语法元素组成:
- 标识符
- 数据类型
- 函数
- 表达式
- 运算符
- 注释
- 关键字

在编写 Transact-SQL 程序时,常采用不同的书写格式来区分这些语法元素。这些语法格式包括:

1. 大写字母

大写字母代表 Transact_SQL 保留的关键字。

例如下面语句的 SELECT 和 FROM 等:

SELECT * FROM titles

2. 小写字母

小写字母表示用户标识符(数据库对象名称等)、表达式等。如上面语句中的 titles 标识符。

3. 大、小写字母混用

大、小写字母混用表示 Transact_SQL 中可简写的关键字,其中大写部分是必须输入的内容,而小写部分可以省略。

例如:DUMP TRANsaction 语句中的 saction 部分可以省略。

4. 大括号{ }

大括号中的内容为必选参数,其中可包含多个选项,各选项之间用竖线 | 分隔,用户必须从这些选项中选择使用一项。

例如,在下面 BACKUP DATABASE 语句中,数据库名称为基本项,用户必须用字符串格式或局部变量格式指定数据库名称:

BACKUP DATABASE { database_name | @ database_name_var }
        TO backup_devicel [,dump_device2 [,... , backup_devicen]]
    [WITH options]

5. 方括号[ ]

它所列出的项为可选项,用户可根据需要选择使用。例如上面语句中在指定备份设备时,除第一个设备外,其余设备均为选项。

6. 竖线 |

表示参数之间是"或"的关系,可以从中选择使用一个。如在上面语句中用户可以用 database_name 或@ database_name_var 格式指定数据库名称。

7. 省略号…

省略号…表示重复前面的语法单元。

8. 注释

注释是指程序中用来说明程序内容的语句,它不执行而且也不参与程序的编译。在程序中使用注释是一个程序员的良好编程习惯,它不但可以帮助他人了解自己编写程序的具体内容,而且还便于对程序总体结构的掌握。可以使用下面两种语法形式表示注释内容。

(1)单行注释。使用两个连字符"--"作为注释的开始标志,到本行行尾即最近的回车结束之间的所有内容为注释信息。例如:

```
USE Pubs     --打开 Pubs 数据库
GO
--检索 Publishers 表的数据
SELECT *
    FROM Publishers
GO
```

(2)块注释。块注释的格式为/*……*/,其间的所有内容均为注释信息。块注释与单行注释不同的是它可以跨越多行,并且可以插入在程序代码中的任何地方。例如:

```
USE Pubs   /*打开 Pubs 数据库*/
GO
/*检索 Publishers
    表的数据*/
SELECT  * FROM Publishers
GO
```

4.4.2 数据类型、变量和运算符

1. 数据类型

Transact-SQL 的数据类型分为基本数据类型和用户自定义数据类型两大类。基本数据类型是指系统提供的数据类型,用户定义数据类型由基本数据类型导出,详细内容在第五章介绍。

2. 标识符

标识符是指用户在 SQL Server 中定义的服务器、数据库、数据库对象(如表、视图、索引、存储过程、触发器、约束、规则等)、变量等对象名称。标识符的命名遵守以下命名规则:

(1)标识符长度可以为 1~128 个字符,不区分大小写。

(2)标识符的第一个字符必须为字母或_、@、#符号。其中@和#符号具有特殊意义:

当标识符开头为@时,表示它是一局部变量;标识符首字符为#号时,表示一临时数据库对象,对于表或存储过程,名称开头含一个#号时表示为局部临时对象,含两个#号时表示为全局临时对象。

(3)标识符中第一个字符后面的字符可以为字母,数字,或#、$、_符号。

(4)缺省情况下,标识符内不允许有空格,也不允许使用关键字等作为标识符,但可以使用引号来定义特殊标识符。例如:

```
SET QUOTED_IDENTIFIER ON /*允许使用引号定义特殊标识符*/
GO
```

```
CREATE TABLE "table"
(
    column1 char(10) not null,
    column2 smallint( ) not null
)
```

3. 变量

变量是 SQL Server 用来在其语句间传递数据的方式之一,它由系统或用户定义并赋值。SQL Server 中变量分局部变量和全局变量两类,其中局部变量由用户自己定义和赋值,全局变量由系统定义和维护。下面对这两种变量分别加以说明。

(1) 局部变量。局部变量用 DECLARE 语句声明,在声明时它初始化为 NULL,用户可在与定义它的 DECLARE 语句的批处理中用 SET 语句为其赋值。

① 局部变量的声明格式为:

DECLARE @ variable_name datatype [,@ variable_name datatype...]

其中:

• @ variable_name 是所声明的变量名,局部变量遵守 SQL Server 的标识符命名规则,并且其首字符必须为@ 。datatype 为变量的数据类型。

• 在同一个 DECLARE 语句中可以同时声明多个局部变量,它们相互之间用逗号分隔。

【例 4-4】 下面语句声明两个变量@ var1 和@ course_name,它们的数据类型分别为 int 和 char。

DECLARE @ var1 int, @ course_name char(15)

② 局部变量用 SET 语句赋值,其格式为:

SET @ variable_name = expression

其中,表达式是与局部变量的数据类型相匹配的表达式,SET 语句的功能是将该表达式的值赋给指定的变量。除了使用 SET 语句为局部变量赋值外也可以使用 SE-LECT 语句为局部变量赋值。

【例 4-5】 下面语句使用常量直接为变量@ var1 和@ var2 赋值。

--声明局部变量

DECLARE @ var1 int,@ var2 money

--给局部变量赋值

SET @ var1 =100,   SET@ var2 = $ 29.95

【例 4-6】 定义一个变量@ Max_price,并将其赋值为全体出版物中最高的价格。

USE Pubs

GO

--声明局部变量

DECLATE @ Max_Price int

--将其赋值为图书出版物中价格最高值
SELECT @Max_Price = MAX(price)
FROM Titles
GO

（2）全局变量。SQL Server 使用全局变量来记录 SQL Server 服务器的活动状态。它是一组由 SQL Server 事先定义好的变量,这些变量不能由用户参与定义。因此,用户只能读它,以便了解 SQL Server 服务器当前活动状态的信息。

由于全局变量由 SQL Server 系统提供并赋值,因此用户不能建立全局变量,也不能使用 SET 语句修改全局变量的值。全局变量的名字以@@开头。大多数全局变量的值是报告本次 SQL Server 启动后发生的系统活动。通常应该将全局变量的值赋给局部变量,以便保存和处理。

SQL Server 提供的全局变量共 33 个,分为以下两类:

① 与当前的 SQL Server 连接有关的全局变量,与当前的处理相关的全局变量。如@@rowcount 表示最近一个语句影响的记录数。

【例 4-7】 在 UPDATA 语句中使用@@rowcount 变量来检测是否存在发生更改记录。

USE Pubs
GO
--将图书信息表的计算机书籍价格设置为 50 元
UPDATE Titles
SET price = 50
WHERE type = '计算机'
--如果没有发生记录更新,则发出警告信息
IF @@rowcount = 0
　　Print '警告:没有发生记录更新!'　　/* Print 语句将字符串返回给客户端 */

② 与系统内部信息有关的全局变量。如:@@version 表示 SQL Server 的版本信息。

有关 SQL Server 的其他全局变量及其功能可参看系统帮助。

4. 运算符

运算符用来执行列间或变量间的数学运算和比较操作。SQL Server 中,运算符有算术运算符、位运算符、比较运算符和连接运算符等。

（1）算术运算符。算术运算符用来执行列间或变量间的算术运算。算术运算符包括加(+)、减(-)、乘(*)、除(/)和取模(%)运算等。算术运算符所操作的数据类型及其含义如表 4-2 所示。

第四章 Microsoft SQL Server 2000 数据库基础

表 4-2　　　　　　　　　　　算术运算

运算符	含义	可用于数据类型
+	加	int, smallint, tinyint, numeric, decimal, real, money, smallmoney
-	减	同上
*	乘	同上
/	除	同上
%	取模	int, smallint, tinyint

(2) 位运算符。位运算符对数据进行按位与(&)、或(｜)、异或(^)、求反(~)等运算。在 Transact-SQL 语句中对整数数据进行位运算时，首先把它们转换为二进制数，然后再进行运算。操作数的数据类型及其含义如表 4-3 所示。

表 4-3　　　　　　　　　　　位运算

运算符	含义	可用于数据类型
&	按位与(二元运算)	仅用于 int, smallint, tinyint
｜	按位或(二元运算)	同上
^	按位异或(二元运算)	同上
~	按位取反(一元运算)	int, smallint, tinyint, bit

(3) 比较运算符。比较运算符用来比较两个表达式之间的差别。SQL Server 中的比较运算符有：大于(>)、等于(=)、小于(<)、大于或等于(>=)、小于或等于(<=)和不等于(<>)等。比较运算符及其含义如表 4-4 所示。

表 4-4　　　　　　　　　　　比较运算符

运算符	含义	运算符	含义
=	等于	<>	不等于
>	大于	!=	不等于(非 SQL-92 标准)
<	小于	!>	不大于(非 SQL-92 标准)
>=	大于或等于	!<	不小于(非 SQL-92 标准)
<=	小于或等于		

比较运算符可比较列或变量的值，例如下面语句列出书价高于 $ 20.0 的书目：
SELECT * FROM titles

WHERE price > $ 20.0

(4) 逻辑运算符。逻辑运算符用来对某个条件进行测试,以获得其真实情况。逻辑运算符和比较运算符一样,返回带有 TRUE 或 FALSE 值的布尔数据类型。逻辑运算符及其含义如表 4-5 所示。

表 4-5　　　　　　　　　　　　逻辑运算符

运算符	含　义
ALL	如果一系列的比较都为 TRUE,那么就为 TRUE
AND	如果两个布尔表达式都为 TRUE,那么就为 TRUE
ANY	如果一系列的比较中任何一个为 TRUE,那么就为 TRUE
BETWEEN	如果操作数在某个范围之内,那么就为 TRUE
EXISTS	如果子查询包含一些行,那么就为 TRUE
IN	如果操作数等于表达式列表中的一个,那么就为 TRUE
LIKE	如果操作数与一种模式相匹配,那么就为 TRUE
NOT	对任何其他布尔运算的值取反
OR	如果两个布尔表达式中的一个为 TRUE,那么就为 TRUE
SOME	如果在一系列比较中,有些为 TRUE,那么就为 TRUE

(5) 字符串运算符。字符串运算符(+)实现字符之间的连接操作。SQL Server 中,字符串之间的其他操作通过字符串函数实现。字符串连接运算符可操作的数据类型有 char,varchar 和 text 等。

例如,下面表达式用字符串运算符实现两字符串间的连接:

'abe' + '243345'

表达式结果为"abe243345"。

(6) 运算符的优先级。各种运算符具有不同的优先级,同一表达式中包含有不同的运算符时,运算符的优先级决定了表达式的计算和比较顺序。SQL Server 中各种运算符的优先级从高到低的顺序为:

括号:( )

取反运算:~

乘、除、求模运算:* / %

加减运算:+ -

异或运算:^

与运算:&

或运算:|

NOT 连接
AND 连接
ALL,ANY,BETWEEN,IN,LIKE,OR,SOME 连接

排在前面的运算符优先级别较高。在一个表达式中,先计算优先级高的运算符,后计算优先级低的运算符。相同优先级的运算则是按自左至右的顺序依次处理。

4.4.3 函数

函数的主要作用是用来帮助用户获得系统的有关信息、执行数学计算和统计功能、实现数据类型转换等操作。Transact-SQL 提供了大量的函数供用户使用,主要分为三大类。

(1)行集函数:该类函数返回一个结果集(可以看做是表或视图),该结果集可在 Transact-SQL 语句中当做表来使用。有关这些函数的详细介绍请参看相关的书籍。

(2)集合函数:用于 SQL 查询中,对一组值进行计算,并返回单一的汇总值。如求一个结果集合的最大值、最小值、平均值和所有元素之和等。

(3)标量函数:这是常用的一类函数,这些函数根据指定的参数(或无参数)完成指定的操作,返回单个数值。这类函数可以在表达式中使用。

标量函数可以分为 11 类,下面简单介绍部分标量函数。

1. 类型转换函数

(1)CONVERT():将表达式的结果从一种数据类型转换为另外一种数据类型。
(2)CAST():和 CONVERT()功能类似。

2. 日期和时间函数

日期和时间函数涉及与日期和时间计算有关的一些功能,它们是:
(1)DATEADD():在一个日期上加上一个间隔,返回是 datetime 值。
(2)DATEDIFF():计算两个日期值之间的间隔,返回值是一个整数。
(3)GETDATE():返回系统日期和时间。
(4)GETUTCDATE():返回当前 UTC(世界时)日期和时间。
(5)YEAR():返回指定日期中年份的整数。
(6)MONTH():返回指定日期中月份的整数。
(7)DAY():返回指定日期中日的整数。

3. 数学函数

数学函数实现三角运算、指数运算、对数运算等数学操作。Transact-SQL 提供了 22 个可用于数学计算的函数,如绝对值函数 ABS()、乘方函数 POWER()、平方根函数 SQRT()等。

4. 字符串函数

字符串函数实现字符数据的转换、查找等操作。Transact-SQL 提供了 23 个用于字符或字符串运算的函数,下面是其中的一部分函数。

(1) ASCII()：返回字符串表达式最左边字符的 ASCII 码值。

(2) UNICODE()：按照 Unicode 标准的定义，返回表达式第一个字符的整数值。

(3) CHAR()：把一个表示 ASCII 代码的数值转换成对应的字符。

(4) CHARINDEX()：返回一个子串在字符串表达式中的起始位置。

(5) LOWER()：把大写字母转换成小写字母。

(6) UPPER()：将小写字母转换成大写字母。

(7) LTRIM()：删除字符串的前导空格。

(8) RTRIM()：删除字符串的尾部空格。

(9) LEN()：返回给定字符串表达式的字符个数。

(10) SUBSTRING()：取子串函数。

(11) SPACE()：产生空格字符串。

(12) STR()：将数值转换成字符串。

(13) LEFT()：从字符串的左边取子串。

(14) RIGHT()：从字符串的右边取子串。

5. 系统函数

系统函数用于检索数据库对象和 SQL Server 服务器设置的一些特殊的系统信息。Transact-SQL 提供了 31 个该类函数，如返回最后执行的 Transact-SQL 语句错误代码的函数@@ERROR()、返回工作站名称的函数 HOST_NAME()、确定表达式是否为有效日期的函数 ISDATE()等。

6. 系统统计函数

系统统计函数返回 SQL Server 数据库实例的运行统计信息，如占用 CPU 时间的长度、网络传递的数据包数量、磁盘读写的数据包数等。Transact-SQL 提供了 12 个该类函数，返回 SQL Server 自上次启动后读取磁盘次数的函数@@TOTAL_READ()等。

7. 文本、图像函数

文本(text)和图像(image)函数在文本和图像数据上执行操作，这些函数是：

(1) TEXTPTR()：按 varbinary 格式返回 text，ntext 或 image 列的文本指针值。

(2) TEXTVALID()：用于检查给定文本指针是否有效。

(3) DATALENGTH()：返回 text 或 image 列的数据长度。

8. 配置函数

配置函数返回当前配置选项设置的信息，Transact-SQL 提供了 15 个该类函数，如为当前数据库返回当前 timestamp 值的函数@@DBTS()、返回运行 SQL Server 的本地服务器名称的函数@@SERVERNAME()等。

9. 游标函数

游标函数返回游标状态和操作信息，它们是：

(1) @@CURSOR_ROWS：返回最后打开的游标中当前存在的行的数量。

(2) CURSOR_STATUS( ):该函数用于设置存储过程调用是否返回游标和结果集。

(3) @@FETCH_STATUS:返回被 FETCH 语句执行的最后游标的状态。

10. 元数据函数

元数据函数检索 SQL Server 数据库和数据库对象的信息,Transact-SQL 提供了 23 个该类函数,如返回列名的函数 COL_NAME( )、返回数据库名的函数 DB_NAME( )等。

11. 安全函数

安全函数能够检索 SQL Server 服务器登录标识、数据库用户及角色信息,Transact-SQL 提供了 10 个该类函数,如指明当前的用户登录是不是指定的服务器角色成员的函数 IS_SRVROLEMEMBER( )、返回用户标识的函数 USER_ID( )等。

4.4.4 程序流程控制

流程控制语句用于控制 SQL 语句、语句块或存储过程的执行流程。SQL Server 中的流程控制语句及其功能如表 4-6 所示。

表 4-6　　　　SQL Server 的流程控制语句及其功能

语句	功能
IF...ELSE...	条件选择语句,条件成立时,执行 IF 后的语句,否则执行 ELSE 后的语句
BEGIN END	定义语句块
GOTO	无条件转移语句
WHILE	循环语句
BREAK	循环跳出语句
CONTINUE	重新启动循环语句
WAITFOR	设置语句执行的延期时间
RETURN	无条件退出语句
CASE 表达式	分支处理语句,表达式可根据条件返回不同值

1. IF...ELSE... 语句

IF...ELSE...语句的格式为:

IF 布尔表达式

　{SQL 语句或语句块}

[ELSE

　{SQL 语句或语句块}]

条件语句的执行流程是:当条件满足时,也就是布尔表达式的值为真时,执行 IF 语句后的语句或语句块。ELSE 语句为可选项,它引入另一个语句或语句块,当布尔表达式的值为假时,执行该语句或语句块。应该注意的是:IF 和 ELSE 后的语句或语句块必须为单一 SQL 语句或语句块,不能是多个 SQL 语句。语句块就是 BEGIN...END 内所包含的多个 SQL 语句。

布尔表达式可以包含列名、常量和运算符所连接的表达式,也可以包含 SELECT 语句。包含 SELECT 语句时,该语句必须括在括号内。例如:

```
IF EXISTS (SELECT pub_id FROM publishers WHERE pub_id ='9999')
    PRINT 'Lucerne Publishing'
ELSE
    PRINT 'Not Found Lucerne Publishing'
```

在这个例子中,如果 publishers 表中存在标识为 9999 的出版社,则打印该出版社的名称:Lucnerne Publishing;否则打印提示信息:Not Found Lucerne Publishing。

2. BEGIN ... END 语句

BEGIN ... END 语句将多条 SQL 语句封装起来,构成一个语句块,用于 IF ... ELSE、WHILE 等语句中,使这些语句作为一个整体被执行。

BEGIN ... END 语句的格式为:

```
BEGIN
    {SQL 语句或语句块}
END
```

例如:

```
IF EXISTS  (SELECT title_id FROM titles WHERE title_id ='TC5555')
    BEGIN
        DELETE FROM titles
        WHERE  title_id ='TC5555'
        PRINT 'TC5555 is deleted.'
    END
ELSE
    PRINT 'TC5555 not found.'
```

3. GOTO 语句

GOTO 语句的格式为:

    GOTO   标号

它将 SQL 语句的执行流程无条件地转移到用户所指定的标号后执行。GOTO 语句和标号可用在存储过程、批处理或语句块中。标号名称必须遵守标识符命名规则。定义标号时,在标号名后加上冒号。GOTO 语句常用在 WHILE 或 IF 语句内,使程序跳出循环或进行分支处理。

【例 4-8】 下面代码利用 GOTO 语句和 IF 语句求 10 的阶乘。

```
DECLARE @s int,@times int
SELECT  @s=1,@times=1
```

```
    Label1:
        SELECT @s = @s * @times
        SELECT @times = @times + 1
        IF @times <= 10
            GOTO Label1
        SELECT @s, @times
```

4. WHILE,BREAK,CONTINUE 语句

WHILE 语句根据设置条件重复执行一个 SQL 语句或语句块,只要条件成立,SQL 语句将被重复执行下去。WHILE 结构还可以与 BREAK 语句和 CONTINUE 语句一起使用,BREAK 语句导致程序从循环中跳出,而 CONTINUE 语句则使程序跳出循环体内 CONTINUE 语句后面的 SQL 语句,而立即进行下次条件测试。

【例 4-9】 求 1～100 之间的奇数和。

```
DECLARE @k smallint, @sum smallint
SELECT @k = 0, @sum = 0
WHILE @k >= 0
    BEGIN
        SELECT @k = @k + 1
        IF @K > 100
            BREAK
        IF (@K%2) = 0
            CONTINUE
        ELSE
            SELECT @sum = @sum + @k
    END
SELECT @sum
```

在例 4-9 中,WHILE 循环中条件测试保证@k 值大于等于 0。在循环中,每次循环时@k 加 1,然后判断@k 值是否为奇数,如果超过则执行 BREAK 语句跳出 WHILE 循环;否则再判断当前@k 值是否为奇数,若为奇数则求其和,然后再进行下次循环,否则由 CONTINUE 语句控制立即进入循环条件测试。

5. WAITFOR 语句

WAITFOR 语句可以指定在某一时间点或在一定的时间间隔之后执行 SQL 语句、语句块、存储过程或事务。WAITFOR 语句的格式为:

WAITFOR {DELAY 'time' | TIME 'time'}

其中,DELAY 指定 SQL Server 等待的时间间隔,TIME 指定一时间点。time 参数为 datetime 数据类型,其格式为"hh:mm:ss",在 time 内不能指定日期。

例如,下面语句设置在 10:00 执行一次查询操作,查看图书的销售情况:

```
BEGIN
    WAITFOR TIME '10:00'
    SELECT * FROM sales
END
```
再如,下面语句设置在1小时后执行一次查询操作:
```
BEGIN
    WAITFOR DELAY '1:00'
    SELECT * FROM sales
END
```

6. RETURN 语句

RETURN 语句使程序从一个查询或存储过程中无条件地返回,其后面的语句不再执行。RETURN 语句的格式为:

RETURN ([整数表达式])

存储过程可以使用 RETURN 语句向调用它的存储过程或应用程序返回一整数值。在 SQL Server 中,返回值为 0 时,常表示存储过程成功执行。它保留 -1 ~ -99 间的值,用来表示各种原因而导致过程执行失败,其中返回值为 -1 ~ -14(如表 4-7 所示)时,对应于错误级别为 10 ~ 24 的各种错误,-15 ~ -99 间的值保留给系统将来使用,所以在存储过程中,用户可定义使用 0 ~ -99 以外的整数作为错误返回码。

表 4-7 SQL Server 定义的存储过程返回值及其意义

返回值	意 义
0	过程执行成功
-1	未找到数据库对象
-2	数据类型错误
-3	进程死锁错误
-4	权限错误
-5	语句语法错误
-6	其他用户错误
-7	资源错误,如存储空间用尽等
-8	产生非致命内部错误
-9	达到了系统的配置限制
-10	内部一致性致命错误
-11	内部一致性致命错误
-12	表或索引崩溃
-13	数据库崩溃
-14	硬件错误

例如,下面存储过程检查作者合同是否有效。如果有效,它返回1,否则返回-100。

CREATE PROCEDURE check_contact @ para varchar(40)
AS
IF (SELECT contact FROM authors WHERE au_lname = @ para) = 1
    RETURN 1
ELSE
    RETURN -100

7. CASE 表达式

CASE 表达式用于条件分支选择,虽然在这种情况下利用 IF ... ELSE 语句也可以实现,但使用 CASE 表达式可使程序结构显得更加精练、清晰。SQL Server 中的 CASE 表达式有简单 CASE 表达式、搜索型 CASE 表达式和 CASE 关系函数三种,下面分别介绍。

(1) 简单 CASE 表达式。简单 CASE 表达式的结构为:

CASE　表达式
  WHEN　表达式1　THEN　表达式2
    [[WHEN　表达式3　THEN　表达式4] […]]
    [ELSE　表达式 N]
END

其中各表达式可以是常量、列名、函数、子查询和算术运算符、位运算符、字符串运算符的任意组合。

简单 CASE 表达式的执行过程是:将 CASE 后的表达式与 WHEN 子句中的表达式进行比较,如果二者相等,则返回 THEN 后的表达式,否则返回 ELSE 子句中的表达式。ELSE 表达式是选项,当不包含它时,如果所有比较失败,CASE 将返回空值(NULL)。

例如,下面 SELECT 语句使用 CASE 表达式改变作者合同的显示方式:

SELECT Name = CONVERT(varchar(15), au_lname),
    CONTRACT = CASE contract
              WHEN　0　THEN　'Invalid　contract.'
              WHEN　1　THEN　'valid　contract.'
      END
FROM　authors

(2) 搜索型 CASE 表达式。搜索型 CASE 表达式的结构为:

CASE
  WHEN　布尔表达式1 THEN　表达式1

```
        [[ WHEN  布尔表达式2  THEN   表达式2] [ … ]]
        [ ELSE  表达式 N]
END
```

其中,THEN 后的表达式与简单 CASE 表达式中的相同,在布尔表达式中允许使用比较运算和 AND、OR 等连接符。

搜索型 CASE 表达式的执行过程是:首先测试 WHEN 后的布尔表达式,如果其值为真,则返回 THEN 后的表达式,否则进行下一个布尔表达式测试。如果所有布尔表达式的值为假,则返回 ELSE 后的表达式,在未提供 ELSE 选项时,CASE 表达式返回空值(NULL)。

搜索型 CASE 表达式与简单 CASE 表达式的区别是:它允许执行各种比较操作和多条件测试(通过 AND,OR 实现),而简单 CASE 表达式中只能进行相等比较。

下面语句使用搜索型 CASE 表达式查询作者的签约情况:

```
SELECT Name = CONVERT(varchar(15),au_lname),
    CONTRACT =
      CASE
        WHEN contract = 0     THEN  'Invalid contract.'
        WHEN contract < >0 THEN    'vaild  contract.'
      END
FROM authors
```

【例 4-10】 查看学生成绩,如果高于或等于 90 分,则显示"优";如果低于 90 分但高于或等于 80 分,则显示"良";如果低于 80 分但高于或等于 70 分,则显示"中";如果低于 70 分但高于或等于 60 分,则显示"及格";如果低于 60 分,则显示"不及格";如果成绩为空,则显示"无成绩"。

```
SELECT sno as  学号,cno as  课程号,成绩 =
  CASE
    WHEN sc.grade >=90    THEN '优'
    WHEN sc.grade >=80    THEN '良'
    WHEN sc.grade >=70    THEN '中'
    WHEN sc.grade >=60    THEN '及格'
    WHEN sc.grade <60     THEN '不及格'
    ELSE '无成绩'
  END
FROM sc
```

(3) CASE 关系函数。CASE 关系函数有以下三种形式:
COALESCE (表达式 1,表达式 2)
COALESCE(表达式 1,表达式 2,…,表达式 N)

NULLIF(表达式1,表达式2)

COALESCE(表达式1,表达式2)的执行过程是如果"表达式1"的值不为空,则返回"表达式1",否则返回"表达式2"。用搜索型 CASE 表达式表示时,其格式为:

CASE
    WHEN   表达式1   IS NOT NULL   THEN   表达式1
    ELSE   表达式2
END

COALESCE(表达式1,表达式2,…,表达式N)表达式的作用是返回 N 个表达式中的第一个非空表达式,如果所有表达式的值均为空,则返回空值(NULL)。它用搜索型 CASE 表达式表示时,其格式为:

CASE
    WHEN   表达式1 IS NOT NULL   THEN   表达式1
    ELSE   COALESCE(表达式1,表达式2,…,表达式N)
END

在 NULLIF(表达式1,表达式2)函数中,如果"表达式1"等于"表达式2",则返回 NULL,否则返回"表达式1"。它可用搜索型 CASE 表达式表示为:

CASE
    WHEN   表达式1 = 表达式2   THEN   NULL
    ELSE   表达式1
END

下面语句使用 CASE 关系函数处理 discounts 表中 stor_id 列的空值,在其为空值时显示 Unknown,而不是显示 NULL 字样。

SELECT   discounttype,store_id = COALESCE(store_id,'Unknown'),discount
FROM discounts

其执行结果为:

discounttype	store_id	discount
Ininial Cusromer	Unknown	10.50
Volume Discount	Unknown	6.70
Customer Discount	8042	5.00

(3 row(s) affected)

本章小结

本章首先介绍了 SQL Server 2000 的新特色、客户/服务器体系结构、数据库管理工具,对其中最常用的企业管理器和查询分析器进行了详细介绍,并利用企业管理器、查询分析器示范式地创建了一个学生数据库、学生信息表;其次介绍了

Transact-SQL 的一些基本概念、语法、控制语句。重点介绍如何在程序中使用变量和函数,如何使用语句控制程序执行的顺序。另外还介绍了如何使用查询分析器中的对象浏览器和模板简化 Transact-SQL 语句的编辑,提高工作效率。通过本章的学习,读者将能了解 SQL Server 2000 是一个优秀的关系型数据库管理系统,掌握 Transact-SQL 程序设计的方法和技巧。

习 题 四

4.1 在客户/服务器结构中,数据库服务器和客户端计算机是如何分工的?

4.2 试述 SQL Server 2000 的客户/服务器体系结构的各部分组成。

4.3 SQL Server 2000 在安装后默认创建了哪几个系统数据库?分别叙述它们的作用。

4.4 与数据库相关的磁盘文件有哪几种?它们的扩展名分别是什么?

4.5 事务日志文件的作用是什么?

4.6 试述 SQL Server 的 CREATE DATABASE 命令在创建数据库时是如何申请物理存储空间的。

第五章 关系数据库标准语言——SQL

【学习目的与要求】

SQL 是关系数据库的标准语言,是本教材的一个重点。通过对本章的学习,要求学生全面掌握 SQL 定义语句、SQL 查询语句、视图、SQL 更新语句,并且能够熟练地应用。

5.1 SQL 概述

SQL 是 Structured Query Language 的缩写,全称即是"结构化查询语言",是一种介于关系代数与关系演算之间的语言。其功能包括数据查询、操纵、定义和控制四个方面,是一个通用的、功能极强的关系数据库语言。目前已成为关系数据库的标准语言。

5.1.1 SQL 的三级模式结构

SQL 支持关系数据库三级模式结构。其中视图对应于外模式,基本表对应于模式,存储文件对应于内模式,如图 5-1 所示。

用户可以用 SQL 对基本表和视图进行查询或其他操作。基本表和视图一样,都是关系。

基本表是本身独立存在的表,在 SQL 中一个关系就是一个基本表。一个基本表对应一个存储文件,一个表可以带若干索引,索引也存放在存储文件中。

存储文件的逻辑结构组成了关系数据库的内模式。存储文件的物理结构是任意的,对用户是透明的。

视图是从一个或几个基本表导出的表。它本身不独立存储在数据库中,即数据库中只存放视图的定义而不存放视图对应的数据,这些数据仍存放在导出视图的基本表中,因此视图是一个虚表。视图在概念上与基本表等同,用户可以在视图上再定义视图。

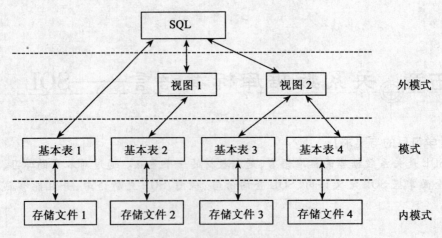

图 5-1　SQL 支持关系数据库三级模式结构

表 5-1　　　　　　　　　　　**SQL 语言的 9 个功能动词**

SQL 功能	动　　　词		
数据定义	CREATE	ALTER	DROP
数据查询	SELECT		
数据更新	INSERT	UPDATE	DELETE
数据控制	GRANT	REVOKE	

5.1.2　SQL 的功能

SQL 具有下述 4 个方面的基本功能：

1．数据定义

基本表的创建、修改和删除；

索引创建和删除；

视图的创建与删除。

2．数据查询

简单查询；

汇总查询；

多表查询，其中包括连接查询和子查询；

合并查询。

3．数据更新

数据插入；

数据修改；

数据删除。

4. 数据控制

数据库安全保护；

数据库完整保护；

并发事务处理；

数据库恢复。

以上这 4 个方面的基本功能将在本章的后续各节中详细讨论。为了在实际应用中发挥重大作用，SQL 还提供其他的高级功能，如存储过程、触发器、嵌入式 SQL 等，这些功能将在本书的第七章中详细讨论。

5.2 SQL 的数据定义功能

SQL 的数据定义功能包括三部分，见表 5-2。

表 5-2　　　　　　　　　　SQL 的数据定义功能

	基本表	索引	视图
创建	CREATE TABLE	CREATE INDEX	CREATE VIEW
删除	DROP TABLE	DROP INDEX	DROP VIEW
修改	ALTER TABLE		

由于索引依附于基本表，视图由基本表导出，所以 SQL 通常不提供视图修改和索引修改的操作。一般来说，用户需要修改视图和索引，必须先将它们删除，然后重新创建。

本节中，我们主要介绍基本表和索引的操作，视图的操作放在 5.5 节讨论。

5.2.1 SQL 的基本数据类型

SQL 在定义表的属性时，要求指明其中的数据类型和长度。不同的 DBMS 支持的数据类型不尽相同，但其中的一些基本数据类型，各种 DBMS 都是支持的。表 5-3 列举了 Microsoft SQL Server 2000 支持的主要数据类型，供大家参考。

表 5-3 Microsoft SQL Server 2000 的数据类型

序号	数据类型	说明
	整型数据类型	
01	bit	1 或 0 的整型数据
02	bigint	从 -2^{63} 到 $2^{63}-1$ 的整型数据
03	int	从 -2^{31} 到 $2^{31}-1$ 的整型数据
04	smallint	从 -2^{15}（-32 768）到 $2^{15}-1$（32 767）的整型数据
05	tinyint	从 0 到 255 的整型数据
	精确浮点数值类型	
06	decimal	从 -10^{38} 到 $10^{38}-1$ 的固定精度和小数位的数字数据
07	numeric	功能上等同于 decimal
	近似浮点数值类型	
08	float	从 $-1.79E+308$ 到 $1.79E+308$ 的浮点精度数字
09	real	从 $-3.40E+38$ 到 $3.40E+38$ 的浮点精度数字
	日期时间数据类型	
10	datetime	从 1753 年 1 月 1 日到 9999 年 12 月 31 日的日期和时间数据，精确到 3‰ 秒（即 3.33 毫秒）
11	smalldatetime	从 1900 年 1 月 1 日到 2079 年 6 月 6 日的日期和时间数据，精确到分钟
	字符串数据类型	
12	char	固定长度的字符数据，最大长度为 8 000 个字符
13	varchar	可变长度的字符数据，最大长度为 8 000 个字符
14	text	可变长度的字符数据，最大长度为 $2^{31}-1$ 个字符
	Unicode 字符串类型	
15	nchar	固定长度的 Unicode 数据，最大长度为 4 000 个字符
16	nvarchar	可变长度的 Unicode 数据，最大长度为 4 000 个字符
17	ntext	可变长度的 Unicode 数据，最大长度为 $2^{30}-1$ 个字符
	二进制数据类型	
18	binary	固定长度的二进制数据，最大长度为 8 000 个字节
19	varbinary	可变长度的二进制数据，最大长度为 8 000 个字节
20	image	可变长度的二进制数据，用于存储照片、图片或者图画，最大长度为 $2^{31}-1$ 个字节

续表

序号	数据类型	说明
	货币数据类型	
21	money	货币数据值介于 -2^{63} 与 $2^{63}-1$ 之间,精确到货币单位的千分之十
22	smallmoney	货币数据值介于 $-214\ 748.364\ 8$ 与 $+214\ 748.364\ 7$ 之间,精确到货币单位的千分之十
	其他数据类型	
23	timestamp	时间标记,通常系统自动产生,而不是用户输入的
24	uniqueidentifier	全局惟一标识符（GUID）
25	table	一种特殊的数据类型,存储供以后处理的结果集
26	sql_variant	一种存储 SQL Server 支持的各种数据类型（text,ntext,timestamp 和 sql_variant 除外）值的数据类型

说明:Unicode 是双字节文字编码标准,Unicode 字符串类型与字符串数据类型相类似,但 Unicode 的一个字符用 2 字节存储,而一般字符数据用 1 个字节存储。

5.2.2 基本表的创建、修改和删除

本小节仅对基本表创建、修改和删除的基本方法加以介绍,有关完整性约束的内容放在 6.3 节中讨论。

1. 创建基本表

SQL 使用 CREATE TABLE 语句创建基本表,其一般格式如下:

CREATE TABLE <表名>(<列名><数据类型>[列级完整性约束条件]

[,<列名><数据类型>[列级完整性约束条件]]

…

[,<表级完整性约束条件>]);

其中<表名>是所要定义的基本表的名字,它可以由一个或多个属性(列)组成。[ ]内的内容是可选项。

【例 5-1】 创建图书信息表 titles,其结构见表 5-4。

表 5-4 图书信息表结构

列名	数据类型	可为空	说明
title_id	varchar(6)	否	图书标识
title	varchar(80)	否	书名

续表

列名	数据类型	可为空	说明
type	char(12)	否	图书分类
pub_id	char(4)	是	出版社标识
price	money	是	价格
ytd_sales	int	是	当年销量
pubdate	datetime	否	出版日期

用 CREATE TABLE 语句创建如下：
CREATE TABLE titles
(
title_id   varchar(6)   NOT NULL,
title   varchar(80)   NOT NULL,
type   char(12)   NOT NULL,
pub_id   char(4),
price   money,
ytd_sales   int,
pubdate   datetime   NOT NULL
)

2. 修改基本表

随着应用环境和应用需求的变化，可能需要修改已有基本表的结构，SQL 用 ALTER TABLE 语句修改基本表，其一般格式为：

ALTER TABLE <表名>
[ADD <新列名> <数据类型>[完整性约束条件]]
[DROP <完整性约束名>]
[ALTER COLUMN <列名> <数据类型>];

其中<表名>指定需要修改的基本表，ADD 子句用于增加新列和新的完整性约束条件，DROP 子句用于删除指定的完整性约束条件，ALTER COLUMN 子句用于修改原有的列定义。

注意，标准 SQL 没有提供删除属性列的语句，用户只能间接实现这一功能，即首先把表中要保留的列及其内容复制到一个新表中，然后删除原表，再将新表重新命名为原表名。

但在 SQL Server 2000 中增加了删除列的语句：
ALTER TABLE <表名> DROP COLUMN <列名>;

【例 5-2】 向图书信息表 titles 增加"评论"列 notes，其数据类型为 varchar，长度为 200。

ALTER TABLE titles ADD notes varchar(200);

说明：在添加属性列时不允许定义为 NOT NULL，不论基本表中是否已有数据，新增加的列一律为空值。

【例 5-3】 在图书信息表 titles 中，将价格 price 的数据类型改为 smallmoney。
ALTER TABLE titles ALTER COLUMN price smallmoney;

【例 5-4】 在图书信息表 titles 中，将出版日期 pubdate 列删除。
ALTER TABLE titles DROP COLUMN pubdate;

3. 删除基本表

SQL 用 DROP TABLE 语句删除基本表，其一般格式为：

DROP TABLE ＜表名＞

【例 5-5】 删除图书信息表 titles。
DROP TABLE titles;

基本表定义一旦删除，表中的数据、在此表上建立的索引都将自动被删除掉，而建立在此表上的视图虽仍然保留，但已无法引用。因此执行删除操作时一定要格外小心。

5.2.3 索引的建立和删除

有效地设计索引可以提高数据库系统的性能。索引建立了到达数据的直接路径，从而允许用户更高效地访问数据。然而应当引起注意的是，创建的索引越多，数据变化时为了保持索引同步所承受的负担就越大。因此，过多的索引可能会降低修改数据时的性能。

1. 索引的概念

索引是为了加速对表中数据行的检索而创建的一种关键字与其相应地址的对应表。索引是针对一个表而建立的，且只能由表的所有者创建。一个索引可以包含一列或多列（最多 16 列）。不能对 bit,text,image 数据类型的列建立索引。一般考虑建立索引的列有表的主关键字列、外部关键字列、在某一范围内频繁搜索的列或按排序顺序频繁检索的列。

2. 索引的类型

索引按结构可分为两类：聚集索引和非聚集索引。

（1）聚集索引（clustered index）。聚集索引按照索引的属性列排列记录，并且依照排好的顺序将记录存储在表中。一个表中只能有一个聚集索引。建立聚集索引后，更新索引列数据时，往往导致表中记录的物理顺序的变更，代价较大，因此对经常更新的列不宜建立聚集索引。

（2）非聚集索引（nonclustered index）。非聚集索引按照索引的属性列排列记录，但是排列的结果并不会存储在表中，而是另外存储（索引文件）。表中的每一列都可以有自己的非聚集索引。

3. 建立索引

在 SQL 中,建立索引使用 CREATE INDEX 语句,其一般格式如下:
CREATE [UNIQUE] [CLUSTERED] INDEX <索引名>
　　ON <表名> (<列名>[<次序>][,<列名>[<次序>]]…);

其中,<表名>指定要建立索引的基本表的名字。索引可以建在该表的一列或多列上,各列名之间用逗号分隔。每个<列名>后面还可以用<次序>指定索引值的排列次序,包括 ASC(升序)和 DESC(降序)两种,缺省值为 ASC。[UNIQUE] 表示要建立的索引是惟一索引,即此索引的每一个索引值只对应惟一的数据记录(包括 NULL)。[CLUSTER]表示要建立的索引是聚集索引。

【例 5-6】 普通索引(非聚集索引)。

为图书信息表 titles 在书名 title 上建立一个非聚集索引 title_idx。
CREATE INDEX title_idx ON titles(title);

【例 5-7】 聚集索引。

为图书信息表 titles 在图书标识 titl_id 上建立聚集索引 id_idx。
CREATE CLUSTERED INDEX id_idx ON titles(title_id);

【例 5-8】 惟一索引。

为作者信息表 authors 在作者标识 au_id 上建立惟一索引 auid_idx。
CREATE UNIQUE INDEX auid_idx ON authors(au_id);

【例 5-9】 复合索引。

复合索引是将两个属性列或多个属性列组合起来建立的索引。

复合索引列作为一个单元进行搜索。

创建复合索引中的列序不一定与表定义列序相同。应首先定义最具惟一性的列。

如为信息表 authors 在 au_lname 和 au_fname 上建立索引 auname_idx。
CREATE INDEX auname_idx ON authors(au_fname, au_lname);

4. 删除索引

在 SQL 中,删除索引使用 DROP INDEX 语句,其一般格式如下:
DROP INDEX <索引名>;

但在 SQL Server 2000 中删除索引的语句格式为:
DROP INDEX <表名>.<索引名>;

【例 5-10】 删除信息表 authors 的 auname_idx 索引。

DROP INDEX authors.auname_idx;

删除索引时,系统会同时从数据字典中删去有关该索引的描述。

5.3 SQL 的数据查询功能

数据查询是数据库的核心操作。SQL 使用 SELECT 语句进行数据查询,该语句具有灵活的使用方式和丰富的功能。其一般格式为:

SELECT [ALL|DISTINCT] <目标列表达式>[,<目标列表达式>]…
FROM <表名或视图名>[,<表名或视图名>]…
[WHERE <条件表达式>]
[GROUP BY <列名1>[HAVING <条件表达式>]]
[ORDER BY <列名2>[ASC|DESC]]
[COMPUTE <统计表达式>[BY <列名3>]];

整个 SELECT 语句的含义是,根据 WHERE 子句的条件表达式,从 FROM 子句指定的基本表或视图中找出满足条件的元组,再按 SELECT 子句中的目标列表达式,选出元组中的属性值形成结果表。如果有 GROUP 子句,则将结果按<列名1>的值进行分组,该属性列值相等的元组为一个组,每个组产生结果表中的一条记录。通常会在每组中使用集函数。如果 GROUP 子句带 HAVING 短语,则只有满足指定条件的组才能输出。如果有 ORDER 子句,则结果表还要按<列名2>的值的升序或降序排序。如果有 COMPUTE 子句,则结果表既有汇总的详细信息又有摘要信息。

利用 SELECT 语句可实现的查询方法如图 5-2 所示。下面我们将以 Microsoft SQL Server 2000 中的 Pubs 示例数据库(其基本结构和数据内容详见附录)为例说明 SELECT 语句的各种用法。

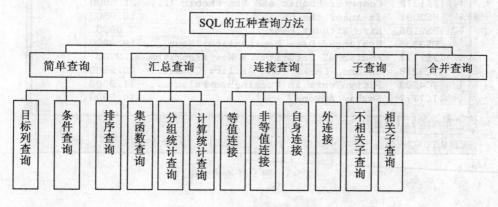

图 5-2 SELECT 语句的查询方法

5.3.1 简单查询

简单查询是指仅涉及一张表的查询。

1. 目标列查询

在目标列查询中,目标列的形式有多种,常用的有属性名列表、星号 *、DISTINCT 属性名、属性和常数组成的算术表达式、字符串常数、别名,等等。下面通过例题逐一加以说明。

【例 5-11】 查询所有图书的编号、书名和价格。

SELECT title_id,title,price
FROM titles

例 5-11 直接使用属性名列表 title_id,title,price 来查询表中的部分属性,结果如图 5-3 所示。

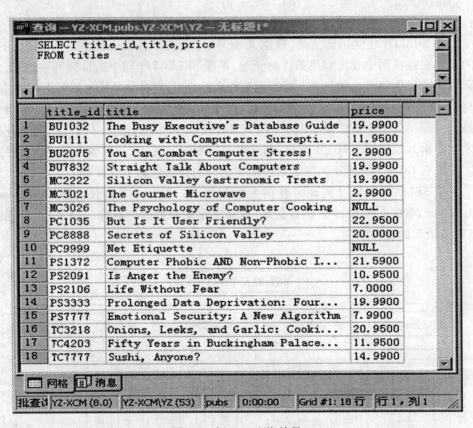

图 5-3 例 5-11 查询结果

注意,属性名列表中各列的先后顺序可以和表中的顺序不一致,用户可以根据应用的需要改变列的显示顺序,如 SELECT title,price,title_id。

【例 5-12】 查询所有图书的全部信息。

SELECT *
FROM titles

例 5-12 使用星号 * 表示所有属性列,其显示顺序与表中的顺序相同。

等价于:

SELECT title_id,title,type,pub_id,price,advance,royalty,ytd_sales,notes,pubdate
FROM titles

【例 5-13】 查询已被订购图书的编号。

SELECT title_id

FROM sales

查询结果如图 5-4(a)所示,可以发现结果中包含了许多重复行。如果想去掉重复行,必须使用 DISTINCT 短语:

SELECT DISTINCT title_id

FROM sales

查询结果如图 5-4(b)所示。

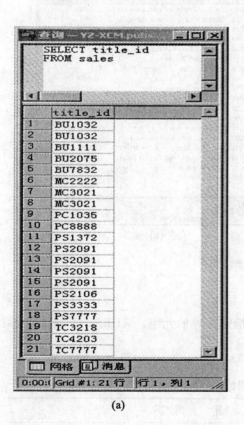
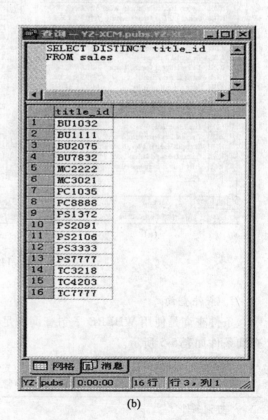

图 5-4 例 5-13 查询结果

【例 5-14】 请将所有图书的价格按原来价格的八折显示。

SELECT title_id,title,'八折优惠价',price * 0.8

FROM titles

例5-14 在目标列中使用了字符串常数及属性和常数组成的算术表达式,其查询结果如图5-5(a)所示。但是,我们发现在查询结果的属性名出现"(无列名)"字样。我们可以在目标列中使用别名的方式解决这个问题,并且可以使其他属性名用中文显示:

SELECT title_id '图书编号',title '书名',price*0.8 '八折优惠价'
FROM titles

查询结果如图5-5(b)所示。

(a)

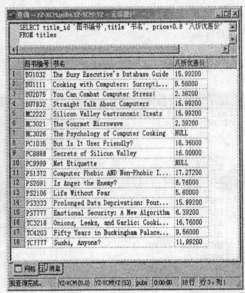
(b)

图5-5 例5-14 查询结果

2. 条件查询

条件查询是使用 WHERE 子句查询满足指定条件的元组。WHERE 子句常用的查询条件如表5-5 所示。

表5-5　　　　　　　WHERE 子句中常用的查询条件

查询条件	谓　　词
比较测试	=　>　<　>=　<=　<>　!=　!>　!<
范围测试	BETWEEN...AND,NOT BETWEEN...AND
组属测试	IN,NOT IN

续表

查询条件	谓词
模式匹配测试	LIKE, NOT LIKE
空值测试	IS NULL, IS NOT NULL
复合条件测试	NOT, AND, OR

(1) 比较测试。比较测试用于数字或字符串比较大小,一般形式为:

   < 表达式 > < 比较运算符 > < 表达式 >

其中,< 比较运算符 > 有: = , > , < , > = , < = , <>(不等于), != (不等于),!>(不大于),!<(不小于)。

【例 5-15】 查询价格在 10 元以下图书的情况。

SELECT *

FROM titles

WHERE price < 10

(2) 范围测试。范围运算符有:BETWEEN...AND 和 NOT BETWEEN...AND 两种,用于判断表达式的值是否在指定的范围之内,一般形式为:

   < 表达式 > [NOT] BETWEEN X AND Y

BETWEEN 关键字指定 WHERE 子句的搜索范围为: < 表达式 > 的值大于等于 X 小于等于 Y。

【例 5-16】 查询价格在 10~30 元之间图书的编号、书名和价格。

SELECT title_id, title, price

FROM titles

WHERE price BETWEEN 10 AND 30

【例 5-17】 查询价格在 10~30 元以外图书的编号、书名和价格。

SELECT title_id, title, price

FROM titles

WHERE price NOT BETWEEN 10 AND 30

(3) 组属测试。组属运算符有:IN 和 NOT IN 两种,用于判断表达式的值是否属于指定集合的元素,一般形式为:

   < 表达式 > [NOT] IN (集合元素 1, 集合元素 2, …)

【例 5-18】 查询德国和法国出版社的名称。

SELECT pub_name

FROM publishers

WHERE country IN ('Germany', 'France')

(4) 模式匹配测试。模式匹配符有 LIKE 和 NOT LIKE 两种,常用于模糊条件查

询,查找指定的属性列值与<匹配串>相匹配的元组。其一般语法格式如下:

<表达式> [NOT] LIKE '<匹配串>' [ESCAPE '<换码字符>']

其中<匹配串>可以是一个完整的字符串,也可以含有通配符。通配符有以下4种:

① %(百分号)　　代表任意长度(长度可以为0)的字符串。

② _(下画线)　　代表任意单个字符。

③ [ ](方括号)　　用于指定一个字符或字符串的范围,要求所匹配对象为其中的任一个。

④ [^]　　其取值与[ ]相同,但要求所匹配对象为指定字符或字符串范围以外的任一个。

【例5-19】 查询名称以"Publishing"结尾的出版社。

SELECT pub_name
FROM publishers
WHERE pub_name LIKE '% Publishing'

【例5-20】 查询名称长度为5个字符,且以"GG"开头的出版社。

SELECT pub_name
FROM publishers
WHERE pub_name LIKE 'GG_ _ _'

【例5-21】 查询名称以"A～F"五个字符中任一字符开头的出版社。

SELECT pub_name
FROM publishers
WHERE pub_name LIKE '[A-F]%'

【例5-22】 查询名称以"A～F"以外字符开头的出版社。

SELECT pub_name
FROM publishers
WHERE pub_name LIKE '[^A-F]%'

【例5-23】 查询popular_comp类型图书的编号、书名和年销售量。

SELECT title_id '编号',title '书名',ytd_sales '年销售量'
FROM titles
WHERE type LIKE 'popular_comp' ESCAPE '\'

这里,ESCAPE '\'短语中"\"为转义字符,这样匹配串中紧跟在\后面的字符"_"不再具有通配符的含义,转义为普通的"_"字符。查询结果如图5-6所示。

(5)空值测试。空值意味着用户没有输入值,它既不代表字符空格也不代表数字0。空值与任何数据运算"或"比较时,结果仍为空。空值之间不能匹配。因此在WHERE子句中不能使用比较运算符对空值进行比较判断,而只能使用空值测试符IS [NOT] NULL来判断表达式的值是否为空。

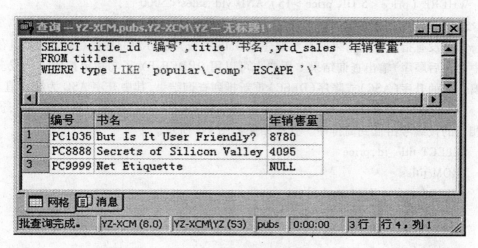

图 5-6　例 5-23 查询结果

【例 5-24】　查询目前仍未定价图书的编号、书名和价格。
SELECT title_id,title,price
FROM titles
WHERE price IS NULL

(6) 复合条件测试。逻辑运算符 NOT,AND,OR 用于 WHERE 子句中连接多个查询条件。NOT 用于对一个布尔表达式取反,它常与 BETWEEN,IN,LIKE,NULL,EXISTS 等关键字一起使用;AND 用于两个条件的与连接;OR 用于两个条件的或连接。三个逻辑运算符中,NOT 的优先级最高,AND 次之,最后是 OR,但使用括号可以改变一个表达式中不同条件的判断顺序。

如在例 5-16"查询价格在 10～30 元之间图书的编号、书名和价格"中我们使用的范围运算符 BETWEEN…AND 可以用 AND 运算符写成如下等价形式:
SELECT title_id,title,price
FROM titles
WHERE price >= 10 AND price <= 30
在例 5-18"查询德国和法国出版社的名称"中我们使用的组属运算符 IN 也可以用 OR 运算符写成如下等价形式:
SELECT pub_name
FROM publishers
WHERE country = 'Germany' OR country = 'France'

【例 5-25】　查询价格低于 5 元或高于 15 元,且当年销量小于 5 000 元的图书。
SELECT price,ytd_sales,title
FROM titles

WHERE（price ＜5 OR price ＞15）AND ytd_sales ＜5000

3. 排序查询(ORDER BY 子句)

如果没有指定查询结果的显示顺序,DBMS 将按其最方便的顺序(通常是元组在表中的先后顺序)输出查询结果。用户也可以用 ORDER BY 子句指定按照一个或多个属性列的升序(ASC)或降序(DESC)重新排列查询结果,其中升序 ASC 为缺省值。

【例 5-26】 查询 business 类型图书的编号和价格,结果按价格由高到低排序,价格相同的按编号由低到高排序。查询结果如图 5-7 所示。

SELECT title_id,price
FROM titles
WHERE type ='business'
ORDER BY price DESC, title_id

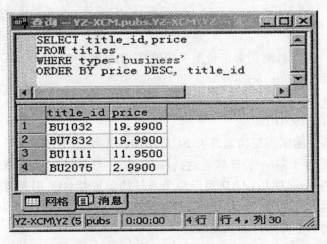

图 5-7　例 5-26 查询结果

5.3.2　汇总查询

用户在对数据库查询时常常需要得到诸如平均价格这样的统计汇总数据。在 SELECT 语句中,可以使用集函数对查询结果进行统计汇总,形成一行统计数据,这种方法叫做标量统计。如果在标量统计查询中加入 GROUP BY 子句和 COMPUTE 子句,那么在查询结果中就会对每一组产生一个统计数据,这种方法叫做矢量统计。下面我们将逐一加以研究。

1. 集函数查询

SQL 提供了许多集函数,主要包括：

COUNT（[DISTINCT|ALL] *）　　　　　　统计元组个数

COUNT（[DISTINCT|ALL] ＜列名＞）　　　统计一列中值的个数

SUM([DISTINCT|ALL] <列名>)　　计算一列值的总和(此列必须是数值型)
AVG([DISTINCT|ALL] <列名>)　　计算一列值的平均值(此列必须是数值型)
MAX([DISTINCT|ALL] <列名>)　　求一列值中的最大值
MIN([DISTINCT|ALL] <列名>)　　求一列值中的最小值

如果指定 DISTINCT 短语，则表示在计算时要取消指定列中的重复值。如果不指定 DISTINCT 短语或指定 ALL 短语(ALL 为缺省值)，则表示不取消重复值。

集函数不能用于 WHERE 子句中。

【例 5-27】　查询 business 类型图书的平均价格、最高价格和最低价格。查询结果如图 5-8 所示。

SELECT AVG(price) '平均价格', MAX(price) '最高价格', MIN(price) '最低价格'
FROM titles
WHERE type = 'business'

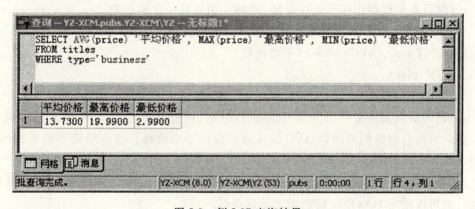

图 5-8　例 5-27 查询结果

【例 5-28】　查询图书总量和未定价图书的数量。

SELECT COUNT(*) '图书总量', COUNT(*) - COUNT(price) '未定价图书数量'
FROM titles

语句中 COUNT(*) 函数不忽略空值行，COUNT(price) 函数忽略空值行，所以 COUNT(*) 统计出来的是图书表中总的记录个数(即图书总量)，而 COUNT(*) 减 COUNT(price) 统计出来的是未定价图书的数量。查询结果如图 5-9 所示。

2. 分组统计查询

GROUP BY 子句可以将查询结果表的各行按一列或多列取值相等的原则进行分组。

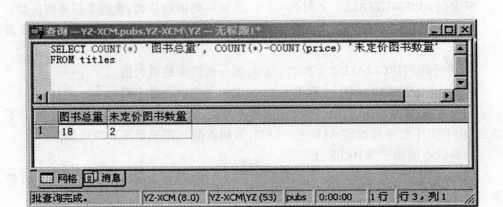

图 5-9 例 5-28 查询结果

对查询结果分组的目的是为了细化集函数的作用对象。如果未对查询结果分组,集函数将作用于整个查询结果,如例 5-27、例 5-28 整个查询结果只有一个函数值。分组后集函数将作用于每一个组,即每一组都有一个函数值。

【例 5-29】 按图书类别统计各类图书的平均价格。

SELECT type, AVG(price) '平均价格'
FROM titles
GROUP BY type

该语句对查询结果按 type 的取值进行分组,所有具有相同 type 值的元组为一组,然后对每一组使用集函数 AVG 以求得该组的平均价格。查询结果如图 5-10(a)所示。

如果分组后还要求按一定的条件对这些组进行筛选,最终只输出满足指定条件的组,则可以使用 HAVING 短语指定筛选条件。

如例 5-29 中,如果要求未确定类型的图书不参与统计,则查询语句可做如下修改:

SELECT type, AVG(price) '平均价格'
FROM titles
GROUP BY type
HAVING type <> 'UNDECIDED'

查询结果如图 5-10(b)所示。

【例 5-30】 按图书类别分组统计出平均价格高于 15 元的图书,并按平均价格的降序排列。

SELECT type, AVG(price) '平均价格'
FROM titles

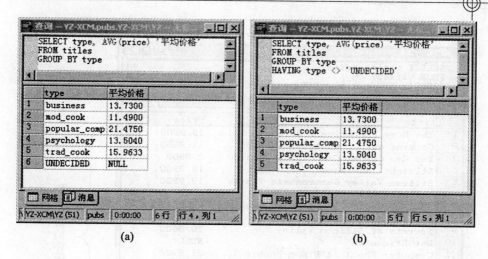

图 5-10 例 5-29 查询结果

GROUP BY type
HAVING AVG(price) >15
ORDER BY AVG(price) DESC

例 5-30 说明,在分组统计时可以使用 ORDER BY 子句对统计结果进行排序。

WHERE 子句与 HAVING 短语的根本区别在于作用对象不同。WHERE 子句作用于基本表或视图,从中选择满足条件的元组。HAVING 短语作用于组,从中选择满足条件的组。

3. 计算统计查询

在 SELECT 语句中,使用 COMPUTE 子句和行集函数也可以实现对数据表的统计操作。它与前面介绍的统计方法的区别在于:它不仅显示统计结果,而且还显示统计数据的详细内容。

【例 5-31】 统计图书的平均价格、最高价格和价格总和。查询结果如图 5-11 所示。

SELECT title, price
FROM titles
COMPUTE AVG(price), MAX(price), SUM(price)

COMPUTE 子句中不使用 BY 选项时,统计出来的为合计值。如果使用 BY 选项,则可对数据进行分组统计,这种分组统计不仅分组显示统计结果,而且还显示每组数据的详细内容。

COMPUTE BY 子句必须与 ORDER BY 子句联合使用,并且 COMPUTE BY 子句中 BY 后的列名表必须与 ORDER BY 子句中的相同或者是它的子集,且二者从左到右的列顺序必须一致。

【例 5-32】 按图书类别分组统计价格高于 18 元的图书的总销量。查询结果如

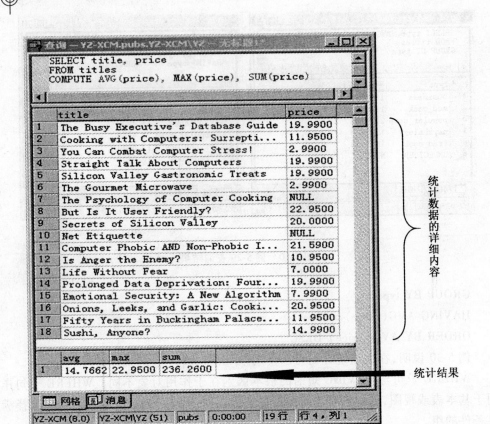

图 5-11 例 5-31 查询结果

图 5-12 所示。

SELECT type, title_id, ytd_sales
FROM titles
WHERE price > 18
ORDER BY type
COMPUTE SUM(ytd_sales) BY type

本小节所介绍 SELECT 语句的三种汇总统计方法中,集函数统计和 GROUP BY 分组统计时,在统计结果中均产生新的列,而使用 COMPUTE 子句统计时,在统计结果中不产生新的列,而是对每组的统计值产生新行。

5.3.3 连接查询

一个数据库中多个表之间一般都存在某种内在联系,它们共同提供有用的信息。前面的查询都是针对一个表进行的。若一个查询同时涉及两个或两个以上的表,则称之为连接查询。连接查询主要包括等值连接查询、非等值连接查询、自身连接查询

	type	title_id	ytd_sales
1	business	BU1032	4095
2	business	BU7832	4095

	sum
1	8190

	type	title_id	ytd_sales
1	mod_cook	MC2222	2032

	sum
1	2032

	type	title_id	ytd_sales
1	popular_comp	PC1035	8780
2	popular_comp	PC8888	4095

	sum
1	12875

	type	title_id	ytd_sales
1	psychology	PS1372	375
2	psychology	PS3333	4072

	sum
1	4447

	type	title_id	ytd_sales
1	trad_cook	TC3218	375

	sum
1	375

图 5-12 例 5-32 查询结果

和外连接查询。

1. 等值与非等值连接查询

连接查询中用来连接两个表的条件称为连接条件或连接谓词，其一般格式为：

[＜表名 1＞.]＜列名 1＞　＜比较运算符＞　[＜表名 2＞.]＜列名 2＞

当比较运算符为＝时，称为等值连接。使用其他比较运算符时称为非等值连接。

连接条件中的列名称为连接字段。连接条件中的各连接字段类型必须是可比的，但不必是相同的。例如，可以都是字符型，或都是日期型；也可以一个是整型，另一个是实型，整型和实型都是数值型，因此是可比的。但若一个是字符型，另一个是整型就不允许了，因为它们是不可比的类型。

从概念上讲，DBMS 执行连接操作的过程是：首先在表 1 中找到第一个元组，然后从头开始顺序扫描或按索引扫描表 2，查找满足连接条件的元组，每找到一个元组，就将表 1 中的第一个元组与该元组拼接起来，形成结果表中的一个元组。表 2 全部扫描完毕后，再到表 1 中找第二个元组，然后再从头开始顺序扫描或按索引扫描表 2，查找满足连接条件的元组，每找到一个元组，就将表 1 中的第二个元组与该元组拼接起来,形成结果表中的一个元组。重复上述操作,直到表 1 中的全部元组都处理完毕为止。

【例 5-33】 查询每本图书的出版社的信息。查询结果如图 5-13 所示。

```
SELECT titles. * , publishers. *
FROM titles, publishers
WHERE titles. pub_id  =  publishers. pub_id
```

这是一个典型两表等值连接查询,连接条件是 titles. pub_id = publishers. pub_id,连接字段是两个表的公共字段 pub_id。

	title_id	title	type	pub_id	price	advance	royalty	ytd_sales	notes	pubdate	pub_id	pub_name	city	state	country
1	BU1032	T...	b...	1389	19...	500...	10	4095	A...	199...	1389	Algod...	B...	CA	USA
2	BU1111	C...	b...	1389	11...	500...	10	3876	H...	199...	1389	Algod...	B...	CA	USA
3	BU2075	Y...	b...	0736	2.9900	101...	24	18722	T...	199...	0736	New M...	B...	MA	USA
4	BU7832	S...	b...	1389	19...	500...	10	4095	A...	199...	1389	Algod...	B...	CA	USA
5	MC2222	S...	m...	0877	19...	.0000	12	2032	F...	199...	0877	Binne...	W...	DC	USA
6	MC3021	T...	m...	0877	2.9900	150...	24	22246	T...	199...	0877	Binne...	W...	DC	USA
7	MC3026	T...	U...	0877	NULL	NULL	NULL	NULL	NULL	200...	0877	Binne...	W...	DC	USA
8	PC1035	B...	p...	1389	22...	700...	16	8780	A...	199...	1389	Algod...	B...	CA	USA
9	PC8888	S...	p...	1389	20...	800...	10	4095	M...	199...	1389	Algod...	B...	CA	USA
10	PC9999	N...	p...	1389	NULL	NULL	NULL	NULL	A...	200...	1389	Algod...	B...	CA	USA
11	PS1372	C...	p...	0877	21...	700...	10	375	A...	199...	0877	Binne...	W...	DC	USA
12	PS2091	I...	p...	0736	10...	227...	12	2045	C...	199...	0736	New M...	B...	MA	USA
13	PS2106	L...	p...	0736	7.0000	600...	10	111	N...	199...	0736	New M...	B...	MA	USA
14	PS3333	P...	p...	0736	19...	200...	10	4072	W...	199...	0736	New M...	B...	MA	USA
15	PS7777	E...	p...	0736	7.9900	400...	10	3336	P...	199...	0736	New M...	B...	MA	USA
16	TC3218	O...	t...	0877	20...	700...	10	375	P...	199...	0877	Binne...	W...	DC	USA
17	TC4203	F...	t...	0877	11...	400...	14	15096	M...	199...	0877	Binne...	W...	DC	USA
18	TC7777	S...	t...	0877	14...	800...	10	4095	D...	199...	0877	Binne...	W...	DC	USA

图 5-13　例 5-33 查询结果

从查询结果中我们可以看到,等值连接的结果是列出所连接表中的所有列,包括它们之间的重复列。如果想去掉结果中的重复列,就必须使用连接运算中的自然连接。现将例 5-32 进行如下修改:

```
SELECT a. pub_id, pub_name, city, state, country
FROM titles a, publishers b
WHERE a. pub_id  =  b. pub_id
```

在前面,我们曾经利用列别名指定一个可替换的列名,这个例子中我们用到了表别名(即 titles 表的别名为 a,publishers 表的别名为 b),它不会影响最终结果,但却能简化 SQL 语句,一旦指定了一个表别名,则在随后的 SQL 语句中,任何引用都要求使用表别名,而不是全名。

【例 5-34】 查询一次订购数量大于该图书当年销量 5% 的书店名称及图书名。

```
SELECT stor_name, title, qty, ytd_sales * 0.05
FROM sales, titles, store
WHERE sales. title_id=titles. title_id AND sales. stor_id=store. stor_id
```

AND qty>ytd_sales * 0.05

这是一个典型多表不等值连接查询,连接条件是 sales.title_id = titles.title_id AND sales.stor_id=store.stor_id AND qty>ytd_sales * 0.05,查询结果如图 5-14 所示。

	stor_name	title	qty	(无列名)
1	News & Brews	Onions, Leeks, and Garlic: Cooki...	40	18.75
2	Doc-U-Mat: Quality Laundry and Books	Computer Phobic AND Non-Phobic I...	20	18.75
3	Doc-U-Mat: Quality Laundry and Books	Life Without Fear	25	5.55

图 5-14 例 5-34 查询结果

2. 自身连接

连接操作在一个表与其自身之间进行,这种连接称为表的自身连接。自身连接中,使用一个表的相同列进行比较,要求对于同一表应给出不同的别名。

【例 5-35】 查询合著图书的标识和作者标识。查询结果如图 5-15(a)所示。

SELECT a.title_id, b.au_id
FROM titleauthor a, titleauthor b
WHERE a.title_id = b.title_id AND a.au_id <> b.au_id

如果想得到这些作者的姓名就要再与 authors 表连接。语句改写如下:

SELECT DISTINCT a.title_id, b.au_id, au_fname + au_lname author
FROM titleauthor a, titleauthor b, authors c
WHERE a.title_id=b.title_id AND a.au_id <> b.au_id AND a.au_id=c.au_id

查询结果如图 5-15(b)所示。

3. 外连接

在通常的连接操作中,只有满足连接条件的元组才能作为结果输出,而采用外连接时,它不仅包含符合连接条件的元组,而且还包括左表或右表中与相关表不相配的元组在内。

SQL Server 2000 提供的外连接有 3 类:

(1) 左外连接。连接运算谓词为 LEFT[OUTER]JOIN,其结果表中保留左表的所有的组。

(2) 右外连接。连接运算谓词为 RIGHT[OUTER]JOIN,其结果表中保留右表的所有的组。

(3) 全外连接。连接运算谓词为 FULL[OUTER]JOIN,其结果表中保留左右两个表的所有的组。

【例 5-36】 查询所有出版社的名称,如果它所在的州有书店,则一起显示书店的名称。查询结果如图 5-16 所示。

SELECT pub_name, stor_name

数据库系统原理与应用

	title_id	au_id
1	BU1032	409-56-7008
2	BU1032	213-46-8915
3	BU1111	724-80-9391
4	BU1111	267-41-2394
5	MC3021	899-46-2035
6	MC3021	722-51-5454
7	PC8888	846-92-7186
8	PC8888	427-17-2319
9	PS1372	756-30-7391
10	PS1372	724-80-9391
11	PS2091	998-72-3567
12	PS2091	899-46-2035
13	TC7777	472-27-2349
14	TC7777	672-71-3249
15	TC7777	267-41-2394
16	TC7777	672-71-3249
17	TC7777	267-41-2394
18	TC7777	472-27-2349

(a)

	title_id	au_id	author
1	BU1032	213-46-8915	AbrahamBennet
2	BU1032	409-56-7008	MarjorieGreen
3	BU1111	267-41-2394	StearnsMacFeather
4	BU1111	724-80-9391	MichaelO'Leary
5	MC3021	722-51-5454	AnneRinger
6	MC3021	899-46-2035	MichelDeFrance
7	PC8888	427-17-2319	SherylHunter
8	PC8888	846-92-7186	AnnDull
9	PS1372	724-80-9391	LiviaKarsen
10	PS1372	756-30-7391	StearnsMacFeather
11	PS2091	899-46-2035	AlbertRinger
12	PS2091	998-72-3567	AnneRinger
13	TC7777	267-41-2394	AkikoYokomoto
14	TC7777	267-41-2394	BurtGringlesby
15	TC7777	472-27-2349	AkikoYokomoto
16	TC7777	472-27-2349	MichaelO'Leary
17	TC7777	672-71-3249	BurtGringlesby
18	TC7777	672-71-3249	MichaelO'Leary

(b)

图 5-15　例 5-35 查询结果

FROM publishers LEFT OUTER JOIN Stores ON publishers. state = stores. state

	pub_name	stor_name
1	New Moon Books	NULL
2	Binnet & Hardley	NULL
3	Algodata Infosystems	Barnum's
4	Algodata Infosystems	News & Brews
5	Algodata Infosystems	Fricative Bookshop
6	Five Lakes Publishing	NULL
7	Ramona Publishers	NULL
8	GGG&G	NULL
9	Scootney Books	NULL
10	Lucerne Publishing	NULL

图 5-16　例 5-36 查询结果

【例 5-37】 查询所有书店的名称,如果它所在的州有出版社,则一起显示出版社的名称。查询结果如图 5-17 所示。

　　SELECT pub_name, stor_name
　　FROM publishers, stores
　　WHERE publishers. state = * stores. state

	pub_name	stor_name
1	NULL	Eric the Read Books
2	Algodata Infosystems	Barnum's
3	Algodata Infosystems	News & Brews
4	NULL	Doc-U-Mat: Quality Laundry and Books
5	Algodata Infosystems	Fricative Bookshop
6	NULL	Bookbeat

图 5-17　例 5-37 查询结果

5.3.4　子查询

在 SQL 语言中，一个 SELECT-FROM-WHERE 语句称为一个 SELECT 查询块。将一个 SELECT 查询块嵌入另一个 SELECT 查询块的 WHERE 子句或 HAVING 短语的条件中的查询称为子查询。

【例 5-38】　查询所有 business 类图书的出版社。
SELECT pub_name
FROM publishers
WHERE pub_id IN
　　（SELECT pub_id
　　FROM titles
　　WHERE type='business'）

在这个例子中，内层查询块 SELECT pub_id FROM titles WHERE type='business' 是嵌套在外层查询块 SELECT pub_name FROM publishers WHERE pub_id IN 的 WHERE 条件中的。外层查询块又称为外部查询或父查询或主查询，内层查询块又称为内部查询或子查询。SQL 允许多层嵌套查询，即一个子查询中还可以嵌套其他子查询。

子查询分为不相关子查询和相关子查询两种。不相关子查询是由内向外处理的，即外层查询利用内层查询的结果。如果内部查询的 WHERE 子句引用外部查询表，那么该查询即为相关子查询，相关子查询中因为内层子查询的查询条件依赖外层查询的某个值，所以内部子查询必须根据外层查询的变化反复求值而不是一次求完。需要特别指出的是，子查询的 SELECT 语句中不能使用 ORDER BY 子句，ORDER BY 子句永远只能对最终查询结果排序。如果一个表只包含在子查询中而没有出现在其外层查询中，则外层查询选择列表中不能包含该表中的所有列。

子查询可以用一系列简单查询构成复杂的查询，从而明显地增强了 SQL 的查询能力。以层层嵌套的方式来构造程序正是 SQL 中"结构化"的含义所在。

1．子查询组属测试

子查询组属测试是指父查询与子查询之间用谓词 IN 进行连接，判断某个属性列值是否在子查询的结果中。由于在相关子查询中，子查询的结果往往是一个集合，所以 IN 是相关子查询中最常使用的谓词。

如例 5-38 就是一个使用组属测试的子查询，DBMS 在执行这一语句时，首先执行子查询：

（SELECT pub_id

FROM titles

WHERE type='business'）

其返回结果为出版社标识 1389 和 0736，然后将结果代入父查询执行下面语句：

SELECT pub_name

FROM publishers

WHERE pub_id IN（1389,0736）

得到所对应的出版社名称。

这个查询也可以用自然连接来完成：

SELECT DISTINCT pub_name

FROM publishers，titles

WHERE publishers.pub_id=titles.pub_id AND type='business'

可见，实现同一个查询可以有多种方法，大多用子查询实现的功能都可使用连接查询来完成，但使用子查询的效率更高。读者可尝试着将前面讲过的连接查询的实例用子查询来实现。使用子查询有一个限制：如果一个表只包含在子查询中，则外层查询中不能引用该表中的所有列，而使用连接查询则不存在这一问题。

【例 5-39】 查询一次订购数量超过 20 本图书的出版社。

本查询涉及订购数量和出版社名称两个属性。订购数量在 sales 表中，出版社名称在 publishers 表中，但 sales 和 publishers 表之间没有直接联系，必须通过 titles 表建立它们之间的联系，因此本查询实际上用到 3 张表。

SELECT pub_name　　　　　　③最后在 publishers 表中找出这些出版

FROM publishers　　　　　　　社的名称

WHERE pub_id IN

　（SELECT pub_id　　　　　②然后在 titles 表中找出这些图书的出

　FROM titles　　　　　　　　版社标识

　WHERE title_id IN

　　（SELECT title_id　　　①首先在 sales 表中找出订购数量超过 20 本

　　FROM sales　　　　　　的图书标识

　　WHERE qty>20 ） ）

本查询同样可以用连接查询实现：

SELECT DISTINCT pub_name

FROM publishers，titles，sales

WHERE publishers.pub_id=titles.pub_id AND titles.title_id=sales.title_id AND qty > 20

【例 5-40】 查询未订购任何图书的书店名。
SELECT stor_name
FROM stores
WHERE stor_id NOT IN
　　(SELECT stor_id
　　　FROM sales)

2. 子查询比较测试

子查询比较测试是指父查询与子查询之间用比较运算符进行连接。当用户能确切知道内层查询返回的是单值时,可以用 >、<、=、>=、<=、! = 或 <> 等比较运算符。

【例 5-41】 查询书价高于平均书价的图书名称。
SELECT title
FROM titles
WHERE price >
　　(SELECT AVG(price)
　　　FROM titles)

3. 子查询定量测试

子查询定量测试是指父查询与子查询之间用比较运算符后接 ANY 或 ALL 谓词进行连接。其语义为:

> ANY	大于子查询结果中的某个值
< ANY	小于子查询结果中的某个值
>= ANY	大于或等于子查询结果中的某个值
<= ANY	小于或等于子查询结果中的某个值
= ANY	等于子查询结果中的某个值
! = ANY 或 <> ANY	不等于子查询结果中的某个值
> ALL	大于子查询结果中的所有值
< ALL	小于子查询结果中的所有值
>= ALL	大于或等于子查询结果中的所有值
<= ALL	小于或等于子查询结果中的所有值
= ALL	等于子查询结果中的所有值(通常没有实际意义)
!= ALL 或 <> ALL	不等于子查询结果中的任何一个值

从上面列举的情况可以看出,ANY 与比较运算符连用,用于比较单个测试值和由子查询生成的一列数据值,若其中一次比较产生 TRUE,则返回 TRUE 值;ALL 与比较运算符连用,用于比较单个测试值和由子查询生成的一列数据值,若所有的单个比较都产生 TRUE,则返回 TRUE 值。

【例 5-42】 查询书价高于所有 business 类图书书价的图书名称和类别。
SELECT title, type
FROM titles
WHERE price > ALL
　　（SELECT price
　　FROM titles
　　WHERE type='business'）

本查询也可以用集函数来实现：
SELECT title, type
FROM titles
WHERE price >
　　（SELECT MAX(price)
　　FROM titles
　　WHERE type='business'）

【例 5-43】 查询一次订购数量在 50 本以上的图书名称。
SELECT title
FROM titles
WHERE title_id = ANY
　　（SELECT title_id
　　FROM sales
　　WHERE qty > 50）

本查询也可以用前面讲的 IN 谓词来实现：
SELECT title
FROM titles
WHERE title_id IN
　　（SELECT title_id
　　FROM sales
　　WHERE qty > 50）

事实上,用集函数及 IN 谓词实现子查询通常比直接用 ANY 或 ALL 查询效率要高。ANY 与 ALL 与集函数及 IN 谓词的对应关系如表 5-6 所示。

表 5-6　　ANY、ALL 谓词与集函数及 IN 谓词的等价转换关系

	=	<> 或 !=	<	<=	>	>=
ANY	IN	--	< MAX	<= MAX	> MIN	>= MIN
ALL	--	NOT IN	< MIN	<= MIN	> MAX	>= MAX

4. 子查询存在测试

子查询存在测试是指父查询与子查询之间用谓词 EXISTS 进行连接,判断子查询的结果中是否有数据存在。

EXISTS 代表存在量词∃。带有 EXISTS 谓词的子查询不返回任何实际数据,它只产生逻辑真值"true"或逻辑假值"false"。

使用存在量词 EXISTS 后,若内层查询结果非空,则外层的 WHERE 子句返回真值,否则返回假值。

由 EXISTS 引出的子查询,由于不需要返回具体值,所以子查询的选择列表通常采用"SELECT * "格式,其外层语句的 WHERE 子句中也不需要指定列名。

如例 5-38 也可使用 EXISTS 子查询实现:
SELECT pub_name
FROM publishers
WHERE EXISTS
　(SELECT *
　FROM titles
　WHERE publishers. pub_id = titles. pub_id AND type = 'business')

这类查询与我们前面讲的不相关子查询有一个明显区别,即子查询的查询条件依赖于父查询的某个属性值(本例中是依赖于 publishers 表的 pub_id 属性值),我们称这类查询为相关子查询。求解相关子查询不能像求解不相关子查询那样,一次将子查询求解出来,然后求解父查询。相关子查询的内层查询由于与外层查询有关,因此必须反复求值。从概念上讲,相关子查询的一般处理过程是:

首先取外层查询 publishers 表中的第一个元组,根据它与内层查询相关的属性值(即 pub_id 值)处理内层查询,若 WHERE 子句返回值为真(即内层查询结果非空),则取此元组放入结果表,然后再检查 publishers 表的下一个元组;重复这一过程,直至 publishers 表全部检查完毕为止。

由于带 EXISTS 量词的相关子查询只关心内层查询是否有返回值,并不需要查具体值,因此其效率并不一定低于不相关子查询,甚至有时是最高效的方法。

与 EXISTS 谓词相对应的是 NOT EXISTS 谓词。使用存在量词 NOT EXISTS 后,若内层查询结果为空,则外层的 WHERE 子句返回真值,否则返回假值。

【例 5-44】 查询哪位作者所在的州没有出版社。
SELECT au_fname + au_lname author, state
FROM authors
WHERE NOT EXISTS
　(SELECT *
　FROM publishers

WHERE state = authors. state)

【例 5-45】 查询订购了所有图书的书店。

由于 SQL 中没有全称量词,因此我们将题目的意思转换成等价的存在量词的形式:查询没有一本书它没有订购的书店。该查询涉及三个关系:存放书店名的 stores 表,存放所有图书信息的 titles 表,存放图书订购信息的 sales 表。其 SQL 语句为:

SELECT stor_name
FROM stores
WHERE NOT EXISTS
　　(SELECT *
　　FROM titles
　　WHERE NOT EXISTS
　　　　(SELECT *
　　　　FROM sales
　　　　WHERE stor_id = stores. stor_id AND title_id = titles. title_id))

一些带 EXISTS 或 NOT EXISTS 谓词的子查询不能被其他形式的子查询等价替换,但所有带 IN 谓词、比较运算符、ANY 和 ALL 谓词的子查询都能用带 EXISTS 谓词的子查询等价替换。

5.3.5 合并查询

SELECT 语句的查询结果是元组的集合,所以多个 SELECT 语句的查询结果可进行集合操作。集合操作主要包括并操作 UNION、交操作 INTERSECT 和差操作 MINUS。但标准的 SQL 中没有直接提供集合的交操作和差操作,必须用其他方法来实现,例如前面我们讲到的复合条件查询中的 AND 条件和子查询中的 IN 谓词都可实现交操作,而子查询中的 NOT IN 谓词则可实现差操作。

合并查询就是使用 UNION 操作符将多个 SELECT 语句的查询结果组合起来,形成一个具有综合信息的查询结果。UNION 操作会自动将重复的元组删除。必须注意的是,参加合并操作的各个查询结果应该具有相同的结构。

【例 5-46】 将图书作者所在的城市和州信息与出版社所在的城市和州信息合并,然后按州名的升序排序。

SELECT city, state
FROM authors
UNION
SELECT city, state
FROM publishers
ORDER BY state

从例子中可以看到,两个 SELECT 子句中的属性列名及顺序完全相同。另外,要对合并查询的结果排序时,ORDER BY 子句只能出现在最后一个 SELECT 语句的后面,同时必须使用第一个 SELECT 语句中的属性列。

5.3.6 利用查询结果创建新表

SELECT 语句中使用 INTO 选项可以将查询结果存储到一个新建的数据表或临时表中。

【例 5-47】 从图书信息表 titles 中统计出各类图书的当年总销量,并将查询结果存放到一个新的数据表 sum_ytd 中。

SELECT type '类别', SUM(ytd_sales) '总销量'
INTO sum_ytd
FROM titles
WHERE ytd_sales IS NOT NULL
GROUP BY type

数据表 sum_ytd 的内容如图 5-18 所示。如果将表名 sum_ytd 改为#sum_ytd,则说明查询结果被存放到一张临时表中。

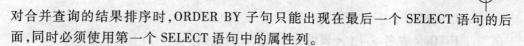

图 5-18　数据表 sum_ytd 的内容

5.4　SQL 的数据更新功能

SQL 中对表的数据操作,除了上一节所讲的数据查询操作外,还包括数据插入、修改和删除等更新操作。

5.4.1 插入数据

插入数据是把新的元组插入到一个已存在的表中。SQL 中数据插入使用语句 INSERT INTO。该语句通常有两种形式:一种是插入单个元组,另一种是插入子查询的结果(一般是多个元组)。

1. 插入单个元组

插入单个元组的 INSERT 语句的格式为:

INSERT

  INTO ＜表名＞［(＜属性列1＞［,＜属性列2＞…］)］

  VALUES (＜常量1＞［,＜常量2＞］…)

其中,新记录的属性列 1 的值为常量 1,属性列 2 的值为常量 2……

【例 5-48】 向 publishers 表插入一个新出版社信息。

INSERT

INTO publishers

VALUES ('9900','PHEI','BeiJing',null,'CHINA')

例 5-48 说明,当向表中插入一行完整数据时,可以省略列名表,但是必须保证 VALUES 后的各数据项数据类型及顺序同表定义时类型及顺序一致。

【例 5-49】 向 publishers 表插入一个新出版社的标识和名称信息。

INSERT

INTO publishers (pub_id,pub_name)

VALUES('9975','UNBOUND PRESS')

例 5-49 说明,当向表中插入部分数据时,应在列名表处写出各个属性的顺序。如果某些属性列在 INTO 子句中没有出现,则新记录在这些列上的取值有以下三种可能:

(1) 当这些列有缺省值设置时,插入新行时它们的值为缺省值;

(2) 当这些列没有缺省值设置,但它们允许空值时,插入新行时它们的值为空值;

(3) 当这些列既没有缺省值设置,也不允许空值时,执行 INSERT 语句会出错。

【例 5-50】 向 publishers 表插入一个新出版社的标识、名称和所在国家信息,其中所在国家取缺省值。

INSERT

INTO publishers (pub_id, pub_name, country)

VALUES('9975', 'UNBOUND PRESS', DEFAULT)

2. 插入子查询结果

子查询不仅可以嵌套在 SELECT 语句中,用以构造父查询的条件,也可以嵌套在 INSERT 语句中,用以生成要插入的批量数据。

插入子查询结果的 INSERT 语句的格式为:

  INSERT

  INTO ＜表名＞［(＜属性列1＞［,＜属性列2＞…］)］

  子查询

其功能是以批量插入,一次将子查询的结果全部插入指定表中。

【例 5-51】 假设有一张新表 publishers_cn(pub_id,pub_name,city),现要求将 publishers 表中国家为 CHINA 的出版社信息存入 publishers_cn 表中。

```
INSERT
INTO publishers_cn
SELECT pub_id, pub_name, city
FROM publishers
WHERE country = 'CHINA'
```

在向表中插入数据时应该注意两点:第一是用户权限,只有数据库和数据库对象所有者及其授权用户才有权限向表中添加数据;第二是数据格式,对于不同的数据类型,插入数据的格式也不一样,如字符型和日期型值插入时要加入单引号,等等。

5.4.2 修改数据

对于表中的数据,要修改其值,可使用 UPDATE 语句,其语句的一般格式为:

```
UPDATE <表名>
SET <列名>=<表达式>[,<列名>=<表达式>]…
[WHERE <条件>]
```

其功能是修改指定表中满足 WHERE 子句条件的元组。其中,<表名>是指要修改的表;SET 子句用于指定修改方法,即用<表达式>的值取代相应的属性列值;WHERE 子句用于指定待修改的元组应当满足的条件,如果省略 WHERE 子句,则表示要修改表中的所有元组。

1. 修改多个元组的值

【例 5-52】 将图书信息表中所有图书的价格增加到原来的 1.2 倍。

```
UPDATE titles
SET price = price * 1.2
```

2. 修改某一个元组的值

【例 5-53】 将编号为 BU1032 的图书的价格增加 2 元。

```
UPDATE titles
SET price = price + 2
WHERE title_id = 'BU1032'
```

3. 带子查询的修改语句

【例 5-54】 将所有编号以 99 开头的作者的图书价格提高一倍。

```
UPDATE titles
SET price = price * 2
WHERE title_id IN
    (SELECT title_id
    FROM titleauthor
    WHERE au_id LIKE '99%')
```

例 5-54 中子查询的作用是选择要修改的元组。

【例 5-55】 将所有图书的价格提高到平均价格的 1.2 倍。
UPDATE titles
SET price =
 (SELECT AVG(price) * 1.2
 FROM titles)
例 5-55 中子查询的作用是提供要修改的值。

5.4.3 删除数据

使用 DELETE 语句可以删除表中的一个或多个元组,其语句的一般格式为:
DELETE
 FROM <表名>
 [WHERE <条件>]

其功能是从指定表中删除满足 WHERE 子句条件的所有元组。如果省略 WHERE 子句,表示删除表中全部元组,但表的定义仍在数据字典中。

1. 删除全部元组

【例 5-56】 删除图书信息表中的所有图书。
DELETE
FROM titles

2. 删除满足条件的一个或多个元组

【例 5-57】 删除图书信息表中价格在 5 元以下的图书。
DELETE
FROM titles
WHERE price < 5

3. 带子查询的删除语句

【例 5-58】 删除图书信息表中所有由法国出版社出版的图书。
DELETE
FROM titles
WHERE pub_id IN
 (SELCT pub_id
 FROM publishers
 WHERE country = 'France')

5.5 视图

视图是数据库中一个"可见的表",视图的内容由一个或几个基本表(或视图)导出。对于数据库用户来说,视图似乎是一个真实的表,它具有一组命名的数据列和行。但是，与真实的表不同，视图不能像存储的一组数据那样在数据库中存在，因此它是一个虚表。也就是说，数据库只存放视图的定义，而不存放视图对应的数据，这些数据仍存放在原来的基本表中。如果基本表中的数据发生变化，则从视图中查询出的数据也随之改变。

视图一经定义，就可以和基本表一样被查询、被删除，也可以在一个视图之上再定义新的视图，但对视图的更新则有一定的限制。

5.5.1 定义视图

1. 创建视图

SQL 用 CREATE VIEW 命令建立视图，其一般格式为：

  CREATE VIEW ＜视图名＞[（＜列名＞[，＜列名＞]…）]
  AS ＜子查询＞
  [WITH CHECK OPTION]

如果 CREATE VIEW 语句仅指定了视图名，省略了组成视图的各个属性列名，则隐含该视图由子查询中 SELECT 子句目标列中的诸字段组成。但在下列 3 种情况下必须明确指定组成视图的所有列名：

（1）其中某个目标列不是单纯的属性名，而是集函数或列表达式；

（2）多表连接时选出了几个同名列作为视图的字段；

（3）需要在视图中为某个列启用新的更合适的名字。

需要说明的是，组成视图的属性列名必须依照上面的原则，或者全部省略或者全部指定，没有第三种选择。

CREATE VIEW 语句中子查询可以是任意复杂的 SELECT 语句，但通常不允许含有 ORDER BY 子句和 DISTINCT 短语，如果需要排序，则可在视图建立后，对视图查询时再进行排序。

WITH CHECK OPTION 表示对视图进行 UPDATE、INSERT 和 DELETE 操作时要保证更新、插入或删除的行满足视图定义中的谓词条件（即子查询中的条件表达式）。

【例 5-59】 基于 titles 表创建一个视图 titles_view1，用它显示价格在 10 元以下图书的编号、书名、类别和价格。

CREATE VIEW titles_view1（编号，书名，类别，价格）
AS
SELECT title_id, title, type, price
FROM titles
WHERE price＜10

实际上，DBMS 执行 CREATE VIEW 语句的结果只是把对视图的定义存入数据字典，并不执行其中的 SELECT 语句。只是在对视图查询时，才按视图的定义从基本表中将数据查出。

视图通常分为 5 种类型：

(1) 水平视图。水平视图用于约束用户只能存取表的某些行。

【例 5-60】 基于 titles 表创建一个视图 titles_view2，用它显示价格在 10 元以下图书的情况，并要求进行修改或插入操作时仍需保证该视图只有 10 元以下的图书。

CREATE VIEW titles_view2
AS
SELECT *
FROM titles
WHERE price < 10
WITH CHECK OPTION

由于在定义 titles_view2 视图时加上了 WITH CHECK OPTION 子句，以后对该视图进行插入、修改和删除操作时，DBMS 会自动加上 price < 10 的条件。

(2) 垂直视图。垂直视图用于约束用户只能存取表的某些列。

【例 5-61】 基于 titles 表创建一个视图 titles_view3，用它显示图书的编号、书名、类别和价格。

CREATE VIEW titles_view3（编号，书名，类别，价格）
AS
SELECT title_id, title, type, price
FROM titles

(3) 行/列子集视图。若一个视图是从单个基本表导出的，并且只是去掉了基本表的某些行和列（不包括码），则称这类视图为行列子集视图。如例 5-59。

(4) 行组视图。行组视图就是在视图定义规定的子查询中可以包含一个 GROUP BY 子句。

【例 5-62】 基于 titles 表创建一个视图 titles_view4，用它显示各类图书的平均价格。

CREATE VIEW titles_view4（类别，平均价格）
AS
SELECT type, AVG(price)
FROM titles
GROUP BY type

(5) 联合视图。在视图定义中使用两表或三表连接查询，就能够生成一个从两个或三个不同表中提取数据的联合视图（joined view），并且把查询结果表示为一个单独的可见表。读者可以自己尝试为前面讲过的连接查询建立相应的视图。

除了上面介绍的这 5 种视图以外，还有一种特殊的视图——视图的视图，也就是说，视图不仅可以建立在一个或多个基本表上，也可以建立在一个或多个已定义好的视图上,或同时建立在基本表与视图上。

【例 5-63】 基于视图 titles_view3 创建一个视图 titles_view5,用它显示各类图书的平均价格。

CREATE VIEW titles_view5(类别,平均价格)
AS
SELECT 类别,AVG(价格)
FROM titles_view3
GROUP BY 类别

请读者自己比较本例的语句与例 5-62 的区别,以及本例所建立的视图 titles_view5 与例 5-62 所建立的视图 titles_view4 的区别。

2. 删除视图

SQL 用 DROP VIEW 命令删除视图,其一般格式为:

DROP VIEW <视图名>

一个视图被删除后该视图的定义将被从数据字典中删除,且由此视图导出的其他视图也将失效,但是这些导出视图的定义仍在数据字典中,用户应该使用 DROP VIEW 语句将它们一一删除,否则使用时会出错。

【例 5-64】 删除视图 titles_view3。

DROP VIEW titles_view3

执行此语句后,视图 titles_view3 的定义将从数据字典中被删除。由视图 titles_view3 导出的视图 titles_view5 的定义虽仍在数据字典中,但该视图已无法使用了,因此应该同时删除。

5.5.2 查询视图

视图创建后,对视图的查询操作如同基本表的查询操作一样。

【例 5-65】 查询视图 titles_view1 中类别为 business 图书的编号、书名和价格。

SELECT 编号,书名,价格
FROM titles_view1
WHERE 类别 = 'business'

DBMS 执行视图查询时首先把它转换成等价的对基本表的查询,然后执行修改了的查询。即当查询是对视图时,系统首先从数据字典中取出该视图的定义,然后把定义中的子查询和视图查询语句结合起来,形成一个修正的查询语句,这个转换过程称为视图消解。

例 5-65 转换后的查询语句为:

SELECT title_id 编号,title 书名,price 价格
FROM titles
WHERE type = 'business' AND price < 10

【例 5-66】 查询视图 titles_view4 中平均价格在 15 元以上图书的类别和平均价格。

SELECT 类别,平均价格
FROM titles_view4
WHERE 平均价格 > 15

本例转换后的查询语句为：

SELECT type 类别, AVG(price) 平均价格
FROM titles
GROUP BY type
HAVING AVG(price) > 15

读者可能会发现在转换时对查询条件的处理方法例 5-66 与例 5-65 不同。例 5-65 只是直接将视图查询语句中的条件与视图定义语句中的条件合并。如果在例 5-66 也这样转换，就会形成下列查询语句：

SELECT type 类别, AVG(price) 平均价格
FROM titles
WHERE AVG(price) > 15
GROUP BY type

前面我们讲过集函数不能用在 WHERE 子句中，而且 AVG(price) > 15 这个条件是对组的限制条件而不是对整个表的限制条件，因此应将它放在 GROUP 子句的 HAVING 短语中。

5.5.3 更新视图

由于视图是一张虚表，因此对视图的更新最终要转换为对基本表的更新。更新视图包括插入（INSERT）、删除（DELETE）和修改（UPDATE）三类操作，其语法格式与对基本表的更新操作一样。

为防止用户通过视图对数据进行增删改时，无意或故意操作不属于视图范围内的基本表数据，可在定义视图时加上 WITH CHECK OPTION 子句，这样在视图上增删改数据时，DBMS 会进一步检查视图定义中的条件，若不满足条件，则拒绝执行该操作。

【例 5-67】 向视图 titles_view2 中插入一条新记录，其中编号为 TP3113，书名为《数据库原理与应用》，价格为 34 元。

INSERT
INTO titles_view2(title_id, title, price)
VALUES('TP3113','数据库原理与应用',34)

这个语句的执行将会产生如下错误信息：

服务器: 消息 550,级别 16,状态 1,行 1

向视图进行的插入或更新已失败,原因是目标视图或者目标视图所跨越的某一视图指定了 WITH CHECK OPTION,而该操作的一个或多个结果行又不符合 WITH CHECK OPTION 约束的条件。

语句已终止。

造成这种错误的原因是视图 titles_view2 中定义的是价格在 10 元以下的图书,并且指定了 WITH CHECK OPTION。当试图插入一条价格为 34 元图书的记录时,DBMS 就会产生错误,并且终止语句执行。

【例 5-68】 将视图 titles_view2 中编号为 BU2075 的图书价格增加 2 元。
UPDATE titles_view2
SET price = price + 2
WHERE title_id = 'BU2075'

与查询视图类似,DBMS 执行此语句时,首先进行有效性检查,检查所涉及的表、视图等是否在数据库中存在,如果存在,则从数据字典中取出该语句涉及的视图的定义,把定义中的子查询和用户对视图的更新操作结合起来,转换成对基本表的更新,然后再执行这个经过修正的更新操作。转换后的更新语句为:
UPDATE titles
SET price = price + 2
WHERE title_id = 'BU2075' AND price < 10

【例 5-69】 将视图 titles_view4 中类别为 business 的记录删除。
DELETE
FROM titles_view4
WHERE 类别 = 'business'

该语句的执行将会产生如下错误信息:

服务器: 消息 4403,级别 16,状态 1,行 1

视图或函数 titles_view4 不可更新,因为它包含聚合。

这也就是说,在关系数据库中,并不是所有的视图都是可更新的,因为有些视图的更新不能惟一地有意义地转换成对相应基本表的更新。

一般地,行列子集视图是可更新的,还有些视图理论上是可更新的,其他的就是不可更新的。

应该指出的是,不可更新的视图与不允许更新的视图是两个不同的概念。前者指理论上已证明其是不可更新的视图。后者指实际系统中不支持其更新,但它本身有可能是可更新的。

5.5.4 视图的优点

1. 能够对机密数据提供安全保护

有了视图机制,就可以在设计数据库应用系统时,对不同的用户定义不同的视图,使机密数据不出现在不应看到这些数据的用户的视图上,这样就由视图的机制自动提供了对机密数据的安全保护功能。

2. 能够简化用户的查询操作

视图机制使用户可以将注意力集中在他所关心的数据上。如果这些数据不是直接来自基本表,则可以通过定义视图,使用户眼中的数据库结构简单、清晰,并且可以简化用户的数据查询操作。例如,那些定义了若干张表连接的视图,就将表与表之间的连接操作对用户隐蔽起来了。换句话说,也就是用户所做的只是对一个虚表的简单查询,而这个虚表是怎样得来的,用户无需了解。

3. 能够保证数据一定程度的逻辑独立性

对视图的操作,例如查询,只依赖于视图的定义。当构成视图的基本表的结构修改时,只需修改视图定义的子查询部分,使视图的结构不变,这样基于视图的查询语句就不用改变,这就是我们第一章讲过的数据的逻辑独立性。

5.6 SQL 的数据控制功能

SQL 提供了数据控制功能,能够在一定程度上保证数据库中数据的安全性、完整性,并提供了一定的并发控制及恢复能力。

数据库的安全性是指保护数据库,防止不合法的使用所造成的数据泄露和破坏。数据库系统中保证数据安全性的主要措施是进行存取权限控制,即规定不同用户对不同数据对象所允许执行的操作,并控制各用户只能存取他有权存取的数据。不同的用户对不同的数据应具有何种操作权限,是由 DBA 和表的建立者(即表的属主)根据具体情况决定的,SQL 则为 DBA 和表的属主授予与撤销这种权力提供了手段。有关概念和实现方法将在 6.2 节中具体阐述。

数据库的完整性是指数据库中数据的正确性与相容性。SQL 定义完整性约束条件的功能主要体现在 CREATE TABLE 语句中,可以在该语句中定义主关键字、取值惟一的列、参照完整性及其他一些约束条件。具体实现方法将在 6.3 节中说明。

并发控制指的是当多个用户并发地对数据库进行操作时,对它们加以控制、协调,以保证并发操作正确执行,并保持数据库的一致性。有关概念和实现方法将在 6.5 节中具体阐述。

恢复指的是当发生各种类型的故障,数据库处于不一致状态时,将数据库恢复到一致状态的功能。有关概念和实现方法将在 6.6 节中进一步介绍。

本章小结

本章系统而详尽地讲解了关系数据库标准语言——SQL,使读者在学习 SQL 的同时进一步加深对关系数据库系统基本概念的理解。

SQL 主要分为数据定义、数据查询、数据更新和数据控制 4 大功能。其中,SQL 的数据查询功能是最丰富、最复杂的,读者应加强练习、熟练使用。

视图是关系数据库系统中的重要概念。合理地使用视图会给您的系统带来很多好处,读者应好好把握。

习 题 五

5.1 试述 SQL 的特点和功能。
5.2 试述 SQL 支持的三级模式结构。
5.3 上机完成实验 2:创建和管理数据库。
5.4 上机完成实验 3:Transact-SQL——数据查询。
5.5 上机完成实验 4:Transact-SQL——数据定义与数据更新。
5.6 什么是基本表?什么是视图?两者有何联系和区别(试从定义、查询、更新三方面加以分析)?
5.7 SQL 的数据控制功能包含哪几方面的内容?
5.8 设有一关系数据库,它由三个关系组成,它们的模式是:

学生关系 S,包括学号(S_NO)、姓名(NAME)、年龄(AGE)、性别(SEX);

选课关系 SC,包括学号(S_NO)、课程号(C_NO)、成绩(GRADE);

课程关系 C,包括课程号(C_NO)、课程名(CNAME)、课时数(FORMAT)、任课老师(TEACHER)、办公室(OFFICE)。

请用 SQL 完成下列查询:
(1) 找出学了刘老师所授全部课程的学生的姓名。
(2) 找出不学刘老师所授任何一门课程的学生的姓名。
(3) 找出至少有一门课程不及格的学生的姓名。
(4) 找出所有课程都及格的学生的姓名。
(5) 找出至少学了 C3 和 C4 两门课程的学生的姓名。

第六章 数据库安全与保护

【学习目的与要求】

本章介绍了数据库安全与保护的理论、技术和基本技能,包括数据库的安全性控制、完整性控制、事务管理、并发控制和数据库的恢复。目的是通过本章的学习,使学生掌握数据库安全与保护的基本概念和技能,对数据库进行管理和维护,以保证整个系统的正常运转,防止数据意外丢失和不一致数据的产生,以便最大限度地发挥数据库对其所属机构的作用。

6.1 安全与保护概述

数据库中的数据是非常重要的信息资源,它是政府部门、军事部门、企业等用来管理国家机构、作出重要决策、维护企业运转的依据。这些数据的丢失或泄露将给工作带来巨大损害,可能造成企业瘫痪甚至危及国家安全。在互联网已经渗透到日常生活中的各个领域的今天,数据的共享日益加强,利用互联网非法获取客户资料、盗取银行存款、修改重要数据甚至删除数据已成为日益严重的社会问题。因此,对数据的保护是至关重要的大事,数据的安全保密越来越重要。DBMS 是管理数据的核心,因而其自身必须提供一整套完整而有效的数据安全保护机制来保证数据的安全可靠和正确有效。DBMS 对数据库的安全与保护通过四个方面来实现,即数据安全性控制、数据完整性控制、数据库的并发控制和数据库的恢复。

1. 数据的安全性控制

防止未经授权的用户存取数据库中的数据,避免数据的泄露、更改或破坏。

2. 数据的完整性控制

保证数据库中数据及语义的正确性和有效性,防止任何对数据造成错误的操作。数据的完整性和安全性是两个不同的概念。前者是为了防止数据库中存在不符合语义的数据,防止错误信息的输入和输出。而后者是保护数据库,防止恶意的破坏或非法的存取。也就是说,安全性措施的防范对象是非法用户和非法操作,确保用户所做的事情被限制在其权限内;完整性措施的防范对象是不合语义的数据,确保用户所做的事情是正确的。当然,完整性和安全性是密切相关的。

3. 数据库的并发控制

在多用户同时对同一个数据进行操作时,系统应能加以控制,防止破坏数据库中的数据。

4. 数据库的恢复

在数据库被破坏或数据不正确时,系统有能力把数据库恢复到某一已知的正确状态。

本章将讨论上述四种技术。

6.2 数据库的安全性

6.2.1 安全性问题

1. 数据库安全性的定义

数据库的安全性是指保护数据库,防止不合法的使用,以免数据的泄密、更改或破坏。

安全性问题不是数据库系统所独有的,所有计算机系统都有这个问题。只是在数据库系统中大量数据集中存放,而且为许多最终用户直接共享,从而使安全性问题更为突出。

2. 安全性级别

数据库的安全性和计算机系统的安全性,包括操作系统、网络系统的安全性是紧密联系、相互支持的。为了保护数据库,防止故意的破坏,可以在从低到高的5个级别上设置各种安全措施:

(1) 环境级。计算机系统的机房和设备应加以保护,防止人为的物理破坏。

(2) 职员级。工作人员应清正廉洁,正确授予用户访问数据库的权限。

(3) 操作系统级。应防止未经授权的用户从操作系统处着手访问数据库。

(4) 网络级。由于大多数数据库系统都允许用户通过网络进行远程访问,因此网络软件内部的安全性是很重要的。

(5) 数据库系统级。数据库系统的职责是检查用户的身份是否合法及使用数据库的权限是否正确。

上述环境级和职员级的安全性问题属于社会伦理道德问题,不是本教材的内容范围。操作系统的安全性从口令到并发处理的控制,以及文件系统的安全,都属于操作系统的内容。网络级的安全性措施已在电子商务中广泛应用,属于网络教材中的内容。下面主要介绍关系数据库的安全性措施。

3. 权限问题

关系数据库系统中,权限有两种:访问数据的权限和修改数据库结构的权限。DBA 可以把建立、修改基本表的权限授予用户,用户获得此权限后可以建立和修改基本表、索引和视图。因此,关系系统中存取控制的数据对象不仅有数据本身,如表、属性列等,还有模式、外模式、内模式等数据字典中的内容,如表 6-1 所示。

表 6-1　　　　　　　　　关系系统中的存取权限

数据对象		操作类型
模式	模式	建立、修改、检索
	外模式	建立、修改、检索
	内模式	建立、修改、检索
数据	表	查找、插入、修改、删除
	属性列	查找、插入、修改、删除

（1）访问数据的权限有 4 个：

① 查找（Select）权限：允许用户读数据，但不能修改数据。

② 插入（Insert）权限：允许用户插入新的数据，但不能修改数据。

③ 修改（Update）权限：允许用户修改数据，但不能删除数据。

④ 删除（Delete）权限：允许用户删除数据。

根据需要，可以授予用户上述权限中的一个或多个，也可以不授予上述任何一个权限。

（2）修改数据库模式的权限也有 4 个：

① 索引（Index）权限：允许用户创建和删除索引。

② 资源（Resource）权限：允许用户创建新的关系。

③ 修改（Alteration）权限：允许用户在关系结构中加入或删除属性。

④ 撤销（Drop）权限：允许用户撤销关系。

6.2.2　数据库安全性控制

1. 用户标识与鉴别

用户标识和鉴别是系统提供的最外层安全保护措施。其方法是由系统提供一定的方式让用户标识自己的名字或身份。每次用户要求进入系统时，由系统进行核对，通过鉴定后才提供机器使用权。对于获得上机权的用户若要使用数据库时数据库管理系统还要进行用户标识和鉴定。用户标识和鉴定的方法有很多种，而且在一个系统中往往是多种方法并举，以获得更强的安全性。通常使用用户名和口令标识来鉴定用户。用户标识与鉴别可以重复多次。

2. 存取控制

数据库安全性所关心的主要是 DBMS 的存取控制机制。数据库安全最重要的一点就是确保只授权给有资格的用户访问数据库的权限，同时令所有未被授权的人员无法接近数据，这主要通过数据库系统的存取控制机制实现。

存取控制机制主要包括两部分：

（1）定义用户权限，并将用户权限登记到数据字典中。用户权限是指不同的用户对于不同的数据对象允许执行的操作权限，这些定义经过编译后存放在数据字典中，被称为安全规则或授权规则。

（2）合法权限检查，每当用户发出存取数据库的操作请求之后（请求一般应包括操作类型、操作对象和操作用户等信息），DBMS 查找数据字典，根据安全规则进行合法权限检查，若用户的操作请求超出了定义的权限，系统将拒绝执行此操作。

用户权限定义和合法权限检查机制一起组成了 DBMS 的安全子系统。

3. 自主存取控制（DAC）方法

在自主存取控制中，用户对不同的数据对象有不同的存取权限，不同的用户对同一对象也有不同的权限，而且用户还可将其拥有的存取权限转授给其他用户。因此自主存取控制非常灵活。

大型数据库管理系统几乎都支持自主存取控制，目前的 SQL 标准也对自主存取控制提供支持，这主要通过 SQL 的 GRANT 语句和 REVOKE 语句来实现。

用户权限是由两个要素组成的：数据对象和操作类型。定义一个用户的存取权限就是要定义这个用户可以在哪些数据对象上进行哪些类型的操作。在数据库系统中，定义存取权限称为授权。

用户权限定义中数据对象范围越小授权子系统就越灵活。授权粒度越细，授权子系统就越灵活，但系统定义与检查权限的开销也会相应地增大。

衡量授权子系统精巧程度的另一个尺度是能否提供与数据值有关的授权。若授权依赖于数据对象的内容，则称为是与数据值有关的授权。有的系统还允许在存取谓词中引用系统变量，如一天中的某个时刻，某台终端设备号，这就是与时间和地点有关的存取权限。这样用户只能在某段时间内，某台终端上存取有关数据。

自主存取控制能够通过授权机制有效地控制其他用户对敏感数据的存取。但是由于用户对数据的存取权限是"自主"的，用户可以自由地决定将数据的存取权限授予何人、决定是否也将"授权"的权限授予别人。在这种授权机制下，仍可能存在数据的"无意泄露"。

4. 强制存取控制（MAC）方法

在强制存取控制中，每一个数据对象被标以一定的密级，每一个用户也被授予某一个级别的许可证。对于任意一个对象，只有具有合法许可证的用户才可以存取。强制存取控制因此相对比较严格。

有些数据库的数据具有很高的保密性，通常具有静态的严格的分层结构，强制存取控制对于存放这样数据的数据库非常适用。这种方法的基本思想在于为每个数据对象（文件、记录或字段等）赋予一定的密级，级别从高到低有：绝密级（Top Secret）、机密级（Secret）、秘密级（Confidential）和公用级（Unclassified）。每个用户也具有相应的级别，称为许可证级别（Clearance Level）。密级和许可证级别都是严格有序的，如，绝密＞机密＞秘密＞公用。

在系统运行时,采用如下两条简单规则:

(1) 用户 i 只能查看比他级别低或同级的数据;

(2) 用户 i 只能修改和他同级的数据。

在第(2)条,用户 i 显然不能修改比他级别高的数据,但规定也不能修改比他级别低的数据,主要是为了防止具有较高级别的用户将该级别的数据复制到较低级别的文件中。

强制存取控制是一种独立于值的一种简单的控制方法。它的优点是系统能执行"信息流控制"。在前面介绍的授权方法中,允许凡有权查看保密数据的用户就可以把这种数据拷贝到非保密的文件中,造成无权用户也可接触保密数据。而强制存取控制可以避免这种非法的信息流动。

注意,这种方法在通用数据库系统中不十分有用,只是在某些专用系统中才有用。

5. 视图机制

视图(View)是从一个或多个基本表导出的表,进行存取权限控制时我们可以为不同的用户定义不同的视图,把数据对象限制在一定的范围内,也就是说,通过视图机制把要保密的数据对无权存取的用户隐藏起来,从而自动地对数据提供一定程度的安全保护。

视图机制间接地实现了支持存取谓词的用户权限定义。在不直接支持存取谓词的系统中,我们可以先建立视图,然后在视图上进一步定义存取权限。有关建立视图和定义存取权限的内容见 5.5 节。

6. 审计

因为任何系统的安全保护措施都不是完美无缺的,蓄意盗窃、破坏数据的人总是想方设法打破控制。审计追踪是一个对数据库进行更新(插入、删除、修改)的日志,还包括一些其他信息,如哪个用户执行了更新和什么时候执行的更新等。如果怀疑数据库被篡改了,那么就开始执行 DBMS 的审计软件。该软件将扫描审计追踪中某一时间段内的日志,以检查所有作用于数据库的存取动作和操作。当发现一个非法的或未授权的操作时,DBA 就可以确定执行这个操作的账号。

审计通常是很费时间和空间的,所以 DBMS 往往都将其作为可选特征,允许DBA 根据应用对安全性的要求,灵活地打开或关闭审计功能。审计功能一般主要用于安全性要求较高的部门。

7. 数据加密

对于高度敏感性数据,例如财务数据、军事数据、国家机密,除以上安全性措施外,还可以采用数据加密技术。

数据加密是防止数据库中数据在存储和传输中失密的有效手段。加密的基本思想是根据一定的算法将原始数据(术语为明文,Plain Text)变换为不可直接识别的格式(术语为密文,Cipher Text),从而使不知道解密算法的人无法获知数据的内容。加密方法主要有两种：对称密钥加密法和公开密钥加密法。

(1) 对称密钥加密法。

对称密钥密码体制属于传统密钥密码系统，加密密钥与解密密钥相同或者由其中一个推出另一个。对称密钥加密算法的输入是源文和加密键，输出是密码文。加密算法可以公开，但加密键是一定要保密的。密码文对于不知道加密键的人来说，解密是不容易的。

(2) 公开密钥加密法。

在这种方法中，每个用户有一个加密密钥和一个解密密钥，其中加密密钥不同于解密密钥，加密密钥公之于众，谁都可以用，解密密钥只有解密人自己知道，分别称为"公开密钥"和"私密密钥"。公开密钥密码体制也称为不对称密钥密码体制。

如果用户想要存储加密数据，就通过公开密钥对数据进行加密。这些加密数据的解密需要用私密密钥。由于用来加密的公开密钥对所有用户公开，我们就有可能利用这一方法安全地交换信息。如果用户 U1 希望与用户 U2 共享数据，那么用户 U1 就用用户 U2 的公开密钥来加密数据。由于只有用户 U2 知道如何解密，因此信息的传输是安全的。

公钥加密法的另一个有趣的应用是"数字签名"(Digital Signature)。数字签名扮演的是物理文件签名的电子化角色，用来验证数据的真实性。此时私密密钥用来加密数据，加密后的数据可以公开。所有人都可以用公钥来解码，但没有私钥的人就不能产生编码数据。这样我们就可以验证(Authenticate)数据是否真正由宣称产生这些数据的人所产生。另外，数字签名也可以用来保证"认可"(Nonrepudiation)。也就是，在一个人创建了数据然后声称他没有创建它(如欲否认签过支票)的情况下，我们可以证明这个人一定创建了这个数据(除非他的私钥泄露给了他人)。

有关数据加密技术及密钥管理问题等已超出本书范围，有兴趣的读者请参阅数据加密技术方面的书籍。

目前有些数据库产品提供了数据加密例行程序，可根据用户的要求自动对存储和传输的数据进行加密处理。另一些数据库产品虽然本身未提供加密程序，但提供了接口，允许用户用其他厂商的加密程序对数据加密。

由于数据加密与解密也是比较费时的操作，而且数据加密与解密程序会占用大量系统资源，因此数据加密功能通常也作为可选特征，允许用户自由选择，只对高度机密的数据加密。

6.2.3 统计数据库的安全性

有一类数据库称为"统计数据库"，例如人口调查数据库，它包含大量的记录，但其目的只是向公众提供统计、汇总信息，而不是提供单个记录的内容，也就是查询仅仅是某些记录的统计值，例如求记录数、和、平均值等。在统计数据库中，虽然不允许用户查询单个记录的信息，但是用户可以通过处理足够多的汇总信息来分析出单个记录的信息,这就给统计数据库的安全性带来严重的威胁。

看下面的例子:

某个用户甲想知道另一用户乙的工资数额,他可以通过下列两个合法查询获取:

(1) 用户甲和其他 N 个职员的工资总额是多少?

(2) 用户乙和其他 N 个职员的工资总额是多少?

假设第(1)个查询的结果是 X,第(2)个查询的结果是 Y,由于用户甲知道自己的工资是 Z,那么他可以计算出用户乙的工资 $= Y - (X - Z)$。

统计数据库应防止上述问题发生。上述问题产生的原因是两个查询包含了许多相同的信息(即两个查询的"交")。系统应对用户查询得到的记录数加以控制。

在统计数据库中,对查询应做下列限制:

(1) 一个查询查到的记录个数至少是 n;

(2) 两个查询查到的记录的"交"数目至多是 m。

系统可以调整 n 和 m 的值,使得用户很难在统计数据库中获取其他个别记录的信息,但要做到完全杜绝是不可能的。我们应限制用户计算和、个数、平均值的能力。如果一个破坏者只知道他自己的数据,那么已经证明,他至少要花 $1 + (n-2)/m$ 次查询才有可能获取其他个别记录的信息。因而,系统应限制用户查询的次数在 $1 + (n-2)/m$ 次以内。但是这个方法还不能防止两个破坏者联手查询导致数据的泄露。

保证数据库安全性的另一个方法是"数据污染",也就是在回答查询时,提供一些偏离正确值的数据,以免数据泄露。当然,这个偏离要在不破坏统计数据的前提下进行。此时,系统应该在准确性和安全性之间进行权衡。当安全性遭到威胁时,只能降低准确性的标准。但是无论采用什么安全性机制,都仍然会存在绕过这些机制的途径。好的安全性措施应该使那些试图破坏安全的人所花费的代价远远超过他们所得到的利益,这也是整个数据库安全机制设计的目标。

6.2.4 应用程序安全

虽然大型数据库管理系统(如 Oracle、DB2 和 SQL Server)都提供了具体的数据库安全特性,但是这些特性本质上都只实现了常规的安全保护。如果应用程序要求特别的安全措施,例如禁止用户查看某个表的行,或者禁止查看表连接中的其他职员的数据行,那么 DBMS 的安全机制就无能为力了。在这种情况下,必须通过数据库应用程序的特性来提高系统安全。

举例来说,Internet 应用程序的安全通常由 Web 服务器提供。在这个服务器上执行应用程序安全措施意味着敏感的安全数据不必通过网络传输。

为了更好地理解这一点,假定一个应用程序采用如下设计方案:当用户单击浏览页面上某个特定按钮后,将向 Web 服务器发送如下查询,再将其发送到数据库。

Select * From Employee;

这个语句必然会返回 Employee 表中的所有行。如果应用程序安全机制只允许雇员访问他们自己的数据,那么 Web 服务器将把如下的 WHERE 语句添加到该查询中:

Select * From Employee

Where Employee.Name = ′<%SESSION("EmployeeName")%>′;

如果了解 Internet 应用技术,就会知道像上面的表达式会使 Web 服务器将雇员的名字代入 Where 语句中。对于以 Liu Ming 身份登录的用户,上面的表达式就会变成如下形式:

Select * From Employee

Where Employee.Name = ′Liu Ming′ and passwd = "123";

因为这个名字是由 Web 服务器上的应用程序插入的,浏览的用户并不知道发生了什么,所以不能加以干涉。

如上所述,可以在 Web 服务器上完成这样的安全处理,但也可以在应用程序本身内部实现,或者写成在适当的时候由 DBMS 执行的存储过程或触发器。

扩展一下这个想法,我们在 Web 服务器可访问的安全数据库中存储附加数据,并使用存储过程和触发器。举例来说,安全数据库可以包含与附加的 Where 语句匹配的用户身份。例如,假设人事部的用户可以访问自身以外的用户的数据,则可以将合适的 Where 语句存储到安全数据库,应用程序可以读取这些信息,并根据需要将其添加到 SQL Select 语句中。

通过应用程序处理扩展 DBMS 安全还有许多其他方法,但总体而言,应该先利用 DBMS 本身的安全特性。只有当它们不能满足要求的时候,再考虑添加应用程序代码。安全措施和数据的关系越紧密,泄密的可能性就越小。此外,使用 DBMS 安全特性比自己编制代码更快速,代价更小,而且效果可能更好。

6.2.5 SQL Server 的安全性措施

1. SQL Server 安全控制概述

SQL Server 采用 4 个等级的安全验证,分别是:

- 操作系统安全验证;
- SQL Server 安全验证;
- SQL Server 数据库安全验证;
- SQL Server 数据库对象安全验证。

(1) 操作系统安全验证。

安全性的第一层在网络层。大多数情况下,用户将登录到 Windows 网络,但是他们也能登录到任何与 Windows 共存的网络,因此用户必须提供一个有效的网络登录名和口令,否则其进程将被终止在这一层。这种安全验证是通过设置安全模式来实现的。

(2) SQL Server 安全验证。

安全性的第二层在服务器自身。当用户到这层时,他必须提供一个有效的登录名和口令才能继续向前。随着服务器的安全模式不同,SQL Server 可能会检测登录到 Windows 的登录名。这种安全验证是通过 SQL Server 服务器登录名管理来实现的。

(3) SQL Server 数据库安全验证。

这是安全性的第三层。当一个用户通过第二层后,通常认为他有访问服务器上数据库的权限,但事实并不是这样。相反,用户必须在他想要访问的数据库里有一个分配好的用户名。这层没有口令,取而代之的是登录名被系统管理员映射为用户名。如果用户未被映射到任何数据库,他就几乎什么也做不了。仅一种情况例外,有可能在数据库里有一个 guest 用户名,在这种情况下,用户通过一个合法的登录名获准访问服务器,但是他不能访问数据库,而那个数据库里含有一个 guest 用户名,权限可以分配给 guest 用户名,正如用户可以分配给其他任何用户一样,默认情况下,新数据库不包含 guest 用户名。这种安全验证是通过 SQL Server 数据库用户管理来实现的。

(4) SQL Server 数据库对象安全验证。

SQL Server 安全性的最后一层是处理权限。在这层 SQL Server 检测用户用来访问服务器的用户名是否获准访问服务器中的特定对象。可能只允许访问数据库中指定的对象,而不允许访问其他对象,这是通常的运行方式。这种安全验证是通过权限管理来实现的。

2. 安全模式

SQL Server 提供了两种不同的方法来验证用户进入服务器。用户可以根据自己的网络配置,决定使用其中一种。

- Windows 验证;
- SQL Server 混合验证。

(1) Windows 验证。

SQL Server 数据库系统通常运行在 NT 服务器平台或基于 NT 构架的 Windows 2000 上,而 NT 作为网络操作系统,本身就具备管理登录验证用户合法性的能力,所以 Windows 验证模式正是利用这一用户安全性和账号管理的机制,允许 SQL Server 也可以使用 NT 的用户名和口令。在该模式下,用户只要通过 Windows 的验证就可连接到 SQL Server,而 SQL Server 本身也没有必要管理一套登录数据。

Windows 验证模式比起 SQL Server 验证模式来有许多优点,原因在于 Windows 验证模式集成了 NT 或 Windows 2000 的安全系统,并且 NT 安全管理具有众多特征,如安全合法性、口令加密、对密码最小长度进行限制等。所以当用户试图登录到 SQL Server 时,它从 NT 或 Windows 2000 的网络安全属性中获取登录用户的账号和密码,并使用 NT 或 Windows 2000 验证账号和密码的机制来检验登录的合法性,从而提高了 SQL Server 的安全性。

在 Windows NT 中使用了用户组,所以当使用 Windows 验证时,我们总是把用户归入一定的 NT 用户组,以便当在 SQL Server 中对 NT 用户组进行数据库访问权限设置时,能够把这种权限设置传递给单一用户,而且当新增加一个登录用户时,也总把它归入某一 NT 用户组。这种方法可以使用户更为方便地加入到系统中,并消除了逐一为每一个用户进行数据库访问权限设置而带来的不必要的工作量。

对 SQL Server 来说,Windows 验证是首选的方法。

(2) SQL Server 混合验证。

当在 Windows 95/98 计算机上运行 SQL Server 时,SQL Server 混合验证是惟一可用的方法。在混合验证设置中,如果一个客户机连接到服务器但没有传来登录名和口令,SQL Server 就会自动认定用户想要使用 Windows 验证,并使用那种方法来验证用户。如果用户确实传来了一个登录名和口令,SQL Server 就认为用户是经由 SQL Server 验证连接的。在 SQL Server 验证过程中,用户传给服务器的登录信息与系统表 syslogins 中的信息进行比较。如果两个口令匹配,SQL Server 允许用户访问服务器。如果不匹配,SQL Server 不允许访问,并且用户会从服务器上收到一个出错信息。

(3) 设置安全模式。

在第一次安装 SQL Server 或者使用 SQL Server 连接其他服务器时,需要指定安全模式。对于已经指定安全模式的 SQL Server 服务器,在 SQL Server 中可以进行修改,方法如下:

首先,打开 SQL Server 企业管理器,展开"SQL Server 组"文件夹,在其中选择用户要改变安全模式的服务器上单击鼠标右键,在弹出式菜单中选择"编辑 SQL Server 注册属性"菜单项,这时打开如图6-1所示的"已注册的 SQL Server 属性"对话框。

然后,在对话框中设置安全模式,单击"确定"按钮。

修改完成后,应先停止 SQL Server 服务,再重新启动 SQL Server,才能使新的设置生效。

3. 服务器登录标识管理

sa 和 Administrators 是系统在安装时创建的分别用于 SQL Server 混合验证模式和 Windows 验证模式的系统登录名。如果用户想创建新的登录名或删除已有的登录名,可使用下列两种方法:

• 使用 SQL Server 企业管理器管理登录名;
• 使用 SQL Server 系统存储过程管理登录名。

(1)使用企业管理器管理登录名。

使用企业管理器创建登录名的步骤如下:

①启动 SQL Server 企业管理器,单击要连接的服务器左侧的加号连接该服务器。
②单击"安全性"文件夹左侧的加号。
③右击"登录"图标,从弹出式菜单中选择"新建登录"菜单项,这时打开如图6-2

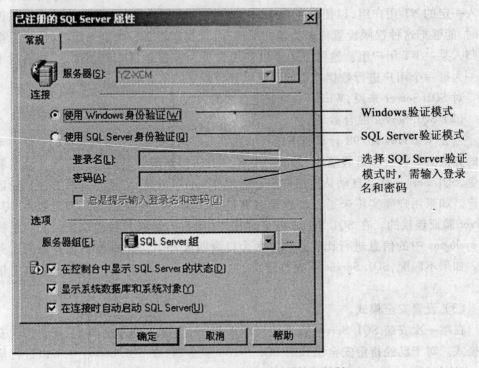

图 6-1 "已注册的 SQL Server 属性"对话框

所示的"SQL Server 登录属性—新建登录"对话框。

④在"名称"编辑框中输入登录名。

⑤在"身份验证"下的选项栏中选择身份验证模式,如果正在使用 SQL Server 验证模式,那么在选择"SQL Server 身份验证"单选按钮之后必须在"密码"中输入密码。如果正在使用 Windows 验证模式,那么在选择"Windows 身份验证"单选按钮之后,则必须在"域"中输入域名。

注意:

• 如果选择了 Windows 验证模式,那么在"名称"中输入的账号必须是在 NT 已经建立的登录名或组。"名称"的格式为:NT 网络名称\用户名称或 NT 主机名\用户名称。

• 如果选择了 Windows 验证模式且使用了 NT 网络,那么在"域"中输入登录账号或组所属的域;如果没有使用 NT 网络则在"域"中输入登录账号所属的 NT 主机名。

• 如果选择了 Windows 验证模式且登录账号是 NT 中的内建用户组,例如 Administrators,那么必须在"域"中输入 BUILTIN,而不是 NT 主机名或 NT 网络域。

⑥在"默认设置"下的两个选项框中指出用户在登录时的默认数据库以及默认

的语言。

⑦单击确定按钮,创建登录。

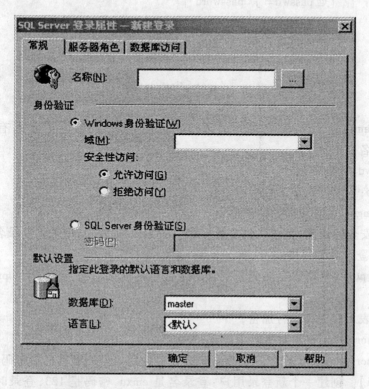

图 6-2 "SQL Server 登录属性—新建登录"对话框

使用企业管理器删除登录名的步骤如下:
① 启动 SQL Server 企业管理器,单击要连接的服务器左侧的加号连接该服务器。
② 单击"安全性"文件夹左侧的加号。
③ 单击"登录"图标,显示所有已存在的登录名。
④ 右击想删除的登录名,从弹出式菜单中选择"删除"菜单项。
(2) 使用系统存储过程管理登录名。

在 SQL Server 中,一些系统存储过程提供了管理 SQL Server 登录名的功能,主要包括:

  sp_addlogin   sp_droplogin   sp_helplogins
  sp_grantlogin sp_revokelogin sp_denylogin

这些系统存储过程必须在 master 数据库中使用。

下面将对这些系统存储过程如何管理登录名进行逐一介绍。

① sp_addlogin。该系统存储过程的作用是创建新的使用 SQL Server 验证模式的

登录名,其语法格式为:

　　　　sp_addlogin [@ loginame =] 'login'
　　　　[, [@ passwd =] 'password']
　　　　[, [@ defdb =] 'database']
　　　　[, [@ deflanguage =] 'language']
　　　　[, [@ sid =] 'sid']
　　　　[, [@ encryptopt =] 'encryption_option']

其中,

@ loginame:登录名,它是惟一必须给定值的参数,而且它必须是有效的 SQL Server 对象名;

@ passwd:登录密码;

@ defdb:登录时默认的数据库;

@ deflanguage:登录时默认的语言;

@ sid:安全标识码,存在于每个数据库中的 sysuser 表中,用来将登录名和用户相连接,sid 和登录名必须惟一;

@ encryptopt:将密码存储到系统表时是否对其进行加密,@ encryptopt 参数有三个选项:

NULL 表示对密码进行加密;

skip_encryption 表示对密码不加密;

skip_encryption_old 只在 SQL Server 升级时使用表示旧版本已对密码加密。

【例 6-1】 创建一个新登录用户:登录名是 cmxu,密码是 123,登录时默认数据库是 pubs。

　　　　exec sp_addlogin 'cmxu', '123', 'pubs'

②sp_droplogin。该系统存储过程的作用是删除使用 SQL Server 验证模式的登录名,禁止其访问 SQL Server,其语法格式为:

　　　　sp_droplogin [@ loginame =] 'login'

【例 6-2】 删除 SQL Server 登录名 cmxu。

　　　　exec sp_droplogin 'cmxu'

注意:不能删除系统管理者 sa 以及当前连接到 SQL Server 的登录。如果有用户名和这个登录名关联,SQL Server 将返回提示信息告诉用户哪个数据库中存在关联的对象,并提供关联的对象名。如果关联的对象存在,在删除登录名前需要用 sp_revokedbaccess 在每个数据库中将它们清除。如果用户是数据库所有者,需要使用 sp_changedbowner 将所有权授予其他的登录名。

③sp_grantlogin。设定一 Windows 用户或用户组为 SQL Server 登录者,其语法格式为:

　　　　sp_grantlogin [@ loginame =] 'login'

【例6-3】 将Windows用户YZ-XCM\YZ设定为SQL Server登录者。

exec sp_grantlogin 'YZ – XCM\YZ'

④sp_denylogin。拒绝某一Windows用户或用户组连接到SQL Server,其语法格式为:

sp_denylogin [@ loginame =] 'login'

【例6-4】 拒绝Windows用户YZ-XCM\YZ登录到SQL Server。

exec sp_denylogin 'YZ-XCM\YZ'

⑤sp_revokelogin。用来删除Windows用户或用户组在SQL Server上的登录信息,其语法格式为:

sp_revokelogin [@ loginame =] 'login'

【例6-5】 删除Windows用户YZ-XCM\YZ登录到SQL Server的登录信息。

exec sp_revokelogin 'YZ-XCM\YZ'

sp_grantlogin和sp_revokelogin只能使用于Windows验证模式下对Windows用户或用户组账号做设定,而不能对SQL Server维护的登录账号进行设定。

⑥sp_helplogins。sp_helplogins用来显示SQL Server所有登录者的信息,包括每一个数据库里与该登录者相对应的用户名,其语法格式为:

sp_helplogins [[@ LoginNamePattern =] 'login']

如果未指定@ LoginNamePattern,则当前数据库中所有登录者的信息包括Windows登录者都将被显示。

【例6-6】 显示登录者cmxu的登录信息。

sp_helplogins @ LoginNamePattern = 'cmxu'

4. 数据库用户管理

在SQL Server中,登录对象和用户对象是SQL Server进行权限管理的两种不同的对象。一个登录对象是服务器方的一个实体,使用一个登录名可以与服务器上的所有数据库进行交互。用户对象是一个或多个登录对象在数据库中的映射,可以对用户对象进行授权,以便为登录对象提供对数据库的访问权限。一个登录名可以被授权访问多个数据库,一个登录名在每个数据库中只能映射一次。

每个数据库中都会有一个叫sysusers的表,这个表包含了在数据库中的所有用户对象,以及和它们相对应的登录名的标识。只有在master数据库中的syslogins表中,才会保存所有的登录名及口令。所以,当一个登录名试图访问一个数据库时,SQL Server将在库中的sysusers表中查找对应的登录名。如果不能将登录名映射到数据库用户上,则系统试图将该登录名映射成guest用户(如果当前的数据库中有guest用户)。如果还是失败,则这个用户将无法访问数据库。

在一个数据库中删除一个用户名会使对应的登录名无法访问该数据库。当登录名不再需要访问一个数据库或对应的登录名被删除时,需要将数据库内的用户名删除。必须在删除登录名前将其映射的所有用户名全部删除,以确保不会在库中留下孤儿型的用户(是指一个用户名没有任何登录名在其上映射)。数据库所有者不能被删除,但是能够使用 sp_changedbowner 存储过程将数据库所有者改变到其他的登录名上。它只有一个参数:新所有者的登录名。

SQL Server 可使用下列两种方法来管理数据库用户:
- 使用 SQL Server 企业管理器管理数据库用户;
- 使用 SQL Server 系统存储过程管理数据库用户。

(1)使用企业管理器管理数据库用户。

使用企业管理器创建用户的步骤如下:

①启动 SQL Server 企业管理器,单击要连接的服务器左侧的加号连接该服务器。
② 将要创建用户的数据库展开。
③右击"用户"图标,从弹出式菜单中选择"新建数据库用户"菜单项,这时打开如图 6-3 所示的"数据库用户属性—新建用户"对话框。

图 6-3 "数据库用户属性—新建用户"对话框

④输入要增加的数据库用户的名字,然后在下拉列表中选择对应的登录名。
⑤单击"确定"按钮,将用户加入到数据库中。

在企业管理器中删除用户的方法如下:

在企业管理器中,选中"用户"图标(创建数据库用户的第三步),在右面的窗格中显示当前数据库的所有用户。右击想要删除的数据库用户名,在弹出菜单中选择"删除",则可从当前数据库中删除该数据库用户,见图 6-4。

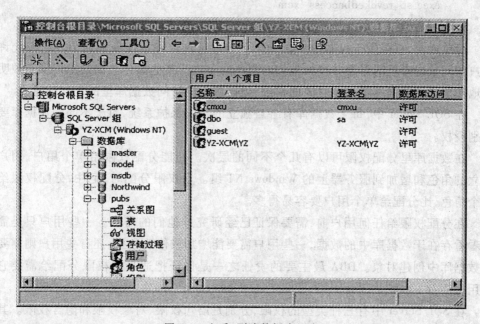

图 6-4 查看、删除数据库用户

(2) 使用系统存储过程管理数据库用户。

使用 sp_grantdbaccess 存储过程可以增加数据库用户名,其语法格式为:

　　　sp_grantdbaccess [@ loginame =] 'login' [, [@ name_in_db =] 'user']

其中,

@ loginame:用户所对应的登录名。

@ name_in_db:创建在数据库中的用户名。如果这个参数被省略,一个和登录名相同的用户名将被加到数据库中,通常省略这个参数。

这个存储过程只对当前的数据库进行操作,所以在执行存储过程前应该首先确认当前使用的是要增加用户的数据库。

【例 6-7】 在 pubs 数据库中添加一个新用户 xcm,它所对应的登录名是 cmxu。
　　　use pubs
　　　exec sp_grantdbaccess 'cmxu', 'xcm'

SQL Server 用 sp_revokedbaccess 存储过程删除用户。这个存储过程从数据库中将用户删除,即从 sysusers 表中删除用户名。其语法格式为:

　　　sp_revokedbaccess [@ name_in_db =] 'name'

其中,@name_in_db 就是指要删除的用户名。

【例6-8】 从 pubs 数据库中删除用户 xcm。

use pubs
exec sp_revokedbaccess 'xcm'

5. 权限管理

简单地说,权限用于控制用户在 SQL Server 里执行特定任务的能力。它们允许用户访问数据库里的对象并授权他们对那些对象进行某些操作。如果用户没有被明确地授予访问数据库里一个对象的权限,他们将不能访问数据库里的任何信息。

在 SQL Server 中,每个数据库有各自独立的权限保护系统,对于不同的数据库要分别授权。

在数据库里分配权限可以有几个不同的层次。它能分配权限给单个用户、用户建立的角色和增加到服务器上的 Windows NT 组。当权限分配时,记住,分配权限给一个角色,比分配给单个用户要容易得多。

在分配权限给任何用户前,需要保证已经研究过他们的需求。一些用户只是需要看看存在于数据库中的数据,一些用户需要能增加或修改数据,还有些用户则需要在数据库中创建对象。DBA 最主要的责任之一是保证把适当的权限分配给需要它的用户。

在 SQL Server 中有三种类型的权限,分别是语句权限、对象权限和隐含权限。其中语句权限和对象权限可以委派给其他用户,隐含权限只允许属于特定角色的人使用。

(1) 角色。

用户一般在组中工作,也就是说,可以将在相同数据上有相同权限的用户放入组中进行管理。SQL Server 具有将用户分配到组中的能力,分配给组的权限也适用于组中的每一个成员。在 SQL Server 中,组是通过角色来实现的。我们可以将角色认为是组。SQL Server 管理者可以将某些用户设置为某一角色,这样只对角色进行权限设置便可实现对所有用户的权限设置,便大大减少了管理员的工作量。在 SQL Server 中主要有两种类型的角色:服务器角色与数据库角色。

①服务器角色:指根据 SQL Server 的管理任务,以及这些任务相对的重要性等级来把具有 SQL Server 管理职能的用户划分成不同的用户组,每一组所具有管理 SQL Server 的权限已被预定义。服务器角色是服务器级的一个对象,适用在服务器范围内,并且其权限不能被修改。服务器角色的相关信息存放 master 数据库的 syslogins 表中。服务器角色中的成员只能是登录名。

SQL Server 共有 8 种预定义的服务器角色,各种角色的具体含义如表 6-2 所示。

表 6-2　　　　　　　　　　　服务器角色

服务器角色	描述
sysadmin	可以在 SQL Server 中做任何事情
serveradmin	管理 SQL Server 服务器范围内的配置
setupadmin	增加、删除连接服务器,建立数据库复制及管理扩展存储过程
securityadmin	管理数据库登录
processadmin	管理 SQL Server 进程
dbcreator	创建数据库并对数据库进行修改
diskadmin	管理磁盘文件
bulkadmin	可以执行大容量插入操作

SQL Server 管理服务器角色也可通过企业管理器和系统存储过程两种方法来实现。

使用企业管理器管理服务器角色的方法是：

首先启动企业管理器,展开要操作的服务器。然后选择"安全性"中的"服务器角色"图标,这时在窗口的右窗格中便会显示出上面所介绍的 8 种预定义服务器角色,如图 6-5 所示。

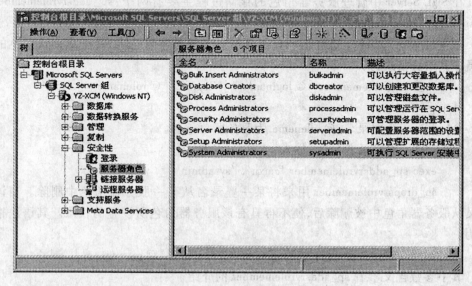

图 6-5　预定义服务器角色

如果想要查看、添加或删除某一服务器角色的成员,只需要双击该服务器角色,打开如图 6-6 所示的"服务器角色属性"窗口。操作者可通过单击"添加"或"删除"按钮，完成对服务器角色成员的添加或删除，还可通过单击"权限"选项卡来查看该服务器角色所拥有的权限。

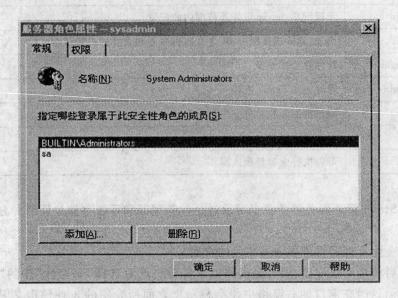

图 6-6 "服务器角色属性"对话框

在 SQL Server 中管理服务器角色的存储过程主要有两个：sp_addsrvrolemember 和 sp_dropsrvrolemember。

sp_addsrvrolemember 是将某一登录名加入到服务器角色内，使其成为该角色的成员。其语法格式为：

  sp_addsrvrolemember [@loginame =] 'login', [@rolename =] 'role'

其中，

@loginame 为登录名；@rolename 为服务器角色名。

【例 6-9】 将登录者 cmxu 加入 sysadmin 角色中。

  exec sp_addsrvrolemember 'cmxu', 'sysadmin'

sp_dropsrvrolemember 用来将某一登录名从某一服务器角色中删除。当该成员从服务器角色中被删除后，便不再具有该服务器角色所设置的权限。其语法格式为：

  sp_dropsrvrolemember [@loginame =] 'login', [@rolename =] 'role'

其中参数含义参看 sp_addsrvrolemember 的介绍。

② 数据库角色：能为某一用户或一组用户授予不同级别的管理或访问数据库或数据库对象的权限，这些权限是数据库专有的，而且，还可以使一个用户具有属于同一数据库的多个角色。数据库角色是数据库级的一个对象，只能包含数据库用户名。

它的相关信息存放在每个数据库 sysusers 表中。

SQL Server 提供了两种类型的数据库角色:预定义的数据库角色和用户自定义的数据库角色。

预定义数据库角色是指这些角色所具有的管理、访问数据库权限已被 SQL Server 定义,并且 SQL Server 管理者不能对其所具有的权限进行任何修改。SQL Server 中的每一个数据库中都有一组预定义的数据库角色,在数据库中使用预定义的数据库角色可以将不同级别的数据库管理工作分给不同的角色,从而很容易实现工作权限的传递。例如,如果准备让某一用户临时或长期具有创建或删除数据库对象(表、视图、存储过程)的权限,那么只要把它设置为 db_ddladmin 数据库角色即可。

在 SQL Server 中预定义的数据库角色如表 6-3 所示。

表 6-3　　　　　　　　　　预定义的数据库角色

预定义的数据库角色	描　　述
db_owner	数据库的所有者,可以执行任何数据库管理工作,可以对数据库内的任何对象进行任何操作,如删除、创建对象,将对象权限指定给其他用户。该角色包含以下各角色的所有权限
db_accessadmin	可增加或删除 Windows 验证模式下用户或用户组登录者以及 SQL Server 用户
db_datareader	能且仅能对数据库中任何表执行 SELECT 操作,从而读取所有表的信息
db_datawriter	能对数据库中任何表执行 INSERT、UPDATE、DELETE 操作,但不能进行 SELECT 操作
db_addladmin	可以新建、删除、修改数据库中任何对象
db_securityadmin	管理数据库内权限的 GRANT、DENY 和 REVOKE,主要包括语句和对象权限,也包括对角色权限的管理
db_backupoperator	可以备份数据库
db_denydatareader	不能对数据库中任何表执行 SELECT 操作
db_denydatawriter	不能对数据库中任何表执行 UPDATE、DELETE 和 INSERT 操作

在 SQL Server 中,除了上述 9 种预定义数据库角色外,还有一种特殊的角色——公共角色 public。数据库中所有的用户(从 guest 用户到数据库所有者(dbo))都是公共角色 public 的成员,作为一名管理员,不能对公共角色的属性进行任何修改,并且不能从这个角色中增加或删除用户。

当我们打算为某些数据库用户设置相同的权限,但是这些权限不等同于预定义数据库角色所具有的权限时,我们就可以定义新的数据库角色来满足这一要求,从而使这些用户能够在数据库中实现某一特定功能,这就是用户自定义数据库角色。

虽然我们不能创建自己的服务器角色,但可以创建自定义的数据库角色,使用企业管理器按以下步骤执行:

① 启动企业管理器,登录到指定的服务器。

② 展开指定的数据库,选中"角色"图标。

③ 右击图标,在弹出菜单中选择"新建数据库角色",弹出如图 6-7 所示的"数据库角色属性—新建角色"对话框。

④ 在"名称"框中输入该数据库角色的名称。

⑤ 在"数据库角色类型"选项栏中选择数据库角色类型标准角色或应用角色。如果选择"标准角色",可单击"添加"按钮,将数据库用户增加到新建的数据库角色当中,如果选择了"应用程序角色",则在"密码"框中输入口令。

⑥ 按确定按钮。

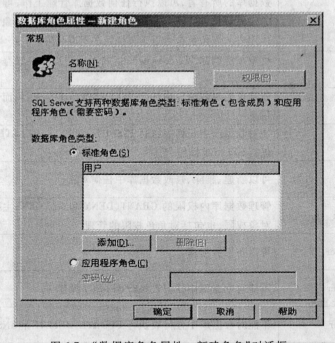

图 6-7 "数据库角色属性—新建角色"对话框

当新增加的数据库角色创建成功后,可以通过右击该角色,在弹出菜单中选择"属性"项,重新进入图 6-7 所示的对话框,此时"权限"按钮为可用状态,单击此按钮便可在弹出的对话框中进行新增角色权限的设置。

若想删除某一自定义的数据库角色,必须先通过右击该角色在弹出菜单中选择

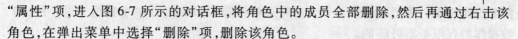

"属性"项,进入图 6-7 所示的对话框,将角色中的成员全部删除,然后再通过右击该角色,在弹出菜单中选择"删除"项,删除该角色。

在 SQL Server 中支持数据库角色管理的系统存储过程有 sp_addrole、sp_droprole、sp_helprole、sp_addapprole、sp_dropapprole、sp_addrolemember、sp_droprolemember、sp_helprolemember。

sp_addrole 系统过程是用来创建新数据库角色的,其语法格式为:

  sp_addrole [@ rolename =] 'role' [, [@ ownername =] 'owner']

其中,

@ rolename 是要创建的数据库角色名称。

@ ownername 是数据库角色的所有者,在缺省情况下为 dbo。

若要建立应用角色,应使用系统过程 sp_addapprole,其语法格式与 sp_addrole 的语法格式相同。

sp_droprole 用来删除数据库中某一自定义的数据库角色,其语法格式为:

  sp_droprole [@ rolename =] 'role'

若要删除应用角色,应使用系统过程 sp_dropapprole,其语法格式与 sp_droprole 相同。

sp_helprole 用来显示当前数据库所有的数据库角色的全部信息,其语法格式为:

  sp_helprole [[@ rolename =] 'role']

sp_addrolemember 用来向数据库某一角色中添加数据库用户,这些角色可以是用户自定义的标准角色,也可以是预定义的数据库角色,但不能是应用角色。其语法格式为:

  sp_addrolemember [@ rolename =] 'role', [@ membername =] 'security_account'

各参数含义说明如下:

@ rolename 指数据库角色。

@ membername 指 SQL Server 的数据库用户、角色或 NT 用户或用户组。

sp_droprolemember 是用来删除某一角色的成员,其语法格式为:

  sp_droprolemember [@ rolename =] 'role', [@ membername =] 'security_account'

sp_helprolemember 用来显示某一数据库角色的所有成员,其语法格式为:

  sp_helprolemember [[@ rolename =] 'role']

若未指明角色名称,则显示当前数据库所有角色的成员。

(2)语句权限。

语句权限通常只给那些需要在数据库中创建或修改对象、执行数据库或事务日志备份的用户。这类权限是 SQL Server 中功能最强大的一些权限,并且正常情况下,很少有人需要这些权限。通常,只有数据库开发人员或其他帮助管理服务器的用户需要这类权限。重要的是要认识到所有这些权限只限分配在单个数据库这一级，跨数据库的权限是不可能的。

当分配语句权限给用户时，就给了他们创建对象的能力，通常使用对应的 SQL 命令来引用。语句权限包括：

CREATE DATABASE——得到这种权限的用户能在服务器上创建新的数据库。这种权限只能在 master 数据库中设置。

CREATE DEFAULT——得到该权限的用户能在当前数据库上创建缺省对象。

CREATE PROCEDURE——该权限允许用户在当前数据库中创建存储过程。

CREATE RULE——这种权限允许用户在当前数据库中创建规则。

CREATE TABLE——拥有这种权限的用户可以在当前数据库中创建表。

CREATE VIEW——这种权限允许用户在当前数据库中创建视图。

BACKUP DATABASE——这种权限允许用户创建一个给予他们这种权限的数据库的备份。

BACKUP LOG——允许用户创建一个给予他们这种权限的数据库事务日志的备份。

关于语句权限，要记住实际上这种权限很少分配给用户。这是因为，可以把这种权限更多地分配到一个或多个预定义的服务器角色中，在那里用户将获得这些权限。

(3) 对象权限。

对象权限分配给数据库层次上的对象，并允许用户访问和操作数据库中已存在的对象。没有这些权限，用户将不能访问数据库里的任何对象。这些权限，像语句权限一样，实际上给了用户运行特定 SQL 命令的能力。可用的对象权限有以下几种：

SELECT——这种权限分配给数据库中一个指定表的用户。当用户拥有这种权限后，他便能访问、存储该表上的数据。

INSERT——这种权限分配给数据库中一个指定表的用户。当用户拥有这种权限后，他便能够增加新数据到该表上。

UPDATE——这种权限分配给数据库中一个指定表的用户。当用户拥有这种权限后，他便能修改数据库中存在的数据。

DELETE——这种权限分配给数据库中一个指定表的用户。当用户拥有这种权限后，他便能从表中删除数据。

EXECUTE——这种权限分配给一个存储过程的用户。拥有这种权限的用户可以运行该存储过程。

REFERENCES——这种特殊类型的权限允许一个用户使用一个主键/外键关系把两个表连接到一起。在大多数正常情况下，用户不需要有这种类型的权限。

有关分配对象权限的问题是每个用户或角色一次只能分配一种对象。如果要把权限分配给单个用户，将要耗费许多时间。较好的方法是把权限分配给角色，然后再分配用户到这个角色。

（4）分配权限。

在使用 SQL Server 权限工作时，对于一个指定的用户，一个权限可以有禁止、撤销和授予三种状态。这些状态决定了用户能否执行这种特殊功能。重要的一点是记住当权限被授予一个角色或从一个角色撤销时，属于该角色的用户便继承了角色的权限状态。即使一个用户被直接授予或撤销一种权限，而他是已经被授予或撤销同样权限的角色中的成员时，角色权限将覆盖直接权限。

①禁止。禁止权限是权限的最高级别。一种权限对一个用户禁止（无论在什么级别）后，禁止这个用户访问，即使他在另一个级别被授予访问权。例如，Mark 是 Editors 角色中的一员。Editors 角色在 Authors 表上被授予 SELECT 权限，而 Mark 在 Authors 表上被禁止 SELECT 权限。这时，Mark 便不能访问 Authors 表。反过来也一样适用。

②撤销。当一个权限被撤销时，它只是简单地删除以前分配给用户权限的禁止或授予状态。如果同样的权限在另一级别上被授予或禁止，则该权限依然适用。例如，Mark 是 Editors 角色中的一员。Editors 角色在 Authors 表上被授予 SELECT 权限，而 Mark 在 Authors 表上被撤销了 SELECT 权限。这时，Mark 仍然能访问 Authors 表。要想彻底地取消这个权限，用户必须明确地在 Editors 角色上撤销或禁止这个权限，或者对 Mark 禁止这个权限。

③授予。一个授予权限将会删除以前的禁止权限或撤销权限，并允许用户执行这个功能。如果同一个权限在任一其他级上被禁止，用户将不能使用这项功能。如果这个权限在另一级上被撤销，用户仍然能够使用这项功能。例如，如果 Mark 在 authors 表上被授予 SELECT 权限，而 Editors 角色在 Authors 表上被撤销 SELECT 权限，Mark 仍然能访问 Authors 表。

可以通过企业管理器或在查询分析器中运行 SQL 命令来分配权限，但必须是数据库所有者，是对象所有者，或属于分配权限的 db_securityadmin 数据库角色。

使用企业管理器分配权限的步骤如下：
- 启动企业管理器，登录到指定的服务器。
- 展开指定的数据库，然后单击"用户"图标，此时在右窗格中将显示数据库所有用户。
- 在数据库用户清单中选择要进行权限设置的用户，右击用户名，然后在弹出菜单中选择"属性"项，弹出如图 6-8 所示的"数据库用户属性"对话框。
- 在"数据库用户属性"对话框中单击"权限"按钮，弹出如图 6-9 所示的"数据库用户属性"对话框，在该对话框中进行对象权限设置。
- 单击"确定"完成权限设置。

这里，介绍的是为单一数据库用户分配权限的方法，但在实际工作中，我们经常是将权限分配给数据库用户角色，它的操作方法已经在前面新增数据库用户角色中

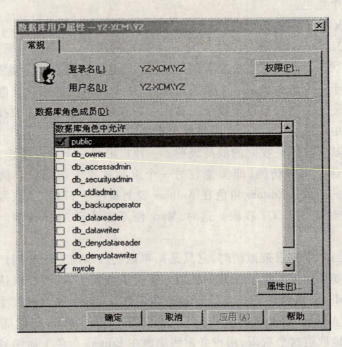

图 6-8 "数据库用户属性"对话框

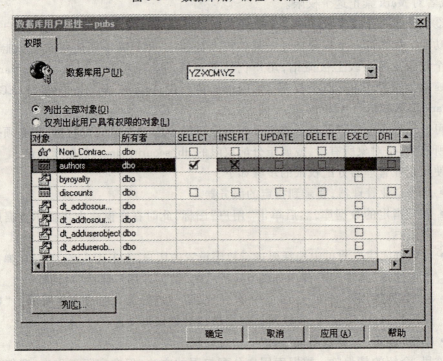

图 6-9 "数据库用户属性"对话框

介绍过。

在使用SQL命令分配权限时,通过使用GRANT、DENY、REVOKE命令来实现。

对于语句权限,其语法格式为:

GRANT/REVOKE/DENY {ALL | statement[,...n]}

TO/FROM security_account[,...n]

对于对象权限,其语法格式为:

GRANT/REVOKE/DENY

  {ALL | permission[,...n]}

  {

  [(column[,...n])] ON {table | view}

  | ON {table | view} [(column[,...n])]

  | ON {stored_procedure}

  }

TO/FROM security_account[,...n]

[WITH GRANT OPTION]

[CASCADE]

其中,

ALL:随执行的命令不同,该项将指定所有权限被授予、撤销、禁止。

statement[,...n]:该项是要应用的语句权限。有关语句权限的清单可以在前面"语句权限"部分找到。

TO / FROM:这个关键词指定分配权限到哪个账号上。如果分配的是授予权限或禁止权限,要使用关键词TO;如果是撤销权限,要使用关键词FROM。

security_account[,...n]:这是用户要使用的权限的账号。

permission[,...n]:这是要使用的对象权限的名称。可用的对象权限列表可以在前面"对象权限"部分中找到。

column[,...n]:如果需要,可以把对象权限分配到具体的列上。如果要这样做,要在此给出列名清单。

ON:这个关键词将告诉SQL Server把权限分配给哪张表、哪个视图或哪个存储过程。

table view:这是要分配权限的表或视图的名称。

stored_procedure:这是分配执行权限的存储过程的名称。

[WITH GRANT OPTION]:当使用对象权限时,如果指定了这个关键词,将允许用户进一步分配授予权限给其他的用户。

[CASCADE]：在分配撤销或禁止权限给一个用户时，如果指定这个选项，SQL Server 将同时撤销或禁止这个用户曾向其他用户授予过的权限。

【例 6-10】 为用户 ZHANGSAN 授予 CREATE TABLE 的语句权限。

GRANT CREATE TABLE TO ZHANGSAN

【例 6-11】 收回用户 ZHANGSAN 所拥有的 CREATE TABLE 的语句权限。

REVOKE CREATE TABLE FROM ZHANGSAN

【例 6-12】 将对 Pubs 数据库中 Authors 表和 Titles 表的所有对象权限授予 USER1 和 USER2。

GRANT ALL ON Authors，Titles TO USER1，USER2

【例 6-13】 将对 Pubs 数据库中 Publishers 表的查询权限授予所有用户。

GRANT SELECT ON Publishers TO PUBLIC

【例 6-14】 将查询 Titles 表和修改图书价格的权限授予 USER3，并允许 USER3 将此权限授予其他用户。

GRANT SELECT，UPDATE(price) ON Titles TO USER3
WITH GRANT OPTION

USER3 具有此对象权限，并可使用 GRANT 命令给其他用户授权，如 USER3 将此权限授予 USER4：

GRANT SELECT，UPDATE(price) ON Titles TO USER4

【例 6-15】 收回用户 USER3 查询 Titles 表和修改图书价格的权限。

REVOKE SELECT，UPDATE(price) ON Titles FROM USER3
CASCADE

可见，SQL 提供了非常灵活的授权机制。用户对自己建立的基本表和视图拥有全部的操作权限，并且可以用 GRANT 语句把其中某些权限授予其他用户。被授权的用户如果有"继续授权"的许可，还可以把获得的权限再授予其他用户。DBA 拥有数据库中所有对象的所有权限，并可以根据应用的需要将不同的权限授予不同的用户。而所有授予出去的权力在必要时又都可以用 REVOKE 语句收回。

6.3 数据库的完整性

数据库中的数据是从外界输入的，而数据的输入由于种种原因，会发生输入无效或错误信息。保证输入的数据符合规定，成为数据库系统（尤其是多用户的关系数据库系统）首要关注的问题。数据完整性因此而提出。

数据库的完整性是指数据的正确性（Correctness）、有效性（Validity）和相容性（Consistency）。所谓正确性是指数据的合法性，例如，数值型数据中只能包含数字而不能包含字母。所谓有效性是指数据是否属于所定义的有效范围，例如，性别只能是男或女,学生成绩的取值范围为 0~100 的整数。所谓相容性是指表示同一事实的两个数据应相同,不一致就是不相容。数据库是否具备完整性关系到数据库系统能否真实地反映现实世界,因此维护数据库的完整性是非常重要的。

为维护数据库的完整性,DBMS 必须提供一种机制来保证数据库中数据是正确的,避免非法的不符合语义的错误数据的输入/输出所造成的无效操作或错误结果。这些加在数据库数据之上的语义约束条件称为"数据库完整性约束条件",有时也称为完整性规则,它们作为模式的一部分存入数据库中。而 DBMS 中检查数据库中的数据是否满足语义规定的条件称为"完整性检查"。

本节将讲述数据完整性的概念及其在 SQL Server 中的实现方法。

6.3.1 完整性约束条件

完整性检查是围绕完整性约束条件进行的,因此完整性约束条件是完整性控制机制的核心。

完整性约束条件作用的对象可以是关系、元组、列三种。其中列约束主要是列的类型、取值范围、精度、排序等约束条件。元组的约束是元组中各个字段间的联系的约束。关系的约束是若干元组间、关系集合上以及关系之间的联系的约束。

完整性约束条件涉及的这三类对象,其状态可以是静态的,也可以是动态的。

所谓静态约束是指数据库每一确定状态时的数据对象所应满足的约束条件,它是反映数据库状态合理性的约束,这是最重要的一类完整性约束。

动态约束是指数据库从一种状态转变为另一种状态时,新、旧值之间所应满足的约束条件,它是反映数据库状态变迁的约束。

综合上述两个方面,可以将完整性约束条件分为 6 类。

1. 静态列级约束

静态列级约束是对一个列取值域的说明,这是最常用也最容易实现的一类完整性约束,包括以下几方面:

(1) 对数据类型的约束(包括数据的类型、长度、单位、精度等)。

例如,中国人姓名的数据类型规定为长度为 8 的字符型,而西方人姓名的数据类型规定为长度为 40 或以上的字符型,因为西方人的姓名较长。

(2) 对数据格式的约束。

例如,规定居民身份证号码的前 6 位数字表示居民户口所在地,中间 6 位数字表示居民出生日期,后 3 位数字为顺序编号,其中出生日期的格式为 YYMMDD。

(3) 对取值范围或取值集合的约束。

例如,规定学生成绩的取值范围为 0~100,性别的取值集合为[男,女]。

(4) 对空值的约束。

空值表示未定义或未知的值,或有意为空的值。它与零值和空格不同。有的列允许空值,有的则不允许。例如图书信息表中图书标识不能取空值,价格可以为空值。

(5) 其他约束。

例如关于列的排序说明、组合列等。

2. 静态元组约束

一个元组是由若干个列值组成的,静态元组约束就是规定元组的各个列之间的约束关系。例如订货关系中包含发货量、订货量等列,规定发货量不得超过订货量。

3. 静态关系约束

在一个关系的各个元组之间或者若干关系之间常常存在各种联系或约束。常见的静态关系约束有:

(1) 实体完整性约束。在关系模式中定义主键,一个基本表中只能有一个主键。

(2) 参照完整性约束。在关系模式中定义外部键。

实体完整性约束和参照完整性约束是关系模型的两个极其重要的约束,称为关系的两个不变性。

(3) 函数依赖约束。大部分函数依赖约束都在关系模式中定义。

(4) 统计约束,即字段值与关系中多个元组的统计值之间的约束关系。

例如规定职工平均年龄不能大于 50 岁。这里,职工的平均年龄是一个统计值。

4. 动态列级约束

动态列级约束是修改列定义或列值时应满足的约束条件,包括下面两方面:

(1) 修改列定义时的约束。

例如,将允许空值的列改为不允许空值时,如果该列目前已存在空值,则拒绝这种修改。

(2) 修改列值时的约束。

修改列值有时需要参照其旧值,并且新旧值之间需要满足某种约束条件。例如,职工工资调整不得低于其原来工资,学生年龄只能增长等。

5. 动态元组约束

动态元组约束是指修改元组中各个字段间需要满足某种约束条件,例如职工工资调整时,新工资不得低于原工资 + 工龄 * 2 等。

6. 动态关系约束

动态关系约束是加在关系变化前后状态上的限制条件,例如事务一致性、原子性等约束条件。

以上 6 类完整性约束条件的含义可用表 6-4 进行概括。

当然完整性的约束条件可以从不同角度进行分类,因此会有多种分类方法。

表6-4　　　　　　　　　　　完整性约束条件

粒度 状态	列级	元组级	关系级
静态	列定义 ● 类型 ● 格式 ● 值域 ● 空值	元组值应 满足的条件	实体完整性约束 参照完整性约束 函数依赖约束 统计约束
动态	改变列定义或列值	元组新旧值间应满足的约束条件	关系新旧状态间应满足的约束条件

6.3.2 完整性控制

DBMS 的完整性控制机制应具有3个方面的功能：
- 定义功能，提供定义完整性约束条件的机制。
- 检查功能，检查用户发出的操作请求是否违背了完整性约束条件。
- 如果发现用户的操作请求使数据违背了完整性约束条件，则采取恰当的操作，例如拒绝操作、报告违反情况、改正错误等方法来保证数据的完整性。

完整性约束条件包括6大类，约束条件可能非常简单，也可能极为复杂。一个完善的完整性控制机制应该允许用户定义所有这6类完整性约束条件。

下面介绍完整性控制的一般方法。

1. 约束可延迟性

SQL 标准中所有约束都定义有延迟模式和约束检查时间。

（1）延迟模式。

约束的延迟模式分为立即执行约束(Immediate Constraints)和延迟执行约束(Deferred Constraints)。立即执行约束是在执行用户事务时，对事务的每一更新语句执行完后，立即对数据应满足的约束条件进行完整性检查。延迟执行约束是指在整个事务执行结束后才对数据应满足的约束条件进行完整性检查，检查正确方可提交。例如银行数据库中"借贷总金额应平衡"的约束就应该是延迟执行的约束，从账号A转一笔资金到账号B为一个事务，从账号A转出资金后账就不平了，必须等转入账号B后账才能重新平衡，这时才能进行完整性检查。

如果发现用户操作请求违背了完整性约束条件，系统将拒绝该操作，但对于延迟执行的约束，系统将拒绝整个事务，把数据库恢复到该事务执行前的状态。

（2）约束检查时间。

每一个约束定义还包括初始检查时间规范,分为立即检查和延迟检查。立即检查时约束的延迟模式可以是立即执行约束或延迟执行约束,其约束检查时在每一事务开始立即方式。延迟检查时约束的延迟模式只能是延迟执行约束,且其约束检查时在每一事务开始就是延迟方式。延迟执行约束可以改变约束检查时间。

延迟模式和约束检查时间之间的联系如表 6-5 所示。

表 6-5　　　　　延迟模式和约束检查时间之间的联系

延迟模式	立即执行约束		延迟执行约束
约束初始检查时间	立即检查	立即检查	延迟检查
约束检查时间的可改变性	不可改变	可改变为延迟方式	可改变为立即方式

2. 实现参照完整性要考虑的几个问题

在关系系统中,最重要的完整性约束是实体完整性和参照完整性,其他完整性约束条件则可以归入用户定义的完整性。

在 3.3 节中已讨论了关系系统中的实体完整性、参照完整性和用户定义的完整性的含义。

下面详细讨论实现参照完整性要考虑的几个问题。

(1) 外部键能否接受空值问题。

在实现参照完整性时,除了应该定义外部键以外,还应该根据应用环境确定外部键列是否允许取空值。

例如,Pubs 示例数据库包含图书信息表 Titles 和出版社信息表 Publishers,其中 Publishers 关系的主键为出版社标识 pub_id,Titles 关系的主键为图书标识 title_id,外部键为出版社标识 pub_id,称 Titles 为参照关系,Publishers 为被参照关系。

Titles 中,某一元组的 pub_id 列若为空值,表示此图书的出版社未知,这和应用环境的语义是相符的,因此 Titles 的 pub_id 列可以取空值。再看下面两个关系,图书作者联系表 Titleauthor 关系为参照关系,外部键为图书标识 title_id,Titles 为被参照关系,其主键为 title_id。若 Titleauthor 的 title_id 为空值,则表明尚不存在的某本图书,或者某本不知图书标识的图书由哪位作者所写,这与应用环境是不相符的,因此 Titleauthor 的 title_id 列不能取空值。

(2) 在被参照关系中删除元组的问题。

如果要删除被参照关系的某个元组(即要删除一个主键值),而参照关系存在若干元组,其外部键值与被参照关系删除元组的主键值相同,那么对参照关系有什么影响,由定义外部键时参照动作决定。有 5 种不同的策略:

① 无动作(NO ACTION)。对参照关系没有影响。

② 级联删除(CASCADES)。将参照关系中所有外部键值与被参照关系中要删

除元组主键值相同的元组一起删除。如果参照关系同时又是另一个关系的被参照关系,则这种删除操作会继续级联下去。

例如将上面 Titleauthor 关系中多个 au_id = 'A001'的元组一起删除。

③ 受限删除(RESTRICT)。只有当参照关系中没有任何元组的外部键值与要删除的被参照关系中元组的主键值相同时,系统才能执行删除操作,否则拒绝此删除操作。

例如对于上面的情况,系统将拒绝删除 Authors 关系中 au_id = 'A001'的元组。

④ 置空值删除(SET NULL)。删除被参照关系的元组,并将参照关系中所有与被参照关系中被删元组主键值相应外部键值均置为空值。

例如将上面 Titleauthor 关系中所有 au_id = 'A001'的元组的 au_id 值置为空值。

⑤ 置默认值删除(SET DEFAULT)。与上述置空值删除方式类似,只是把外部键值均置为预先定义好的默认值。

对于这 5 种方法,哪一种是正确的呢?这要依应用环境的语义来定。

例如,在 Pubs 示例数据库中,要删除 Authors 关系中 au_id = 'A001'的元组,而 Titleauthor 关系中又有多个元组的 au_id 都等于'A001'。显然第②种方法是对的。因为当一个作者信息从 Authors 表中删除了,他在图书作者联系表 Titleauthor 中记录也应随之删除。

(3) 在参照关系中插入元组时的问题。

例如向 Titleauthor 关系插入('A001','T001',1,20)元组,而 Authors 关系中尚没有 au_id = 'A001'的作者,一般地,当参照关系插入某个元组,而被参照关系不存在相应的元组,其主键值与参照关系插入元组的外部键值相同,这时可有以下策略:

① 受限插入。仅当被参照关系中存在相应的元组,其主键值与参照关系插入元组的外部键值相同时,系统才执行插入操作,否则拒绝此操作。

例如对于上面的情况,系统将拒绝向 Titleauthor 关系插入('A001','T001',1,20)元组。

② 递归插入。首先向被参照关系中插入相应的元组,其主键值等于参照关系插入元组的外部键值,然后向参照关系插入元组。

例如对如上面的情况,系统将首先向 Authors 关系插入 au_id = 'A001'的元组,然后向 Titleauthor 关系插入('A001','T001',1,20)元组。

(4) 修改关系中主键的问题。

① 不允许修改主键。在有些关系数据库系统中,修改关系主键的操作是不允许的,例如不能用 UPDATE 语句将作者标识'A001'改为'A002'。如果需要修改主键值,只能先删除该元组,然后再把具有新主键值的元组插入到关系中。

② 允许修改主键。在有些关系数据库系统中,允许修改关系主键,但必须保证主键的惟一性和非空,否则拒绝修改。

当修改的关系是被参照关系时,还必须检查参照关系是否存在这样的元组,其外部键值等于被参照关系要修改的主键值。

例如要将Authors关系中au_id='A001'的au_id值改为'A111',而Titleauthor关系中有多个元组的au_id='A001',这时与(前面第(2)点)在被参照关系中删除元组的情况类似,可以有无动作、级联修改、拒绝修改、置空值修改、置默认值修改5种策略加以选择。

当修改的关系是参照关系时,还必须检查被参照关系是否存在这样的元组,其主键值等于被参照关系要修改的外部键值。

例如要把Titleauthor关系中('A001','T001',1,20)元组修改为('A111','T001',1,20),而Authors关系中尚没有au_id='A111'的作者,这时与(前面第(3)点)在参照关系中插入元组时情况类似,可以有受限插入和递归插入两种策略加以选择。

从上面的讨论可看到DBMS在实现参照完整性时,除了要提供定义主键、外部键的机制外,还需要提供不同的策略供用户选择。选择哪种策略,都要根据应用环境的要求确定。

3. 断言与触发器机制

(1) 断言。

如果完整性约束牵涉面广,与多个关系有关,或者与聚合操作有关,那么可以使用SQL92提供的"断言"(Assertion)机制让用户编写完整性约束。

(2) 触发器。

前面提到的一些约束机制,属于被动的约束机制。在检查出对数据库的操作违反约束后,只能做些比较简单的动作,例如拒绝服务。如果我们希望在某个操作后,系统能自动根据条件转去执行各种操作,甚至执行与原操作无关的操作,那么还可以通过触发器(Trigger)机制来实现。所谓触发器就是一类靠事件驱动的特殊过程,任何用户对该数据的增、删、改操作均由服务器自动激活相应的触发器,在核心层进行集中的完整性控制。一个触发器由事件、动作和条件三部分组成。有关触发器的应用请看7.2节。

6.3.3 SQL Server 完整性的实现

前面已经提到,数据完整性(Data Integrity)是指数据的精确性(Accuracy)和可靠性(Reliability)。它是为防止数据库中存在不符合语义规定的数据和防止因错误信息的输入/输出造成无效操作或错误信息而提出的。数据完整性分为4类:实体完整性(Entity Integrity)、域完整性(Domain Integrity)、参照完整性(Referential Integrity)和用户定义的完整性(User-defined Integrity)。

SQL Server有两种方法实现数据完整性。

- 声明型数据完整性:在CREATE TABLE和ALTER TABLE定义中使用约束限制表中的值。使用这种方法实现数据完整性简单且不容易出错,系统直接将实现数据完整性的要求定义在表和列上。

- 过程型数据完整性：由缺省、规则和触发器实现，由视图和存储过程支持。

表6-6 给出了这两种方法的对应关系。

表6-6 声明型数据完整性与过程型数据完整性的对应关系

完整性	约束	其他方法（包括缺省/规则）实现
实体完整性	PRIMARY KEY（列级／表级）	CREATE UNIQUE CLUSTERED INDEX（创建在不允许空值的列上）、指定主键
实体完整性	UNIQUE（列级／表级）	CREATE UNIQUE NONCLUSTERED INDEX（可创建在允许空值的列上）
参照完整性	FOREIGN KEY/REFERENCE（列级／表级）	CREATE TRIGGER、指定外键
域完整性	CHECK（表级）	CREATE TRIGGER
域完整性	CHECK（列级）	CREATE RULE
域完整性	DEFAULT（列级）	CREATE DEFAULT
域完整性	NULL/NOT NULL（列级）	

注：约束分为列级约束和表级约束。如果约束只对一列起作用，应定义为列级约束；如果约束对多列起作用，则应定义为表级约束。

1. 约束

约束（Constraint）是 Microsoft SQL Server 提供的自动保持数据库完整性的一种方法，定义了可输入表或表的单个列中的数据的限制条件。在 SQL Server 中有 6 种约束：空值约束、主键约束、惟一性约束、外键约束和参照约束、缺省约束和检查约束。

约束的定义在 CREATE TABLE 语句中，其一般语法如下：

```
CREATE TABLE table_name
( column_name data_type
[ [ CONSTRAINT constraint_name ]
{
[ NULL/NOT NULL ]
| PRIMARY KEY [ CLUSTERED | NONCLUSTERED ]
| UNIQUE [ CLUSTERED | NONCLUSTERED ]
| [ FOREIGN KEY ] REFERENCES ref_table [ ( ref_column ) ]
| DEFAULT constant_expression
| CHECK( logical_expression )
}
] [ , ... n ]
)
```

在 CREATE TABLE 语句中使用 CONSTRAINT 引出完整性约束的名字,该完整性约束的名字必须符合 SQL Server 的标识符规则,并且在数据库中是惟一的,紧接着是 6 种类型的约束。

(1) 空值约束。

用来指定某列的取值是否可以为空值。NULL 不是 0 也不是空白,而是表示"不知道"、"不确定"或"没有数据"的意思。

空值约束只能用于定义列级约束,其语法格式如下:

[CONSTRAINT constraint_name][NULL|NOT NULL]

(2) 主键约束。

保证某一列或一组列中的数据相对于表中的每一行都是惟一的。并且,这些列就是该表的主键。主键约束不允许在创建主键约束的列上有空值,在缺省情况下,主键约束将产生惟一的聚集索引。这种索引只能使用 ALTER TABLE 删除约束后才能删除。主键约束创建在表的主键列上,它对实现实体完整性更加有用。主键约束的作用就是为表创建主键。

主键约束既可以用于定义列级约束,又可以用于定义表级约束。

用于定义列级约束时,其语法格式如下:

[CONSTRAINT constraint_name] PRIMARY KEY

用于定义表级约束时,即将某些列的组合定义为主键时,其语法格式如下:

[CONSTRAINT constraint_name] PRIMARY KEY (< column_name > [{, < column_name > }])

(3) 惟一约束。

惟一约束用于指明基本表在某一列或多个列的组合上的取值必须惟一。定义了惟一约束的那些列称为惟一键,系统将自动为惟一键创建惟一的非聚集索引,从而保证惟一键的惟一性,这种索引只能使用 ALTER TABLE 删除约束后才能被删除。惟一键允许为空,但系统为保证其惟一性,最多只可以出现一个 NULL 值。

惟一约束和主键约束的区别:

① 在一个基本表中,只能定义一个主键约束,但可以定义多个惟一约束。

② 两者都为指定的列建立惟一索引,但主键约束限制更严格,不但不允许有重复值,而且也不允许有空值。

③ 惟一约束与主键约束产生的索引可以是聚集索引也可以是非聚集索引,但在缺省情况下惟一约束产生非聚集索引,主键约束产生聚集索引。

注意,不能同时为同一列或一组列既定义惟一约束,又定义主键约束。

惟一约束既可以用于定义列级约束,又可以用于定义表级约束。

用于定义列级约束时,其语法格式如下:

[CONSTRAINT constraint_name] UNIQUE

用于定义表级约束时,其语法格式如下:

[CONSTRAINT constraint_name] UNIQUE (<column_name> [{, <column_name>}])

(4)外键约束和参照约束。

一般情况下,外键约束和参照约束一起使用,以保证参照完整性。要求指定的列(外键)中正被插入或更新的新值,必须在被参照表(主表)的相应列(主键)中已经存在。

外键约束和参照约束既可以用于定义列级约束,又可以用于定义表级约束,其语法格式如下:

[CONSTRAINT constraint_name] [FOREIGN KEY] REFERENCES ref_table (ref_column) [{, <ref_column>}])

(5)缺省值约束。

当向数据库中的表插入数据,如果用户没有明确给出某列的值时,SQL Server 自动为该列输入指定值。

缺省值约束只能用于定义列级约束,其语法格式如下:

[CONSTRAINT constraint_name] DEFAULT constant_expression

(6)检查约束。

检查约束用来指定某列可取值的清单,或可取值的集合,或某列可取值的范围。检查约束主要用于实现域完整性,它在 CREATE TABLE 和 ALTER TABLE 语句中定义。当对数据库中的表执行插入或更新操作时,检查新行中的列值必须满足的约束条件。

检查约束既可以用于定义列级约束,又可以用于定义表级约束,其语法格式如下:

[CONSTRAINT constraint_name] CHECK(logical_expression)

【例 6-16】 创建包含完整性约束的图书信息表 title,其结构见表 6-7。

表 6-7 图书信息表结构

列名	数据类型	可为空	缺省值	检查	键/索引
title_id	varchar(6)	否			聚集主键
Title	varchar(80)	否			非聚集
Type	char(12)	否	'UNDECIDED'		
pub_id	char(4)	是			外键 publishers(pub_id)
Price	money	是		在 5~100 之间	
ytd_sales	int	是			
pubdate	datetime	否	GETDATE( )		

用 CREATE TABLE 语句创建如下:

```sql
CREATE TABLE title
(
    title_id        varchar(6)
                    CONSTRAINT title_id_PRIM PRIMARY KEY,
    title           varchar(80)
                    CONSTRAINT title_CONS NOT NULL
                    CONSTRAINT title_UNIQ UNIQUE
    type            char(12)
                    CONSTRAINT type_CONS NOT NULL
                    CONSTRAINT type_DEF DEFAULT 'UNDECIDED',
    pub_id          char(4)
                    CONSTRAINT pub_id_FORE FOREIGN KEY REFERENCES
                    publishers(pub_id),
    price           money
                    CONSTRAINT price_CHK CHECK (price BETWEEN 5 AND
                    100),
    ytd_sales       int,
    pubdate         datetime
                    CONSTRAINT pubdate_CONS NOT NULL
                    CONSTRAINT pubdate_DEF DEFAULT GETDATE( )
)
```

上面我们介绍的是在 SQL Server 的查询分析器中使用 SQL 语句创建约束的方法。同样,在 SQL Server 的企业管理器中使用图形界面也可以创建和修改约束,方法如下:

①启动企业管理器,登录到指定的服务器。

② 展开指定的数据库,然后单击"表"图标,此时在右窗格中将显示该数据库中的所有表。

③ 右击所要创建约束的表,然后在弹出菜单中选择"设计表"项,弹出如图 6-10 左侧所示的"设计表"窗口,通过设置某列"允许空"来建立空值约束。

④ 如图 6-10 所示,在"设计表"对话框中单击工具栏中的"表和索引属性"快捷按钮或"管理关系"快捷按钮或"管理索引/键"快捷按钮或"管理约束"快捷按钮,都可弹出如图 6-10 右侧所示的"属性"对话框,在该对话框中可建立外键约束、主键约束和检查约束。

⑤ 单击"关闭"完成。

2. 规则

规则是数据库对象之一。它指定当向表的某列(或使用与该规则绑定的用户定

第六章 数据库安全与保护

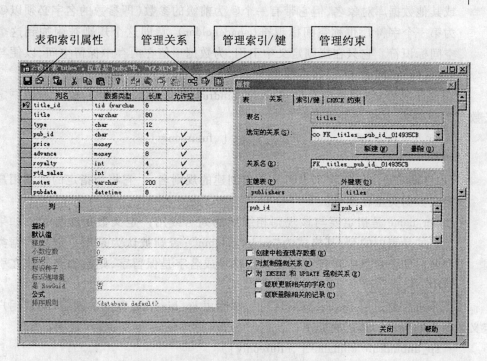

图6-10 "设计表"窗口和"属性"对话框

义数据类型的所有列)插入或更新数据时,限制输入新值的取值范围。一个规则可以是:
- 值的清单或值的集合。
- 值的范围。
- 必须满足的单值条件。
- 用 LIKE 子句定义的编辑掩码。

规则是实现域完整性的方法之一。规则用来验证一个数据库中的数据是否处于一个指定的值域范围内,是否与特定的格式相匹配。当数据库中数据值被修改或被插入时,就要检查新值是否遵循规则,如果不符合规则就拒绝执行此修改或插入的操作。

规则可用于表中列或用户定义数据类型。规则在实现功能上等同于 CHECK 约束。

创建规则的语句格式如下:

  CREATE RULE rule_name AS condition_expression

其中,
- rule_name 为创建的规则的名字,应遵循 SQL Server 标识符和命名准则。
- condition_expression 指明定义规则的条件,在这个条件表达式中不能包含列名或其他数据库对象名,但它带有一个@为前缀的参数(即参数的名字必须以@为第一个字符),也称空间标识符(spaceholder),意即这个规则被附加到这个空间标识符。它只在规则定义中引用,为数据项值在内存中保留空间,以便与规则进行比较。

规则创建之后,使用系统存储过程 sp_bindrule 与表中的列捆绑,也可与用户定义数据类型捆绑,其语法如下:

  sp_bindrule rule_name, object_name [, futureonly]

其中,

- rule_name 是由 CREATE RULE 语句创建的规则名字,它将与指定的列或用户定义数据类型相捆绑。
- object_name 是指定要与该规则相绑定的列名或用户定义数据类型名。如果指定的是表中的列,其格式为"table.column";否则被认为是用户定义数据类型名。如果名字中含有空格或标点符号或名字是保留字,则必须将它放在引号中。

使用系统存储过程 sp_unbindrule 可以解除由 sp_bindrule 建立的缺省、列或用户定义数据类的绑定。其语法如下:

  sp_unbindrule objname [, futureonly]

不再使用的规则可用 DROP RULE 语句删除,其格式如下:

  DROP RULE [owner.] rule_name[,[owner.] rule_name...]

创建规则的几点考虑:

- 用 CREATE RULE 语句创建规则,然后用 sp_bindrule 把它绑定至一列或用户定义的数据类型中。
- 规则可以绑定到一列、多列或数据库中具有给定的用户定义数据类型的所有列。
- 在一个列上至多有一个规则起作用,如果有多个规则与一列相绑定,那么只有最后绑定到该列的规则是有效的。

【例 6-17】 在 pubs 数据库中创建规则 price_rule,规定价格的取值在 5~100 之间,并将规则 price_rule 与 titles 表的 price 属性列相绑定。

USE PUBS
GO
CREATE RULE price_rule AS @price >= 5 and @price <= 100
GO
EXEC sp_bindrule 'price_rule', 'titles.price'
GO

【例 6-18】 解除规则 price_rule 与 titles 表的 price 属性列之间的绑定,然后删除规则 price_rule。

```
EXEC sp_unbindrule 'titles.price'
GO
DROP RULE price_rule
GO
```

上面我们介绍的是在 SQL Server 的查询分析器中使用 SQL 语句和系统存储过程来管理规则。同样,在 SQL Server 的企业管理器中使用图形界面也可以管理规则,方法如下:

①启动企业管理器,登录到指定的服务器。

②展开指定的数据库,然后单击"规则"图标,此时在右窗格中将显示该数据库中已有的规则。

③右击"规则"图标,然后在弹出菜单中选择"新建规则"项,弹出如图 6-11 所示的"规则属性"对话框,在"名称"栏中输入新规则的名字(如:price_rule),在"文本"栏中输入新规则的内容(如:@price>=5 and @price<=100),然后单击"确定"按钮创建规则。

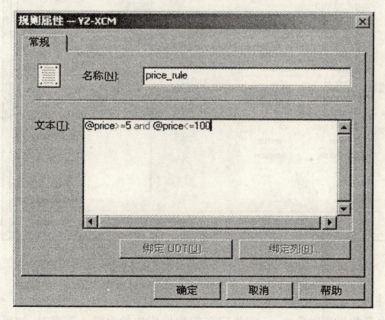

图 6-11 "规则属性"对话框

④如果想将规则与表中的列绑定,则要双击该规则名,弹出如图 6-11 所示的"规则属性"对话框,这时"绑定 UDT"和"绑定列"两个按钮变为可用状态。单击"绑定列"按钮("绑定 UDT"是用于规则与用户自定义的数据类型绑定),弹出如图 6-12 所示的"将规则绑定到列"对话框。在对话框中先选择表名(如 titles),然后在左边的

"未绑定的列"栏中选择所需的列(如 price),单击"添加"按钮将所选列移动到右边的"绑定列"栏中,最后单击"确定"按钮完成绑定。

⑤ 如果想解除规则与表中列的绑定,则要在如图 6-12 所示的"将规则绑定到列"对话框中,先在右边的"绑定列"栏中选择所需的列(如 price),单击"删除"按钮将其移动到左边的"未绑定的列"栏中,最后单击"确定"按钮解除绑定。

⑥ 如果想删除规则,则应首先解除与该规则绑定的所有列,然后右击规则名,在弹出菜单中选择"删除"项,弹出"除去对象"对话框,在对话框中单击"全部除去"按钮删除规则。

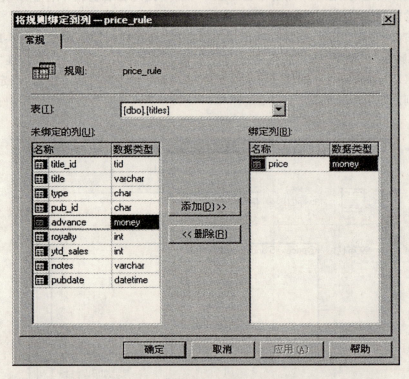

图 6-12 "将规则绑定到列"对话框

3. 缺省

缺省也是数据库对象之一,它指定在向数据库中的表插入数据时,如果用户没有明确给出某列的值,SQL Server 自动为该列(包括使用与该缺省相绑定的用户定义数据类型的所有列)输入的值。它是实现数据完整性的方法之一。在关系数据库中,每个数据元素(即表中的某行某列)必须包含有某值,即使这个值是个空值。对不允许空值的列,就必须输入某个非空值,它要么由用户明确输入,要么由 SQL Server 输入缺省值。

缺省可用于表中的列或用户定义数据类型。

第六章　数据库安全与保护

创建缺省的语句格式如下：

　　CREATE DEFAULT[owner] default_name AS constant_expression

其中，
- default_name 是新建缺省的名字，它必须遵循 SQL Server 标识符和命名规则。
- Constant_expression 是一个常数表达式，在这个表达式中不含有任何列名或其他数据库对象名，但可使用不涉及数据库对象的 SQL Server 内部函数。

缺省创建之后，应使系统存储过程 sp_bindefault 与表中的列捆绑，也可与用户定义数据类型捆绑，其语法是：

　　sp_bindefault default_name, object_name [,futureonly]

其中，
- default_name 是由 CREATE DEFAULT 语句创建的缺省名字，它将与指定的列或用户定义数据类型相捆绑。
- object_name 是指定要与该缺省相绑定的列名或用户定义数据类型名。如果指定的是表中的列，其格式为"table.column"；否则被认为是用户定义数据类型名。如果名字中含有空格或标点符号或名字是保留字，则必须将它放在引号中。

绑定的几点考虑：
- 绑定的缺省只适用于受 INSERT 语句影响的行。
- 绑定的规则只适用于受 INSERT 和 UPDATE 语句影响的行。
- 不能将缺省或规则绑定到系统数据类型或 timestamp 列。
- 若绑定了一个缺省或规则到一用户定义数据类型，又绑定了一个不同的缺省或规则到使用该数据类型的列，则绑定到列的缺省和规则有效。

使用系统存储过程 sp_unbindefault 可以解除由 sp_bindefault 建立的缺省、列或用户定义数据类的绑定。其语法格式如下：

　　sp_unbindefault objname [,futureonly]

不再使用的缺省可用 DROP DEFAULT 语句删除，其格式如下：

　　DROP DEFAULT [owner.] default_name[,[owner.] default_name...]

创建缺省的几点考虑：
- 确定列对于该缺省足够大。
- 缺省需和它要绑定的列或用户定义数据类型具有相同的数据类型。
- 缺省需符合该列的任何规则。
- 缺省还需符合所有 CHECK 约束。

【例 6-19】　在 pubs 数据库中创建缺省 price_default，规定价格的缺省值为 50，并将该缺省与 titles 表的 price 属性列相绑定。

USE PUBS
GO

CREATE DEFAULT price_default AS 50
GO
EXEC sp_bindefault price_default , 'titles. price'
GO

【例 6-20】 解除缺省 price_default 与 titles 表的 price 属性列之间的绑定,然后删除此缺省。

EXEC sp_unbindefault 'titles. price'
GO
DROP DEFAULT price_default
GO

上面我们介绍的是在 SQL Server 的查询分析器中使用 SQL 语句和系统存储过程来管理缺省。同样,在 SQL Server 的企业管理器中使用图形界面也可以管理缺省,方法如下:

①启动企业管理器,登录到指定的服务器。

②展开指定的数据库,然后单击"默认"图标,此时在右窗格中将显示该数据库中已有的缺省。

③右击"默认"图标,然后在弹出菜单中选择"新建默认"项,弹出如图 6-13 所示的"默认属性"对话框,在"名称"栏中输入新缺省的名字(如 price_default),在"值"栏中输入新缺省的内容(如 50),然后单击"确定"按钮创建缺省。

缺省的绑定、解除绑定与删除的操作方法同规则一样,这里就不再叙述。

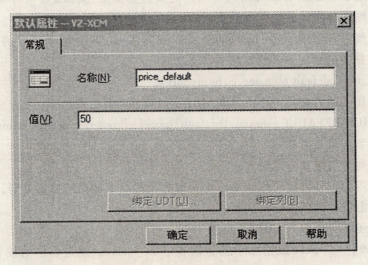

图 6-13 "默认属性"对话框

6.4 事务

本节讨论事务处理技术。事务是一系列的数据库操作,是数据库应用程序的基本逻辑单元。事务处理技术主要包括并发控制技术和数据库恢复技术。在讨论并发控制技术和数据库恢复技术之前,先讨论事务处理技术。

6.4.1 事务的概念

1. 事务的定义

从用户的观点看,对数据库的某些操作应是一个整体,也就是一个独立的不可分割的工作单元。例如,客户认为银行转账(将一笔资金从一个账户 A 转到另一个账户 B)是一个独立的操作,但在数据库系统中这是由转出和转入等几个操作组成的。显然,这些操作要么全都发生,要么由于出错(可能账户 A 已透支)而全不发生,保证这一点很重要。如果数据库上只完成了部分操作,比方说只执行了转出或转入,那就有可能出现某个账户上无端地少了或者多出一些资金的情况。

所以,需要某种机制来保证某些操作序列的逻辑整体性。而这一点,如果交由应用程序来完成,其复杂性简直是不可想像的。所幸 DBMS 提供了实现这一目标的机制,这就是事务。

所谓事务(transaction)是用户定义的一个数据库操作序列,这些操作要么全部成功运行,要么不执行其中任何一个操作,它是一个不可分割的工作单元。

在关系数据库中,一个事务可以是一条 SQL 语句、一组 SQL 语句或整个程序。事务和程序是两个概念。一般地讲,一个程序中包含多个事务。

应用程序必须用命令 begin transaction、commit 或 rollback 来标记事务逻辑的边界。begin transaction 表示事务开始;commit 表示提交,即提交事务的所有操作,具体地说就是将事务中所有对数据库的更新写回到磁盘上的物理数据库中去,事务正常结束;rollback 表示回滚,即在事务运行的过程中发生了某种故障,事务不能继续执行,系统将事务中对数据库的所有已完成的更新操作全部撤销,回滚到事务开始时的状态。对于不同的 DBMS 产品,这些命令的形式有所不同。

为便于从形式上说明问题,我们假定事务采用以下两种操作来访问数据。
read(x):从数据库中读取数据项 x 到内存缓冲区中。
write(x):从内存缓冲区中把数据项 x 写入数据库。

2. 事务基本性质

从保证数据库完整性出发,我们要求数据库管理系统维护事务的几个性质:原子性(Atomicity)、一致性(Consistency)、隔离性(Isolation)、持久性(Durability),简称为 ACID 特性(这一缩写来自 4 个性质的第一个英文字母的组合),下面分别介绍它们。

(1) 原子性。

一个事务对数据库的所有操作,是一个不可分割的逻辑工作单元。事务的原子性是指事务中包含的所有操作要么全做,要么一个也不做。

事务开始之前数据库是一致的,事务执行完毕之后数据库也还是一致的,但在事务执行的中间过程中数据库可能是不一致的。这就是需要原子性的原因:事务的所有活动在数据库中要么全部反映,要么全部不反映,以保证数据库是一致的。

(2)一致性。

事务的隔离执行(在没有其他事务并发执行的情况下)必须保证数据库的一致性,即数据不会因事务的执行而遭受破坏。

所谓一致性,就是定义在数据库上的各种完整性约束。在系统运行时,由 DBMS 的完整性子系统执行测试任务,确保单个事务的一致性是对该事务编码的应用程序员的责任。事务应该把数据库从一个一致性状态转换到另外一个一致性状态。

(3)隔离性。

即使每个事务都能确保一致性和原子性,但当几个事务并发执行时,它们的操作指令会以某种人们所不希望的方式交叉执行,这也可能会导致不一致的状态。

隔离性要求系统必须保证事务不受其他并发执行事务的影响,也即要达到这样一种效果:对于任何一对事务 T_1 和 T_2,在 T_1 看来,T_2 要么在 T_1 开始之前已经结束,要么在 T_1 完成之后再开始执行。这样,每个事务都感觉不到系统中有其他事务在并发地执行。

事务的隔离性确保事务并发执行后的系统状态与这些事务以某种次序串行执行后的状态是等价的。确保隔离性是 DBMS 并发子系统的责任,我们将在 6.5 节讨论数据库并发控制技术。

(4)持久性。

一个事务一旦成功完成,它对数据库的改变必须是永久的,即使是在系统遇到故障的情况下也不会丢失。数据的重要性决定了事务持久性的重要性。确保持久性是 DBMS 恢复子系统的责任。

保证事务 ACID 特性是事务处理的重要任务。事务 ACID 特性可能遭到破坏的因素有:

① 多个事务并发执行,不同事务的操作交叉执行;
② 事务在运行过程中被强行停止。

在第一种情况下,数据库管理系统必须保证多个事务的交叉运行不影响这些事务的原子性。在第二种情况下,数据库管理系统必须保证被强行终止的事务对数据库和其他事务没有任何影响。

这些就是数据库管理系统中并发控制机制和恢复机制的责任。

6.4.2 事务调度

一般来讲,在一个大型的 DBMS 中,可能会同时存在多个事务处理请求,系统需要确定这组事务的执行次序,即每个事务的指令在系统中执行的时间顺序,这称为事务的调度。

任何一组事务的调度必须保证两点:第一,调度必须包含所有事务的指令;第二,一个事务中指令的顺序在调度中必须保持不变。只有满足这两点才称得上是一个合法的调度。

事务调度有两种基本的调度形式:串行和并行。串行调度是在前一个事务完成之后,再开始做另外一个事务,类似于操作系统中的单道批处理作业。串行调度要求属于同一事务的指令紧挨在一起。如果有 n 个事务串行调度,可以有 $n!$ 个不同有效调度。而在并行调度中,来自不同事务的指令可以交叉执行,类似于操作系统中的多道批处理作业。如果有 n 个事务并行调度,可能的并发调度数远远大于 $n!$ 个。

数据库系统对并发事务中并发操作的调度是随机的,而不同的调度可能会产生不同的结果,那么哪个结果是正确的,哪个是不正确的呢?

如果一个事务在运行过程中没有其他事务同时运行,也就是说它没有受到其他事务的干扰,那么就可以认为该事务的运行结果是正常的或者预想的,因此将所有事务串行起来的调度策略一定是正确的调度策略。虽然以不同的顺序串行执行事务可能会产生不同的结果,但由于不会将数据库置于不一致状态,所以都是正确的。

定义多个事务的并发执行是正确的,当且仅当其结果与按某一次序串行地执行它们时的结果相同,我们称这种调度策略为可串行化(Serializable)的调度。

可串行性(Serializability)是并发事务正确性的准则。按这个准则规定,一个给定的并发调度,当且仅当它是可串行化的,才认为是正确调度。

从系统运行效率和数据库一致性两个方面来看,串行调度运行效率低但保证数据库总是一致的,而并行调度提高了系统资源的利用率和系统的事务吞吐量(单位时间内完成事务的个数),但可能会破坏数据库的一致性。因为两个事务可能会同时对同一个数据库对象操作,因此即便每个事务都正确执行,也会对数据库的一致性造成破坏。这就需要某种并发控制机制来协调事务的并发执行,防止它们之间相互干扰。在 6.5 节并发控制中,我们将讲述这方面的内容。

以一个银行系统为例,假定有两个事务,T_1 和 T_2,T_1 是转账事务,从账户 A 过户到账户 B,T_2 则是为每个账户结算利息。T_1 和 T_2 的描述如图 6-14 所示,图中数字编号代表事务中语句的执行顺序。

设 A,B 账户初始的余额分别为 1 000 元,2 000 元。下面是几种可能的调度情况:

串行调度一:先执行事务 T_1 所有语句,这时数据库中账户 A 和账户 B 的余额为(A:900,B:2 100),再执行事务 T_2 所有语句,数据库中账户 A 和账户 B 的最终余额为(A:918,B:2 142)。

串行调度二:先执行事务 T_2 所有语句,这时数据库中账户 A 和账户 B 的余额为(A:1 020,B:2 040),再执行事务 T_1 所有语句,数据库中账户 A 和账户 B 的最终余

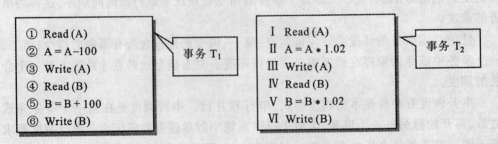

图 6-14　事务 T_1 和 T_2 的描述

额为（A:920,B:2 140）。

尽管这两个串行调度的最终结果不一样,但它们都是正确的。

并行调度三:先执行事务 T_1 的①、②、③语句,再执行事务 T_2 的Ⅰ、Ⅱ、Ⅲ语句,接着是事务 T_1 的④、⑤、⑥语句,最后是事务 T_2 的Ⅳ、Ⅴ、Ⅵ语句,数据库中账户 A 和账户 B 的最终余额为(A:918,B:2 142)。

这个并行调度是正确的,因为它等价于先 T_1 后 T_2 的串行调度。

并行调度四:先执行事务 T_1 的①、②语句,再执行事务 T_2 的Ⅰ、Ⅱ语句,接着是事务 T_1 的③语句,然后依次是事务 T_2 的Ⅲ、Ⅳ、Ⅴ语句,事务 T_1 的④、⑤语句,事务 T_2 的Ⅵ语句,事务 T_1 的⑥语句。数据库中账户 A 和账户 B 的最终余额为（A:1 020,B:2 100）。

该并行调度是错误的,因为它不等价于任何一个由 T_1 和 T_2 组成的串行调度。

在上面列举的各种调度中,都假定事务是完全提交的,并没有考虑因故障而造成事务中止的情况。如果一个事务中止了,那么按照事务原子性要求,它所做过的所有操作都应该被撤销,相当于这个事务从来没有被执行过。

考虑到事务中止的情况,我们可以扩展前面关于可串行化的定义:如果一组事务并行调度的执行结果等价于这组事务中所有提交事务的某个串行调度,则称该并行调度是可串行化的。

在并发执行时,如果事务 T_i 被中止,单纯撤销该事务的影响是不够的,因为其他事务有可能用到了 T_i 的更新结果,因此还必须确保依赖于 T_i 的任何事务 T_j（即 T_j 读取了 T_i 写的数据 ）也中止。

例如,假定有两个事务,T_3 是存款事务,T_4 是为账户结算利息。T_3 往账户 A 里存入 100 元,然后 T_4 再结算账户 A 的利息,那么这其中有部分利息是由 T_3 存入的款项产生的。如果 T_3 被撤销,也应该撤销 T_4,否则那部分存款利息就是无中生有了。T_3 和 T_4 的描述如图 6-15 所示。这样的情形有可能会出现在多个事务中,这样由于一个事务的故障而导致一系列其他事务的回滚,称为级联回滚。

级联回滚导致大量撤销工作,尽管事务本身没有发生任何故障,但仍可能因为其他事务的失败而回滚。应该对调度进行某种限制以避免级联回滚发生,这样的调度

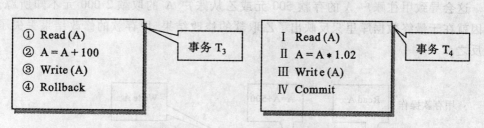

图 6-15　事务 T_3 和 T_4 的描述

称为无级联调度。

再考虑下面形式的调度(事务 T_3 和 T_4 的描述见图 6-15):

并行调度五:先执行事务 T_3 的①、②、③语句,再执行事务 T_4 的Ⅰ、Ⅱ、Ⅲ、Ⅳ语句,最后执行事务 T_3 的④语句。数据库中账户 A 最终余额为(A:1 000)。

在上述调度中,T_3 对账户 A 做了一定修改,并写回到数据库中,然后 T_4 在此基础上对账户 A 做进一步处理。注意 T_4 是在完成存款动作之后计算账户 A 的利息,并且在调度中先于 T_3 提交。如果 T_3 在以后的执行过程中失败了,那么应该撤销 T_3 已做的操作。由于 T_4 读取了由 T_3 写入的数据项,同样必须中止 T_4,但 T_4 已经提交了,不能再中止。如果只回滚 T_3,账户 A 的值会恢复成 1 000,这样加到账户 A 上的利息就不见了,但银行是付出了这部分利息的。这样就出现了发生故障后不能正确恢复的情形,这称为不可恢复的调度,是不允许的。

一般数据库系统都要求调度是可恢复的。可恢复调度应该满足:对于每对事务 T_i 和 T_j,如果 T_j 读取了由 T_i 所写的数据项,则 T_i 必须先于 T_j 提交。

很容易验证无级联调度总是可恢复的。在 6.5 节我们会看到,系统通过采用严格两段锁协议来保证调度是无级联的,即事务在修改数据项之前首先会获得该数据项上的排它锁,并且一直将锁保持到事务结束。这样正常情况下其他事务在该事务结束之前不可能访问它所修改的数据项。

6.4.3　事务隔离级别

1. 并发操作带来的问题

(1) 丢失修改(Lost Update)。

两个事务 T_1 和 T_2 读入同一数据并修改,T_2 提交的结果破坏了 T_1 提交的结果,导致 T_1 的修改被丢失。丢失修改又称为写-写错误,如图 6-16 所示。

例如,假定有两个顾客甲和乙,甲往账户 A 里存入 500 元,乙从账户 A 里取出 200 元,账户 A 初始余额为 2 000 元。考虑这样一个活动序列:甲和乙依次读取账户 A 的余额 A,甲先存款修改余额 A = A + 500,所以 A 为 2 500 元,把 A 写回数据库,乙再取款修改余额 A = A - 200,所以 A 为 1 800 元,把 A 写回数据库,最终余额为 1 800 元。或者在依次读取账户 A 的余额后,乙先取款完成后,甲再存款,最终余额为2 500

元。这会导致甲往账户 A 的存款 500 元或乙从账户 A 的取款 2 000 元不知所踪。原因就在于最终数据库里只反映出了乙取款的修改结果,甲存款的修改结果丢失了或反之。

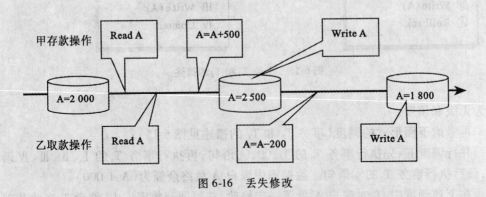

图 6-16 丢失修改

之所以发生这种不一致现象,是由于两个事务同时修改一个数据项而导致的。正如前面所提到的,一般 DBMS 在事务修改数据之前,都要求先获得数据上的排它锁,所以实际中不会出现两个事务同时修改同一数据的情况。

(2)脏读(Dirty Read)。

事务 T_1 修改某一数据,并将其写回磁盘,事务 T_2 读取同一数据后,T_1 由于某种原因被撤销,这时 T_1 已修改过的数据恢复原值,T_2 读到的数据就与数据库中的数据不一致,则 T_2 读到的数据就为"脏"数据,即不正确的数据。脏读又称做写-读错误,如图 6-17 所示。

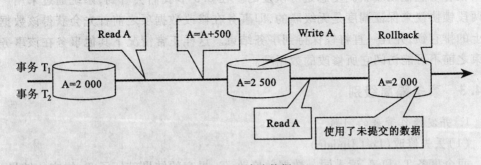

图 6-17 读脏数据

提交意味着一种确认,确认事务的修改结果真正反映到数据库中了。而在事务提交之前,事务的所有活动都处于一种不确定状态,各种各样的故障都可能导致它的中止,即不能保证它的活动最终能反映到数据库中。如果其他事务基于未提交事务的中间状态来做进一步的处理,那么它的结果很可能是不可靠的,正如我们不能依靠草稿上的蓝图来盖楼一样。

如果一个事务是对一张大表进行统计分析,那么它读取了部分脏数据对其结果来说是无甚妨害的。但如果一个存款事务正在向某账户上存入 500 元,那么取款事务这时就不能对该账户执行取款,否则很可能会出现以下情况,即存款事务失败了,它所存入账户的资金被撤销掉,但这笔资金却可能被取走。

(3) 不可重复读(Non-Repeatable Read)。

事务 T_1 读取某一数据后,事务 T_2 对其做了修改,当 T_1 再次读取该数据时,得到与前次不同的值。不可重复读又称做读-写错误,如图 6-18 所示。

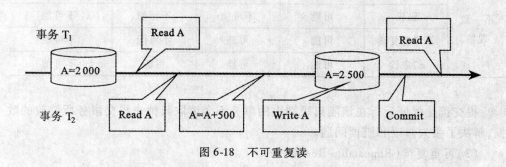

图 6-18 不可重复读

(4) 幻象读(Phantom Read)。

事务 T_2 按一定条件读取了某些数据后,事务 T_1 插入(删除)了一些满足这些条件的数据,当 T_2 再次按相同条件读取数据时,发现多(少)了一些记录。

对于幻象这种情况,即使事务可以保证它所访问到的数据不被其他事务修改也还是不够的,因为如果只是控制现有数据的话,并不能阻止其他事务插入新的满足条件的元组。

产生上述 4 类数据不一致的主要原因是并发操作破坏了事务的隔离性。

2. 事务隔离级别的定义

SQL92 标准中定义了 4 级事务隔离级别(isolation level)。这个隔离标准阐明了在并发控制问题中允许的操作,以便使应用程序编程人员能够声明将使用的事务隔离级别,并且由 DBMS 通过管理封锁来实现相应的事务隔离级别。表 6-8 给出了每一隔离级别及在此隔离级别下可能发生的不一致现象。

下面对这几个隔离级别做进一步的阐述。

(1) 未提交读(Read Uncommitted)。

未提交读又称脏读,允许运行在该隔离级别上的事务读取当前数据页上的任何数据,而不管该数据是否已经提交。设置隔离级别为未提交读,解决了丢失修改问题。

使用未提交读会牺牲数据的一致性,当然带来的好处就是高并发性,因此不能将财务事务的隔离级别设置成未提交读。但在诸如预测销售趋势的决策支持分析中,完全精确的结果是不必要的,这时采用未提交读是合适的。

(2) 提交读(Read Committed)。

表 6-8　　　　　　　　　　　事务隔离级别

不一致现象		隔离级别			
		Read Uncommitted	Read Committed	Repeatable Read	Serializable
不一致现象	丢失修改	不可能	不可能	不可能	不可能
	脏读	可能	不可能	不可能	不可能
	不可重复读	可能	可能	不可能	不可能
	幻象读	可能	可能	可能	不可能

提交读是保证运行在该隔离级别上的事务不会读取其他未提交事务所修改的数据,解决了丢失修改和脏读问题。

(3) 可重复读(Repeatable Read)。

可重复读保证一个事务如果再次访问同一数据,与此前访问相比,数据不会发生改变。换句话说,在事务两次访问同一数据之间,其他事务不能修改该数据。可重复读隔离级别解决了丢失修改、脏读和不可重复读问题,但可重复读允许发生幻象读。

(4) 可串行化(Serializable)

可串行化级别,正如它的名字所暗示的,在这个级别上的一组事务的并发执行与它们的某个串行调度是等价的。可串行化隔离级别解决了丢失修改、脏读、不可重复读问题和幻象读问题,即并发操作带来的 4 个不一致问题。

6.4.4　SQL Server 中的事务定义

1. 事务定义模式

SQL Server 关于事务的定义是以 begin transaction 开始的,它显式地标记一个事务的起始点。其语法形式如下:

begin tran[saction] [事务名 [with mark ['事务描述']]]

事务名参数的作用仅仅在于帮助程序员阅读编码。with mark 的作用是在日志中按指定的事务描述来标记事务,以后我们会讲到,它实际上是提供了一种数据恢复的手段,可以将数据库还原到早期的某个事务标记状态。注意,如果使用了 with mark,则必须指定事务名。

begin transaction 代表了一点,由连接引用的数据在该点上都是一致的。如果事务正常结束,则用 commit 命令提交,将它的改动永久地反映到数据库中;如果遇到错误,则用 rollback 命令撤销已做的所有改动,回滚到事务开始时的一致状态。

事务提交标志一个成功的事务的结束,它有两种命令形式:commit transaction 或

commit work，二者的区别在于 commit work 后不跟事务名称,这与 SQL92 是兼容的。其语法形式分别如下：

　　commit［tran［saction］［事务名］］

　　commit［work］

　　事务回滚表示事务非正常结束,清除自事务的起点所做的所有数据修改,同时释放由事务控制的资源。它同样有两种命令形式:rollback transaction 或 rollback work，二者的区别在于 rollback transaction 可以接受事务名,还可以回滚到指定的保存点,但 rollback work 只能回滚到事务的起点。其语法形式分别如下：

　　rollback［tran［saction］［事务名｜保存点名］］

　　rollback［work］

　　2. 事务执行模式

　　在 SQL Server 中,可以按显式、隐性或自动提交模式启动事务。

　　（1）显式事务。

　　显式事务可以显式地在其中定义事务的启动和结束。每个事务均以 begin transaction 语句显式开始,以 commit 或 rollback 语句显式结束。

　　显式事务模式持续的时间只限于该事务的持续期。当事务结束时,连接将返回到启动显式事务前所处的事务模式,或者是隐性模式,或者是自动提交模式。

　　（2）隐性事务。

　　当连接以隐性事务模式进行操作时,SQL Server 将在当前事务结束后自动启动新事务。无需描述事务的开始,但每个事务仍以 commit 或 rollback 语句显式完成。隐性事务模式生成连续的事务链。设置隐性事务模式的命令如下：

　　set implicit_transactions｛ON｜OFF｝

　　当选项为 ON 时,将连接设置为隐性事务模式。隐性事务模式将一直保持有效,直到执行 set implicit_transactions OFF 语句使连接返回到自动提交模式。

　　在为连接将隐性事务模式设置成打开之后,当 SQL Server 首次执行下列任何语句时,都会自动启动一个事务：

　　alter table　　　　insert　　　　　　create　　　　　　open
　　delete　　　　　　revoke　　　　　　drop　　　　　　　select
　　fetch　　　　　　 truncate table　　 grant　　　　　　 update

　　在发出 commit 或 rollback 语句之前,该事务将一直保持有效。在第一个事务结束后,下次当连接执行这些语句中的任何语句时,SQL Server 又将自动启动一个新事务,直到隐性事务模式关闭为止。

　　对于因为该设置为 ON 而自动打开的事务,用户必须在该事务结束时将其显式提交或回滚。否则当用户断开连接时,事务及其所包含的所有数据更改将回滚。

　　（3）自动提交事务。

　　自动提交模式是 SQL Server 的默认事务管理模式,意指每条单独的语句都是一个事务。每个 Transact-SQL 语句在完成时,都被提交或回滚。如果一个语句成功地完成,则提交该语句;如果遇到错误,则回滚该语句。只要自动提交模式没有被显式事物或隐性事务替代,SQL Server 连接就以该默认模式进行操作。当提交或回滚显式事务,或者关闭隐性事务模式时,SQL Server 将返回到自动提交模式。

3. 事务隔离级别的定义

SQL Server 支持 SQL92 中定义的 4 级事务隔离级别——未提交读、提交读、可重复读和可串行化。设置 4 级隔离级别的 SQL 语句分别为:

Set Transaction Isolation Level READ UNCOMMITTED

Set Transaction Isolation Level READ COMMITTED

Set Transaction Isolation Level REPEATABLE READ

Set Transaction Isolation Level SERIALIZABLE

4. 批处理、触发器中的事务

批处理是包含一个或多个 SQL 语句的组,从应用程序一次性地发送到服务器执行。服务器将批处理语句编译成一个可执行单元,此单元称为执行计划。事务和批处理是一种多对多的关系,即一个事务中可以包含多个批,一个批中也可以包含多个事务。

SQL Server 针对批中不同的错误类型做出相应处理。编译错误会使执行计划无法编译,从而导致批处理中的任何语句均无法执行。运行时错误会产生以下两种影响之一:

(1)大多数运行时错误将停止执行批处理中当前语句和它之后的语句,但错误之前的已执行语句是有效的。也即如果批处理第二条语句在执行时失败,则第一条语句的结果不受影响,因为它已经执行。

(2)少数运行时错误(如违反约束)仅停止执行当前语句,而继续执行批处理中其他语句。

触发器在更新操作执行后、提交到数据库之前被触发,系统将触发器连同触发操作一起视为隐性嵌套事务,因此触发器可以回滚触发它的操作。每次进入触发器,@@TRANCOUNT 就增加 1,即使在自动提交模式下也是如此。如果在触发器中发出 rollback transaction,将回滚对当前事务中的那一点所做的所有数据修改,包括触发器所做的修改。触发器继续执行 rollback 语句之后的所有其余语句。如果这些语句中的任意语句修改数据,则不回滚这些修改。

在存储过程中,rollback transaction 语句不影响调用该过程的批处理中的后续语句,并执行批处理中的后续语句。在触发器中,rollback transaction 语句终止含有激发触发器的语句的批处理,不执行批处理中的后续语句。

6.5 并发控制

数据库是一个共享资源,可以供多个用户使用。当多个用户并发地存取数据库时就会产生多个事务同时存取同一数据的情况。若对并发操作不加控制就可能会存取不正确的数据,破坏数据库的一致性(在 6.4.2 节和 6.4.3 节已经讲到这方面的问题),所以数据库管理系统必须提供并发控制机制。

事务是并发控制的基本单位,事务最基本的特性之一是隔离性。当数据库中有多个事务并发执行时,由于事务之间操作的相互干扰,事务的隔离性不一定能保持,从而导致对数据库一致性潜在的破坏。为保持事务的隔离性,系统必须对并发事务之间的相互作用加以控制,这称为并发控制。并发控制的目的是保证一个用户的工作不会对另一个用户的工作产生不合理的影响。在某些情况下,这些措施保证了当一个用户和其他用户一起操作时,所得结果和他单独操作的结果是一样的。在另一些情况下,这表示用户的工作按预定的方式受其他用户的影响。

并发控制的主要技术是封锁(Locking)。

6.5.1 封锁技术

封锁是实现并发控制的一个非常重要的技术。所谓封锁就是事务 T 在对某个数据对象操作之前,先向系统发出请求,对其加锁。加锁后事务 T 就对该数据对象有了一定的控制,在事务 T 释放它的锁之前,其他的事务不能更新此数据对象。封锁可以由 DBMS 自动执行,或由应用程序及查询用户发给 DBMS 的命令执行。

事务对数据库的操作可以概括为读和写。当两个事务对同一个数据项进行操作时,可能的情况有读–读、读–写、写–读和写–写。除了第一种情况,其他情况下都可能产生数据的不一致,因此要通过封锁来避免后三种情况的发生。最基本的封锁模式有两种:排它锁(eXclusive Locks,简称 X 锁)和共享锁(Share Locks,简称 S 锁)。

1. 排它锁

排它锁又称写锁。若事务 T 对数据对象 A 加上 X 锁,则只允许 T 读取和修改 A,其他任何事务都不能再对 A 加任何类型的锁,直到 T 释放 A 上的锁。这就保证了其他事务在 T 释放 A 上的锁之前不能再读取和修改 A。申请对 A 的排它锁,可以表示为 Xlock(A)。

2. 共享锁

共享锁又称读锁,若事务 T 对数据对象 A 加上 S 锁,则事务 T 可以读 A 但不能修改 A,其他事务只能再对 A 加 S 锁,而不能加 X 锁,直到 T 释放 A 上的 S 锁。这就保证了其他事务可以读 A,但在 T 释放 A 上的 S 锁之前不能对 A 进行任何修改。申请对 A 的共享锁,可以表示为 Slock(A)。

排它锁与共享锁的控制方式可以用图 6-19 的相容矩阵来表示。

T_1 \ T_2	X	S	—
X	N	N	Y
S	N	Y	Y
—	Y	Y	Y

Y = Yes,相容的请求
N = No,不相容的请求
X：表示 X 锁
S：表示 S 锁
—：表示无锁

图 6-19　封锁类型的相容矩阵

在图 6-19 的封锁类型相容矩阵中,最左边一列表示事务 T_1 已经获得的数据对象上的锁的类型,其中横线表示没有加锁。最上面一行表示另一事务 T_2 对同一数据对象发出的封锁请求。T_2 的封锁请求能否满足用矩阵中的 Y 和 N 表示,其中 Y 表示事务 T_2 的封锁要求与 T_1 已持有的锁相容,封锁请求可以满足。N 表示 T_2 的封锁请求与 T_1 已持有的锁冲突,T_2 的请求被拒绝。

图 6-20 是两个事务 T_1 和 T_2 读入同一数据并修改,在对数据修改前,加上 X 锁,可以防止丢失修改。

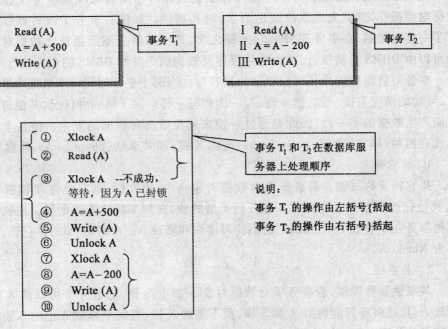

图 6-20　用封锁机制防止丢失修改

6.5.2 事务隔离级别与封锁规则

在运用 X 锁和 S 锁这两种基本封锁对数据对象加锁时,还需要约定一些规则,例如何时申请 X 锁或 S 锁、持锁时间、何时释放等,称这些规则为封锁协议(Locking Protocol)。对封锁方式规定不同的规则,就达到了不同的事务隔离级别。下面介绍它们之间的关系。对并发操作的不正确调度可能会带来丢失修改、不可重复读和读脏数据等一致性问题,不同的事务隔离级别分别在不同程度上解决了这一问题,为并发操作的正确调度提供一定的保证。不同的事务隔离级别达到的系统一致性级别是不同的。

当事务隔离级别设置为未提交读时,解决了丢失修改问题。事务 T 在修改数据 R 之前必须先对其加 X 锁,直到事务结束才释放。

隔离级别为未提交读,如果仅仅是读数据不对其进行修改,是不必等待也不需要加任何锁的,所以它不能保证不读脏数据、可重复读和无幻象读。

当事务隔离级别设置为提交读时,解决了丢失修改和脏读问题。事务 T 在修改数据 R 之前必须先对其加 X 锁,直到事务结束才释放;事务 T 在读取数据 R 之前必须先对其加 S 锁,读完后即可释放 S 锁。

提交读是保证运行在该隔离级别上的事务不会读取其他未提交事务所修改的数据。如果另外一个事务在更新数据,它在所更新的数据上持有排它锁,那么此隔离级别上的事务在访问该数据之前必须等待其他事务释放掉其上的排它锁。同样的,此隔离级别上的事务必须在所访问的数据上至少要设置共享锁。共享锁不会防止其他事务读取数据,但它会防止其他事务修改数据。共享锁在数据发送给请求它的客户端之后就可以释放,它不需要保持到事务结束。由于读完数据后即可释放 S 锁,所以它不能保证可重复读和无幻象读。

当事务隔离级别设置为可重复读时,解决了丢失修改、脏读和不可重复读问题,但允许发生幻象读。事务 T 在修改数据 R 之前必须先对其加 X 锁,直到事务结束才释放;事务 T 在读取数据 R 之前必须先对其加 S 锁,直到事务结束才释放。

可重复读保证一个事务如果再次访问同一数据,与此前访问相比,数据不会发生改变。换句话说,在事务两次访问同一数据之间,其他事务不能修改该数据。可重复读允许发生幻象读。

为保证可重复读,事务必须保持它的共享锁一直到事务结束(注意排它锁总是保持到事务结束的)。没有其他事务可以修改可重复读事务正在访问的数据,显然这会极大地降低系统的并发性。

当事务隔离级别设置为可串行化时,解决了丢失修改、脏读、不可重复读问题和幻象读问题,即并发操作带来的 4 个不一致问题。为保证可串行化事务隔离级别,并发事务必须遵循强两段锁协议。

事务隔离级别对应的封锁规则的主要区别在于什么操作需要申请封锁,以及何时释放锁(即持锁时间)。锁持有的时间主要依赖于锁模式和事务的隔离级别。默认的事务隔离级别是提交读。在这个级别，一旦读取并且处理完数据，其上的共享锁马上就被释放掉，而排它锁则一直持续到事务结束，不论是提交还是回滚。如果事务的隔离性级别为可重复读或者可串行化，共享锁和排它锁一样，直到事务结束，它们才会被释放。我们称保持到事务结束的锁为长锁，而用完就释放的锁为短锁。表6-9给出了事务在不同隔离级别下不同类型锁的持有时间长短。

表 6-9　　　　　　　　　SQL Server 中的锁持有度

隔离级别	锁模式	
	S 锁	X 锁
未提交读	无	长
提交读	短	长
可重复读	长	长
可串行化	长	长

除了通过重定义事务的隔离级别之外，还可以在查询中使用封锁提示来改变锁的持有度。

6.5.3　封锁的粒度

封锁对象的大小称为粒度(Granularity)。封锁对象可以是逻辑单元，也可以是物理单元。在关系数据库中，封锁对象可以是这样一些逻辑单元：属性值、属性值的集合、元组、关系、索引项、整个索引直至整个数据库，也可以是这样一些物理单元：页(数据页或索引页)、块等。

封锁粒度与系统的并发度和并发控制的开销密切相关。直观来看，封锁的粒度越大，数据库所能够封锁的数据单元就越少，并发度就越小，系统开销也越小；反之，封锁的粒度越小，并发度较高，但系统开销也就越大。

因此，如果在一个系统中同时支持多种封锁粒度供不同的事务选择是比较理想的，这种封锁方法称为多粒度封锁(Multiple Granularity Locking)。选择封锁粒度时应该同时考虑封锁开销和并发度两个因素，适当选择封锁粒度以求得最优的效果。一般说来，需要处理大量元组的事务可以以关系为封锁粒度；需要处理多个关系的大量元组的事务可以以数据库为封锁粒度；而对于一个处理少量元组的用户事务，以元组为封锁粒度就比较合适了。

1. 多粒度封锁

数据库中被封锁的资源按粒度大小会呈现出一种层次关系，元组隶属于关系，关系隶属于数据库，我们称之为粒度树。

多粒度封锁协议允许多粒度层次中的每个节点被独立地加锁。对一个节点加锁意味着这个节点的所有后裔节点也被加以同样类型的锁。如果将它们作为不同的对象直接封锁,将有可能产生潜在的冲突。因此系统检查封锁冲突时必须考虑这种情况。例如,事务 T 要对 R_1 关系加 X 锁。系统必须搜索其上级节点数据库、关系 R_1 以及 R_1 中的每一个元组,如果其中某一个数据对象已经加了不相容锁,则 T 必须等待。

一般地,对某个数据对象加锁,系统要检查该数据对象上有无封锁与之冲突;还要检查其所有上级节点,看本事务的封锁是否与该数据对象上的封锁冲突;还要检查其所有下级节点,看上面的封锁是否与本事务的封锁冲突。显然,这样的检查方法效率很低。为此可以引入意向锁(I 锁,Intend Lock)以解决这种冲突。当为某节点加上 I 锁时,就表明其某些内层节点已发生事实上的封锁,防止其他事务再去封锁该节点。锁的实施从封锁层次的根开始,依次占据路径上的所有节点,直至要真正进行显式封锁的节点的父节点为止。

2. 意向锁

意向锁的含义是如果对一个节点加意向锁,则说明该节点的下层节点正在加锁;对任一节点加锁时,必须先对它所在的上层节点加意向锁。例如,对任一元组加锁时,必须先对它所在的关系加意向锁。于是,事务 T 要对关系 R_1 加 X 锁时,系统只要检查根节点数据库和关系 R_1 是否已加了不相容的锁,而不再需要搜索和检查 R_1 中的每一个元组是否加了 X 锁。下面介绍 3 种常用的意向锁:意向共享锁(Intent Share Lock,简称 IS 锁),意向排它锁(Intent Exclusive Lock,简称 IX 锁),共享意向排它锁(Share Intent Exclusive Lock,简称 SIX 锁)。

(1) IS 锁:如果对一个数据对象加 IS 锁,表示它的后裔节点拟(意向)加 S 锁。例如,要对某个元组加 S 锁,则要首先对关系和数据库加 IS 锁。

(2) IX 锁:如果对一个数据对象加 IX 锁,表示它的后裔节点拟(意向)加 X 锁。例如,要对某个元组加 X 锁,则要首先对关系和数据库加 IX 锁。

(3) SIX 锁:如果对一个数据对象加 SIX 锁,表示对它加 S 锁,再加 IX 锁,即 SIX = S + IX。例如对某个表加 SIX 锁,则表示该事务要读整个表(所以要对该表加 S 锁),同时会更新个别元组(所以要对该表加 IX 锁)。

具有意向锁的多粒度封锁方法中任意事务 T 要对一个数据对象加锁,必须先对它的上层节点加意向锁。申请封锁时应该按自上而下的次序进行,释放封锁时则应该按自下而上的次序进行。

具有意向锁的多粒度封锁方法提高了系统的并发度,减少了加锁和解锁的开销,它已经在实际的数据库管理系统产品中得到广泛应用,例如 SQL Server 就采用了这种封锁方法。图 6-21 给出了这些锁的相容矩阵。

T1\T2	S	X	IS	IX	SIX	—
S	Y	N	Y	N	N	Y
X	N	N	N	N	N	Y
IS	Y	N	Y	Y	Y	Y
IX	N	N	Y	Y	N	Y
SIX	N	N	Y	N	N	Y
—	Y	Y	Y	Y	Y	Y

说明：
Y = Yes，相容的请求
N = No，不相容的请求
X：表示 X 锁
S：表示 S 锁
IS：意向共享锁
IX：意向排它锁
SIX：共享意向排它锁
—：表示无锁

图 6-21　锁的相容矩阵

6.5.4　封锁带来的问题

和操作系统一样，封锁的方法可能引起活锁和死锁。

1. 活锁

如果事务 T_1 封锁了数据 R，事务 T_2 又请求封锁 R，于是 T_2 等待。T_3 也请求封锁 R，当 T_1 释放了 R 上的封锁之后系统首先批准了 T_3 的请求，T_2 仍然等待。然后 T_4 又请求封锁 R，当 T_3 释放了 R 上的封锁之后系统又批准了 T_4 的请求……T_2 有可能永远等待，这就是活锁的情形。避免活锁的简单方法是采用先来先服务的策略。

2. 死锁

如果事务 T_1 封锁了数据 R_1，事务 T_2 封锁了数据 R_2，然后 T_1 又请求封锁 R_2，因 T_2 已封锁了 R_2，于是 T_1 等待 T_2 释放 R_2 上的锁。接着 T_2 又申请封锁 R_1，因 T_1 已封锁了 R_1，T_2 也只能等待 T_1 释放 R_1 上的锁。这样就出现了 T_1 在等待 T_2，而 T_2 又在等待 T_1 的局面，T_1 和 T_2 两个事务永远不能结束，形成死锁，如图 6-22 所示。

死锁的问题在操作系统和一般并行处理中已进行过深入研究，目前在数据库中解决死锁问题主要有两类方法：一类方法是采取一定措施来预防死锁的发生，另一类方法是允许发生死锁，采用一定手段定期诊断系统中有无死锁，若有则解除之。

（1）死锁的预防。

预防死锁通常有两种方法。第一种方法是要求每个事务必须一次将所有要使用的数据全部加锁，否则就不能继续执行。这种方法称为一次封锁法。一次封锁法虽然可以有效地防止死锁的发生，但降低了系统的并发度。第二种方法是预先对数据对象规定一个封锁顺序，所有事务都按这个顺序实行封锁，这种方法称为顺序封锁法。顺序封锁法可以有效地防止死锁，但维护这样的资源的封锁顺序非常困难，成本很高，实现复杂。

因此 DBMS 在解决死锁的问题上普遍采用的是诊断并解除死锁的方法。

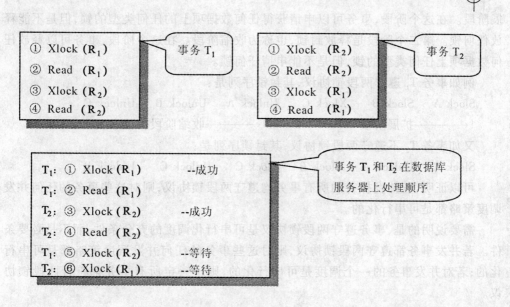

图 6-22 死锁示例

（2）死锁的诊断与解除。

数据库系统中诊断死锁的方法与操作系统中的方法类似，一般使用超时法或事务等待图法。如果一个事务的等待时间超过了规定的时限，就认为发生了死锁。此方法称为超时法。超时法实现简单，但其不足也很明显：一是有可能误判死锁，事务因为其他原因使等待时间超过时限，系统会误认为发生了死锁。二是时限若设置得太长，死锁发生后不能及时发现。事务等待图是一个有向图 G = (T,U)。T 为节点的集合，每个节点表示正在运行的事务；U 为边的集合，每条边表示事务等待的情况。事务等待图动态地反映了所有事务的等待情况。并发控制子系统周期性地检测事务等待图，如果发现图中存在回路，则表示系统中出现了死锁。

DBMS 的并发控制子系统一旦检测到系统中存在死锁，就要设法解除。通常采用的方法是选择一个处理死锁代价最小的事务，将其撤销，释放此事务持有的所有的锁，使其他事务得以继续运行下去。当然，对撤销的事务所执行的数据修改操作必须加以恢复。

6.5.5 两段锁协议

两段锁协议（two-phase locking protocol）是保证并发调度可串行性的封锁协议。该协议要求每个事务分两个阶段提出加锁和解锁申请：

（1）在对任何数据进行读、写操作之前，首先要申请并获得对该数据的封锁；

（2）在释放一个封锁之后，事务不再申请和获得任何其他封锁。

所谓"两段"锁的含义是，事务分为两个阶段，第一个阶段是获得封锁，也称为扩展阶段。在这个阶段,事务可以申请获得任何数据项上的任何类型的锁,但是不能释放任何锁。第二个阶段是释放封锁,也称为收缩阶段。在这个阶段,事务可以释放任何数据项上任何类型的锁,但是不能申请任何锁。

例如事务 T_1 遵守两段锁协议,其封锁序列是:

Slock A   Slock B   Xlock C   Unlock A   Unlock B   Unlock C
|←————扩展阶段————→| |←————收缩阶段————→|

又如事务 T_2 不遵守两段锁协议,其封锁序列是:

Slock A   Unlock A   Slock B   Xlock C   Unlock C   Unlock B

可以证明,若并发执行的所有事务均遵守两段锁协议,则对这些事务的任何并发调度策略都是可串行化的。

需要说明的是,事务遵守两段锁协议是可串行化调度的充分条件,而不是必要条件。若并发事务都遵守两段锁协议,则对这些事务的任何并发调度策略都是可串行化的;若对并发事务的一个调度是可串行化的,则不一定所有事务都符合两段锁协议。

注意,在两段锁协议下,也可能发生读脏数据的情况。如果事务的排它锁在事务结束之前就释放掉,那么其他事务就可能读取到未提交数据。这可以通过将两段锁修改为严格两段锁协议(strict two-phase locking protocol)加以避免。严格两段锁协议除了要求封锁是两阶段之外,还要求事务持有的所有排它锁必须在事务提交后方可释放。这个要求保证在事务提交之前它所写的任何数据均以排它方式加锁,从而防止了其他事务读这些数据。

严格两段锁协议不能保证可重复读,因为它只要求排它锁保持到事务结束,而共享锁可以立即释放。这样当一个事务读完数据之后,如果马上释放共享锁,那么其他事务就可以对其进行修改;当事务重新再读时,得到与前次读取不一样的结果。为此可以将严格两段锁协议修改为强两段锁协议(rigorous two-phase locking protocol),它要求事务提交之前不得释放任何锁。很容易验证在强两段锁条件下,事务可以按其提交的顺序串行化。

另外要注意两段锁协议和防止死锁的一次封锁法的异同之处。一次封锁法要求每个事务都必须一次将所有要使用的数据全部加锁,否则就不能继续执行,因此一次封锁法遵守两段锁协议;但是两段锁协议并不要求事务必须一次将所有要使用的数据全部加锁,因此遵守两段锁协议的事务可能发生死锁。

6.5.6 乐观并发控制与悲观并发控制

1. 悲观并发控制

采用基于锁的并发控制措施封锁所使用的系统资源,阻止用户以影响其他用户的方式修改数据。该方法主要用在资源竞争激烈的环境中,以及当封锁数据成本低于回滚事务的成本时,它立足于事先预防冲突,因此称该方法为悲观并发控制。

2. 乐观并发控制

在乐观并发控制中，用户不封锁数据，这会提高事务的并发度。在执行更新时，系统进行检查，查看与上次读取的值是否一致，如果不一致，将产生一个错误，接收错误信息的用户将回滚事务并重新开始。该方法主要用在资源竞争较少的环境中，以及偶尔回滚事务的成本低于封锁数据成本的环境中，它体现了一种事后协调冲突的思想，因此称该方法为乐观并发控制。

6.5.7 SQL Server 的并发控制

前面讨论了并发控制的一般原则，下面简单介绍数据库 SQL Server 系统中的并发控制机制。

1. SQL Server 锁模式

SQL Server 支持 SQL92 中定义的 4 级事务隔离级别，SQL Server 默认情况下采用严格两段锁协议，如果事务的隔离级别为可重复读或可串行化，那么它将采用强两段锁协议。SQL Server 同时支持乐观并发控制和悲观并发控制机制。一般情况下系统采用基于锁的并发控制，而在使用游标时可以选择乐观并发机制。在解决死锁的问题上 SQL Server 采用的是诊断并解除死锁的方法。

SQL Server 提供了 6 种数据锁：共享锁（S）、排它锁（X）、更新锁（U）、意向共享锁（IS）、意向排它锁（IX）、共享与意向排它锁（SIX）。SQL Server 中封锁粒度包括行级（Row）、页面级（Page）和表级（Table）。6 种数据锁的相容矩阵如表 6-10 所示。

表 6-10　　　　　　　　SQL Server 中的数据锁相容矩阵

请求锁模式	现有锁模式					
	IS	S	U	IX	SIX	X
S	是	是	是	否	否	否
U	是	是	否	否	否	否
X	否	否	否	否	否	否
IS	是	是	是	是	是	否
IX	是	否	否	是	否	否
SIX	是	否	否	否	否	否

SQL Server 还有其他的一些特殊锁：模式修改锁（Sch-M 锁）、模式稳定锁（Sch-S 锁）、大容量更新锁（BU 锁）。除了 Sch-M 锁模式之外，Sch-S 锁与所有其他锁模式相容，而 Sch-M 锁与所有锁模式都不相容。BU 锁只与 Sch-S 锁及其他 BU 锁相容。

2. 强制封锁类型

在通常情况下，数据封锁由 DBMS 控制，对用户是透明的。但可以在 SQL 语句中加入锁定提示来强制 SQL Server 使用特定类型的锁。例如,如果知道查询将扫描大量的行,它的行级锁或页级锁将会提升到表级锁,那么事先就可以在查询语句中告知 SQL Server 使用表级锁,这将会减少大量因锁升级而引起的开销。

为 SQL 语句加入锁定提示的语法如下:

Select * from 表名 [(锁类型)]

可以在 SQL 语句中指定如下类型的锁:

(1) HOLDLOCK:将共享锁保留到事务完成,等同于可串行化。

(2) NOLOCK:不要发出共享锁,并且不要提供排它锁。当此项生效时,可能发生脏读。仅用于 SELECT 语句。

(3) PAGLOCK:在通常使用单个表锁的地方采用页锁。

(4) READCOMMITTED:与提交读相同。

(5) READPAST:跳过由其他事务锁定的行。仅用于运行在提交读级别的事务,并且只在行级锁之后读取。仅用于 SELECT 语句。

(6) READUNCOMMITTED:等同于 NOLOCK。

(7) REPEATABLEREAD:与可重复读相同。

(8) ROWLOCK:使用行级锁,而不使用粒度更粗的页级锁和表级锁。

(9) SERIALIZABLE:与可串行化相同,等同于 HOLDLOCK。

(10) TABLOCK:使用表锁代替粒度更细的行级锁和页级锁。在语句结束前,SQL Server 一直持有该锁。

(11) TABLOCKX:使用表的排它锁。该锁可以防止其他事务读取或更新表,并且在事务或语句结束前一直持有。

(12) UPDLOCK:读取表时使用更新锁,而不使用共享锁,并将锁一直保留到语句或事务结束。UPDLOCK 允许读取数据并在以后更新数据,同时确保自从上次读取数据后数据没有被更改。

(13) XLOCK:使用排它锁并一直保持到事务结束。

注意:与事务的隔离级别声明不同,这些提示只会控制一条语句中一个表上的锁定,而 SET TRANSACTION ISOLATION LEVEL 则控制事务中所有语句中的所有表上的锁定。例如,如果在第一个连接中执行以下 SQL 语句:

Update Authors set city = 'ChangSha'

Where au_id = 'A001'

然后在第二个连接中执行以下 SQL 语句:

Select * from Authors (READPAST)

从上面可以看到,SQL Server 跳过作者号为 A001 的行,而返回所有其他的作者。

6.6 数据库恢复技术

任何系统都会产生故障,数据库系统也不例外。产生故障的原因有多种,包括计算机系统崩溃、硬件故障、程序故障、人为错误等。这些故障轻则造成运行事务非正常中断,影响数据库中数据的正确性,重则破坏数据库,使数据库中全部或部分数据丢失。因此,数据库系统必须采取某种措施,以保证即使发生故障,也可以保持事务的原子性和持久性。在 DBMS 中,这项任务是由恢复子系统来完成的。所谓恢复,就是负责将数据库从故障所造成的错误状态中恢复到某一已知的正确状态(亦称为一致性状态或完整状态)。本章讨论数据库恢复的概念和常用技术。

6.6.1 故障的种类

系统可能发生的故障有很多种,每种故障需要不同的方法来处理。一般来讲,数据库系统主要会遇到 3 种故障:事务故障、系统故障、介质故障。

1. 事务故障

事务故障指事务的运行没有到达预期的终点就被终止,有两种错误可能造成事务执行失败。

(1)非预期故障:指不能由应用程序处理的故障,例如运算溢出、与其他事务形成死锁而被选中撤销事务、违反了某些完整性限制等,但该事务可以在以后的某个时间重新执行。

(2)可预期故障:指应用程序可以发现的事务故障,并且应用程序可以控制让事务回滚。例如转账时发现账面金额不足。

可预期故障由应用程序处理,非预期故障是不能由应用程序处理的。故以后事务故障仅指这类非预期的故障。

2. 系统故障

系统故障又称软故障(soft crash),指在硬件故障、软件错误(如 CPU 故障、突然停电、DBMS、操作系统或应用程序等异常终止)的影响下,导致内存中数据丢失,并使得事务处理终止,但未破坏外存中数据库。这种由于硬件错误或软件漏洞致使系统终止而不破坏外存内容的假设又称为故障-停止假设(fail-stop assumption)。

3. 介质故障

介质故障又称硬故障(hard crash),指由于磁盘的磁头碰撞、瞬时的强磁场干扰等造成磁盘的损坏,破坏外存上的数据库,并影响正在存取这部分数据的所有事务。

计算机病毒可以繁殖、传播并造成计算机系统的危害,已成为计算机系统包括数据库的重要威胁。它也会造成介质故障同样的后果,破坏外存上的数据库,并影响正在存取这部分数据的所有事务。

总结各类故障,对数据库的影响有两种可能性:一是数据库本身被破坏。二是数据库没有被破坏,但数据可能不正确,这是因为事务的运行被非正常终止造成的。因此数据库一旦被破坏仍要用恢复技术把数据库加以恢复。恢复的基本原理是冗余,即数据库中任一部分的数据可以根据存储在系统别处的冗余数据来重建。数据库中一般有两种形式的冗余:副本和日志。

要确定系统如何从故障中恢复,首先需要确定用于存储数据的设备的故障状态。其次,必须考虑这些故障状态对数据库内容有什么影响。然后可以设计在故障发生后仍保证数据库一致性以及事务的原子性的算法。这些算法称为恢复算法,它一般由两部分组成:

(1)在正常事务处理时采取措施,保证有足够的冗余信息可用于故障恢复。

(2)故障发生后采取措施,将数据库内容恢复到某个保证数据库一致性、事务原子性及持久性的状态。

6.6.2 恢复的实现技术

恢复机制涉及的两个关键问题是:第一,如何建立冗余数据;第二,如何利用这些冗余数据实施数据库恢复。

建立冗余数据最常用的技术是数据转储和登录日志文件。通常在一个数据库系统中,这两种方法是一起使用的。

1. 数据转储

数据存储是数据库恢复中采用的基本技术。所谓转储即 DBA 定期地将整个数据库复制到磁带或另一个磁盘上保存起来的过程。这些备用的数据文本称为后备副本或后援副本。

当数据库遭到破坏后可以将后备副本重新装入,但重装后备副本只能将数据库恢复到转储时的状态,要想恢复到故障发生时的状态,必须重新运行在转储以后的所有更新事务。

转储是十分耗费时间和资源的,不能频繁进行。DBA 应该根据数据库使用情况确定一个适当的转储周期。

转储可分为静态转储和动态转储。

(1)静态转储。

静态转储是在系统中无运行事务时进行的转储操作。即转储操作开始的时刻,数据库处于一致性状态,而转储期间不允许(或不存在)对数据库的任何存取、修改活动。显然,静态转储得到的一定是一个数据一致性的副本。

静态转储简单,但转储必须等待正运行的用户事务结束才能进行,同样,新的事务必须等待转储结束才能执行。显然,这会降低数据库的可用性。

(2)动态转储。

动态转储是指转储期间允许对数据库进行存取或修改。即转储和用户事务可以并发执行。

动态转储可克服静态转储的缺点,它不用等待正在运行的用户事务结束,也不会影响新事务的运行。但是,转储结束时后援副本上的数据并不能保证正确有效。为此,必须把转储期间各事务对数据库的修改活动登记下来,建立日志文件(log file)。这样,后援副本加上日志文件就能把数据库恢复到某一时刻的正确状态。

转储还可以分为海量转储和增量转储两种方式。海量转储是指每次转储全部数据库。增量转储则指每次只转储上一次转储后更新过的数据。从恢复角度看,使用海量转储得到的后备副本进行恢复一般说来会方便些。但如果数据库很大,事务处理又十分频繁,则增量转储方式更实用更有效。

数据转储有两种方式,分别可以在两种状态下进行,因此数据转储方法可以分为4类:动态海量转储、动态增量转储、静态海量转储和静态增量转储。

2. 登记日志文件

使用最为广泛的用于记录数据库更新的结构就是日志(log)。日志是以事务为单位记录数据库的每一次更新活动的文件,由系统自动记录。

为保证数据库是可恢复的,登记日志文件时必须遵循两条原则:

(1)登记的次序严格按并发事务执行的时间次序。

(2)必须先写日志文件,后写数据库。

把对数据的修改写到数据库中和把表示这个修改的日志记录写到日志文件中是两个不同的操作。有可能在这两个操作之间发生故障,即这两个写操作只完成了一个。如果先写了数据库修改,而在运行记录中没有登记这个修改,则以后就无法恢复这个修改了。如果先写日志,但没有修改数据库,按日志文件恢复时只不过是多执行一次不必要的撤销操作,并不会影响数据库的正确性。所以为了安全,一定要先写日志文件。

日志文件在数据库恢复中起着非常重要的作用。可以用来进行事务故障恢复和系统故障恢复,并协助后备副本进行介质故障恢复。在故障发生后,可通过前滚(rollforward)和回滚(rollback)恢复数据库(如图6-23所示)。前滚就是通过后备副本恢复数据库,并且重做应用保存后的所有有效事务。回滚就是撤销错误地执行或者未完成的事务对数据库的修改,以此来纠正错误。要撤销事务,日志中必须包含数据库发生变化前的所有记录的备份,这些记录叫做前像(before-images)。可以通过将事务的前像应用到数据库来撤销事务。为了恢复事务,日志中必须包含数据库改变之后的所有记录的备份,这些记录叫后像(after-images)。通过将事务的后像应用到数据库可以恢复事务。

3. 基本日志结构

日志是日志记录(log records)的序列,一般会包含以下几种形式的记录。

(1)事务开始标识,如 $<T_i\ \text{start}>$。

(2)更新日志记录(update log record),描述一次数据库写操作,如 $<T_i, X_i, V_1, V_2>$,各字段的含义如下:

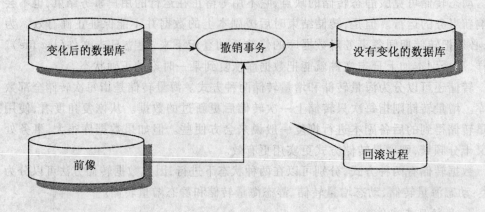

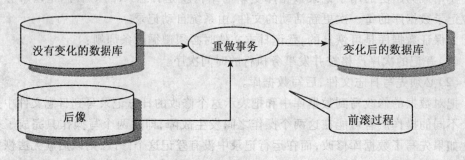

图 6-23 回滚与前滚

① 事务标识 T_i 是执行 write 操作的事务的惟一标识。
② 数据项标识 X_i 是所写数据项的惟一标识。通常是数据项在磁盘上的位置。
③ 更新前数据的旧值 V_1（对插入操作而言，此项为空值）。
④ 更新后数据的新值 V_2（对删除操作而言，此项为空值）。
(3) 事务结束标识。
① $<T_i$ commit $>$，表示事务 T_i 提交。
② $<T_i$ abort $>$，表示事务 T_i 中止。

下面示例了随着 T_0 和 T_1 事务活动的进行，日志中记录变化的情况，A,B,C 的初值分别为 1 000,2 000 和 700。分 T_0 完成但未提交,T_0 已提交 T_1 完成但未提交,T_1 已提交三个阶段表示日志中记录变化的情况，如图 6-24 所示。

6.6.3 SQL Server 基于日志的恢复策略

当系统运行过程中发生故障,利用数据库后备副本和日志文件就可以将数据库恢复到故障前的某个一致性状态。不同故障其恢复策略和方法也不一样。

1. 事务分类

根据日志中记录事务的结束状态,可以将事务分为圆满事务和夭折事务。

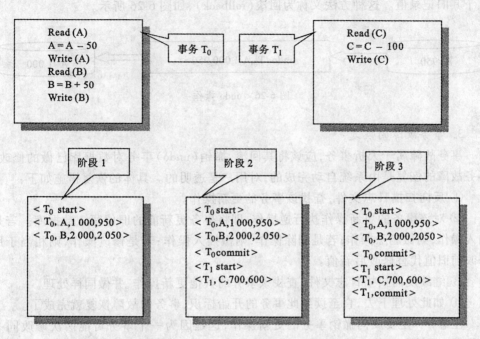

图 6-24　日志记录事务活动示意图

(1) 圆满事务:指日志文件中记录了事务的 commit 标识,说明日志中已经完整地记录下事务所有的更新活动。可以根据日志重现整个事务,即根据日志就能把事务重新执行一遍。

(2) 夭折事务:指日志文件中只有事务的开始标识,而无 commit 标识,说明对事务更新活动的记录是不完整的,无法根据日志来重现事务。为保证事务的原子性,应该撤销这样的事务。

如图 6-24 所示,在阶段 1,T_0 是夭折事务;在阶段 2,T_0 是圆满事务,T_1 是夭折事务;在阶段 3,T_0 和 T_1 均是圆满事务。

2. 基本的恢复操作

redo:对圆满事务所做过的修改操作应执行 redo 操作,即重新执行该操作,修改对象赋予其新记录值。这种方法又称为前滚(rollforward),如图 6-25 所示。

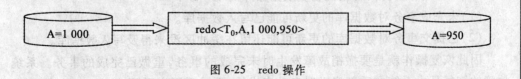

图 6-25　redo 操作

undo:对夭折事务所做过的修改操作应执行 undo 操作,即撤销该操作,修改对象赋予其旧记录值。这种方法又称为回滚(rollback)，如图6-26所示。

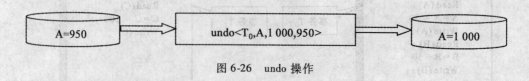

图 6-26　undo 操作

3．事务故障的恢复

事务故障属于夭折事务，应该将其回滚，撤销(undo)事务对数据库已做的修改。事务故障的恢复是由系统自动完成的，对用户是透明的。具体的恢复措施如下：

① 反向扫描日志文件，查找该事务的更新操作。

② 对该事务的更新操作执行逆操作，即将事务更新前的旧值写入数据库。若是插入操作，则做删除操作；若是删除操作，则做插入操作；若是修改操作，则相当于用修改前旧值代替修改后新值。

③ 继续反向扫描日志文件，查找该事务的其他更新操作，并做同样处理。

④ 如此处理下去，直至读到此事务的开始标识，事务的故障恢复就完成了。

注意，一定要反向撤销事务的更新操作，这是因为一个事务可能两次修改同一数据项，后面的修改基于前面的修改结果。如果正向撤销事务的操作，那么最终数据库反映出来的是第一次修改后的结果，而非第一次修改前也即事务开始前的状态。

假定发生故障时日志文件和数据库内容如图6-27所示。

图 6-27　发生故障时日志文件和数据库内容

反向和正向撤销事务操作的结果分别为 A = 1 000 和 A = 950。

4．系统故障的恢复

对于系统故障，有两种情况会造成数据库的不一致：

(1)未完成事务对数据库的更新可能已写入数据库。

(2)已提交事务对数据库的更新可能还留在缓冲区没来得及写入数据库。

因此恢复操作就是要撤销故障发生时未完成的事务，重做已完成的事务。系统故障的恢复是由系统在重新启动时自动完成的，不需要用户干预。

系统故障的恢复措施如下：

(1)正向扫描日志文件，找出圆满事务，将其事务标识记入重做队列(redo)；找出夭折事务,将其事务标识记入撤销队列(undo)。

(2)对撤销队列中的各个事务进行撤销(undo)处理。方法是,反向扫描日志文件,对每个undo事务的更新操作执行逆操作,即将日志记录中"更新前的值"写入数据库。

(3)对重做队列中的各个事务进行重做(redo)处理。方法是:正向扫描日志文件,对每个redo事务重新执行日志文件登记的操作。即将日志记录中"更新后的值"写入数据库。

5. 介质故障恢复

发生介质故障时,磁盘上数据文件和日志文件都有可能遭到破坏。恢复方法是重装数据库,然后重做已完成的事务。可以按照下面的过程进行恢复,如图6-28所示。

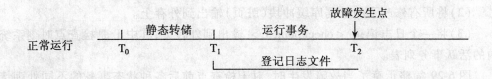
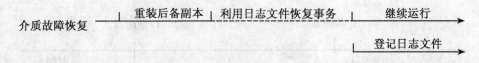

图6-28 采用静态转储介质故障恢复

(1)装入最新的数据库后备副本,将数据库恢复到最近一次转储时的一致性状态。

(2)装入相应的日志文件副本,重做已完成的事务。即首先扫描日志文件,找出故障发生时已提交的事务的标识,将其记入重做队列。然后正向扫描日志文件,对重做队列中的所有事务进行重做处理。即将日志记录中"更新后的值"写入数据库。

这样就可以将数据库恢复至故障前某一时刻的一致状态了。

介质故障的恢复需要DBA介入。但DBA只需要重装最近转储的数据库副本和有关的各日志文件副本,然后执行系统提供的恢复命令即可,具体的恢复操作仍由DBMS完成。

6.6.4 SQL Server 检查点

1. 一般检查点原理

利用日志技术进行数据库恢复时,恢复子系统必须从头开始扫描日志文件,以决定哪些事务是圆满事务,哪些是夭折事务,以便分别对它们进行redo或undo处理。

它需要扫描整个日志文件，导致搜索过程太耗时，而且许多圆满事务的更新结果已经提交到数据库中了，但仍需要重做它们，使得恢复过程无谓地变长了。这样处理是由于在发生故障的时候，日志文件和数据库内容有可能不一致，我们无法判定日志文件中的圆满事务是否完全反映到数据库中去了，所以只能逐个重做它们。为避免这种开销，我们引入检查点(checkpoints)机制。它的主要作用就是保证在检查点时刻外存上的日志文件和数据库文件的内容是完全一致的。

在数据库系统运行时，DBMS 定期或不定期地设置检查点，在检查点时刻保证所有已完成事务对数据库的修改写到外存，并在日志文件写入一条检查点记录。当数据库需要恢复时，只有检查点后面的事务需要恢复。这种检查点机制大大提高了恢复过程的效率。一般 DBMS 自动进行检查点操作，无需人工干预。

生成检查点的步骤如下：
（1）将当前位于主存的所有日志记录输出到外存上。
（2）将所有修改了的数据库缓冲块（脏页）输出到外存上。
（3）将一个日志记录 <checkpoint L> 输出到外存上，其中 L 是检查点时刻系统内的活跃事务列表。

图 6-29 简略示意了当故障发生时，对于检查点前后各种状态事务的不同处理情况。

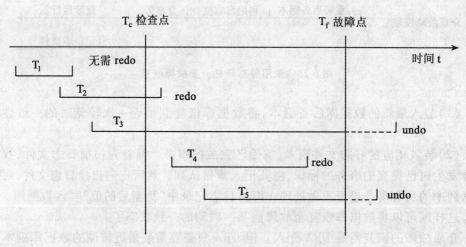

图 6-29　检查点前后不同状态事务的不同处理情况示意图

T_1：在检查点之前提交，无需 redo。
T_2：在检查点之前开始执行，在检查点之后故障点之前提交，要 redo。
T_3：在检查点之前开始执行，在故障点时还未完成，所以予以撤销。
T_4：在检查点之后开始执行，在故障点之前提交，要 redo。
T_5：在检查点之后开始执行，在故障点时还未完成，所以予以撤销。

2. 模糊检查点

在生成检查点的过程中,不允许事务执行任何更新动作,比如写缓冲块或写日志记录,以避免造成日志文件与数据库文件之间的不一致。但如果缓存中页的数量非常大,这种限制会使得生成一个检查点的时间很长,从而导致事务处理中难以忍受的中断。

为避免这种中断,可以改进检查点技术,使之允许在检查点记录写入日志后,但在修改过的缓冲块写到磁盘前做更新。这样产生的检查点称为模糊检查点(fuzzy checkpoint)。

由于只有在写入检查点记录之后,页才输出到磁盘,故系统有可能在所有页写完之前崩溃,这样,磁盘上的检查点可能是不完善的。一种处理不完善检查点的方法是,将最后一个完善检查点记录在日志中的位置存在磁盘固定的位置 last_checkpoint 上,系统在写入检查点记录时不更新该信息,而是在写检查点记录前,创建所有修改过的缓冲页的列表,只有在所有该列表中的缓冲页都输出到了磁盘上以后,last_checkpoint 信息才会更新。

即使使用模糊检查点,正在输出到磁盘的缓冲页也不能更新,虽然其他缓冲页可以被并发地更新。

6.6.5 SQL Server 的备份与恢复

1. 备份类型

SQL Server 有 4 种不同的备份类型,它们是数据库备份、差异数据库备份、事务日志备份、使用文件备份。

(1)数据库备份(完全备份)。

数据库备份(database backup)创建数据库的副本。与其他备份方式相比,数据库备份使用的存储空间更多,完成备份操作需要更多的时间,因此其创建频率通常比较低。

当 SQL Server 正在使用的时候,也可以进行完全的数据库备份,这称为"模糊"备份,即它不是某个特定时刻的数据库的准确映像。备份线程只是复制区间,如果其他进程需要修改这些正在被备份的区间的话,它们也是可以进行的。

还原数据库时,SQL Server 将备份中的所有数据复制到数据库中,同时回滚数据库备份中任何未完成的事务以确保数据库保持一致。

下例将整个 Pubs 数据库备份到磁带上:
USE Pubs
GO
BACKUP DATABASE Pubs
  TO TAPE = '\\.\Tape0' WITH FORMAT,
  NAME = 'Full Backup of Pubs'

下例从磁带还原 Pubs 数据库备份：
USE master
GO
RESTORE DATABASE Pubs
    FROM TAPE = '\\.\Tape0'

（2）差异数据库备份（增量备份）。

差异数据库备份（differential backup）只记录自上次数据库备份后发生更改的数据。差异数据库备份比数据库备份小而且备份速度快，因此可以更经常地备份。如果自上次数据库备份后数据库中只有相对较少的数据发生了更改，或者多次修改相同的数据，则差异数据库备份尤其有效。

只有首先备份数据库，然后才能创建差异数据库备份。下例为 Pubs 数据库创建一个完全数据库备份和一个差异数据库备份。

    BACKUP DATABASE Pubs TO Pubs_1
    WITH INIT
    BACKUP DATABASE Pubs TO Pubs_1
    WITH DIFFERENTIAL

下例还原 Pubs 数据库的数据库备份和差异数据库备份。

    RESTORE DATABASE Pubs FROM Pubs_1
    WITH NORECOVERY
    RESTORE DATABASE Pubs FROM Pubs_1
    WITH FILE = 2, RECOVERY

（3）事务日志备份。

事务日志是自上次备份事务日志后对数据库执行的所有事务的一系列记录。可以使用事务日志备份（log backup）将数据库恢复到特定的即时点或恢复到故障点。一般情况下，事务日志备份比数据库备份使用的资源少。因此可以比数据库备份更经常地创建事务日志备份。

还原事务日志备份时，SQL Server 重做事务日志中记录的所有更改。当 SQL Server 到达事务日志的最后时，已重现了与开始执行备份操作的那一刻完全相同的数据库状态。如果数据库已经恢复，则 SQL Server 将回滚备份操作开始时尚未完成的所有事务。

下例生成事务日志备份序列：

    BACKUP DATABASE Pubs_1 TO Pubs WITH INIT
    BACKUP LOG Pubs TO Pubs_log1
    BACKUP LOG Pubs TO Pubs_log2

下例还原到故障点：
    ——备份当前活动的事务日志

```
            BACKUP LOG Pubs TO Pubs_log3
                WITH NO_TRUNCATE
    ——还原数据库备份
            RESTORE DATABASE Pubs FROM Pubs_1
                WITH NORECOVERY
    ——应用每个事务日志备份
            RESTORE LOG Pubs FROM Pubs_log1
                WITH NORECOVERY
            RESTORE LOG Pubs FROM Pubs_log2
                WITH NORECOVERY
    ——还原最后的事务日志备份
            RESTORE LOG Pubs
                FROM Pubs_log3 WITH RECOVERY
```

注意,WITH RECOVERY 选项表示回滚未完成的事务。数据库此时是可用的。而 WITH NORECOVERY 表示不回滚未完成的事务,此时数据库处于不一致状态,是不可用的。如果要回滚多个日志备份,那么只有最后一个 RESTORE 命令带 WITH RECOVERY 选项,其余 RESTORE 命令必须跟 WITH NORECOVERY。

(4) 使用文件备份。

可以备份和还原数据库中的个别文件。这样可以只还原已损坏的文件,而不用还原数据库的其余部分,从而加快了恢复速度。例如,如果数据库由几个在物理上位于不同磁盘上的文件组成,那么当其中一个磁盘发生故障时,只需还原发生了故障的磁盘上的文件。

SQL Server 支持备份或还原数据库中的个别文件或文件组。这是一种相对较完善的备份和还原过程,通常用在具有较高可用性要求的超大型数据库(VLDB)中。如果可用的备份时间不足以支持完整数据库备份,则可以在不同的时间备份数据库的子集。

下例执行 Pubs 数据库的文件和文件组的备份操作:

```
            BACKUP DATABASE Pubs
            FILE = ' Pubs_data_1',FILEGROUP = 'file_group1',
            FILE = ' Pubs_data_2',
            FILEGROUP = 'file_group2' TO Pubs_1
```

下例还原 Pubs 数据库的文件和文件组:

```
            RESTORE DATABASE Pubs
            FILE = ' Pubs_data_1',FILEGROUP = 'file_group1',
            FILE = ' Pubs_data_2',FILEGROUP = 'file_group2' FROM Pubs_1
            WITH NORECOVERY
```

2. 将数据库还原到前一个状态

有时要将数据库还原到更早的即时点。例如，如果数据库内的某个早期事务错误地更改了某些数据，则需将数据库还原到早于错误数据输入时间的即时点。为此，需将整个数据库恢复到事务日志内的某个点。可以将数据库恢复到事务日志内的特定即时点，也可以恢复到以前插入到日志中的某个命名标记。

(1) 恢复到即时点。

可以通过只恢复在事务日志备份内的特定即时点之前发生的事务来恢复到即时点，而不用恢复整个备份。通过查看每个事务日志备份的标题信息或 msdb 中 backupset 表内的信息，可以快速识别哪个备份包含要将数据库还原到的即时点，然后只需将事务日志备份应用到该点（每个备份集在 backupset 表中占一行，该表存储在 msdb 数据库中）。

下例将数据库还原到它在 2005 年 2 月 18 日上午 10:00 点的状态。

```
RESTORE DATABASE Pubs FROM Pubs
    WITH NORECOVERY
RESTORE LOG Pubs FROM Pubs_log1
    WITH RECOVERY, STOPAT = 'Feb 18, 2005 10:00 AM'
```

(2) 恢复到命名事务。

SQL Server 支持在事务日志中插入命名标记以允许恢复到特定的标记。日志标记是事务性的，只有在提交与它们相关联的事务时才插入。因此可将标记绑定到特定的工作上，而且可恢复到包含或排除此工作的点。

使用 BEGIN TRANSACTION 语句和 WITH MARK [description] 子句在事务日志中插入标记。对于每个提交的带标记的事务，在 msdb 中的 logmarkhistory 表中都会插入一行，如表 6-11 所示。

表 6-11 logmarkhistory 表

列名	描述
Database_name	标记事务出现的本地数据库
Mark_name	用户提供的标记事务名
Description	用户提供的标记事务描述
User_name	执行标记事务的数据库用户名
Lsn	出现标记的事务记录的日志序列号
Mark_time	提交标记事务的时间(本地时间)

使用 RESTORE LOG 和 WITH STOPATMARK = 'mark_name' 子句可以恢复到日志中的某个标记。

3. 恢复模型

可以为 SQL Server 中的每个数据库选择 3 种恢复模型中的一种,以确定如何备份数据以及能承受何种程度的数据丢失。下面是可以选择的 3 种恢复模型:

- 简单恢复(SIMPLE):允许将数据库恢复到最新的备份。
- 完全恢复(FULL):允许将数据库恢复到故障点状态。
- 批量日志记录恢复(BULK_LOGGED):允许批量日志记录操作。

(1)简单恢复。

简单恢复模型使用数据库备份或差异数据库备份,它可以将数据库恢复到上次备份的即时点。简单恢复不使用事务日志备份,日志会被定期地、频繁地截断,因此无法将数据库还原到故障点或特定的即时点。简单恢复完成后,上次数据库备份或差异备份后的修改将丢失。因此一般对一些只读的小数据库或对于处于测试、开发阶段的数据库采用简单恢复模式。当发生故障时,简单恢复的处理过程如下:

① 还原最新的完全数据库备份。

② 如果有差异备份,则还原最新的那个备份。

(2)完全恢复。

完全恢复模型使用数据库备份和事务日志备份,它可以将数据库恢复到故障点或特定即时点。为此,包括批量操作,如 SELECT INTO、CREATE INDEX 和批量装载数据(bcp 和 BULK INSERT)在内的所有操作都将完整地记入日志。

如果数据库的当前事务日志文件可用而且没有损坏,则完全恢复可以将数据库还原到故障点发生时的状态,恢复过程如下:

① 备份当前活动事务日志。

② 还原最新的数据库备份,但不恢复数据库。

③ 如果有差异备份,则还原最新的那个备份。

④ 按照创建时的相同顺序,还原自数据库备份或差异备份后创建的每个事务日志备份,但不恢复数据库。

⑤ 应用最新的日志备份(在步骤①中创建)恢复数据库。

(3)批量日志记录恢复。

批量日志记录恢复模型对某些大规模或批量复制操作提供最佳性能和最少的日志使用空间。下列操作为最小日志记录操作:

SELECT INTO。

批量装载操作(bcp 和 BULK INSERT)。

CREATE INDEX(包括索引视图)。

text 和 image 操作(WRITETEXT 和 UPDATETEXT)。

完全恢复模型会记录下批量复制操作的完整日志,但批量日志记录恢复模型只记录这些操作的发生。但是操作还是完全可恢复的,因为 SQL Server 记录下了这次批量操作到底影响到了哪些区间。

与完全恢复模式相比,批量日志记录恢复的日志文件本身可以小很多,但日志备份却很大,因此,它生成日志备份所花费的时间要更多。

批量日志记录恢复的处理过程如下:
① 备份当前活动事务日志。
② 还原最新的完全数据库备份。
③ 如果有差异备份,则还原最新的那个备份。
④ 按顺序应用自最新的差异备份或完全数据库备份后创建的所有事务日志备份。
⑤ 手工重做最新日志备份后的所有更改。

(4)切换恢复模型。

可以将数据库从一个恢复模型切换到另一个恢复模型,以满足不断变化的业务要求。例如,如果系统需要完全的可恢复性,可以在装载和索引操作的过程中,将数据库的恢复模型更改到批量日志记录模型,然后再返回到完全恢复。这将提高性能并减少所需的日志空间,同时保持服务器保护。

下面是切换恢复模型的 SQL 命令:
ALTER DATABASE < database_name >
SET RECOVERY [FULL | BULKLOGGED | SIMPLE]
下面是查看当前数据库所使用的恢复模型的 SQL 命令:
SELECT DATABASEPROPERTYEX('< database_name >','recovery')

本 章 小 结

所有的数据库系统都需要进行管理与保护。如果不进行必要的管理与保护,即使性能优异的数据库系统也不能正常运行。尽管管理与保护会因数据库的大小、复杂性和应用的不同而不同,对多用户的数据库应用程序来说,数据库的管理与保护会变得更加重要与复杂,因而受到人们的日益重视。鉴于数据库应用程序的复杂性,DBMS 需要具备 4 个数据库管理与保护功能,即数据安全性控制、数据完整性控制、数据库的并发控制和数据库的恢复。

数据库安全的目的就是在于确保只有授权的用户可在授权的时间进行授权的操作。为了确保数据库安全有效,必须确定所有用户的处理权限和责任。

DBMS 产品都提供了安全机制,其中大部分包括对用户、组和受保护对象的声明,以及这些对象的权限和特权。差不多所有的 DBMS 产品使用用户名和口令安全机制。在数据库应用系统中,还采用了强制存取控制、统计数据库的安全性、审计和数据加密等技术。DBMS 安全还可以通过应用程序安全得到改善。

数据库的完整性是为了保证数据库中存储的数据是正确的,所谓正确的是指符合现实世界语义的。DBMS 完整性实现的机制包括完整性约束定义机制、完整性检查机制和违背完整性约束条件时 DBMS 应采取的动作等。

最重要的完整性约束条件是实体完整性和参照完整性,其他完整性约束条件则可以归入用户定义的完整性。DBMS 产品都提供了完整性机制,不仅能保证实体完整性和参照完整性,而且能在 DBMS 核心定义、检查和保证用户定义的完整性约束条件。读者应注意,不同的数据库产品对完整性的支持策略和支持程度是不同的。

事务是用户定义的一个数据库操作序列,作为一个不可分的单元执行,这些操作要么全做,要么全不做。并发事务的操作在服务器上是交叉执行的,当两个事务并发运行产生的结果和分别运行产生的结果一致,称这两个事务为串行化事务。如果对并发操作不加控制就会出现各种不一致现象,如丢失修改、读脏数据、不能重复读、幻象读等。SQL92 标准定义了 4 级隔离级别:读未提交、读提交、可重复读和可串行化,以便使应用程序编程人员能够声明将使用的事务隔离级别,并且由 DBMS 通过管理封锁来实现相应的事务隔离级别。事务不仅是并发控制的基本单位,也是恢复的基本单位.。

并发控制的目的就是确保一个用户的操作不会对另外一个用户的工作产生不良影响。即保证并发事务的隔离性,保证数据库的一致性。

数据库的并发控制以事务为单位,通常使用封锁技术实现并发控制。最常用的封锁是共享锁和排它锁。对封锁规定不同的封锁协议,就达到了不同的事务隔离级别。并发控制机制调度并发事务操作是否正确的判别准则是可串行化,两段锁协议可以保证并发事务调度的正确性。

对数据对象施加封锁,会带来活锁和死锁问题,并发控制机制必须提供适合数据库特点的解决方法。不同的数据库管理系统提供的封锁类型、封锁协议、达到的系统一致性级别不尽相同。

只要 DBMS 能够保证系统中一切事务的原子性、一致性、隔离性和持续性,也就保证了数据库处于一致状态。为了保证事务的原子性、一致性与持续性,DBMS 必须对事务故障、系统故障和介质故障进行恢复。数据库转储和登记日志文件是恢复中最经常使用的技术。虽然某些时候数据恢复可以通过重新处理来实现,但是人们常常更倾向于根据日志、前像、后像来执行前滚或回滚操作,以恢复数据。检查点可用来减少故障后的数据恢复工作量。

习 题 六

6.1　什么是数据库的安全性?

6.2　什么是权限?用户访问数据库有哪些权限?对数据库模式有哪些修改权限?

6.3　安全性措施中强制存取控制是如何实现的?

6.4　统计数据库是如何防止用户获取单记录信息的?

6.5 说明 DBMS 安全机制的优缺点。

6.6 什么是数据库的审计功能？为什么要提供审计功能？

6.7 简述 SQL Server 2000 中的三种权限。

6.8 试述 SQL Server 2000 的安全性控制策略。

6.9 什么是数据库的完整性约束条件？可分为哪几类？

6.10 DBMS 的完整性控制应具有哪些功能？

6.11 RDBMS 在实现参照完整性时需要考虑哪些方面？

6.12 假设有下面两个关系模式：

职工(职工号,姓名,年龄,职务,工资,部门号)，其中职工号为主键；

部门(部门号,名称,经理名,电话)，其中部门号为主键。

用 SQL 定义这两个关系模式，要求在模式中完成以下完整性约束的定义：

(1) 定义每个模式的主键；

(2) 定义参照完整性；

(3) 定义职工年龄不得超过 60 岁。

在关系系统中，当操作违反实体完整性、参照完整性和用户定义的完整性约束条件时，一般是如何分别进行处理的？

6.13 数据库的完整性概念与数据库的安全性概念有什么区别和联系？

6.14 SQL Server 验证和 Windows 验证有什么区别？

6.15 试述 SQL Server 2000 的完整性控制策略。

6.16 举例说明数据库用户名和登录名的关系。

6.17 SQL Server 语句权限与对象权限有什么区别？

6.18 什么是角色？服务器角色与数据库角色有什么区别？

6.19 试述事务的概念及事务的 4 个特性。

6.20 说明 begin transaction、commit 和 rollback 语句的用处。

6.21 说明 4 级事务隔离级别的含义，并举例说明它们的用处。

6.22 试述串行调度与可串行化调度的区别。

6.23 什么样的并发调度是正确的调度？

6.24 并发控制的目的是什么？

6.25 并发操作可能产生哪几类数据不一致？

6.26 什么是封锁的粒度？封锁粒度的大小对并发系统有什么影响？

6.27 说明排它锁与共享锁之间的区别。

6.28 封锁会带来哪些问题？如何解决？

6.29 什么是活锁？什么是死锁？

6.30 为什么要引进意向锁？意向锁的含义是什么？

6.31 说明乐观并发控制与悲观并发控制的区别。

6.32 试述两段锁协议的概念。

6.33 给出 S 锁、X 锁、IS 锁、IX 锁和 SIX 锁的相容矩阵。

6.34 试述 SQL Server 2000 的并发控制机制。

6.35 数据库中为什么要有恢复子系统？它的功能是什么？

6.36 数据库运行中可能产生的故障有哪几类？哪些故障影响事务的正常执行？哪些故障破坏数据库数据？

6.37 数据库转储的意义是什么？试比较各种数据转储方法。

6.38 登记日志文件时为什么必须先写日志文件，后写数据库？

6.39 具有检查点的恢复技术有什么优点？试举一个具体例子加以说明。

6.40 什么是 undo 操作？什么是 redo 操作？

6.41 试述 SQL Server 2000 的恢复机制。

第七章 SQL 高级功能

【学习目的与要求】

SQL 除了第五章介绍的数据库的定义、查询、更新等基本功能以外还有一些高级功能。本章主要介绍 SQL 高级功能中的存储过程、触发器和嵌入式 SQL 语句，其中存储过程和触发器是本课程的一个重点。通过对本章的学习，要求学生全面掌握 SQL 的存储过程和触发器，并且能够熟练应用。

7.1 存储过程

7.1.1 存储过程的概念

存储过程（Stored Procedure）是存储在 SQL Server 服务器上的预编译好的一组为了完成特定功能的 SQL 语句集。用户通过指定存储过程的名字并给出参数（如果该存储过程带有参数）来执行它。可以将存储过程类比为 SQL Server 提供的用户自定义函数，可以在后台或前台调用它们。

实际上，存储过程是 Transact-SQL 对 ANSI-92 SQL 标准的扩充。它允许多个用户访问相同的代码。它提供了一种集中且一致的实现数据完整性的逻辑方法。存储过程用于实现频繁使用的查询、业务规则、被其他过程使用的公共例行程序。

存储过程分为三类：系统存储过程、用户定义的存储过程和扩展存储过程。

1. 系统存储过程

在安装 SQL Server 时，系统创建了很多系统存储过程。系统存储过程主要用于从系统表中获取信息，也为系统管理员和合适用户（即有权限用户）提供更新系统表的途径。它们中的大部分可以在用户数据库中使用。系统存储过程的名字都以"sp_"为前缀。

2. 用户定义的存储过程

用户定义的存储过程是由用户为完成某一特定功能而编写的存储过程。我们在本节详细介绍用户定义的存储过程。

3. 扩展存储过程

扩展存储过程是对动态链接库（DLL）函数的调用。

SQL Server 中的存储过程与其他编程语言中的过程类似,它们具有以下特点:

(1)接收输入参数并以输出参数的形式为调用过程或批处理返回多个值。
(2)包含执行数据库操作的编程语句,包括调用其他过程。
(3)为调用过程或批处理返回一个状态值,以表示成功或失败(及失败原因)。

在 SQL Server 中经常使用存储过程而不使用存储在本地客户机中的 Transact-SQL 程序,是因为存储过程具有如下优点:

(1)使用存储过程可以减少网络流量。这是因为存储过程存储在服务器上,并在服务器上运行,只有触发执行存储过程的命令和返回的结果才在网络上传输,所以可以减少网络流量。客户端无需将数据库中的数据通过网络传输到本地进行计算,再将结果数据通过网络送到服务器,从而减少了网络流量。

(2)增强代码的重用性和共享性。一个存储过程是为了完成某一个特定功能而编写的一个模块,该模块可以被很多用户重用,也可以被很多用户共享。所以,存储过程可以增强代码的重用性和共享性,加快应用的开发速度,提供开发的质量和效率。

(3)使用存储过程可以加快系统的运行速度。第一次执行后的存储过程会在缓冲区中创建查询树,使得第二次执行时不用进行预编译,从而加快速度。

(4)使用存储过程保证安全性。因为可以不授予用户访问存储过程中涉及的表的权限,而只授予访问存储过程的权限,这样既可以保证用户通过存储过程操纵数据库中的数据,又可以保证用户不能直接访问与存储过程相关的表,从而保证表中数据的安全。

7.1.2 存储过程的创建和执行

使用 CREATE PROCEDURE 语句创建存储过程的语法为:
CREATE PROC[EDURE] procedure_name [;number]
   [{@ parameter data_type}
     [VARYING] [= default] [OUTPUT]
   ][,...n]
[WITH
   {RECOMPILE | ENCRYPTION | RECOMPILE, ENCRYPTION}
]
[FOR REPLICATION]
AS
      sql_statement [...n]

各参数的含义如下:
- procedure_name 是为新创建的存储过程指定的名字。它后面跟一个可选项 number,number 是一个整数,用来区别一组同名的存储过程。存储过程的命名必须符合命名规则。在一个数据库中或对其使用者而言,存储过程的名字

- @ parameter 如果想向存储过程传递参数，必须在存储过程的声明部分定义它们。声明包括参数名、参数的数据类型以及一些其他的特殊选项。
- data_type 声明参数的数据类型。它可以是任何有效的数据类型，包括文本和图像类型。但是，游标 cursor 数据类型只能被用做 OUTPUT 参数。当定义游标数据类型时，也必须对 VARYING 和 OUTPUT 关键字进行定义。对可能是游标数据类型的 OUTPUT 参数而言，参数的最大数目没有限制。
- [VARYING]，当把游标作为参数返回时，要指定该选项。这个选项告诉 SQL Server 对于返回游标的行集合将会发生改变。
- [=default] 这个选项用于指定特定参数的缺省值。如果过程被执行的时候这个参数没有赋值，将使用本缺省值来取代，可以是 NULL 值，或是其他符合该数据类型的合法常量。对于字符串数据，如果该参数是与 LIKE 参数联合使用的，则该值可以包含通配符。
- [OUTPUT] 这一可选关键字用于指定该参数是输出参数。当过程执行完成后，该参数值能被返回到正在执行的过程里。文本或图像数据类型不能作为输出参数使用。
- [,...n] 这一符号指明可以在一个存储过程中指定多个参数。SQL Server 在单个存储过程中最多可有 1 024 个参数。
- WITH RECOMPILE 这个选项强制 SQL Server 在每一次执行存储过程时都重新编译。当使用临时值和对象时，应该使用它。
- WITH ENCRYPTION 这一选项强制 SQL Server 对存储在系统备注表中的存储过程文本进行加密。这就允许创建和重新分布数据库，而不用担心用户会获得存储过程的原始代码。
- WITH RECOMPILE,ENCRYPTION 这一选项强制 SQL Server 重新编译和加密存储过程。
- FOR REPLICATION 这一选项强制该存储过程只能在数据复制时使用。本选项不能和 WITH RECOMPILE 选项一起使用。
- AS 表明存储过程的定义将要开始。
- sql_statements 是组成存储过程的 SQL 语句。

执行已创建的存储过程可使用 EXECUTE 命令，其语法如下：

[[EXEC[UTE]]
　{[@return_status=]
　{procedure_name [;number] | @procedure_name_var}
　[[@parameter=] {value | @variable [OUTPUT] | [DEFAULT]} [,...n]
　[WITH RECOMPILE]

我们会在后面详细讲解每个参数的使用。现在只需要知道，EXECUTE 后面带上存储过程的名称就可以执行这个存储过程。

【例 7-1】 创建一个名为 up_get_phone_list 的存储过程,其功能是通过查询获得所有作者的姓名和电话号码。

第一步:写 SQL 语句。

SELECT au_lname + ',' + au_fname '姓名', phone '电话号码'
FROM authors
ORDER BY '姓名' ASC

第二步:测试 SQL 语句。

执行这些 SQL 语句,确认符合要求。

第三步:若得到所需结果,则创建过程。

如果发现符合要求,则按照存储过程的语法,定义该存储过程。

CREATE PROCEDURE up_get_phone_list
AS
SELECT au_lname + ',' + au_fname '姓名', phone '电话号码'
FROM authors
ORDER BY '姓名' ASC

第四步:执行过程。

执行存储过程,验证正确性。

EXEC up_get_phone_list

7.1.3 存储过程与参数

存储过程能够接受参数以提高性能和灵活性,参数在过程的第一个语句中声明。参数用于在存储过程和调用存储过程的对象之间交换数据,可以用参数向存储过程传送信息,也可以从存储过程输出参数,SQL Server 支持两类参数:输入参数和输出参数。输入参数是指由调用程序向存储过程传递的参数,输出参数是存储过程将数据值或指针变量传回调用程序。存储过程为调用程序返回一个整型返回代码。如果存储过程没有显式地指出返回代码值,结果将返回 0。

1. 创建和执行带输入参数的存储过程

输入参数是指由调用程序向存储过程传递的参数。它们在创建存储过程语句中被定义,而在执行该存储过程中给出相应的变量值。定义输入参数的具体语法如下:

@ parameter data_type [= default]

SQL Server 提供了以下两种方法传递参数:

(1)按位置传送。

这种方法是在执行存储过程语句中,直接给出参数的传递值。当有多个参数时,值的顺序与创建存储过程语句中定义参数的顺序相一致。也就是说,参数传递的顺序就是参数定义的顺序。其格式是：

[EXEC[UTE]]proc.name[value...]

其中,proc_name是存储过程名字,value是传递给输入参数的值。

(2)按参数名传送。

这种方法是在执行存储过程中,指出创建该存储过程语句中的参数名字和传递给它的值。其格式如下：

[EXEC[UTE]]proc_name [@parameter = value]

其中,proc_name是存储过程名字,parameter是输入参数的名字,value是传递给该输入参数的值。

【例7-2】 创建一个名为up_get_author_phone的用户存储过程,其功能是通过某一位作者的姓查他的电话号码。

```
CREATE PROCEDURE up_get_author_phone
    @last_name VARCHAR(32)
AS
SELECT au_lname + ',' + au_fname '姓名', phone '电话号码'
FROM authors
WHERE au_lname=@last_name
ORDER BY '姓名' ASC
```

执行:

```
EXEC up_get_author_phone DULL
```

【例7-3】 创建一个将作者信息插入authors表中的存储过程up_insert_new_author,要求用户执行时必须提供作者的标识、名和姓。

```
CREATE PROCEDURE up_insert_new_author
    @au_id       VARCHAR(11),
    @au_lname    VARCHAR(40),
    @au_fname    VARCHAR(20),
    @phone       CHAR(12) = 'UNKNOWN',
    @address     VARCHAR(40) = NULL,
    @city        VARCHAR(20) = NULL,
    @state       CHAR(2) = NULL,
    @zip         CHAR(5) = NULL,
    @contract    BIT = 0
AS
INSERT INTO authors
Values(@au_id,@au_lname,@au_fname,@phone,@address,@city,@state,@zip,@contract)
```

执行：
EXEC up_insert_new_author @ au_id = '999-99-1234', @ au_lname = 'kai', @ au_fname = 'Yin'

2. 创建和执行带输出参数的存储过程

可以从存储过程中返回一个或多个值，这是通过在创建存储过程的语句中定义输出参数来实现的。为了使用输出参数，在 CREATE PROCEDURE 和 EXECUTE 语句中都必须使用 OUTPUT 关键字。

定义输出参数的具体语法如下：

@ parameter data_type [= default] OUTPUT

值得注意的是，输出参数必须位于所有输入参数说明之后。

执行带输出参数的存储过程的语法如下：

[EXEC[UTE]] proc_name [@ parameter =]value [OUTPUT]

【例7-4】 创建一个名为 up_get_title_sales 的用户存储过程，其功能是通过输入图书名来获得该书的当年销量，并保存在变量 sales 中。

```
CREATE PROCEDURE up_get_title_sales
    @ title         VARCHAR(80) = NULL,
    @ ytd_sales int OUTPUT
AS
IF @ title = NULL
    BEGIN
        PRINT '书名不能为空！'
        RETURN
    END
SELECT @ ytd_sales = ytd_sales
FROM titles
WHERE title = @ title
RETURN
```

执行：

```
DECLARE @ sales int
EXECUTE up_get_title_sales 'Life Without Fear', @ sales OUTPUT
SELECT 'The sales is：', @ sales
GO
```

注意，EXECUTE 语句之前需要声明一个变量(@ sales)用以存储返回的值，变量的数据类型应当同输出参数的数据类型相匹配。EXECUTE 语句本身在输出变量后必须包含关键字 OUTPUT。

3. 返回存储过程的状态

实际上每个存储过程的执行,都将自动返回一个整型状态值(可以通过@return_status 获得),用于告诉调用程序"执行该存储过程的状况"。调用程序可根据返回状态进行相应的处理。一般而言,系统使用 0 表示该存储过程执行成功;-1～-99 之间的整数表示过程执行失败。用户可以用大于 0 或小于 -99 的整数来定义自己的返回状态值,以表示不同的执行结果。

用 RETURN 语句定义返回值,并在 EXECUTE 语句中用一个局部变量以接收并检查返回的状态值。

RETURN 语句的语法如下:
  RETURN [integer_status_value]

EXECUTE 语句的语法如下:
  EXEC[UTE] @return_status = procedure_name

注意,在 EXECUTE 语句之前,要声明@return_status 变量。

【例 7-5】 创建一个名为 up_get_pub 的用户存储过程,其功能是通过输入出版社的名称来获得某一出版社的情况。当用户没有提供必需的输入参数值时,返回值 15;当按照指定的名称没有找到出版社时,返回值 -101,否则返回值 0。

```
CREATE PROCEDURE up_get_pub
    @pub_name VARCHAR(40) = NULL
AS
IF @pub_name IS NULL
    RETURN 15
ELSE
    IF NOT EXISTS (SELECT * FROM publishers WHERE pub_name = @pub_name)
        RETURN -101
    ELSE
        BEGIN
            SELECT * FROM publishers WHERE pub_name = @pub_name
            RETURN 0
        END
```

执行:
```
DECLARE @return_status int
EXECUTE @return_status = up_get_pub 'New Moon Books'
IF @return_status = 15
    PRINT '名称不能为空!'
```

IF @return_status = -101
　　PRINT '没找到!'

7.1.4 存储过程中的游标

1. 游标的概念

游标(Cursor)是一个与 SELECT 语句相关联的符号名,使用户可逐行访问由 SQL Server 返回的结果集。

游标包括以下两个部分(如图 7-1 所示):

(1)游标结果集(Cursor Result Set):由定义该游标的 SELECT 语句返回的行的集合。

(2)游标位置(Cursor Position):指向这个行集合中某一行的当前指针。

使用游标有很多优点,这些优点使游标在实际应用中发挥了重要作用:

(1)允许程序对由查询语句 SELECT 返回的行集合中的每一行执行相同或不同的操作,而不是对整个行集合执行同一个操作。

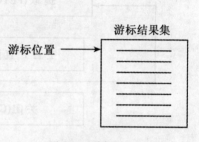

图 7-1 游标的组成

(2)提供对基于游标位置的表中的行进行删除和更新的能力。

(3)游标实际上作为面向集合的数据库管理系统(RDBMS)和面向行的程序设计之间的桥梁,使这两种处理方式通过游标沟通起来。

2. 游标的使用方法

游标的使用方法和步骤如图 7-2 所示。

(1)声明游标。

功能:为指定的 SQL Server 语句声明或创建一个游标。

语法:

DECLARE cursor_name [INSENSITIVE] [SCROLL] CURSOR
FOR select_statement
[FOR {READ ONLY | UPDATE[OF column_name_list]}]

其中:

①cursor_name 是游标的名字,遵循 SQL Server 命名规则。

② INSENSITIVE 选项说明所定义的游标使用 SELECT 语句查询结果的拷贝,对游标的所有操作都基于该拷贝进行。

③SCROLL 选项指定所有的游标数据提取方法均可用于所声明的游标。

④select_statement 是定义游标结果集的查询语句,它可以是一个完整语法和语义的 SELECT 语句,但是这个 SELECT 语句必须有 FROM 子句,且不能包含 COMPUTE、FOR BROWSE、INTO 子句。

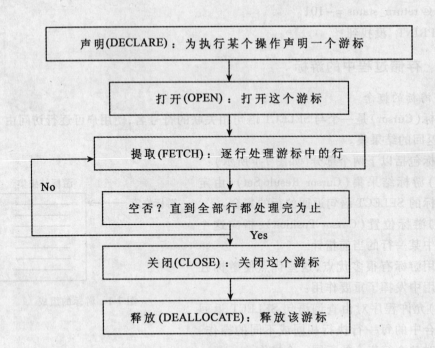

图 7-2　游标的使用方法

⑤FOR READ ONLY 指出该游标结果集只能读,不能修改。
⑥FOR UPDATE 指出该游标结果集可以被修改。
⑦ OF column_name_list 列出可以被修改的列的名单。
注意：
①游标有且只有两种方式之一：FOR READ ONLY 或 FOR UPDATE。
②当游标方式指定为 FOR READ ONLY 时,游标涉及的表不能被修改。
③当游标方式指定为 FOR UPDATE 时,可以删除或更新游标涉及的表中的行。通常,这也是缺省方式,即不指定游标方式时为 FOR UPDATE 方式。
④当定义游标的 select_statement 中包含如下内容时,游标的缺省方式为 FOR READ ONLY,后加 DISTINCT 选项、GROUP 子句、集函数、UNION 操作符。
⑤声明游标的 DECLARE CURSOR 语句必须是在该游标的任何 OPEN 语句之前,而且 DECLARE CURSOR 语句必须单个组成 Transact-SQL 的一个批,即在含有 DECLARE CURSOR 语句的批中不可能含有其他 Transact-SQL 语句。

(2)打开游标。
功能：打开已被声明但尚未被打开的游标,分析定义这个游标的 select_statement,并使结果集对于处理是可用的。
语法：
OPEN crusor_name

cursor_name 是一个已声明但尚未打开的游标名。

注意:

①当游标打开成功时,游标位置指向结果集的第一行之前。此时 SQL Server 暂时中止对这个查询的处理。

②只能打开已经声明但尚未打开的游标。

③全局变量@@CURSOR_ROWS 可读取游标结果集中的行数。

④如果所打开的为 INSENSITIVE 游标,在打开时将产生一个临时表,将定义的游标结果集从其基表中拷贝过来。

(3) 从一个打开的游标中提取行。

功能:游标声明被打开后,游标位置位于结果集的第一行之前,由此可以从结果集中提取(FETCH)行。SQL Server 将沿着游标结果集一行或多行地向下或向上移动游标位置,不断提取结果集中的数据,并修改和保存游标当前的位置,直到结果集中行全部被提取。

语法:

FETCH [[NEXT | PRIOR | FIRST | LAST | ABSOLUTE n | RELATIVE n] FROM]

cursor_name

[INTO @var1 , @var2 , ...]

注意:

①游标位置确定了结果集中哪一行可以被提取,如果游标方式为 FOR UPDATE,那么也就确定哪一行可以被更新或删除。

② NEXT | PRIOR | FIRST | LAST | ABSOLUTE n | RELATIVE n 是游标的移动方式。缺省情况下是 NEXT,即向下移动,第一次对游标实行读取操作时,NEXT 返回结果集中的第一行。PRIOR、FIRST、LAST、ABSOLUTE n 和 RELATIVE n 选项只适用于 SCROLL 游标。它们分别说明读取游标中的上一行、第一行、最后一行、第 n 行和相对于当前位置向下的第 n 行。n 为负值时,ABSOLUTE n 和 RELATIVE n 说明读取游标中尾之前的第 n 行或相对于当前位置向上的第 n 行。

③INTO 指定存放被提取的列数据的目的变量清单。这个清单中变量的个数、数据类型、顺序必须与定义该游标的 select_statement 的 select_list 中列出的列清单相匹配。

④有两个全局变量可以提供关于游标活动的信息:

第一个全局变量是@@FETCH_STATUS,保存着最后 FETCH 语句执行后的状态信息,其值和含义为:

0 表示成功完成 FETCH 语句;

-1 表示 FETCH 语句有错误,或者当前游标位置已在结果集中的最后一行,结果集中不再有数据;

-2 表示提取的行不存在。

第二个全局变量是@@rowcount，保存着自游标打开后的第一个 FETCH 语句直到最近一次的 FETCH 语句为止，已从游标结果集中提取的行数。一旦结果集中所有行都被提取，那么@@rowcount 的值就是该结果集的总行数。每个打开的游标都与一特定的@@rowcount 有关，关闭游标时，该@@rowcount 变量也被删除。

（4）关闭游标。

功能：停止处理定义游标的那个查询。关闭游标并不改变它的定义，可以再次用 OPEN 语句打开它，SQL Server 会用该游标的定义重新创建这个游标的一个结果集。

语法：

CLOSE cursor_name

在如下情况下，SQL Server 会自动地关闭已打开的游标：

① 当退出这个 SQL Server 会话时。

② 从声明游标的存储过程中返回时。

（5）释放游标。

功能：释放所有分配给此游标的资源，包括该游标的名字。

语法：

DEALLOCATE CURSOR cursor_name

注意：

① 如果释放一个已打开但未关闭的游标，SQL Server 会自动先关闭这个游标，然后再释放它。

② 关闭游标并不改变游标的定义，而是可不用再次声明一个被关闭的游标而重新打开它。但释放游标就释放了与该游标有关的一切资源，也包括游标的声明，就不能再使用该游标了。

在下面的例子中，说明了一个基本的 Transact-SQL 游标是如何工作的。

【例 7-6】 利用游标将图书表中的数据分行显示。运行结果如图 7-3 所示。

/*声明游标*/
DECLARE User_Cursor CURSOR FOR
SELECT * FROM titles
/*打开游标*/
OPEN User_Cursor
/*提取数据*/
FETCH NEXT FROM User_Cursor
WHILE @@FETCH_STATUS = 0
BEGIN
    FETCH NEXT FROM User_Cursor
END
/*关闭游标*/

CLOSE User_Cursor
/*释放游标*/
DEALLOCATE User_Cursor

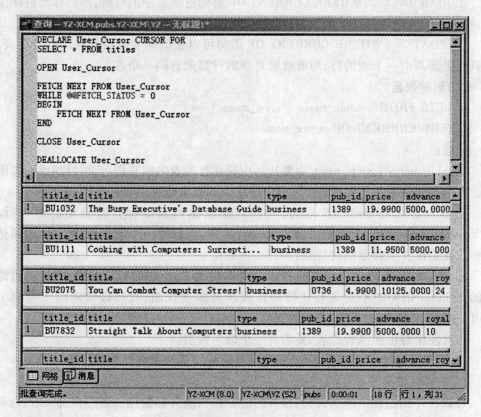

图 7-3 例 7-6 的实现及运行结果

3. 使用游标更新或删除数据

用户可以利用在 UPDATE 或 DELETE 语句中使用游标来更新或删除表或视图中的行,但不能用来插入新行。

(1) 更新数据。

UPDATE { table_name | view_name }
SET clause
WHERE CURRENT OF cursor_name

注意:

①紧跟 UPDATE 之后的 table_name | view_name 是要更新的表名或视图名,可以加或不加限定。但它必须是声明该游标的 SELECT 语句中的表名或视图名。

② 使用 UPDATE...CURRENT OF 语句一次只能更新当前游标位置确定的那一行，OPEN 语句将游标位置定位在结果集第一行前，可以使用一个或多个 FETCH 语句把游标位置定位在要被更新的行处。

③ 用 UPDATE...WHERE CURRENT OF 语句更新表中的行时，不会移动游标位置，被更新的行可以再次被修改，直到下一个 FETCH 语句的执行。

④ UPDATE...WHERE CURRENT OF 语句可以更新多表视图或被连接的多表，但只能更新其中一个表的行，即所有被更新的行都来自同一个表。

(2) 删除数据。

DELETE FROM { table_name | view_name }
WHERE CURRENT OF cursor_name

注意：

① table_name | view_name 为要从其中删除行的表名或视图名，可以加或不加限定。但它必须是定义该游标的 SELECT 语句中的表名或视图名。

② 使用游标的 DELETE 语句，一次只能删除当前游标位置确定的那一行。OPEN 语句将游标位置定位在结果集第一行之前，可以用一个或多个 FETCH 语句把游标位置定位在要被删除的行处。

③ 在 DELETE 语句中使用的游标必须声明为 FOR UPDATE 方式，而且声明游标的 SELECT 语句中不能含有连接操作或涉及多表视图，否则即使声明中指明了 FOR UPDATE 方式，也不能删除其中的行。

④ 对使用游标删除行的表，要求有一个惟一索引。

⑤ 使用游标的 DELETE 语句，删除一行后将游标位置向前移动一行。

4. 存储过程中的游标

可以在存储过程中声明游标，这样的游标称为服务器游标。当过程返回时，自动地重新分配游标。如果存储过程是嵌套的，则它们可以访问调用树结构中的更高级别的存储过程中定义的游标。

【例 7-7】 根据不同的情况适当地调整每本图书的价格。如果该书的当年销量为空，则将该书的价格打七五折；如果该书的价格超过 15 元，则将该书的价格打九折；否则将该书的价格打九五折。

```
CREATE PROC title_price_update
AS
DECLARE @ytd_sales int, @price money
DECLARE titles_cursor CURSOR FOR
    SELECT ytd_sales, price FROM titles FOR UPDATE OF price
OPEN titles_cursor
FETCH titles_cursor INTO @ytd_sales, @price
IF ( @@FETCH_STATUS = -2 )
```

```
            BEGIN
                PRINT 'No Books found'
                CLOSE titles_cursor
                DEALLOCATE titles_cursor
                RETURN
            END
        WHILE (@@FETCH_STATUS = 0)
            BEGIN
                IF @ytd_sales = NULL
                    UPDATE titles SET price = @price * 0.75
                        WHERE CURRENT OF titles_cursor
                ELSE
                    IF @price > $15
                        UPDATE titles SET price = @price * 0.9
                            WHERE CURRENT OF titles_cursor
                    ELSE
                        UPDATE titles SET price = @price * 0.95
                            WHERE CURRENT OF titles_cursor
                FETCH titles_cursor INTO @ytd_sales, @price
            END
        IF (@@FETCH_STATUS = -1)
            PRINT 'Fetch of titles_cursor failed'
        CLOSE titles_cursor
        DEALLOCATE titles_cursor
        RETURN
```

7.1.5 存储过程的处理

当 SQL Server 接收到创建一个存储过程的命令（CREATE PROCEDURE…）时，由 SQL Server 的查询处理器对该存储过程中的 SQL 语句进行语法分析，检查其是否合乎语法规范，并将该存储过程的源代码存放在当前数据库的系统表 syscomments 中，也在 sysobjects 表中存放该存储过程的名字。

当存储过程第一次运行时，SQL Server 首先对该存储过程进行预编译，即为该存储过程建立一棵查询树，这个过程被称为 resolution——分解 SQL 语句中的对象，并为该存储过程建立一个规范化的查询树。然后，SQL Server 为这个存储过程完成编译（compilation）。该步骤分成两步：查询优化（optimization）和在高速缓存（procedure cache）中建立查询计划。

最后，系统就可以执行这个存储过程了。

这也是一般 SQL 语句处理的步骤。

7.1.6 存储过程的重编译

在某些应用中，可能改变了数据库的逻辑结构（如，为表新增列），或者为表新增了索引，这样可能要求 SQL Server 在执行存储过程时对它重新编译，以便该存储过程能够重新优化并建立新的查询计划（如，选择新建的索引等）。以下是重编译选项的 3 种方法。

1. 使用 CREATE PROCEDURE 语句中的 RECOMPILE 选项

在创建存储过程时带上重编译选项。具体语法如下：

CREATE PROCEDURE...[WITH RECOMPILE]

这样，SQL Server 对这个存储过程不重用查询计划，在每次执行时都被重新编译和优化，并创建新的查询计划。

2. 使用 EXECUTE 语句中的 RECOMPILE 选项

在执行存储过程时带上重编译选项。具体语法如下：

EXECUTE procedure_name[parameter][WITH RECOMPILE]

作用：在执行存储过程期间创建新的查询计划，新的执行计划存放在高速缓存中。

3. 使用 sp_recompile 系统存储过程

语法：sp_recompile 表名

作用：使指定表的存储过程和触发器在下一次运行时被重新编译。

7.1.7 自动执行的存储过程

在 SQL Server 启动时，可以让 SQL Server 自动执行一个或多个存储过程，那么，这些存储过程就称为自动执行的存储过程。以下这些系统存储过程可以帮助创建、停止或查看自动执行的存储过程。

① sp_makestartup procedure_name　　使已有的存储过程成为启动存储过程

② sp_unmakestartup procedure_name　停止在启动时执行过程

③ sp_helpstartup　　　　　　　　　提供所有在启动时执行的存储过程的列表

7.1.8 存储过程的查看、修改和删除

1. 查看存储过程

存储过程被创建以后，它的名字存放在系统表 sysobjects 中，它的源代码存放在 syscomments 系统表中。可以通过 SQL Server 提供的系统存储过程查看关于用户创建的存储过程信息。

（1）查看创建存储过程的源代码：

sp_helptext procedure_name

（2）查看存储过程的一般信息（如创建日期等）：

sp_help procedure_name

2. 修改存储过程

使用 ALTER PROCEDURE 命令修改存储过程，可以保留该存储过程的权限分配，避免重新分配权限，并且不影响其他独立的存储过程或触发器。其语法如下：

ALTER PROCEDURE [OWNER.] procedure_name[; number]
  [({ [@] parameter data_type } [varying] [= default] [output])] [, ... n]
  [WITH { RECOMPILE | ENCRYPTION | RECOMPILE , ENCRYPTION }]
AS

  sql_statements

其中各参数和保留字的具体含义请参看 CREATE PROCEDURE 命令。

3. 删除存储过程

删除存储过程是指删除由用户创建的存储过程。具体语法如下：

DROP PROC procedure_name

7.1.9 扩展存储过程

虽然 SQL Server 的扩展存储过程听起来近似于存储过程，但是实际上两者相差很远。存储过程是一系列预编译的 Transact-SQL 语句，而扩展存储过程是对动态链接库（DLL）函数的调用。扩展存储过程名以"xp_"开始，后跟它的名字。

虽然 SQL Server 提供了一些扩展存储过程（SQL Server 内置的扩展存储过程已经被安装到 SQL Server 中了），但是扩展存储过程也可以由开发人员来编写。自行编写的扩展存储过程在使用之前必须以扩展存储过程的模式将它安装在 SQL Server 上。只有系统管理员可以安装扩展存储过程。

1. 安装扩展存储过程

向 SQL Server 的 master 数据库中安装扩展存储过程是使用一个系统存储过程来实现的，语法如下：

sp_addextendedproc function_name, dll_name

其中，function_name 是指 DLL 中函数的名字，这个函数名将成为这个扩展存储过程的名字。另外，dll_name 是 DLL 的名字。

2. 删除扩展存储过程

如果不再需要定制的扩展存储过程，可以按照以下的语法将其从 SQL Server 中删除：

sp_dropextendedproc function_name

其中，function_name 既是 DLL 中函数的名字又可以说是扩展存储过程的名字。

3. 使用安装过的扩展存储过程

在向 SQL Server 中添加了扩展存储过程之后,这个扩展存储过程就可以像任何内置的扩展存储过程一样被使用。只需要像执行任何其他 Transact-SQL 语句一样来执行扩展存储过程,可以在 Query Analyzer 或者 SQL 查询工具中运行扩展存储过程。如果被执行的扩展存储过程需要参数,那么还需要输入相应的参数。

7.1.10 使用 SQL Server 企业管理器创建和管理存储过程

1. 使用企业管理器创建存储过程

使用企业管理器创建存储过程的步骤如下:

(1) 启动企业管理器,登录到要使用的服务器。

(2) 在企业管理器的左窗格中,展开要创建存储过程的数据库文件夹,单击"存储过程",此时在右窗格中显示该数据库的所有存储过程,如图 7-4 所示。

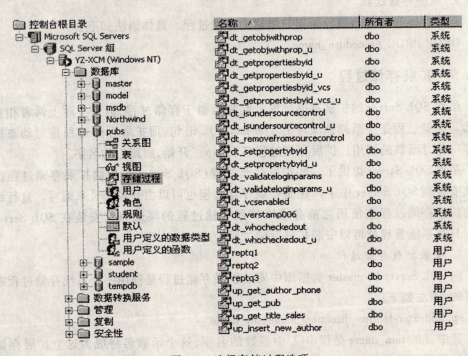

图 7-4 选择存储过程选项

(3) 右击"存储过程",在弹出菜单中选择"新建存储过程",此时打开"存储过程属性"对话框,如图 7-5 所示。

(4) 在"文本"编辑框中输入存储过程的内容。

(5) 单击"检查语法"按钮,检查语法的正确性。

(6) 单击"确定"按钮保存。

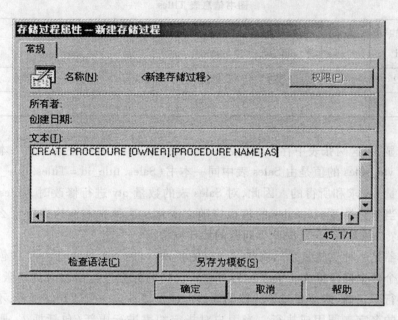

图 7-5 "存储过程属性"对话框

2. 使用企业管理器管理存储过程

在企业管理器的右窗格中,右击要操作的存储过程名,在弹出菜单中选择所要进行的操作。选择"属性"选项可打开"存储过程属性"对话框,在这里可查看或修改存储过程的源代码;选择"重命名"选项,可修改存储过程的名字;选择"删除"选项,可将存储过程从数据库中删除。

7.2 触发器及其用途

7.2.1 触发器的概念和工作原理

首先,我们来看 pubs 数据库中的 Sales 图书订购情况表和 Titles 图书信息表。

表 7-1 图书订购情况表 Sales

书店标识 stor_id	订单号 ord_num	订购日期 ord_date	数量 qty	付款期限 payterms	图书标识 title_id
6380	6871	2004-2-14	5	Net 60	BU1032
……	……	……	……	……	……

表 7-2　　　　　　　　　　　　　图书信息表 Titles

图书标识 title_id	...	出版社标识 pub_id	价格 price	...	当年总销量 ytd_sales	...
BU1032	...	1 389	19.99	...	4 095	...
...	...	...	...	...	...	...

很明显，在这两张表中存在数据之间的约束，即 Titles 表中记录的某一本书的当年总销量 ytd_sales 的值是由 Sales 表中同一本书(Sales.title_id = Titles.title_id)的所有订单数量 qty 求和所得的。因此，对 Sales 表的数量 qty 进行修改时，Titles 表的某一本书的当年总销量 ytd_sales 的值也应随之变化。这种完整性约束用什么方法才能实现呢？"触发器"是解决此类问题的最佳方法。

触发器是一种实施复杂的完整性约束的特殊存储过程，它基于一个表创建并和一个或多个数据修改操作相关联。当对它所保护的数据进行修改时自动激活，防止对数据进行不正确、未授权或不一致的修改。触发器不像一般的存储过程，不可以使用触发器的名字来调用或执行。当用户对指定的表进行更新（包括插入、删除或修改）时，SQL Server 将自动执行在相应触发器中的 SQL 语句。将这个引起触发事件的数据源称为触发表。

触发器建立在表一级，它与指定的数据修改操作相对应。每个表可以建立多个触发器，常见的有插入触发器、修改触发器、删除触发器，分别对应于 INSERT、UPDATE 和 DELETE 操作，也可以将多个操作定义为一个触发器。

SQL Server 为每个触发器都创建了两个专用表：inserted 表和 deleted 表。这是两个逻辑表，由系统来维护，不允许用户直接对这两个表进行修改。它们存放于内存中，不存放在数据库中。这两个表的结构总是与触发表的结构相同。触发器工作完成后，与该触发器相关的这两个表也会被删除。

1. insterted 表

insterted 表存放由于 INSERT 或 UPDATE 语句的执行而导致要加到该触发表中去的所有新行。即用于插入或修改表的新行值，在插入或修改表的同时，也将其副本存入 inserted 表中。因此，在 inserted 表中的行总是与触发表中的新行相同。

2. deleted 表

deleted 表存放由于 DELETE 语句的执行而导致要加到该触发表中去的所有旧行。即用于删除表的旧行值，在删除表的同时，也将其副本存入 delete 表中。因此，在 delete 表中的行总是与触发表中的旧行相同。

对 INSERT 操作，只在 insterted 表中保存所插入的新行，而 deleted 表中无一行数据。对于 DELETE 操作，只在 deleted 表中保存被删除的旧行，而 insterted 表中无一行数据。对于 UPDATE 操作，可以将它考虑为 DELETE 操作和 INSERT 操作的结果，所以在 inserted 表中存放着更新后的新行值,在 deleted 表中存放着更新前的旧行值。

7.2.2 创建触发器

1. 一般语法

使用 CREATE TRIGGER 语句创建触发器的语法为:

```
CREATE TRIGGER trigger_name
ON { table | view }
[ WITH ENCRYPTION ]
{
    { { FOR | AFTER | INSTEAD OF }
        { [ DELETE ] [ , ] [ INSERT ] [ , ] [ UPDATE ] }
        [ WITH APPEND ]
        [ NOT FOR REPLICATION ]
        AS
        [ { IF UPDATE ( column )
            [ { AND | OR } UPDATE ( column ) ]
            [ ... n ]
        | IF ( COLUMNS_UPDATED ( ) { bitwise_operator | updated_bitmask )
            { comparison_operator } column_bitmask [ ... n ]
        } ]
        sql_statement [ ... n ]
}
```

其中参数的含义如下:

- trigger_name 是触发器的名称。触发器名称必须符合标识符规则,并且在数据库中必须惟一。
- table | view 是与创建的触发器相关的表的名字或视图名称。
- WITH ENCRYPTION 表示对包含 CREATE TRIGGER 语句文本的 syscomments 表加密。
- AFTER 指定触发器只有在触发 SQL 语句中指定的所有操作都已成功执行后才激发。所有的引用级联操作和约束检查也必须成功完成后,才能执行此触发器。如果仅指定 FOR 关键字,则 AFTER 是默认设置。注意,不能在视图上定义 AFTER 触发器。
- INSTEAD OF 请参看 INSTEAD OF 触发器。
- { [DELETE] [,] [INSERT] [,] [UPDATE] } 是指定在表或视图上执行哪些数据更新语句时将激活触发器的关键字。必须至少指定一个选项。在触发器定义中允许使用以任意顺序组合的这些关键字。如果指定的选项多于一个,需用逗号分隔这些选项。
- WITH APPEND 指定添加现有的其他触发器。只有当兼容级别不大于 65 时,才需要使用该可选子句。WITH APPEND 不能与 INSTEAD OF 触发器一起使用,或者,如果显式声明 AFTER 触发器,也不能使用该子句。只有当出于向后兼容而指定 FOR 时(没有 INSTEAD OF 或 AFTER)才能使用。
- NOT FOR REPLICATION 表示当复制进程更改触发器所涉及的表时,不应执行该触发器。
- AS 是触发器要执行的操作。
- IF UPDATE (column)测试在指定的列上进行的 INSERT 或 UPDATE 操作,不能用于 DELETE 操作。可以指定多列。因为在 ON 子句中指定了表名,所以在 IF UPDATE 子句中的列名前不要包含表名。若要测试在多个列上进行的 INSERT 或 UPDATE 操作,请在第一个操作后指定单独的 UPDATE(column)子句。在 INSERT 操作中 IF UPDATE 将返回 TRUE 值,因为这些列插入了显式值或隐性(NULL)值。column 是要测试 INSERT 或 UPDATE 操作的列名。该列可以是 SQL Server 支持的任何数据类型。但是,计算列不能用于该环境中。
- IF (COLUMNS_UPDATED ( ))测试是否插入或修改了提及的列,仅用于 INSERT 或 UPDATE 触发器中。COLUMNS_UPDATED 返回 varbinary 位模式,表示插入或修改了表中的哪些列。
- bitwise_operator 是用于比较运算的位运算符。
- updated_bitmask 是整型位掩码,表示实际更新或插入的列。例如,表 t1 包含列 C1,C2,C3,C4 和 C5。假定表 t1 上有 UPDATE 触发器,若要检查列 C2,C3 和 C4 是否都有修改,指定值 14;若要检查是否只有列 C2 有修改,指定值 2。
- comparison_operator 是比较运算符。使用等号 (=) 检查 updated_bitmask 中指定的所有列是否都实际进行了修改。使用大于号 (>) 检查 updated_bitmask 中指定的任一列或某些列是否已修改。
- column_bitmask 是要检查的列的整型位掩码,用来检查是否已修改或插入了这些列。
- sql_statement 是触发器的条件和操作。触发器条件指定其他准则,以确定 DELETE、INSERT 或 UPDATE 语句是否导致执行触发器操作。

2. 注意事项
- CREATE TRIGGER 语句必须是批处理中的第一个语句。
- 创建触发器的权限默认分配给表的所有者,且不能将该权限转给其他用户。
- 触发器为数据库对象,其名称必须遵循标识符的命名规则。
- 虽然触发器可以引用当前数据库以外的对象,但只能在当前数据库中创建触发器。

- 虽然不能在临时表或系统表上创建触发器，但是触发器可以引用临时表或视图。
- 在含有用 DELETE 或 UPDATE 操作定义的外键的表中，不能定义 INSTEAD OF 和 INSTEAD OF UPDATE 触发器。
- 虽然 TRUNCATE TABLE 语句类似于没有 WHERE 子句（用于删除行）的 DELETE 语句，但它并不会引发 DELETE 触发器，因为 TRUNCATE TABLE 语句没有记录。
- WRITETEXT 语句不会引发 INSERT 或 UPDATE 触发器。
- 触发器允许嵌套，最大嵌套级数为 32。
- 触发器中不允许以下 Transact-SQL 语句：

    ALTER DATABASE

    CREATE DATABASE

    DISK INIT

    DISK RESIZE

    DROP DATABASE

    LOAD DATABASE

    LOAD LOG

    RECONFIGURE

    RESTORE DATABASE

    RESTORE LOG

3. 插入触发器

插入触发器的执行步骤：

（1）首先执行 INSERT 语句执行插入。系统检查被插入新值的正确性（如，约束等），如果正确，将新行插入到目的表和 inserted 表中。

（2）执行触发器中的相应语句。如果执行到 ROLLBACK 操作，则系统将回滚整个操作（删除第一步插入的新值，对触发器中已经执行的操作进行逆操作）。

【例 7-8】 建立一个 INSERT 触发器，每当在 sales 表中插入新行时，触发器自动将每种书的销售数量 qty 添加到 titles 表的当年总销量 ytd_sales 列中。

```
CREATE TRIGGER InsertOneLine_trigger
ON sales
FOR INSERT
AS
    UPDATE titles
    SET ytd_sales = ytd_sales +
    (
        SELECT qty
```

        FROM inserted
        WHERE titles.title_id = inserted.title_id
)

测试:

(1) 查询图书标识为 BU1032 图书的当年总销量。

    SELECT title_id, ytd_sales
    FROM titles
    WHERE title_id = 'BU1032'

(2) 书店 7066 对图书 BU1032 订购 55 本。

    INSERT sales
    VALUES ('7066','6872',getdate(),55,'Net 60','BU1032')

(3) 再次查询图书标识为 BU1032 图书的当年总销量。

    SELECT title_id, ytd_sales
    FROM titles
    WHERE title_id = 'BU1032'

4. 删除触发器

删除触发器的执行步骤:

(1) 首先执行 DELETE 语句执行删除。系统检查被删除的正确性(如,约束等),如果正确,将从源表中删除该行,并将删除的旧行存放在 deleted 表中。

(2) 执行触发器中的相应语句。如果执行到 ROLLBACK 操作,则系统将回滚整个操作(删除第一步插入的新值,对触发器中已经执行的操作进行逆操作)。

【例 7-9】 建立一个 DELETE 触发器,每当在 sales 表中删除一行时,触发器自动将其销售数量 qty 从 titles 表的当年总销量 ytd_sales 列中减去。

CREATE TRIGGER DeleteOneLine_trigger
ON sales
FOR DELETE
AS
    IF (SELECT count(*) FROM titles, deleted
            WHERE titles.title_id = deleted.title_id) <> 0
    UPDATE titles
    SET ytd_sales = ytd_sales -
    (
        SELECT qty
        FROM deleted
        WHERE titles.title_id = deleted.title_id
)

测试：
DELETE FROM sales
WHERE ord_num = '6872' and qty = 55

5. 修改触发器

修改触发器的执行步骤：

(1)首先执行 UPDATE 语句执行修改操作。系统检查被修改的正确性(如，约束等)，如果正确，在表中修改该行的信息，将修改前的旧行存放在 deleted 表中，并将修改后的新行存放在 inserted 表中。

(2)执行触发器中的相应语句。如果修改了某些表中相应列的信息并执行到 ROLLBACK 操作，则系统将回滚整个操作(将新值改为旧值，对触发器中已经执行的操作进行逆操作)。

【例 7-10】 建立一个 UPDATE 触发器，每当在 sales 表中修改一订单的销售数量时，触发器自动将这种书的当年总销量 ytd_sales 进行相应的修改。

```
CREATE TRIGGER UpdateOneLine_trigger
ON sales
FOR UPDATE
AS
    UPDATE titles
    SET ytd_sales = ytd_sales −
    (
        SELECT qty
        FROM deleted
        WHERE titles.title_id = deleted.title_id
    )
    UPDATE titles
    SET ytd_sales = ytd_sales +
    (
        SELECT qty
        FROM inserted
        WHERE titles.title_id = inserted.title_id
    )
```

测试：
UPDATE sales
SET qty = 50
WHERE ord_num = '6872' and qty = 55

6. INSTEAD OF 触发器

SQL Server 2000 支持 AFTER 和 INSTEAD OF 两种类型的触发器。其中 INSTEAD OF 触发器是 SQL Server 2000 新添加的功能,AFTER 触发器等同于以前版本中的触发器。当为表或视图定义了针对某一操作(INSERT、DELETE、UPDATE)的 INSTEAD OF 类型触发器且执行了相应的操作时,尽管触发器被触发,但相应的操作并不被执行,而运行的仅是触发器 SQL 语句本身。

INSTEAD OF 触发器的主要优点是使不可被更新的视图能够支持更新。下面的例子说明了如何使用 INSTEAD OF 触发器来对视图所引用的基本表进行的更新。

【例 7-11】 将未签合同的作者的编号、姓名和电话等信息创建视图 Non_Contract_Authors,在该视图上建立 INSTEAD OF INSERT 触发器,用以实现对视图的插入操作。

(1)创建视图。
```
CREATE VIEW Non_Contract_Authors
AS
SELECT au_id,au_fname,au_lname,phone
FROM authors
WHERE Contract = 0
```
(2)创建 INSTEAD OF 触发器。
```
CREATE TRIGGER InsteadOF_trigger
ON Non_Contract_Authors
INSTEAD OF INSERT
AS
DECLARE
    @id         varchar(11),
    @fname      varchar(20),
    @lname      varchar(40),
    @phone      varchar(12),
    @contract   bit
Set @contract = 0
Set @id = (select au_id from inserted)
Set @fname = (select au_fname from inserted)
Set @lname = (select au_lname from inserted)
Set @phone = (select phone from inserted)
INSERT authors
VALUES(@id,@lname,@fname,@phone,null,null,null,null,@contract)
```
(3)测试:

INSERT INTO Non_Contract_Authors
VALUES('171-32-1176','Timothy','Calunod','324 567-8 546')

此时能够成功执行插入语句。

INSTEAD OF 触发器另外的优点是,通过使用逻辑语句以执行批处理的某一部分而放弃执行其余部分。例如,可以定义触发器在遇到某一错误时,转而执行触发器的另外部分。

在使用 INSTEAD OF 触发器时应当注意:

① 在表或视图上,每个 INSERT、UPDATE 或 DELETE 语句最多可以定义一个 INSTEAD OF 触发器。然而,可以在每个具有 INSTEAD OF 触发器的视图上定义视图。

② INSTEAD OF 触发器不能在包含 WITH CHECK OPTION 选项的可更新视图上定义。

③ 对于 INSTEAD OF 触发器,不允许在具有 ON DELETE 级联操作引用关系的表上使用 DELETE 选项。同样,也不允许在具有 ON UPDATE 级联操作引用关系的表上使用 UPDATE 选项。

7. 合并触发器与递归触发器

合并触发器就是将 INSERT、UPDATE 与 DELETE 触发器进行任意组合,使触发器的管理工作简单化。

递归触发器即触发器更新其他表时,可能使其他表的触发器触发,称为递归触发器。

【例 7-12】 为 titles 表创建一合并触发器(INSERT, UPDATE),当表中数据更新时显示'Table has changed!'。

```
CREATE TRIGGER print_trigger
ON titles
FOR INSERT, UPDATE
AS print 'Table has changed!'
GO
```

7.2.3 查看、修改和删除触发器

1. 查看触发器信息

触发器也是存储过程,所以触发器被创建以后,它的名字存放在系统表 sysobjects 中,它的创建源代码存放在 syscomments 系统表中。可以通过 SQL server 提供的系统存储过程 sp_help、sp_helptext 和 sp_depends 来查看有关触发器的不同信息。

(1) sp_help。

通过该系统存储过程,可以了解触发器的一般信息,如触发器的名字、属性、类型、创建时间,其语法格式为:

sp_help trigger_name

(2) sp_helptext。

通过 sp_helptext 能够查看触发器的正文信息,其语法格式为:

sp_helptext trigger_name

(3) sp_depends。

通过 sp_depends 能够查看指定触发器所引用的表或指定的表涉及的所有触发器,其语法形式如下:

sp_depends trigger_name

sp_depends table_name

注意:用户必须在当前数据库中查看触发器的信息,而且被查看的触发器必须已经创建。

2. 修改触发器

通过 ALTER TRIGGER 命令修改触发器正文,其语法格式为:

ALTER TRIGGER trigger_name
ON { table | view }
[WITH ENCRYPTION]
{
    { { FOR | AFTER | INSTEAD OF }
        { [DELETE] [,] [INSERT] [,] [UPDATE] }
        [WITH APPEND]
        [NOT FOR REPLICATION]
        AS
        [{ IF UPDATE (column)
            [{ AND | OR } UPDATE (column)]
            [...n]
        | IF (COLUMNS_UPDATED ( ) { bitwise_operator } updated_bitmask)
            { comparison_operator } column_bitmask [...n]
        }]
        sql_statement [...n]
    }
}

其中各参数或保留字的含义参看创建触发器 CREATE TRIGGER 语句。

3. 删除触发器

用户在使用完触发器后可以将其删除,只有触发器属主才有权删除触发器。删除已创建的触发器有两种方法:

(1)用系统命令 DROP TRIGGER 删除指定的触发器,其语法形式如下:

DROP TRIGGER trigger_name

(2) 删除触发器所在的表时,SQL Server 将自动删除与该表相关的触发器。

7.2.4 使用 SQL Server 企业管理器创建和管理触发器

1. 使用企业管理器创建触发器

使用企业管理器创建触发器的步骤如下:

(1) 启动企业管理器,登录到要使用的服务器。

(2) 展开要在其上创建触发器的表所在的数据库,然后单击该表。

(3) 右击鼠标,在弹出菜单中选择"所有任务",然后单击"管理触发器...",如图 7-6 所示。

(4) 在打开的"触发器属性"对话框的"名称"栏中选择 <新建>,在文本框中输入触发器文本,如图 7-7 所示。

(5) 单击"检查语法"按钮,检查语法的正确性。

(6) 单击"应用",在"名称"栏的下拉列表中会有新创建的触发器名字。

(7) 单击"确定"按钮保存。

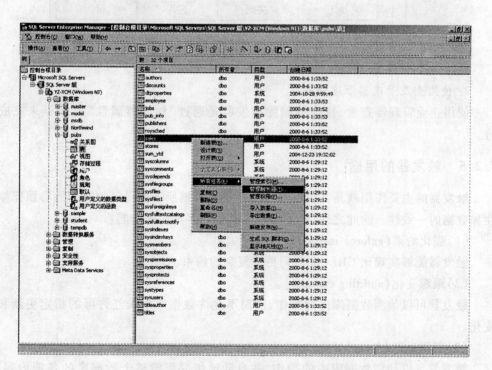

图 7-6 使用企业管理器创建和管理触发器

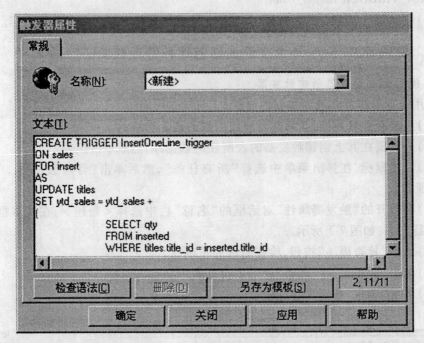

图 7-7 "触发器属性"对话框

2. 使用企业管理器管理触发器

使用企业管理器查看、修改或删除触发器是通过"触发器属性"对话框来完成的。

7.2.5 触发器的用途

触发器的主要作用就是其能够实现由主键和外键所不能保证的复杂的参照完整性和数据的一致性。除此之外,触发器还有其他许多不同的功能:

(1) 强化约束(enforce restriction)。

触发器能够实现比 CHECK 语句更为复杂的约束。

(2) 跟踪变化(auditing changes)。

触发器可以侦测数据库内的操作,从而不允许数据库中未经许可的指定更新和变化。

(3) 级联运行(cascaded operation)。

触发器可以侦测数据库内的操作,并自动地级联影响整个数据库的各项内容。例如,某个表上的触发器中包含有对另外一个表的数据操作(如删除、修改、插入)而该操作又导致该表上触发器被触发。

(4) 存储过程的调用(stored procedure invocation)。

为了响应数据库更新,触发器可以调用一个或多个存储过程,甚至可以通过外部过程的调用而在 DBMS 本身之外进行操作。

由此可见,触发器可以解决高级形式的业务规则或复杂行为限制以及实现定制记录等一些方面的问题。例如,触发器能够找出某一表在数据修改前后状态发生的差异,并根据这种差异执行一定的处理。此外一个表的同一类型(INSERT、UPDATE、DELETE)的多个触发器能够对同一种数据操作采取多种不同的处理。

总体而言,触发器性能通常比较低。当运行触发器时,系统处理的大部分时间花费在参照其他表的这一处理上,因为这些表既不在内存中也不在数据库设备上,而删除表和插入表总是位于内存中。可见触发器所参照的其他表的位置决定了操作要花费的时间长短。

7.3 嵌入式 SQL

SQL 是一种双重式语言,它既是一种交互式数据库语言,又是一种应用程序进行数据库访问时所采取的编程式数据库语言。SQL 在这两种方式中的大部分语法是相同的。在编写访问数据库的程序时,必须从普通的编程语言开始(如 C 语言),再把 SQL 加入到程序中。所以,嵌入式 SQL 就是将 SQL 语句直接嵌入到程序的源代码中,与其他程序设计语言语句混合。专用的 SQL 预编译程序将嵌入的 SQL 语句转换为能被程序设计语言(如 C 语言)的编译器识别的函数调用。然后,C 编译器编译源代码为可执行程序。

当然,嵌入式 SQL 语句完成的功能也可以通过应用程序编程接口(API)实现。通过 API 的调用,可以将 SQL 语句传递到 DBMS,并用 API 调用返回查询结果。这种方法不需要专用的预编译程序。

7.3.1 一个嵌入式 SQL 的简单例子

首先来看一个简单的嵌入式 SQL 的程序(C 语言):在 pubs 数据库上的 authors 表中查询 lastname 为"White"的 firstname。用 sa 连接数据库服务器。这个例子的程序如例 7-13。

【例 7-13】 在 authors 表中查询 lastname 为"White"的 firstname 的信息。

```
#include <stddef.h>          /* standard C run-time header */
#include <stdio.h>           /* standard C run-time header */
main()
{
EXEC SQL BEGIN DECLARE SECTION;
char first_name[50];
char last_name[]="White";
```

```
EXEC SQL END DECLARE SECTION;
EXEC SQL CONNECT TO pubs
USER sa.;
EXEC SQL SELECT au_fname INTO:first_name
FROM authors WHERE au_lname = :last_name;
printf("first name:%s\n",first_name);
return (0);
}
```

从例7-13可以看出,嵌入式SQL的基本特点是:

(1)每条嵌入式SQL语句都用EXEC SQL开始,表明它是一条SQL语句。这也是告诉预编译器在EXEC SQL和";"之间是嵌入式SQL语句。

(2)如果一条嵌入式SQL语句占用多行,在C程序中可以用续行符"\",在Fortran中必须有续行符。其他语言也有相应规定。

(3)每一条嵌入式SQL语句都有结束符号,如在C程序中是";"。

7.3.2 嵌入式SQL的C程序开发环境的配置过程及程序的开发步骤

下面先来说明嵌入式SQL的C程序开发环境的配置过程。

(1)将文件Caw32.lib、Sqlakw32.lib、Ntwdblib.lib从SQL Server 2000的安装光盘中复制到C程序开发环境的LIB目录下;

(2)将SQL Server 2000安装光盘中DEVTOOLS\INCLUDE目录中的所有文件复制到C程序开发环境的INCLUDE目录下。

配置好开发环境后,就可以在此环境中进行程序开发了。以例7-13中的程序为例,具体的开发步骤如下:

(1)在某种文本编辑器中编写程序,然后源程序文件以.sqc为扩展名存盘(如mytest.sqc)。

(2)执行安装光盘中X86\BINN目录下的NSQLPREP.EXE文件,并将上一步生成的源程序文件名写在其后,如:F:\X86\BINN>NSQLPREP d:\mytest.sqc。"NSQLPREP d:\mytest.sqc"是SQL Server 2000的预编译处理。NSQLPREP.EXE是SQL Server 2000的预编译器。处理的结果产生C的程序。这时,将会发现在D盘生成一个名为mytest.c的文件。

(3)进入C程序开发环境,在当前项目中打开上一步生成的C程序文件,对该文件进行编译、链接、生成可执行文件。

7.3.3 嵌入式SQL语句

表7-3是所有的嵌入式SQL语句,"*"表示嵌入式SQL语句的名字与Transact-SQL语句相同。

第七章　SQL 高级功能

表 7-3　　　　　　　　　　　　嵌入式 SQL 语言

BEGIN DECLARE SECTION	PREPARE
CLOSE*	SELECT INTO*
CONNECT TO	SET ANSI_DEFAULTS
DECLARE CURSOR*	SET CONCURRENCY
DELETE（POSITIONED）*	SET CONNECTION
DELETE（SEARCHED）*	SET CURSOR_CLOSE_ON_COMMIT
DESCRIBE	SET CURSORTYPE
DISCONNECT	SET FETCHBUFFER
END DECLARE SECTION	SET OPTION
EXECUTE*	SET SCROLLOPTION
EXECUTE IMMEDIATE	UPDATE（POSITIONED）*
FETCH*	UPDATE（SEARCHED）*
GET CONNECTION	WHENEVER
OPEN*	

　　嵌入式 SQL 语句分为静态 SQL 语句和动态 SQL 语句两类。下面按照功能讲解这些语句。本小节讲解静态 SQL 语句的作用,动态 SQL 语句将在下一小节讲解。与动态 SQL 相关的一些语句也在下一小节中讲解。

　　1．声明嵌入式 SQL 语句中使用的 C 变量

　　(1)声明方法。

　　主变量就是在嵌入式 SQL 语句中引用主语言说明的程序变量(如例 7-13 中的 last_name[ ]变量)。在嵌入式 SQL 语句中使用主变量前,必须在 BEGIN DECLARE SECTION 和 END DECLARE SECTION 之间给出主变量说明。这两条语句不是可执行语句,而是预编译程序的说明。如例 7-13 中:

　　EXEC SQL BEGIN DECLARE SECTION;

　　char first_name[50];

　　char last_name[ ]="White";

　　EXEC SQL END DECLARE SECTION;

　　…

　　主变量是标准的 C 程序变量。嵌入 SQL 语句使用主变量来输入数据和输出数据。C 程序和嵌入 SQL 语句都可以访问主变量。如例 7-13 中:

　　EXEC SQL SELECT au_fname INTO :first_name

```
FROM authors where au_lname = :last_name;
printf("first name: %s\n", first_name);
```
...

值得注意的是,主变量的长度不能超过30个字节。

为了便于识别主变量,当嵌入式 SQL 语句中出现主变量时,必须在变量名称前标上冒号(:)。冒号的作用是,告诉预编译器,这是个主变量而不是表名或列名。

(2)主变量的数据类型。

在以 SQL 为基础的 DBMS 支持的数据类型与程序设计语言支持的数据类型之间有很大差别。这些差别对主变量影响很大。一方面,主变量是一个用程序设计语言的数据类型说明并用程序设计语言处理的程序变量;另一方面,在嵌入式 SQL 语句中用主变量保存数据库数据。所以,在嵌入式 SQL 语句中,必须映射 C 数据类型为合适的 SQL Server 数据类型。必须慎重选择主变量的数据类型。

【例 7-14】 主变量数据类型的选择。

```
#include <stddef.h>     /* standard C run-time header */
#include <stdio.h>      /* standard C run-time header */
main()
{
EXEC SQL BEGIN DECLARE SECTION;
int hostvar1 = 20;
char *hostvar2 = "数据库原理与应用";
float hostvar3 = 35.5;
EXEC SQL END DECLARE SECTION;
EXEC SQL CONNECT TO pubs
USER sa.;

EXEC SQL UPDATE titles
SET royalty = :hostvar1
WHERE title_id = "BU1032";
EXEC SQL UPDATE titles
SET title = :hostvar2
WHERE title_id = "BU1032";
EXEC SQL UPDATE titles
SET price = :hostvar3
WHERE title_id = "BU1032";
}
```

在第一个 UPDATE 语句中,royalty 列为 int 数据类型,所以应该把 hostvar1 定义为 int 数据类型。这样，从 C 到 SQL Server 的 hostvar1 可以直接映射。在第二个 UPDATE 语句中，title 列为 varchar 数据类型，所以应该把 hostvar2 定义为字符数组。这样，从 C 到 SQL Server 的 hostvar2 可以从字符数组映射为 varchar 数据类型。在第三个 UPDATE 语句中，price 列为 money 数据类型。在 C 语言中，没有相应的数据类型，所以用户可以把 hostvar3 定义为 C 的浮点变量或字符数据类型。SQL Server 可以自动将浮点变量转换为 money 数据类型（输入数据），或将 money 数据类型转换为浮点变量（输出数据）。

注意，如果数据类型为字符数组，那么 SQL Server 会在数据后面填充空格，直到填满该变量的声明长度。

在 ESQL/C 中，不支持所有的 unicode 数据类型（如，nvarchar、nchar 和 ntext）。对于非 unicode 数据类型，除了 datetime、smalldatetime、money 和 smallmoney 外（decimal 和 numeric 数据类型部分情况下不支持），都可以相互转换。

表 7-4 列出了 C 的数据类型与 datetime、smalldatetime、money、smallmoney、decimal、numeric 数据类型的一些转换关系。

表 7-4　　　　　　　　　C 数据类型与其他数据类型的转换

C 数据类型	分配的 SQL Server 数据类型	datetime 或 smalldatetime	money 或 smallmoney	decimal 或 numeric
short	Smallint	不可以	不可以	不可以
Int	Smallint	不可以	不可以	不可以
Long	Int	不可以	不可以	不可以
Float	Real	不可以	不可以	不可以
Double	Float	不可以	不可以	不可以
Char	Varchar	可以	可以	可以
Void *p	Binary	可以	可以	可以
Char byte	tinyint	不可以	不可以	不可以

因为 C 没有 date 或 time 数据类型，所以 SQL Server 的 date 或 time 列将被转换为字符。缺省情况下，使用以下转换格式：mm dd yyyy hh:mm:ss[am | pm]，可以使用字符数据格式将 C 的字符数据存放到 SQL Server 的 date 列上，也可以使用 Transact-SQL 中的 convert 语句来转换数据类型。如：SELECT CONVERT(char, date, 8) FROM sales。

（3）主变量和 NULL。

大多数程序设计语言（如 C）都不支持 NULL。所以对 NULL 的处理，一定要在

SQL 中完成。可以使用主变量附带的指示符变量来解决这个问题。在嵌入式 SQL 语句中,主变量和指示符变量共同规定一个单独的 SQL 类型值。如:

EXEC SQL SELECT titles. price INTO :price :price_nullflag FROM titles, titleauthor
WHERE titleauthor. au_id = "mc3026" AND titleauthor. title_id = titles. title_id

其中,price 是主变量,price_nullflag 是指示符变量。

指示符变量共有两类值:

① -1,表示主变量应该假设为 NULL。注意:主变量的实际值是一个无关值,不予考虑。

② >0,表示主变量包含了有效值。该指示变量存放了该主变量数据的最大长度。

所以,上面这个例子的含义是:如果不存在 mc3026 写的书,那么 price_nullflag 为 -1,表示 price 为 NULL;如果存在,则 price 为实际的价格。

也可以在指示符变量前面加上"INDICATOR"关键字,表示后面的变量为指示符变量。如:

EXEC SQL UPDATE closeoutsale
SET temp_price = :saleprice INDICATOR :saleprice_null;

值得注意的是,不能在 WHERE 语句后面使用指示符变量。如:

EXEC SQL DELETE FROM closeoutsale
WHERE temp_price = :saleprice :saleprice_null;

可以使用下面语句来完成上述功能:

if (saleprice_null == -1)
{
EXEC SQL DELETE FROM closeoutsale
WHERE temp_price IS null;
}
else
{
EXEC SQL DELETE FROM closeoutsale
WHERE temp_price = :saleprice;
}

2. 连接数据库

在程序中,使用"CONNECT TO"语句来连接数据库。该语句的完整语法为:
CONNECT TO {[server_name.]database_name} [AS connection_name]
USER [login[.password] | $ integrated]

其中:

①server_name 为服务器名。若省略,则为本地服务器名。

②database_name 为数据库名。

③connection_name 为连接名,可省略。如果仅仅使用一个连接,那么无需指定连接名。可以使用 SET CONNECTION 来使用不同的连接。

④login 为登录名。

⑤password 为密码。

在例 7-13 中的"EXEC SQL CONNECT TO pubs USER sa.;",服务器是本地服务器名,数据库为 pubs,登录名为 sa,密码为空。缺省的超时时间为 10 秒。如果指定连接的服务器没有响应这个连接请求,或者连接超时,那么系统会返回错误信息。可以使用"SET OPTION"命令设置连接超时的时间值。

在嵌入式 SQL 语句中,使用 DISCONNECT 语句断开数据库的连接。其语法为:

DISCONNECT [connection_name | ALL | CURRENT]

其中,connection_name 为连接名。ALL 表示断开所有的连接。CURRENT 表示断开当前连接。请看下面这些例子来理解 CONNECT 和 DISCONNECT 语句。

EXEC SQL CONNECT TO caffe. pubs AS caffe1 USER sa.;
EXEC SQL CONNECT TO latte. pubs AS latte1 USER sa.;
EXEC SQL SET CONNECTION caffe1 ;
EXEC SQL SELECT name FROM sysobjects INTO :name;
EXEC SQL SET CONNECTION latte1 ;
EXEC SQL SELECT name FROM sysobjects INTO :name;
EXEC SQL DISCONNECT caffe1 ;
EXEC SQL DISCONNECT latte1 ;

在上面这个例子中,第一个 SELECT 语句查询在 caffe 服务器上的 pubs 数据库。第二个 SELECT 语句查询在 latte 服务器上的 pubs 数据库。当然,也可以使用"EXEC SQL DISCONNECT ALL;"来断开所有的连接。

3. 数据的查询和更新

(1)单行数据的查询与更新。

可以使用 SELECT INTO 语句查询数据,并将数据存放在主变量中。如例 7-13 中的:

EXEC SQL SELECT au_fname INTO :first_name
FROM authors where au_lname = :last_name;

使用 DELETE 语句删除数据。其语法类似于 SQL 语言中的 DELETE 语法。如:

EXEC SQL DELETE FROM authors WHERE au_lname = 'White'

使用 UPDATE 语句可以修改数据。其语法就是 SQL 语言中 UPDATE 的语法。如:

EXEC SQL UPDATE authors SET au_fname = 'Fred' WHERE au_lname = 'White'

使用 INSERT 语句可以插入新数据。其语法就是 SQL 中 INSERT 的语法。
例如：
　　EXEC SQL INSERT INTO homesales (seller_name, sale_price)
　　　　values_estate('Jane Doe', 180 000.00);

(2) 多行数据的查询和更新。

对多行数据的查询或更新,必须使用游标来完成。

【例 7-15】　对 pubs 数据库上的 authors 表逐行显示 au_fname 为"Ann"的记录信息,并询问用户是否删除该信息,如果回答"是",那么删除当前行的数据。

```
#include <stddef.h>              /* standard C run-time header */
#include <stdio.h>               /* standard C run-time header */
main()
{
    char reply;
    EXEC SQL BEGIN DECLARE SECTION;
    char fname[ ]="Ann";
    char lname[50];
    EXEC SQL END DECLARE SECTION;
    EXEC SQL CONNECT TO pubs
    USER sa.;

    EXEC SQL SET CURSORTYPE CUR_BROWSE;

    EXEC SQL DECLARE c1 CURSOR FOR
        SELECT au_fname, au_lname FROM authors WHERE au_fname = :fname;

    EXEC SQL OPEN c1;
    while (SQLCODE == 0)
    {
        EXEC SQL FETCH c1 INTO :fname, :lname;
        if (SQLCODE == 0)
        {
            printf ("%12s %12s\n", fname, lname);
            printf ("Delete?");
            scanf ("%c", &reply);
            if ( reply == 'y')
            {
```

```
            EXEC SQL DELETE FROM authors WHERE CURRENT OF c1;
            printf ("delete sqlcode = %d\n", SQLCODE);
        }
      }
    }
    EXEC SQL CLOSE c1;
}
```

值得注意的是,嵌入式 SQL 语句中的游标定义选项与 Transact-SQL 中的游标定义选项有些不同。必须遵循嵌入式 SQL 语句中的游标定义选项。

关闭游标的同时,会释放由游标添加的锁和放弃未处理的数据。在关闭游标前,该游标必须已经声明和打开。另外,程序终止时,系统会自动关闭所有打开的游标。

4. SQLCA

DBMS 是通过 SQLCA(SQL 通信区)向应用程序报告运行错误信息的。SQLCA 是一个含有错误变量和状态指示符的数据结构。通过检查 SQLCA,应用程序能够检查出嵌入式 SQL 语句是否成功,并根据成功与否决定是否继续往下执行。预编译器自动在嵌入式 SQL 语句中包含 SQLCA 数据结构。在程序中可以使用 EXEC SQL IN-CLUDE SQLCA,目的是告诉 SQL 预编译程序在该程序中包含一个 SQL 通信区。也可以不写,系统会自动加上 SQLCA 结构。

(1) SQLCODE。

SQLCA 结构中最重要的部分是 SQLCODE 变量。在执行每条嵌入式 SQL 语句时,DBMS 在 SQLCA 中设置变量 SQLCODE 值,以指明语句的完成状态:

① =0 该语句成功执行,无任何错误或报警。

② <0 出现了严重错误。

③ >0 出现了报警信息。

(2) SQLSTATE。

SQLSTATE 变量也是 SQLCA 结构中的成员。它同 SQLCODE 一样都是返回错误信息。SQLSTATE 是在 SQLCODE 之后产生的。这是因为,在制定 SQL2 标准之前,各个数据库厂商都采用 SQLCODE 变量来报告嵌入式 SQL 语句中的错误状态。但是,各个厂商没有采用标准的错误描述信息和错误值来报告相同的错误状态。所以,标准化组织增加了 SQLSTATE 变量,规定了通过 SQLSTATE 变量报告错误状态和各个错误代码。因此,目前使用 SQLCODE 的程序仍然有效,但也可用标准的 SQL-STATE 错误代码编写新程序。

5. WHENEVER

在每条嵌入式 SQL 语句之后立即编写一条检查 SQLCODE/SQLSTATE 值的程序,是一件很繁琐的事情。为了简化对错误的处理,可以使用 WHENEVER 语句。该语句是 SQL 预编译程序的指示语句,而不是可执行语句。它通知预编译程序在每条可执行嵌入式 SQL 语句之后自动生成错误处理程序,并指定了错误处理操作。

用户可以使用 WHENEVER 语句通知预编译程序去如何处理 3 种异常处理:

① WHENEVER SQLERROR——通知预编译程序产生处理错误的代码(SQLCODE<0)。

② WHENEVER SQLWARNING——通知预编译程序产生处理警报的代码(SQLCODE=1)。

③ WHENEVER NOT FOUD——通知预编译程序产生没有查到内容的代码(SQLCODE=100)。

针对上述 3 种异常处理,用户可以指定预编译程序采取以下 SQLSTATE 三种行为:

① WHENEVER...GOTO——通知预编译程序产生一条转移语句。

② WHENEVER...CONTINUE——通知预编译程序让程序的控制流转入到下一个主语言语句。

③ WHENEVER...CALL——通知预编译程序调用函数。

其完整语法如下:

WHENEVER {SQLWARNING | SQLERROR | NOT FOUND} {CONTINUE | GOTO stmt_label | CALL function() }

7.3.4 动态 SQL 语句

前一小节中讲述的嵌入 SQL 都是静态 SQL,即在编译时已经确定了引用的表和列。主变量不改变表和列信息。在前几节中,使用主变量改变查询参数,但是不能用主变量代替表名或列名,否则系统报错。动态 SQL 语句就是来解决这个问题的。

动态 SQL 语句的目的不是在编译时确定 SQL 的表和列,而是让程序在运行时提供,并将 SQL 语句文本传给 DBMS 执行。静态 SQL 语句在编译时已经生成执行计划。而动态 SQL 语句,只有在执行时才产生执行计划。动态 SQL 语句首先执行 PREPARE 语句要求 DBMS 分析、确认和优化语句,并为其生成执行计划。DBMS 还设置 SQLCODE 以表明语句中发现的错误。当程序执行完 PREPARE 语句后,就可以用 EXECUTE 语句来执行计划,并设置 SQLCODE,以表明完成状态。

按照功能和处理上的划分,动态 SQL 应该分成两类来解释:动态修改和动态查询。

1. 动态修改

动态修改使用 PREPARE 语句和 EXECUTE 语句。PREPARE 语句是动态 SQL 语句独有的语句。其语法为:

PREPARE 语句名 FROM 主变量

该语句接收含有 SQL 语句串的主变量,并把该语句送到 DBMS。DBMS 编译该语句并生成执行计划。在语句串中包含一个"?"表明参数,当执行语句时,DBMS 需要参数来替代这些"?"。PREPARE 语句执行的结果是,DBMS 把语句名赋给准备的语句。语句名类似于游标名,是一个 SQL 标识符。在执行 SQL 语句时,EXECUTE 语句后面是这个语句名。

【例 7-16】 在 pubs 数据库上的 publishers 表中插入一条记录,记录的值由程序决定。

```
#include <stddef.h>          /* standard C run-time header */
#include <stdio.h>           /* standard C run-time header */
main()
{
    EXEC SQL BEGIN DECLARE SECTION;
        char prep[ ]="INSERT INTO publishers VALUES (?,?,?,?,?)";
        char pub_id[5];
        char pub_name[40];
        char city[20];
        char state[10];
        char country[30];
    EXEC SQL END DECLARE SECTION;
    EXEC SQL CONNECT TO pubs
    USER sa.;
    EXEC SQL PREPARE prep_stat FROM :prep;
    if (SQLCODE==0)
    {
        strcpy(pub_id, "9990");
        strcpy(pub_name, "Lamborghini");
        strcpy(city, "shanghai");
        strcpy(state, "");
        strcpy(country, "CHINA");
        EXEC SQL EXECUTE prep_stat USING :pub_id, :pub_name, :city, :state, :country;
    }
    if (SQLCODE!=0)
    {
        printf("SQL Code = %li\n", SQLCODE);
        printf("SQL Server Message %li: '%Fs'\n", SQLERRD1, SQLERRMC);
    }
}
```

在这个例子中，prep_stat 是语句名，prep 主变量的值是一个 INSERT 语句，包含了 5 个参数（5 个"?"）。PREPARE 的作用是，DBMS 编译这个语句并生成执行计划，并把语句名赋给这个准备的语句。

值得注意的是，PREPARE 中的语句名的作用范围为整个程序，所以不允许在同一个程序中使用相同的语句名在多个 PREPARE 语句中。

EXECUTE 语句是动态 SQL 独有的语句。它的语法如下：

  EXECUTE 语句名 USING 主变量 | DESCRIPTOR 描述符名

请看上面这个例子中的语句：

  EXEC SQL EXECUTE prep_stat USING :pub_id, :pub_name, :city, :state, :country;

它的作用是，请求 DBMS 执行 PREPARE 语句准备好的语句。当要执行的动态语句中包含一个或多个参数标志时，在 EXECUTE 语句必须为每一个参数提供值。这样，EXECUTE 语句用主变量值逐一代替准备语句中的参数标志(?)，从而为动态执行语句提供了输入值。

使用主变量提供值，USING 子句中的主变量数必须同动态语句中的参数标志数一致，而且每一个主变量的数据类型必须同相应参数所需的数据类型相一致。各主变量也可以有一个伴随主变量的指示符变量。当处理 EXECUTE 语句时，如果指示符变量包含一个负值，就把 NULL 值赋予相应的参数标志。除了使用主变量为参数提供值，也可以通过 SQLDA 提供值。

2. 动态游标

游标分为静态游标和动态游标两类。对于静态游标，如例 7-15，在定义游标时就已经确定了完整的 SELECT 语句，在 SELECT 语句中可以包含主变量来接收输入值，当执行游标的 OPEN 语句时，主变量的值被放入 SELECT 语句。在 OPEN 语句中，不用指定主变量，因为在 DECLARE CURSOR 语句中已经放置了主变量。

动态游标和静态游标不同。以下是动态游标使用的句法：

（1）声明游标。

对于动态游标，在 DECLARE CURSOR 语句中不包含 SELECT 语句，而是定义了在 PREPARE 中的语句名，用 PREPARE 语句规定与查询相关的语句名称。

（2）打开游标。

完整语法为：OPEN 游标名 [USING 主变量名 | DESCRIPTOR 描述符名]

在动态游标中，OPEN 语句的作用是使 DBMS 在第一行查询结果前开始执行查询并定位相关的游标。当 OPEN 语句成功执行完毕后，游标处于打开状态，并为 FETCH 语句作准备。OPEN 语句执行一条由 PREPARE 语句预编译的语句。如果动态查询正文中包含有一个或多个参数标志时，OPEN 语句必须为这些参数提供参数值。USING 子句的作用是规定参数值。

（3）取一行值。

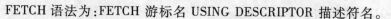

FETCH 语法为:FETCH 游标名 USING DESCRIPTOR 描述符名。

动态 FETCH 语句的作用是,把这一行的各列值送到 SQLDA 中,并把游标移到下一行。注意,静态 FETCH 语句的作用是用主变量表接收查询到的列值。

在使用 FETCH 语句前,必须为数据区分配空间,SQLDATA 字段指向检索出的数据区。SQLLEN 字段是 SQLDATA 指向的数据区的长度。SQLIND 字段指出是否为 NULL。

(4)关闭游标。

如:EXEC SQL CLOSE c1;

关闭游标的同时,会释放由游标添加的锁和放弃未处理的数据。在关闭游标前,该游标必须已经声明和打开。另外,程序终止时,系统会自动关闭所有打开的游标。

动态 DECLARE CURSOR 语句是 SQL 预编译程序中的一个命令,而不是可执行语句。该子句必须在 OPEN、FETCH、CLOSE 语句之前使用。请看下面这个例子:

...

EXEC SQL BEGIN DECLARE SECTION;

char szCommand[ ] = "SELECT au_fname FROM authors WHERE au_lname = ?";

char szLastName[ ] = "White";

char szFirstName[30];

EXEC SQL END DECLARE SECTION;

EXEC SQL DECLARE author_cursor CURSOR FOR select_statement;

EXEC SQL PREPARE select_statement FROM :szCommand;

EXEC SQL OPEN author_cursor USING :szLastName;

EXEC SQL FETCH author_cursor INTO :szFirstName;

...

3. SQLDA

可以通过 SQLDA 为嵌入式 SQL 语句提供输入数据和从嵌入式 SQL 语句中输出数据。

我们知道,动态 SQL 语句在编译时可能不知道有多少列信息。在嵌入式 SQL 语句中,这些不确定的数据是通过 SQLDA 完成的。

4. DESCRIBE 语句

该语句只有动态 SQL 才有。该语句在 PREPARE 语句之后、OPEN 语句之前使用。该语句的作用是设置 SQLDA 中的描述信息,如:列名、数据类型和长度等。DESCRIBE 语句的语法为:

DESCRIBE 语句名 INTO 描述符名

如:EXEC SQL describe querystmt into qry_da;

在执行 DESCRIBE 前,用户必须给出 SQLDA 中的 SQLN 的值(表示有多少列),该值也说明了 SQLDA 中有多少个 SQLVAR 结构。然后,执行 DESCRIBE 语句,该语句填充每一个 SQLVAR 结构。

本章小结

本章着重介绍了 MS SQL Server 中的两个重要概念：存储过程和触发器、嵌入式 SQL 语句。

我们指出存储过程、触发器是一组 SQL 语句集，触发器就其本质而言是一种特殊的存储过程。存储过程和触发器在数据库开发过程中，在对数据库的维护和管理等任务中以及在维护数据库参照完整性等方面具有不可替代的作用，因此无论对开发人员，还是对数据库管理人员来说，熟练地使用存储过程，尤其是系统存储过程，深刻地理解有关存储过程和触发器各个方面的问题是极为必要的。因此，在本章中通过较多详尽的实例，全面而又透彻地展示了有关存储过程和触发器的各种问题。具体来说主要包括以下几个方面：

（1）存储过程、触发器的概念、作用和优点。
（2）创建、删除、查看、修改存储过程、触发器的方法。
（3）存储过程、触发器的各种不同复杂程度的应用。
（4）创建、使用存储过程和触发器的过程中应注意的若干问题。

嵌入式 SQL 语句虽然不如存储过程和触发器那么常用，但在解决有些问题时也会用到，因此读者应了解嵌入式静态 SQL 语句和动态 SQL 语句的基本用法。

习题七

7.1 什么是存储过程？它有哪几种类型？
7.2 试述触发器的作用及工作原理。
7.3 什么是嵌入式 SQL？它有哪几种类型？它们之间有何区别？
7.4 试述动态游标的使用方法。

第八章 关系模式的规范化与查询优化

【学习目的与要求】

为了使数据库设计合理可靠、简单实用,长期以来形成了关系数据库设计的理论——规范化理论与查询优化。通过对本章的学习,学生应了解关系模式规范化理论及其在数据库设计中的作用,能够运用模式分解理论对关系模式进行分解,使数据库系统设计符合 3NF 的要求,并掌握查询优化的基本方法。基本要求:本章理论性较强,学生应从概念着手,弄清概念之间的联系和作用,重点掌握函数依赖、无损连接、保持依赖和范式。

8.1 问题的提出

前面已经讨论了关系数据库的基本概念、关系模型的组成以及关系数据库 SQL Server 2000。但是还有一个很基本的问题尚未涉及,针对一个具体问题,应该如何构造一个适合于它的关系数据库模式,即应该构造几个关系模式,每个关系由哪些属性组成等。这是数据库设计的问题,确切地讲是关系数据库逻辑设计问题。

下面首先回顾一下关系模式的形式化定义:

定义 8-1 一个关系模式是一个系统,它由一个五元组 $R(U,D,\text{dom},I,F)$ 组成,其中,R 是关系名,U 是 R 的一组属性集合 $\{A_1, A_2, \cdots, A_n\}$,$D$ 是 U 中属性的域集合 $\{D_1, D_2, \cdots, D_n\}$,dom 是属性 U 到域 D 的映射,I 是完整性约束集合,F 是属性间的函数依赖关系。

定义 8-2 在关系模式 $R(U,D,\text{dom},I,F)$ 中,当且仅当 U 上的一个关系 r 满足 F 时,r 称为关系模式 R 的一个关系。

为简单起见,有时把关系记为 $R(U)$ 或 $R(U,F)$。

关系与关系模式是关系数据库中密切相关而又有所不同的两个概念。关系模式是用于描述关系的数据结构和语义约束,它不是集合,而关系是一个数据的集合(通常理解为一张二维表)。

在关系数据库中,对关系有一个最起码的要求,即每一个属性必须是不可分的数据项。满足了这个条件的关系模式就属于第一范式(1NF)。

现在的任务是研究模式设计,研究设计一个"好"的(或者称之为没有"毛病"的)关系模式的办法。数据依赖是通过一个关系中属性间值的相等与否体现出来的数据间的相互关系。它是现实世界属性间相互联系的抽象,是数据内在的性质,是语义的体现。现在人们已经提出了许多种类型的数据依赖,其中最重要的是函数依赖(Functional Dependency,FD)和多值依赖(Multivalued Dependency,为 MVD)。

函数依赖极为普遍地存在于现实生活中。例如描述一本图书的关系,可以有图书标识(title_id)、书名(title)、图书分类(type)、出版社名称(pub_name)等几个属性。由于一本图书标识对应一本书,一本书只有一个书名,只允许在一个出版社出版,因而当"图书标识"的值确定之后,书名和出版社名称等信息就被惟一地确定了。就像自变量 x 确定之后,相应的函数值 $f(x)$ 也就惟一地确定了一样,我们说 title_id 函数决定 title 和 pub_name,或者说 title、pub_name 函数依赖于 title_id,记为 title_id→title,title_id→pub_name。

现在要建立一个数据库来描述图书订购系统的关系模式,其主要属性包含有图书标识(title_id)、书名(title)、出版社名称(pub_name)、出版社社址(pub_addr)、作者标识(au_id)、作者姓名(au_name)、书店名(stor_name)、书店地址(stor_addr)、订单号(ord_num)、征订数量(qty)。于是关系模式的属性集合为 U = {title_id,title,pub_name,pub_addr,au_id,au_name,stor_name,stor_addr,ord_num,qty}。图书征订的现实情形告诉我们:

(1)一个出版社可以出版多部图书,但一本书只能在一个出版社出版。

(2)一个订单只能由一个书店发出,但一个书店可以发出多个订单。

(3)一个订单可以订同一出版社的多种不同的书籍,一本书可以被多个订单同时征订。

(4)一本图书可以有多个作者。

(5)每个订单的同一图书标识都有一个确定的订数。

从上面的事实得到属性集 U 的函数依赖集:F = { title_id→title,title_id→pub_name,pub_name→pub_addr,title_id→au_id,au_id→au_name,ord_num→stor_name,stor_name→stor_addr,(ord_num,title_id)→qty }。最后,得到一个描述图书征订的关系模式 Title_order = {(title_id,title,pub_name,pub_addr,au_id,au_name,stor_name,stor_addr,ord_num,qty),F}。这个关系模式存在如下三个问题:

(1)插入异常(Insert Anomaly):表示数据插入时出现问题,即无法在缺少另一个实体实例或关系实例的情况下表示实体或实例的信息。

如果一个出版社刚刚成立尚未出版书籍,那么就无法把这个出版社的信息存入数据库。或者是一个书店刚成立尚无订单,则这个书店的信息无法建立数据库。

(2)删除异常(Delete Anomaly):如果删除表的某一行来反映某个实体实例或者关系实例消失,则会导致丢失另一个不同实体实例或者关系实例的信息。

如果某个书店的订单全部被撤销,在删除该订单的同时,会将该书店的名称一并删除,即这个书店也不再存在。如果一个出版社目前仅登录了一本书的信息,则删除该本书时会将该出版社的信息一并删除,这将导致出版社信息的丢失。

(3)更新异常(Update Anomaly):如果更改表所对应的某个实体实例或者关系实例的单个属性时,需要将多行的相关信息全部更新,那么就说该表存在更新异常。

例如一个订单上有多本书,它们同时向一个出版社征订书籍,则在此关系中会存在多行数据元组,必将重复出现如出版社名称、作者、书店名等相同信息内容,这会造成大量的数据信息重复(称为数据冗余)。数据冗余将引起两方面的问题:一方面浪费存储空间,另一方面系统需要付出很大的代价来维护数据库的完整性。例如某书店更换后,就必须逐一修改有关的每一个元组。

为什么会发生插入异常和删除异常呢?这是因为这个模式中的函数依赖存在某些不好的性质。需要对初始的逻辑数据库模式做进一步的处理,用规范化的方法消除上述3个问题。下面将给出关于数据库规范化的一些必要的基本数学概念,即关系数据库理论,它是关系模式规范基础。

8.2 关系模式的函数依赖

函数依赖(FD)定义了数据库系统中数据项之间相关性性质中的最常见的类型。我们通常只考虑单个关系表属性列之间的相关性。为描述方便,统一符号表示,先做如下约定:设 R 是一个关系模式,U 是 R 的属性集合,用字母 $X,Y,\cdots$ 表示属性集合 U 的子集,即 $X,Y \subset U$,用 $A,B,\cdots$ 表示单个属性,r 是 R 的一个关系实例,t 是关系 r 的一个元组,即 $t \in r$。用 $t[X]$ 表示元组 t 在属性集 X 上的值,$t[A]$ 表示元组 t 的属性 A 的值。如果不引起混淆,将关系模式和关系实例统称为关系,并用 XY 表示 X 与 Y 的并集,即 $X \cup Y$。

8.2.1 函数依赖

定义 8-3 函数依赖(FD) 设 $R(U)$ 是属性集 U 上的关系模式,$X,Y \subset U$。若对 $R(U)$ 的任意一个可能的关系 r,r 中的任意两个元组 t_1 和 t_2,如果 $t_1[X]=t_2[X]$,则 $t_1[Y]=t_2[Y]$,我们称 X 函数确定 Y,或 Y 函数依赖于 X,记作 $X \rightarrow Y$。

通俗地说,对一个关系 r,不可能存在两个元组在 X 上的属性值相等,而在 Y 上的属性值不等,则称 X 函数确定 Y 或 Y 函数依赖于 X。

为便于理解,不妨假设 X 和 Y 均只包含一个属性,分别记为 A,B。$A \rightarrow B$ 用数学图形表示如图 8-1 所示。

函数依赖是语义范畴的概念,只能根据数据的语义来确定函数依赖关系,例如在前面描述的作者信息表(Authors)中,"作者姓名→地址"这个函数依赖关系只有在系统中不存在同名的人且一个作者只有一个联系地址的情况下才能成立,如果允许出现同名作者或者一个作者可能有多个联系地址(事实上这是必然会出现的情形),则此时"作者姓名→地址"就不能成立。为此要求设计者对现实世界做出强制的规定,

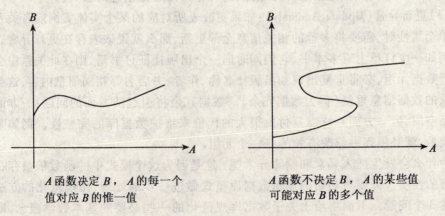

图 8-1 函数依赖的图形描述

如图书征订系统中规定一个作者只有一个联系地址,但我们并不能强制规定不能有同名作者出现,为此通常考虑人为增加属性的方法,以区分不同的元组。在作者信息表(Authors)增加了作者标识(au_id)属性以保证每个作者具有惟一不同的标识,这一点在各种管理系统的数据库设计中具有十分重要的意义。在前面讨论的出版社信息表(Publishers)中增加了出版社标识(pub_id)属性、图书信息表(Titles)中增加了图书标识(title_id)属性等均是源于这一要求。

【例 8-1】 图 8-2 中有 R,S 两个表,找出每个表之间的函数依赖。

关系 R

A	B
X_1	Y_1
X_2	Y_2
X_3	Y_3
X_4	Y_2
X_5	Y_1

关系 S

A	B	C
X_1	Y_1	Z_1
X_1	Y_2	Z_2
X_2	Y_1	Z_1
X_2	Y_2	Z_3
X_3	Y_3	Z_4

图 8-2

在表 R 中,容易看出 $A \rightarrow B, B \nrightarrow A$(符号 $\nrightarrow$ 读作"不函数确定");
在 S 中有 $A \nrightarrow B, A \nrightarrow C, B \nrightarrow C$,但 $(A,B) \rightarrow C, C \rightarrow B$。
下面介绍一些术语和记号:
- 如果 $X \rightarrow Y$,但 $Y \not\subseteq X$,则称 $X \rightarrow Y$ 是非平凡的函数依赖。若不特别声明,我们总是讨论非平凡的函数依赖。
- $X \rightarrow Y$,但 $Y \subseteq X$,则称 $X \rightarrow Y$ 是平凡的函数依赖。
- 若 $X \rightarrow Y$,则 X 为这个函数依赖的决定属性集(Determinant)。

第八章 关系模式的规范化与查询优化

- 若 $X \to Y, Y \to X$，则记作 $X \leftrightarrow Y$。
- 若 Y 不函数依赖于 X，则记作 $X \not\to Y$。

定义 8-4 设 $R(U)$ 是属性集 U 上的关系模式，如果 $X \to Y$，并且对于 X 的任何一个真子集 Z，都有 $Z \not\to Y$，则称 Y 完全函数依赖于 X，记作：$X \xrightarrow{f} Y$。若 $X \to Y$，但 Y 不完全函数依赖于 X，则称 Y 部分函数依赖于 X，记作 $X \xrightarrow{p} Y$。

定义 8-5 设 $R(U)$ 是属性集 U 上的关系模式，$X \subset U, Y \subset U, Z \subset U, Z-X, Z-Y, Y-X$ 均非空，如果 $X \to Y, (Y \not\subseteq X), Y \not\to X, Y \to Z$，则称 Z 传递函数依赖于 X。

在定义中加上条件 $Y \not\to X$，是因为 $X \to Y$，如果 $Y \to X$，则 $X \leftrightarrow Y$，又因为 $Y \to Z$，所以 $X \to Z$ 是 Z 直接函数依赖于 X，而不是 Z 传递函数依赖于 X。

8.2.2 键（Key）

定义 8-6 设 $R(U)$ 是属性集 U 上的关系模式，$K \subseteq U$，若 $K \xrightarrow{f} U$，则 K 为 R 的候选键（candidate key）。由候选键可以引出下列一些概念：

(1) 主键：若候选键多于一个，则选定其中的一个候选键作为识别元组的主键（primary key）。

(2) 主属性：包含在任何一个候选键中的属性，叫做主属性（prime attribute）。

(3) 非主属性：不包含在任何候选键中的属性称为非主属性（non-prime attribute）或非键属性（non-key attribute）。

在最简单的情况，候选键只包含单个属性。最极端的情况，候选键包含了关系模式的所有属性，称为全键（all-key）。

如：关系模式 $R(P, W, A)$ 中，属性 P 表示演奏者、W 表示作品、A 表示听众。假设一个演奏者可以演奏多个作品，某一作品可被多个演奏者演奏。听众也可以欣赏不同演奏者的不同作品，这个关系模式的键为 (P, W, A)，即 all-key。

(4) 外键：关系模式 R 中属性或属性组 X 并非 R 的候选键，但 X 是另一个关系模式的候选键，则称 X 是 R 的外部键（foreign key），也称外键。

主键与外键提供了一个表示关系间联系的手段。

如图书信息表（Titles）中的属性出版社标识（pub_id）它不是该表的主键（主键为 title_id），但它是出版社信息表（Publishers）的主键，通过 pub_id 属性将图书信息表和出版社信息表联系起来。

8.2.3 函数依赖的逻辑蕴涵

在关系模式的规范化处理过程中，只知道一个给定的函数依赖集合是不够的。我们还需要知道由给定的函数依赖集合所蕴涵的所有函数依赖的集合。对于关系模式的函数依赖，有一套完整的推理规则，称为阿姆斯特朗公理（Armstrong Axioms）。利用该推理规则，由一组已知函数依赖可推导出全部的函数依赖。

1. 阿姆斯特朗公理体系

(1) 包含规则 (Include Rule)。

设 $R(U)$ 是属性集 U 上的关系模式,$X \subset U, Y \subset U$,且 $Y \subseteq X$,则 $X \rightarrow Y$。

证明:运用定义 8-3,为了证明 $X \rightarrow Y$,只需证明不存在两个元组 u 和 v,它们满足 $u[X] = v[X]$,而 $u[Y] \neq v[Y]$ 即可。这是显然的,因为 Y 是 X 的子集,不可能存在两行上在 X 的属性上取相同的值而同时在这些属性的某个子集 Y 上取不同的值。

(2) 平凡依赖 (Trivial Dependency)。

由包含规则得到的函数依赖都是平凡函数依赖。

(3) 逻辑蕴涵 (Logical Implications)。

设 $R(U)$ 是属性集 U 上的关系模式,F 是 R 上的函数依赖集合,如果对于 R 的任意一个使 F 成立的关系实例 r,函数依赖 $X \rightarrow Y$ 均成立,则称 F 逻辑蕴涵 $X \rightarrow Y$。

(4) 阿姆斯特朗公理 (Armstrong Axioms)。

设 R 是一个具有属性集合 U 的关系模式,F 是 R 的一个函数依赖集合,$X \subseteq U, Y \subseteq U, Z \subseteq U$。阿姆斯特朗公理包含下面几条规则:

① 包含规则 (Include Rule) 又称自反律:若 $Y \subseteq X \subseteq U$,则 $X \rightarrow Y$ 为 F 蕴涵。

② 传递规则 (Transitivity Rule):若 F 蕴涵 $X \rightarrow Y, Y \rightarrow Z$,则 $X \rightarrow Z$ 为 F 所蕴涵。

③ 增广规则 (Augmentation Rule):若 F 蕴涵 $X \rightarrow Y$,且 $Z \subseteq U$,则 $XZ \rightarrow YZ$ 为 F 所蕴涵。

阿姆斯特朗公理用图形表示如图 8-3 所示。

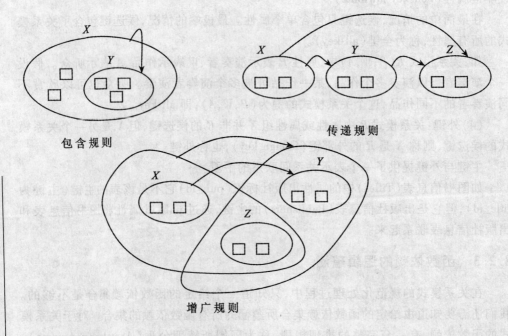

图 8-3 阿姆斯特朗公理

第八章 关系模式的规范化与查询优化

定理 8-1 阿姆斯特朗公理规则是正确的。

证明:包含规则已在前面证明过,下面证明传递规则和增广规则。

(1)若 F 蕴涵 $X \to Y, Y \to Z$,对于 R 的任意关系实例 r 的任意两个元组 t 和 s,若 $t[X] = s[X]$,由于 $X \to Y$,所以 $t[Y] = s[Y]$。再有 $Y \to Z$,则 $t[Z] = s[Z]$,于是 F 蕴涵 $X \to Z$。(传递规则得证)

(2)若 F 蕴涵 $X \to Y$,且 $Z \subseteq U$,对于 R 的任意关系实例 r 的任意两个元组 t 和 s,若 $t[XZ] = s[XZ]$,则有 $t[X] = s[X]$ 和 $t[Z] = s[Z]$,由于 $X \to Y$,则 $t[Y] = s[Y]$,于是 $t[YZ] = s[YZ]$,从而 F 蕴涵 $XZ \to YZ$。(增广规则得证)

利用上述公理,对一关系模式满足的已知函数依赖集(F)上,可推导出关系模式 $R(U, F)$ 所满足的全部函数依赖。

从上述阿姆斯特朗公理还可得出一些十分有用的推理规则。

定理 8-2 阿姆斯特朗公理的一些蕴涵规则。

(1)合并规则(Union Rule)。若 $X \to Y, X \to Z$,则 $X \to YZ$。

(2)伪传递规则(Pseudotransitivity Rule)。若 $X \to Y, WY \to Z$,则 $WX \to Z$。

(3)分解规则(Decomposition Rule)。如果 $X \to Y, Z \subseteq Y$,则 $X \to Z$。

(4)集合累积规则(Set Accumulation Rule)。如果 $X \to YZ$ 且 $Z \to W$,则 $X \to YZW$。

证明:(1)由 $X \to Y$ 和增广规则得到 $X \to XY$,由 $X \to Z$ 和增广规则得到 $XY \to YZ$,最后由传递规则得到 $X \to YZ$,合并规则得证。

(2)由 $X \to Y$ 和增广规则得到 $XW \to YW$,又由 $WY \to Z$ 和传递规则,则 $WX \to Z$,伪传递规则得证。

(3)由 $Z \subseteq Y$ 和包含规则得到 $Y \to Z$,又已知 $X \to Y$,由传递规则得 $X \to Z$,分解规则得证。

(4)由 $Z \to W$ 和增广规则得到 $YZZ \to YZW$,而 $YZZ = YZ$,则 $YZ \to YZW$,再由 $X \to YZ$ 和传递规则,则 $X \to YZW$,集合累积规则得证。

事实上,所有函数依赖中有效的蕴涵规则都可以从阿姆斯特朗公理推导出来。这说明阿姆斯特朗公理是完全的,意思是不需要加入其他蕴涵规则来增加阿姆斯特朗公理体系的效力,其完备性的证明留给读者思考。

从合并规则和分解规则可得到一个重要的引理 8-1,其证明留做练习。

引理 8-1 $X \to A_1 A_2 \cdots A_n$ 成立的充分必要条件是 $X \to A_i$ 成立,$i = 1, 2, \cdots, n$。

【例 8-2】 假设设计人员恰恰允许图 8-4 中表 T 中的这些行存在,找出表 T 满足的函数依赖的最小集。由于我们还没有给出一个严格意义上的函数依赖的最小集,所以只能简单地靠直觉来试图得到最小集。

表 T

行#	A	B	C	D
1	a_1	b_1	c_1	d_1
2	a_1	b_1	c_2	d_2
3	a_2	b_1	c_1	d_3
4	a_2	b_1	c_3	d_4

图 8-4

分析:(1)从左边只有一个属性的函数依赖开始考虑。很显然,平凡函数依赖总是存在的,如 $A \to A, B \to B, C \to C$ 和 $D \to D$。但在找最小集时不准备把它们列出来。使用列表法很容易找出从左边只有一个属性的函数依赖。

表 8-1

可能的蕴涵	结论	可能的蕴涵	结论	可能的蕴涵	结论	可能的蕴涵	结论
$A \to B$	√	$B \to A$	×	$C \to A$	×	$D \to A$	√
$A \to C$	×	$B \to C$	×	$C \to B$	√	$D \to B$	√
$A \to D$	×	$B \to D$	×	$C \to D$	×	$D \to C$	√

使用合并规则,可以得到下列函数依赖集:
$F = \{A \to B, C \to B, D \to ABC\}$

(2)考虑左边有成对属性的函数依赖:

①通过上面的函数依赖 $D \to ABC$ 和增广规则,可知任何包含 D 的属性对都决定所有其他属性,所以不存在还没有被蕴涵的左边包含 D 的新的函数依赖。

②由于属性列 B 的值全部相同,B 与其他属性 $P(P=A,C,D)$ 组合成 PB,其决定性完全取决于 P 的决定性,因此不会得到左边包含 B 的新的函数依赖。

③考虑剩下的组合 AC,经观察在 A、C 两列上没有完全相同的两个元组值,所以 $AC \to ABCD$,根据包含规则 $AC \to A, AC \to C$ 是平凡依赖,又前面已经得到 $A \to B$,由增广规则得 $AC \to BC$,而 $BC \to C$(平凡依赖),由传递规则得 $AC \to C$,所以从 $AC \to ABCD$ 得到的惟一的新函数依赖关系为 $AC \to D$。将其加入到 F 中,得到 $F = \{A \to B, C \to B, D \to ABC, AC \to D\}$。

(3)考虑左边有 3 个属性的函数依赖,有 4 种组合:ABC, ACD, ABD, BCD。上面

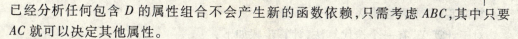

已经分析任何包含 D 的属性组合不会产生新的函数依赖,只需考虑 ABC,其中只要 AC 就可以决定其他属性。

(4)由于只有 4 个属性,不需考虑 4 个属性的组合,因为 $ABCD \to ABCD$ 是平凡函数依赖。

所以表 T 的完整函数依赖集为 $F = \{A \to B, C \to B, D \to ABC, AC \to D\}$。

尽管为导出表 T 的最小函数依赖集花了大的力气,但这个函数依赖集仍不是完全最小的,在定义了函数依赖最小集合后会发现这一点。

2. 闭包、覆盖和最小覆盖

对于一关系模式 $R(U, F)$,要根据已给函数依赖集 F 利用推理规则求出其全部的函数依赖是非常困难的,为了方便地判断某属性(或属性组)能决定哪些属性,那么需要了解属性集闭包的概念。

定义 8-7 设 R 是一个具有属性集合 U 的关系模式,F 是给定的函数依赖集合,由 F 推导出的所有函数依赖的集合,称为 F 的闭包,记作 F^+。

【例 8-3】 考虑给定的函数依赖集合 $F = \{A \to B, B \to C, C \to D, D \to E, E \to F\}$。

分析:由传递规则,$A \to B$ 和 $B \to C$ 可推出 $A \to C$,它一定包含在 F^+ 中。同样如 $B \to D$。实际上在序列 $ABCDEF$ 中一个属性出现在最后一个前面,那么它们可以通过传递规则来决定序列中出现在它右边的第一个属性。加上平凡函数依赖 $A \to A$,使用合并规则,可以生成其他函数依赖,如 $A \to ABCDEF, B \to BCDEF, \cdots$

从以上分析可知,由函数依赖集 F 推出的函数依赖可能以指数级的速率增长。我们的目标是找到一种与函数依赖集 F 等价的一个最小集,并给出相应的算法。

定义 8-8 表 R 上的两个函数依赖集合 F 和 G,如果函数依赖集 G 可以从 F 用蕴涵规则推导出来,换言之,如果 $G \subset F^+$,则称 F 覆盖 G;如果 F 覆盖 G 且 G 覆盖 F,则称这两个函数依赖集等价。写作 $F \equiv G$。

【例 8-4】 考虑属性 $ABCDE$ 组成的集合上的两个函数依赖集:
$F = \{B \to CD, AD \to E, B \to A\}, G = \{B \to CDE, B \to ABC, AD \to E\}$
证明 F 覆盖 G。

证明:根据以上的定义,只需证明 G 的所有函数依赖均可以由 F 的函数依赖推导出来。由于 F 中有:①$B \to CD$ 和②$B \to A$,由合并规则得③$B \to ACD$,而 $B \to B$ 是平凡依赖,和③合并得到④$B \to ABCD$。根据分解规则,从④$B \to ABCD$ 推出⑤$B \to AD$,而 F 中包含⑥ $AD \to E$,由⑤和⑥根据传递规则推导出⑦$B \to E$,再与④合并,导出 $B \to ABCDE$,根据分解规则可导出 $B \to CDE, B \to ABC$,而 $AD \to E$ 本身已经在 F 中,由此 G 的所有函数依赖均可以由 F 的函数依赖推导出来,所以 F 覆盖 G。

定义 8-9 设 R 是一个具有属性集合 U 的关系模式,F 是 R 上的函数依赖集,$X \subseteq U$,定义 X 的闭包 X^+,作为由 X 函数决定的最大属性集 Y,则最大集合 Y 满足 $X \to Y$ 存在于 F^+ 中。

算法 8-1 求属性集 X 的闭包 X^+。

对于计算 X^+ 有一个迭代算法,计算步骤如下:

(1) 选 X 作为闭包 X^+ 的初值 $X[0]$;

(2) 由 $X[i]$ 计算 $X[i+1]$ 时,它是由 $X[i]$ 并上属性集合 A 所组成,其中 A 为 F 中存在一函数依赖 $Y \to Z$,而 $A \subseteq Z, Y \subseteq X[i]$。因为 U 是有穷的,所以上述过程经过有限步后会达到 $X[i] = X[i+1]$,此时 $X[i]$ 为所求的 X^+。

用 C 语言描述的算法如下:

```
Closure(X,F)
{
    i = 0; x[0] = x;
    do
        {  i ++ ;
           x[i] = x[i-1];
           for ( all Y→Z in F)
               if ( Y ≤ x[i] )
                   x[i] = x[i] ∪ Z        //使用集合累积规则
        } while ( x[i] ≠ x[i-1] )
    return x[i];
}
```

属性闭包的应用:一个关系表的键恰恰是这个表中可以函数决定所有属性的最小属性集合。为了判定属性集合 X 是否为一个键,只需在该表的属性的函数依赖集 F 下计算 X^+,看它是否包含了全部属性,然后确认没有 X 的某个子集也满足这一要求。

【例 8-5】 设 R 是一个具有属性集合 U 的关系模式,$U = \{ABCDEG\}$,F 是 R 上的函数依赖集,它由下列函数依赖组成:

$F = \{AB \to C, D \to EG, C \to A, BE \to C, BC \to D, CG \to BD, ACD \to B, CE \to AG\}$,设 $X = BD$,求 X^+。

计算步骤:

(1) 设 $X[0] = BD$。

(2) 计算 $X[1]$:在 F 中找一个函数依赖,其左边为 B 或 D 或 BD,在 F 中有其函数依赖 $D \to EG$。所以 $X[1] = BD \cup EG = BDEG$。

(3) 计算 $X[2]$:在 F 中找包含 $X[1]$ 的函数依赖,除 $D \to EG$ 外,还有 $BE \to C$。所以 $X[2] = BDEG \cup C = BCDEG$。

(4) 计算 $X[3]$:在 F 中找包含 $X[2]$ 的函数依赖,除去已使用过的函数依赖外,还有 $C \to A, BC \to D, CE \to AG$,则得 $X[3] = ABCDEG$。

(5)由于 $X[3]$ 为全部属性组成,显然 $X[3] = X[4]$。

因此得到 $(BD)^+ = ABCDEG$。

由于 BD 可以决定所有属性集且不能再去掉其中任何一个属性,则 BD 即为该关系的候选键。

上述计算 X^+ 的算法可用于决定 $R(U,F)$ 关系模式的键,但要注意,关系模式的键必须满足两条件:它能函数决定全部属性;它必须是最小集。

定义 8-10 函数依赖集 F 称为极小或最小函数依赖集,如果 F 满足下列条件:

(1)F 中任意函数依赖的右部只包含一个属性;

(2)不存在这样的函数依赖 $X \to A$,使 F 与 $F - \{X \to A\}$ 等价;

(3)不存在这样的函数依赖 $X \to A$:X 包含真子集 $Z(Z \subset X)$,使 $(F - \{X \to A\}) \cup \{Z \to A\}$)与 F 等价。

即集合 F 最小是指 F 中任意函数依赖的右部只包含一个属性,且没有 F 中的函数依赖可以从整体中删除或者通过去除这个函数依赖左边的属性来使之改变,而不丢失它覆盖 F 的性质。

算法 8-2 从函数依赖集 F 构造最小覆盖 M。

(1)从函数依赖集 F,创建函数依赖的一个等价集 H,它的函数依赖的右边只有单个属性。(使用分解规则)

(2)从函数依赖集 H,顺次去掉在 H 中非关键的单个函数依赖。一个函数依赖 $X \to Y$ 在一个函数依赖集中是非关键的,指如果 $X \to Y$ 从 H 中去掉,得到结果 J,仍然满足 $H^+ = J^+$,或者说 $H \equiv J$。

(3)从函数依赖集 J,顺次用左边具有更少属性的函数依赖替换原来的函数依赖,只要不会导致 J^+ 改变。

(4)从剩下的函数依赖集中收集所有左边相同的函数依赖,使用合并规则创建一个等价的函数依赖集 M,它的所有依赖的左边是惟一的。

【例 8-6】 求例 8-2 所构造的函数依赖集 $F = \{A \to B, C \to B, D \to ABC, AC \to D\}$ 的最小覆盖。

分析:

步骤 1,$H = \{A \to B, C \to B, D \to A, D \to B, D \to C, AC \to D\}$。

步骤 2,检查 H 中的每个函数依赖是否是非关键的。

(a)$A \to B$:$J = H - \{A \to B\}$,在 J 下 X^+:$X[0] = A, X[1] = A, X^+ = A$,不包含 B,所以保留。

(b)$C \to B$:$J = H - \{C \to B\}$,在 J 下 X^+:$X[0] = C, X[1] = C, X^+ = C$,不包含 B,所以保留。

(c)$D \to B$:$J = H - \{D \to B\}$,在 J 下 X^+:$X[0] = D, X[1] = DAC, X[2] = DABC$,$X[3] = DABC, X^+ = DABC$,包含 B,所以去掉。

新的 $H = \{A \rightarrow B, C \rightarrow B, D \rightarrow A, D \rightarrow C, AC \rightarrow D\}$

(d) $D \rightarrow C$：$J = H - \{D \rightarrow C\}$，在 J 下 X^+：$X[0] = D, X[1] = DAB, X[2] = DAB, X^+ = DAB$，不包含 C，所以保留。

(e) $AC \rightarrow D$：$J = H - \{AC \rightarrow D\}$，在 J 下 X^+：$X[0] = AC, X[1] = ABC, X[2] = ABC$，$X^+ = ABC$，不包含 D，所以保留。

结果 $H = \{A \rightarrow B, C \rightarrow B, D \rightarrow A, D \rightarrow C, AC \rightarrow D\}$

步骤 3，只有 $AC \rightarrow D$ 可能在左侧进行简化，

(a) 去掉属性 A，得到 $J = \{A \rightarrow B, C \rightarrow B, D \rightarrow A, D \rightarrow C, C \rightarrow D\}$，设 $Y = C$，在 J 下 $Y^+ = CBDA$，而在 H 下 $Y^+ = CB$，不同，因此不能去掉。

(b) 去掉属性 C，得到 $J = \{A \rightarrow B, C \rightarrow B, D \rightarrow A, D \rightarrow C, A \rightarrow D\}$，设 $Y = A$，在 J 下 $Y^+ = ABCD$，而在 H 下 $Y^+ = AB$，不同，因此不能去掉。

步骤 4，合并得到 $M = \{A \rightarrow B, C \rightarrow B, D \rightarrow AC, AC \rightarrow D\}$

定理 8-3 每一个函数依赖集 F 都等价于一个极小函数依赖集。（证明略）

8.3 关系模式的规范化

下面以函数依赖为基础讨论关系模式的规范化形式（简称范式）。关系数据库中的关系是要满足一定要求的，满足不同程度要求的为不同范式。关系模式的范式主要有 4 种：即第一范式（1NF）、第二范式（2NF）、第三范式（3NF）、BCNF 范式（BCNF），更复杂的范式有第四范式（4NF）和第五范式（5NF）。满足这些范式条件的关系模式可以在不同程度上避免本章开始所提到的数据冗余问题、插入异常、删除异常和更新异常等问题。

把一个给定关系模式转化为某种范式的过程称为关系模式的规范过程，简称规范化。本节先介绍关系模式范式的基本概念，下节讨论关系模式转化为各种范式的规范化算法。

8.3.1 第一范式（1NF）

定义 8-11 设 R 是一个关系模式，如果 R 的每个属性的值域都是不可分割的简单数据项的集合，则称这个模式为第一范式关系模式，记为 1NF。

在任何一个关系数据库系统中，第一范式都是一个最基本的要求。

【例 8-7】 一本图书可能有多个作者，假设一本有 1 个主编、2 个副主编、3 个参编人员，则描述一本图书的关系如表 8-2 所示，该表显然不满足第一范式的要求，试将其分解为满足第一范式的关系。

表 8-2

图书标识	书名	作者						出版社名称
		主编	副主编		参编			
			副主编1	副主编2	参编1	参编2	参编3	

分析：本表中作者属性域包含多个可以分割的简单数据项，即为主编、副主编、参编，同时副主编和参编还可以继续分割，因此该关系不满足第一范式，分解方法是将所有包含的简单数据项直接作为关系模式的基本属性，分解结果如下：

图书关系（图书标识，书名，主编，副主编1，副主编2，参编1，参编2，参编3，出版社名称）

8.3.2 第二范式（2NF）

定义 8-12 若关系模式 R 是第一范式，而且每一个非主属性都完全函数依赖于 R 的键，则称 R 为第二范式的关系模式，记为 2NF。

对我们在 8.1 节中提到的图书征订关系模式 Title_order = {(title_id, title, pub_name, pub_addr, au_id, au_name, stor_name, stor_addr, ord_num, qty), F}，其中函数依赖集 F = {title_id→title, title_id→pub_name, pub_name→pub_addr, title_id→au_id, au_id→au_name, ord_num→stor_name, stor_name→stor_addr, (ord_num, title_id)→qty}。利用 8.2 的理论可以得出该关系的候选键为(ord_num, title_id)，该关系中存在非主属性部分函数依赖于 R 的键，如 title_id→title 和 ord_num→stor_name 等，所以它不是第二范式关系模式。在 8.1 中已经讨论了该关系存在数据冗余问题、插入异常、删除异常和更新异常等问题。

为了消除这些部分函数依赖，可以将 Title_order 关系分解为 3 个关系模式：

Title_R(title_id, title, pub_name, pub_addr, au_id, au_name)

Title_S(ord_num, stor_name, stor_addr)；

Title_RS(title_id, ord_num, qty)

对应的函数依赖关系为：

F_{Title_R} = {title_id→title, title_id→pub_name, pub_name→pub_addr, title_id→au_id, au_id→au_name}，Title_R 的键为 title_id。

F_{Title_S} = {ord_num→stor_name, stor_name→stor_addr}，Title_S 的键为 ord_num。

F_{Title_RS} = {(title_id, ord_num)→qty}，Title_RS 的键为(title_id, ord_num)。

分解后的关系模式的非主属性完全依赖于键，满足第二范式的要求，在一定程度上解决了数据冗余、插入异常和删除异常的问题（但仍不是完全解决，为什么？）。

【例8-8】 在学生学习关系模式 S_L_C(SNO,SDEPT,SLOC,CNO,CNAME,G) 中,SNO 为学号,SDEPT 为学生所处系别,SLOC 为学生的住处,并且每个系的学生住在同一个地方,CNO 为课程号,CNAME 为课程名,G 为课程成绩,其函数依赖集合 F = {SNO→SDEPT, SDEPT→SLOC, CNO→CNAME, (SNO,CNO)→G},求该关系的键,并判断其是否满足第二范式的要求。如不满足,则对关系范式进行分解,使之能满足第二范式的要求。

分析:由于(SNO,CNO)→G,而仅只有一个函数依赖的右边包含 G,所以键中必须包含有属性 SNO 和 CNO,而 SNO→SDEPT(已知),SNO→SLOC(传递规则),CNO→CNAME(已知),加上平凡函数依赖 SNO→SNO,CNO→CNO,利用合并规则可知 (SNO,CNO)函数决定关系 S_L_C 的每一个属性,所以它是一个候选键(键)。

由于 SNO→SDEPT,所以 (SNO,CNO) $\xrightarrow{P}$ SDEPT

同样 SNO→SLOC,所以(SNO,CNO) $\xrightarrow{P}$ SLOC

所以关系 S_L_C 存在非主属性部分函数依赖于键,故它不是第二范式关系。

从上面的分析可以发现问题在于有两种非主属性:一种如 G,它对主键是完全函数依赖。另一种如 SDEPT、SLOC 和 CNAME,对主键不是完全函数依赖。解决的办法是用投影分解把关系模式 S_L_C 分解为 3 个关系模式。

SCG(SNO,CNO,G)

S_L(SNO,SDEPT,SLOC)

S_C(CNO,CNAME)

关系模式 SCG 的键为(SNO,CNO),关系模式 S_L 的键为 SNO,关系模式 S_C 的键为 CNO,这样就使得非主属性对键都是完全函数依赖了,分解后的关系满足第二范式的要求。

8.3.3 第三范式(3NF)

定义 8-13 设关系模式 R 是 2NF,而且它的任何一个非键属性都不传递依赖于任何候选键,则 R 称为第三范式的关系模式,记为 3NF。

在上面介绍的图书征订关系分解成 2NF 后的关系中,

Title_R(title_id,title,pub_name,pub_addr,au_id,au_name)

F_{Title_R} = {title_id→title, title_id→pub_name, pub_name→pub_addr, title_id→au_id, au_id→au_name},Title_R 的键为 title_id,存在传递依赖,如 title_id→pub_name, pub_name→pub_addr,所以不是 3NF 关系,须继续进行分解以满足第三范式的要求。

分解如下:Title_R_tit(title_id,title,pub_name,au_id)

Title_R_pub(pub_name,pub_addr)

Title_R_au(au_id,au_name)

同样对关系 Title_S(ord_num,stor_name,stor_addr)进行如下分解:

Title_S_ord(ord_num,stor_name)

Title_S_store(stor_name,stor_addr)

而关系 Title_RS(title_id,ord_num,qty)因为只有一个函数依赖,已经满足了 3NF,故不须分解。

经分解后的关系是 3NF。

【例 8-9】 判断对例 8-8 分解后的 2NF 关系是不是 3NF。

分析:分解后的关系为 SCG(SNO,CNO,G),是 3NF

S_L(SNO,SDEPT,SLOC),存在传递依赖 SNO→SDEPT ,SDEPT→SLOC,不是 3NF,继续分解为:S_L_S(SNO,SDEPT)和 S_L_D(SDEPT,SLOC)。

S_C(CNO,CNAME),是 3NF。

一个关系模式 R 若低于 3NF 范式,就会产生插入异常、删除异常、冗余度大等问题。

8.3.4 BCNF 范式(BCNF)

BCNF 范式(Boyce Codd Normal Form)是由 Boyce 和 Codd 提出的,比 3NF 更进了一步,通常认为 BCNF 是增强型的第三范式。

定义 8-14 设关系模式 R 是 1NF,如果对于 R 的每个函数依赖 $X \rightarrow Y$ 且 $Y \not\subseteq X$ 时,X 必为候选键,则 R 是 BCNF。

也就是说,关系模式 $R(U,F)$ 中,若每一个决定因素都包含键,则 $R(U,F) \in$ BCNF。

由 BCNF 的定义可以得到以下结论:

一个满足 BCNF 的关系模式有:

(1)所有非键属性对每一个键都是完全函数依赖。

(2)所有的键属性对每一个不包含它的键,也是完全函数依赖。

(3)没有任何属性完全函数依赖于非键的任何一组属性。

由于 $R \in$ BCNF,按定义排除了任何属性对键的传递依赖与部分依赖,所以 $R \in$ 3NF。但是若 $R \in$ 3NF,R 未必属于 BCNF。

下面用几个例子说明属于 3NF 的关系模式有的属于 BCNF,而有的不属于 BCNF。

【例 8-10】 关系模式 SJP(S,J,P)中,S 是学生、J 表示课程、P 表示名次。每一个学生选修每门课程的成绩有一定的名次,每门课程中每一名次只有一个学生(即没有并列名次)。由语义可得到下面的函数依赖:

(S,J)→P ,(J,P)→S

所以(S,J)与(J,P)都可以作为候选键。这两个键各由两个属性组成,而且它们是相交的。这个关系模式中显然没有属性对键传递依赖或部分依赖。所以 SJP ∈

3NF，而且除(S,J)与(J,P)以外没有其他决定因素，所以 SJP∈BCNF。

【例 8-11】 关系模式 STJ(S,T,J)中，S 表示学生、T 表示教师、J 表示课程。每一教师只教一门课。每门课有若干教师，某一学生选定某门课，就对应一个固定的教师。由语义可得到如下的函数依赖。

(S,J)→T；(S,T)→J；T→J

这里(S,J)、(S,T)都是候选键。

STJ 是 3NF，因为没有任何非主属性对键传递依赖或部分依赖。但 STJ 不是 BCNF 关系，因为 T 是决定因素，而 T 不是候选键。

3NF 的"不彻底"性表现在可能存在主属性对键的部分依赖和传递依赖。非 BCNF 的关系模式也可以通过分解成为 BCNF。例如 STJ 可分解为 ST(S,T)与 TJ(T, J)，它们都是 BCNF。

一个模式中的关系模式如果都属于 BCNF，那么在函数依赖范畴内，它已实现了彻底的分离，已消除了插入和删除的异常。

8.3.5 多值依赖与第四范式

1. 多值依赖

以上我们完全是在函数依赖的范畴内讨论问题。属于 BCNF 的关系模式是否就很完美了呢？下面来看一个例子。

【例 8-12】 学校中某一门课程由多个教员讲授，他们使用相同的一套参考书。每个教员可以讲授多门课程，每种参考书可以供多门课程使用。可以用一个非规范化的关系来表示教员 T、课程 C 和参考书 B 之间的关系，如表 8-3 所示。

表 8-3

课程 C	教员 T	参考书 B
物理	李 勇 王 军	普通物理学 光学原理 物理习题集
数学	李 勇 张 平	数学分析 微分方程 高等代数
…	…	…

把这张表变成一张规范化的二维表，如表 8-4 所示：

表 8-4　　　　　　　　　　　　　　Teaching

课程 C	教员 T	参考书 B
物理	李 勇	普通物理学
物理	李 勇	光学原理
物理	李 勇	物理习题集
物理	王 军	普通物理学
物理	王 军	光学原理
物理	王 军	物理习题集
数学	李 勇	数学分析
数学	李 勇	微分方程
数学	李 勇	高等代数
数学	张 平	数学分析
数学	张 平	微分方程
数学	张 平	高等代数
…	…	…

关系模型 Teaching（C,T,B）的键是（C,T,B），即 All_Key。因而 Teaching ∈ BCNF。但是当某一课程（如物理）增加一名讲课教员（如周英）时，必须插入多个元组：（物理，周英，普通物理学），（物理，周英，光学原理），（物理，周英，物理习题集）。

同样，某一门课（如数学）要去掉一本参考书（如微分方程），则必须删除多个（这里是两个）元组：（数学，李勇，微分方程），（数学，张平，微分方程）。

对数据的增删改很不方便，数据的冗余也十分明显。仔细考察这类关系模式，发现它具有一种称之为多值依赖（MVD）的数据依赖。

定义 8-15　设 $R(U)$ 是属性集 U 上的一个关系模式。X、Y、Z 是 U 的子集，并且 $Z = U - X - Y$。关系模式 $R(U)$ 中多值依赖 $X \rightarrow\rightarrow Y$ 成立，当且仅当对 $R(U)$ 的任一关系 r，给定的一对 (x,z) 值，有一组 Y 的值，这组值仅仅决定于 x 值而与 z 值无关。

例如，在关系模式 Teaching 中，对于一个（物理，光学原理）有一组 T 值｛李勇，王军｝，这组值仅仅决定于课程 C 上的值（物理）。也就是说对于另一个（物理，普通物理学）它对应的一组 T 值仍是｛李勇，王军｝，尽管这时参考书 B 的值已经改变了。因此 T 多值依赖于 C，即 $C \rightarrow\rightarrow T$。同理 $C \rightarrow\rightarrow B$。

若 $X \rightarrow\rightarrow Y$，而 $Z = \emptyset$，即 Z 为空，则称 $X \rightarrow\rightarrow Y$ 为平凡的多值依赖。

设 U 是一个关系模式的属性集，X,Y,Z,W,V 都是集合 U 的子集，多值依赖具有以下公理：

（1）对称性规则：若 $X \rightarrow\rightarrow Y$，则 $X \rightarrow\rightarrow U - X - Y$。

（2）传递性规则：若 $X \rightarrow\rightarrow Y, Y \rightarrow\rightarrow Z$，则 $X \rightarrow\rightarrow Z - Y$。

(3) 增广规则:若 $X \rightarrow\rightarrow Y, V \subseteq W$,则 $WX \rightarrow\rightarrow VY$。

(4) 替代规则:若 $X \rightarrow Y$,则 $X \rightarrow\rightarrow Y$。

(5) 聚集规则:若 $X \rightarrow\rightarrow Y, Z \subseteq Y, W \cap Z = \emptyset, W \rightarrow Z$,则 $X \rightarrow Z$。

根据上述公理可以推导出下列规则:

(1) 合并规则:若 $X \rightarrow\rightarrow Y, X \rightarrow\rightarrow Z$,则 $X \rightarrow\rightarrow YZ$。

(2) 分解规则:若 $X \rightarrow\rightarrow Y, X \rightarrow\rightarrow Z$,则 $X \rightarrow\rightarrow Y \cap Z, X \rightarrow\rightarrow Y - Z, X \rightarrow\rightarrow Z - Y$。

(3) 伪传递规则:若 $X \rightarrow\rightarrow Y, WY \rightarrow\rightarrow Z$,则 $WX \rightarrow\rightarrow (Z - WY)$。

(4) 混合伪传递规则:若 $X \rightarrow\rightarrow Y, XY \rightarrow Z$,则 $X \rightarrow (Z - Y)$

以上规则的证明请参阅有关参考文献。

多值依赖与函数依赖相比,具有下面两个基本的区别:

(1) 多值依赖的有效性与属性集的范围有关。

若 $X \rightarrow\rightarrow Y$ 在 U 上成立,则在 $W(XY \subseteq W \subseteq U)$ 上一定成立;反之则不然,即 $X \rightarrow\rightarrow Y$ 在 $W(W \subset U)$ 上成立,在 U 上并不一定成立。这是因为多值依赖的定义中不仅涉及属性组 X 和 Y,而且涉及 U 中其余属性 Z。

一般地,在 $R(U)$ 上若有 $X \rightarrow\rightarrow Y$ 在 $W(W \subseteq U)$ 上成立,则称 $X \rightarrow\rightarrow Y$ 为 $R(U)$ 的嵌入型多值依赖。

但是在关系模式 $R(U)$ 中函数依赖 $X \rightarrow Y$ 的有效性仅决定于 X, Y 这两个属性集的值。只要在 $R(U)$ 的任何一个关系 r 中,元组在 X 和 Y 上的值满足定义 8-3,则函数依赖 $X \rightarrow Y$ 在任何属性集 $W(XY \subseteq W \subseteq U)$ 上成立。

(2) 若函数依赖 $X \rightarrow Y$ 在 $R(U)$ 上成立,则对于任何 $Y' \subset Y$ 均有 $X \rightarrow Y'$ 成立。而多值依赖 $X \rightarrow\rightarrow Y$ 若在 $R(U)$ 上成立,却不能断言对于任何 $Y' \subset Y$ 有 $X \rightarrow\rightarrow Y'$ 成立。

2. 第四范式

定义 8-16 设关系模式 $R(U, F) \in 1NF$,F 是 R 上的多值依赖集,如果对于 R 的每个非平凡多值依赖 $X \rightarrow\rightarrow Y (Y - X \neq \emptyset, XY$ 未包含 R 的全部属性),X 都含有 R 的候选键,则称 R 是第四范式,记为 4NF。

4NF 就是限制关系模式的属性之间不允许有非平凡且非函数依赖的多值依赖。因为根据定义,对于每一个非平凡的多值依赖 $X \rightarrow\rightarrow Y$,$X$ 都含有候选键,于是就有 $X \rightarrow Y$,所以 4NF 所允许的非平凡的多值依赖实际上是函数依赖。

显然,如果一个关系模式是 4NF,则必为 BCNF。

多值依赖的缺陷在于数据冗余太大。可以用投影分解的方法消去非平凡且非函数依赖的多值依赖。关系 Teaching 具有两个多值依赖,$C \rightarrow\rightarrow T$ 和 $C \rightarrow\rightarrow B$。Teaching 的惟一候选键是全键 {C, T, B}。由于 C 不是候选键,所以 Teaching 不是 4NF,但它是 BCNF。可以将 Teaching 分成 Teaching_T(C, T) 和 Teaching_B(C, B),它们都是 4NF。

函数依赖和多值依赖是两种最重要的数据依赖。如果只考虑函数依赖,则属于

BCNF 的关系模式规范化程度已经很高了。如果考虑多值依赖,则属于 4NF 的关系模式规范化程度是最高的了。

8.3.6 各范式之间的关系

1. 各范式之间的关系

对于各种范式之间的联系有 5NF⊂4NF⊂BCNF⊂3NF⊂2NF⊂1NF 成立。

(1) 一个 3NF 的关系(模式)必定是 2NF。

证明:反证法。如果一个关系(模式)$R \in 3NF$,但 $R \notin 2NF$,那么必有非主属性 A_j,候选关键字 X 和 X 的真子集 Y 存在,使得 $Y \rightarrow A_j$。由于 A_j 是非主属性,故 $A_j - (XY) \neq \emptyset$,$Y$ 是 X 的真子集,所以 $Y \nrightarrow X$,这样在该关系模式上就存在非主属性 A_j 传递依赖候选关键字 $X(X \rightarrow Y \rightarrow A_j)$,所以它不是 3NF 的,与题设矛盾。证毕。

(2) BCNF 必满足 3NF。

反证法:$R \in BCNF$,但 $R \notin 3NF$

根据第 3NF 的定义,由于 R 不属于 3NF,则必定存在非主属性对键的传递函数依赖,假设存在非主属性 A,键 X 以及属性组 Y,使 $X \rightarrow Y, Y \rightarrow A, X \nrightarrow A$,且 $Y \nrightarrow X$,由 BCNF 有 $Y \rightarrow A$,则 Y 为关键字,于是有 $Y \rightarrow X$,这与 $Y \nrightarrow X$ 矛盾。证毕。

2. 小结

3NF→BCNF:消除主属性对候选关键字的部分和传递函数依赖。

2NF→3NF:消除非主属性对候选关键字的传递函数依赖。

1NF→2NF:消除非主属性对候选关键字的部分函数依赖。

8.4 关系模式的分解特性

关系模式的规范化过程是通过对关系模式的分解来实现的,即把低一级的关系模式分解为若干个高一级的关系模式,尽管这种分解往往不是惟一的,但可以把分解出来的表连接起来重新获得原始表的信息。

8.4.1 关系模式的分解

把一个关系模式分解成若干个关系模式的过程,称为关系模式的分解。

定义 8-17 关系模式 $R(U,F)$ 的分解是指 R 为它的一组子集 $\rho = \{R_1(U_1, F_1), R_2(U_2, F_2), \cdots, R_k(U_k, F_k)\}$ 所代替的过程。其中 $U = U_1 \cup U_2 \cup \cdots \cup U_k$,并且没有 $U_i \subseteq U_j (1 \leq i,j \leq k)$,$F_i$ 是 F 在 U_i 上的投影,即 $F_i = \{X \rightarrow Y \in F^+ \wedge XY \subseteq U_i\}$。

【例 8-13】 将 $R = (ABCD, \{A \rightarrow B, B \rightarrow C, B \rightarrow D, C \rightarrow A\})$ 分解为 $U_1 = AB, U_2 = ACD$ 两个关系,求 R_1, R_2。

解:$R_1 = (AB, \{A \rightarrow B, B \rightarrow A\})$

$R_2 = (ACD, \{A \rightarrow C, C \rightarrow A, A \rightarrow D\})$

【例 8-14】 一个有损分解的例子。

表 8-5 原始表 ABC

A	B	C
a_1	100	c_1
a_2	200	c_2
a_3	300	c_3
a_4	200	c_4

分解成

表 8-6 AB

A	B
a_1	100
a_2	200
a_3	300
a_4	200

表 8-7 BC

B	C
100	c_1
200	c_2
300	c_3
200	c_4

连接 AB 和 BC 表得到的结果如下：

表 8-8 AB JOIN BC

A	B	C
a_1	100	c_1
a_2	200	c_2
a_2	200	c_4
a_3	300	c_3
a_4	200	c_2
a_4	200	c_4

连接后的表显然不是原 ABC 表的内容，称这种分解后表的连接丢失或多余元组的分解为有损分解，或称为有损连接分解。

关系模式分解必须遵守两个准则：
(1) 无损连接性：信息不失真（不增减信息）。
(2) 函数依赖保持性：不破坏属性间存在的依赖关系。

8.4.2 分解的无损连接性

1. 无损连接的概念

定义 8-18 设 F 是关系模式 R 的函数依赖集，$\rho = \{R_1(U_1,F_1), R_2(U_2,F_2), \cdots, R_k(U_k,F_k)\}$ 是 R 的一个分解，r 是 R 的一个关系，定义：

$$m_\rho(r) = \Pi_{U_1}(r) \bowtie \Pi_{U_2}(r) \bowtie \ldots \bowtie \Pi_{U_k}(r)$$

如果对 R 的满足 F 的任一个关系 r 均有 $r = m_\rho(r)$，则称分解 ρ 具有无损连接性。

第八章 关系模式的规范化与查询优化

引理 8-2 设 $\rho = \{R_1(U_1, F_1), R_2(U_2, F_2), \cdots, R_k(U_k, F_k)\}$ 为关系模式 R 的一个分解,r 为 R 的任一个关系,则:

(1) $r \subseteq m_\rho(r)$。

(2) 如果 $s = m_\rho(r)$,则 $\prod_{U_i}(r) = \prod_{U_i}(s)$。

(3) $m_\rho(m_\rho(r)) = m_\rho(r)$。

证明:

(1) 设 t 为关系 r 的任一元组,$t_i = t[u_i] \in r_i (i = 1, 2, \cdots, k)$,根据自然连接的定义,$t_1, t_2, \cdots, t_k \in \prod_{U_1}(r) \bowtie \prod_{U_2}(r) \bowtie \cdots \bowtie \prod_{U_k}(r)$,即 $t \in m_\rho(r)$,所以有 $r \subseteq m_\rho(r)$。

(2) 因为 $s = m_\rho(r)$,由 (1) 两边投影可得 $\prod_{U_i}(r) \subseteq \prod_{U_i}(s)$。下面证明:
$$\prod_{U_i}(s) \subseteq \prod_{U_i}(r)$$
设 $t_i \in \prod_{U_i}(s)$,必有 s 的一个元组 t,使得 $t[U_i] = t_i$。由于 $t \in s$,对于每个 $1 \leq i \leq n$,$t[U_i] \in \prod U_i(r)$,即 $t_i \in \prod_{U_i}(r)$,所以 $\prod U_i(s) \subseteq \prod_{U_i}(r)$,于是 $\prod_{U_i}(r) = \prod_{U_i}(s)$。

(3) 设 $s = m_\rho(r)$,则 $m_\rho(m_\rho(r)) = m_\rho(s)$,而由 (2) 得 $\prod_{U_i}(r) = \prod_{U_i}(s)$,故 $m_\rho(s) = m_\rho(r)$,所以 $m_\rho(m_\rho(r)) = m_\rho(r)$。证毕

结论:分解后的关系进行自然连接必包含分解前的关系,即分解不会丢失信息,但可能增加信息,只有 $r = m_\rho(r)$ 时,分解才具有无损连接性。

【例 8-15】 设有关系模式 $R(A, B, C)$,$\rho = \{R_1, R_2\}$ 为它的一个分解,其中 $R_1 = AB$,$R_2 = BC$,r 为 R 的一个关系,$r_1 = \prod_{R_1}(r)$,$r_2 = \prod_{R_2}(r)$,求 $r_1, r_2, m_\rho(r)$,由此可得到什么结论?

解:

表 8-9 关系 r

A	B	C
a_1	b_1	c_1
a_2	b_1	c_2
a_1	b_1	c_2

表 8-10 关系 r_1

A	B
a_1	b_1
a_2	b_1

表 8-11 关系 r_2

B	C
b_1	c_1
b_1	c_2

表 8-12 $m_\rho(r)$

A	B	C
a_1	b_1	c_1
a_1	b_1	c_2
a_2	b_1	c_1
a_2	b_1	c_2

因为 $r \neq m_\rho(r)$，所以，此分解不具有无损连接性。

2. 进行关系分解的必要性

一个关系模式分解后，可以存放原来所不能存放的信息，通常称为"悬挂"的元组，这是实际所需要的，正是分解的优点。在进行自然连接时，这类"悬挂"元组自然丢失了，但不是信息的丢失。这是合理的。如下面表 8-13 所示的选课关系 r 分解成班级关系和教师关系后，教师关系可以存放其他信息，但进行连接后仍保持无损连接，如表 8-16 所示。

表 8-13　选课关系 r

班级	课程	教师
软件 03-1	操作系统	彭惠

表 8-14　班级关系 r_1

班级	课程
软件 03-1	操作系统

表 8-15　教师关系 r_2

教师	课程
彭惠	操作系统
杨兵	数据库原理

表 8-16　$m\rho(r)$

班级	课程	教师
软件 03-1	操作系统	彭惠

3. 判别一个分解的无损连接性的算法

设有关系模式 $R(A_1, A_2, \cdots, A_n)$，F 为它的函数依赖集，$\rho = \{R_1, R_2, \cdots, R_k\}$ 为 R 的一个分解。

算法 8-3　判别一个分解的无损连接性的算法。

(1) 构造初始表。

构造一个 k 行 n 列的初始表，其中每列对应于 R 的一个属性，每行用于表示分解后的一个模式组成。如果属性 A_j 不属于关系模式 R_i，则在表的第 i 行第 j 列置符号 a_j，否则置符号 b_{ij}。

(2) 根据 F 中的函数依赖修改表内容。

考察 F 中的每个函数依赖 $X \rightarrow Y$，在属性组 X 所在的那些列上寻找具有相同符号的行，如果找到这样的两行或更多的行，则修改这些行，使这些行上属性组 Y 所在的列上元素相同。修改规则是：如果 Y 所在的要修改的行中有一个为 a_j，则这些元素均变成 a_j；否则改动为 b_{mj}（其中 m 为这些行的最小行号）。

注意：若某个 b_{ij} 被改动，则该列中凡是与 b_{ij} 相同的符号均进行相同的改动。循环地对 F 中的函数依赖进行逐个处理，直到发现表中有一行 变为 $a_1, a_2, \cdots, a_n$ 或不能再被修改为止。

(3) 判断分解是否为无损连接。

如果通过修改，发现表中有一行变为 $a_1, a_2, \cdots, a_n$，则分解是无损连接的；否则分解不具有无损连接性。

算法实现:

输入:关系 R 上的属性集 $U = \{A_1, A_2, \cdots, A_k\}$,$R$ 上的函数依赖集 F,R 的分解 $\rho = \{R_1, R_2, \cdots, R_k\}$。

输出:如果 ρ 为无损分解则为真,否则为假。

Lossless(R,F,ρ)
{ 构造初始表 Rρ;
change = true;
while (change)
 { for (F 中的每个函数依赖 X→Y)
 {
    if(Rρ 中 ti1[X] = ti2[X] = ... = tim[X])
    {将 ti1[Y],ti2[Y],...,tim[Y]改为相同}
    if (Rρ 中有一行为 a1,a2,...,an)
        return true;
 }
 if (修改后的表 Rρ = 修改前的表 Rρ)
    change = 假;
}
if (Rρ 中有一行为 a1,a2,...,an)
    return true;
else
    return flase;
}

【例 8-16】 关系模式 $R(SAIP)$,$F = \{S \to A, SI \to P\}$,$\rho = \{R_1(SA), R_2(SIP)\}$,检验分解是否为无损连接。

解:根据算法 8-3 构造判定矩阵,如表 8-17 所示变换结果如表 8-18 所示。

表 8-17

	S	A	I	P
R_1	a_1	a_2	b_{13}	b_{14}
R_2	a_1	b_{22}	a_3	a_4

表 8-18

	S	A	I	P
R_1	a_1	a_2	b_{13}	b_{14}
R_2	a_1	a_2	a_3	a_4

通过修改发现表中第二行元素变为 $a_1, a_2, \cdots, a_n$,分解是无损连接。

【例 8-17】 已知关系模式 $R(ABCDE)$ 及函数依赖集 $F = \{A \to C, B \to C, C \to D, DE \to C, CE \to A\}$,验证分解 $\rho = \{R_1(AD), R_2(AB), R_3(BE), R_4(CDE), R_5(AE)\}$ 是否为无损连接。

解:根据算法 8-3 构造判定矩阵,并根据每个函数依赖对矩阵进行变换,其过程如下:

	A	B	C	D	E
R_1	a_1	b_{12}	b_{13}	a_4	b_{15}
R_2	a_1	a_2	b_{23}	b_{24}	b_{25}
R_3	b_{31}	a_2	b_{33}	b_{34}	a_5
R_4	b_{41}	b_{42}	a_3	a_4	a_5
R_5	a_1	b_{52}	b_{53}	b_{54}	a_5

$\xrightarrow{A \to C}$

	A	B	C	D	E
R_1	a_1	b_{12}	b_{13}	a_4	b_{15}
R_2	a_1	a_2	b_{13}	b_{24}	b_{25}
R_3	b_{31}	a_2	b_{33}	b_{34}	a_5
R_4	b_{41}	b_{42}	a_3	a_4	a_5
R_5	a_1	b_{52}	b_{13}	b_{54}	a_5

$\xrightarrow{B \to C}$

	A	B	C	D	E
R_1	a_1	b_{12}	b_{13}	a_4	b_{15}
R_2	a_1	a_2	b_{13}	b_{24}	b_{25}
R_3	b_{31}	a_2	b_{13}	b_{34}	a_5
R_4	b_{41}	b_{42}	a_3	a_4	a_5
R_5	a_1	b_{52}	b_{13}	b_{54}	a_5

$\xrightarrow{C \to D}$

	A	B	C	D	E
R_1	a_1	b_{12}	b_{13}	a_4	b_{15}
R_2	a_1	a_2	b_{13}	a_4	b_{25}
R_3	b_{31}	a_2	b_{13}	a_4	a_5
R_4	b_{41}	b_{42}	a_3	a_4	a_5
R_5	a_1	b_{52}	b_{13}	a_4	a_5

$\xrightarrow{DE \to C}$

	A	B	C	D	E
R_1	a_1	b_{12}	b_{13}	a_4	b_{15}
R_2	a_1	a_2	b_{13}	a_4	b_{25}
R_3	b_{31}	a_2	a_3	a_4	a_5
R_4	b_{41}	b_{42}	a_3	a_4	a_5
R_5	a_1	b_{52}	a_3	a_4	a_5

$\xrightarrow{CE \to A}$

	A	B	C	D	E
R_1	a_1	b_{12}	b_{13}	a_4	b_{15}
R_2	a_1	a_2	b_{13}	a_4	b_{25}
R_3	a_1	a_2	a_3	a_4	a_5
R_4	b_{41}	b_{42}	a_3	a_4	a_5
R_5	a_1	b_{52}	a_3	a_4	a_5

图 8-5 分解具有无损连接的一个实例

通过修改发现表中第三行元素变为 $a_1, a_2, \cdots, a_n$,分解是无损连接。

4. 证明判别一个无损连接分解算法是正确的

定理 8-4 关系 R 分解 ρ 具有无损连接性的充分必要条件是算法 8-3 终止时,矩阵 S 中有一行为 $(a_1, a_2, \cdots, a_n)$。即无损连接性的算法,能够正确判定一个分解是否具有无损连接性。

证明:假设算法 8-3 终止时,最后生成的表没有一行是 $(a_1, a_2, \cdots, a_n)$。可以把这个表看成是模式 R 的一个关系,其中行是元组,a_j 和 b_{ij} 是属性 A_j 的不同值。这个关系记做 r,满足函数依赖集合 F,因为算法 8-3 在发现违反依赖时已修改了这个表,可以断言 $r \neq m_\rho(r)$。很明显,r 不包含元组 $(a_1, a_2, \cdots, a_n)$。但是,由算法的第(3)步可知,对于每个 R_i,r 中有一个元组 t_i,即第 i 行那个元组,$t_i[U_i]$ 全是 a 类符号,$\prod_{U_i}(r)$ 的自然连接(即 $m_\rho(r)$)包括各分量都是 a 类符号的一个元组,因为这个元组在 U_i 分量上的值与 t_i 相同,于是我们证明了,若算法 8-3 最后生成的表没有一行全 a,则分解不是无损连接的,因为我们已经找到了模式 R 的一个关系 r,对于它有 $m_\rho(r) \neq r$。

假设算法 8-3 终止时,最后生成的表有一行是 $(a_1, a_2, \cdots, a_n)$,要证明 ρ 是无损连接的,必须证明满足 F 的任何关系 r 都满足 $r = m_\rho(r)$。由引理 8-1 可知 $r \subseteq m_\rho(r)$。我们只需证明 $r \supseteq m_\rho(r)$。我们把算法 8-3 生成的表视为域演算表达式:

$$\{a_1 a_2 \cdots a_n \mid (\exists b_{11})(\exists b_{12}) \cdots (\exists b_m)(R(t_1) \wedge R(t_2) \wedge \cdots \wedge R(t_k))\} \quad 8\text{-}1$$

其中,t_i 是表的第 i 行。公式 8-1 表明:对 R 的任意关系实例 r,当且仅当对每个 i,r 均包含一个元组 t_i,使得 $t_i[U_i] = a_{j1} a_{j2} \cdots a_{ji}$ 时,$(a_1, a_2, \cdots, a_n)$ 才是公式 8-1 的一个元组。由于 a_i 和 b_{ji} 表示任意值,t_i 可以运用到 r 的每个元组,从而公式 8-1 定义了函数 $m_\rho(r)$。

结果表可以作为一个关系,它满足 F,所以它也定义 $m_\rho(r)$。结果表有一行全为 a 类符号,因此它的表达式是:

$$\{a_1 a_2 \cdots a_n \mid R(a_1 a_2 \cdots a_n) \wedge \cdots\} \quad 8\text{-}2$$

由于 $R(a_1 a_2 \cdots a_n) \wedge \cdots$ 表示 $(a_1, a_2, \cdots, a_n)$ 属于关系 r,而且还要满足其他条件,所以公式 8-2 的结果至多是 r 中的元组,从而它是 r 的一个子集合。于是 $r \supseteq m_\rho(r)$。证毕。

当关系模式 R 被分解为两个子模式时,下述定理给出了一个判别无损连接性的简单方法。

定理 8-5 设 $\rho = \{R_1, R_2\}$ 是关系模式 R 的一个分解,F 是 R 的函数依赖集,U_1,U_2 和 U 分别是 R_1,R_2 和 R 的属性集合,那么 ρ 是 R(关于 F)的无损分解的充分必要条件是:

$$(U_1 \cap U_2) \to U_1 - U_2 \in F^+ \text{ 或 } (U_1 \cap U_2) \to U_2 - U_1 \in F^+$$

证明 对这个分解应用算法 8-3,初始表如表 8-19 所示,但省略了 a 和 b 的角标,因为它们容易确定且并不重要。

表 8-19　　　　　　　　　　　　初始表

	$U_1 \cap U_2$	$U_1 - U_2$	$U_2 - U_1$
R_1 行	$a\ a\ \cdots\ a$	$a\ a\ \cdots\ a$	$b\ b\ \cdots\ b$
R_2 行	$a\ a\ \cdots\ a$	$b\ b\ \cdots\ b$	$a\ a\ \cdots\ a$

容易证明,如果在属性 A 上的分量 b 能够被修改成 a,则属性 A 属于 $(U_1 \cap U_2)^+$。也容易利用阿姆斯特朗公理导出 $U_1 \cap U_2 \to Y$ 的归纳证明,如果 $U_1 \cap U_2 \to Y$ 成立,则在 Y 上的那些 b 都将改成 a。于是,对应 R_1 的行全变成 a 当且仅当 $U_2 - U_1 \subseteq (U_1 \cap U_2)^+$(或者说,当且仅当 $U_1 \cap U_2 \to U_2 - U_1$)。类似地,对应于 R_2 的行全变成 a 当且仅当 $U_1 \cap U_2 \to U_2 - U_1$。证毕。

【例 8-18】 关系模式 $R(S, A, I, P)$,$F = \{S \to A, (S, I) \to P\}$,$\rho = \{R_1(S, A), R_2(S, I, P)\}$,检验分解是否为无损连接?

解：$R_1 \cap R_2 = \{S, A\} \cap \{S, I, P\} = \{S\}$

$R_1 - R_2 = \{S, A\} - \{S, I, P\} = \{A\}$，$S \rightarrow A \in F$，所以 ρ 是无损分解。

定理 8-6 逐步分解定理——关系模式可以逐步进行分解。

设 F 是关系模式 R 的函数依赖集，$\rho = \{R_1, R_2, \cdots, R_k\}$ 是 R 关于 F 的一个无损连接。分解：

(1) 若 $\sigma = \{S_1, S_2, \cdots, S_m\}$ 是 R_i 关于 F_i 的一个无损连接分解，则：
$\varepsilon = \{R_1, \cdots, R_{i-1}, S_1, S_2, \cdots, S_m, R_{i+1}, \cdots, R_k\}$ 是 R 关于 F 的无损连接分解。其中 $F_i = \prod_{R_i}(F)$。

(2) 设 $\tau = \{R_1, \cdots, R_k, R_{k+1}, \cdots, R_n\}$ 是 R 的一个分解，其中 $\tau \supseteq \rho$，则 τ 也是 R 关于 F 的无损连接分解。

5. 分解的函数依赖保持性

定义 8-19 设 F 是关系模式 R 的函数依赖集，$\rho = \{R_1(U_1, F_1), R_2(U_2, F_2), \cdots, R_k(U_k, F_k)\}$ 为 R 的一个分解，如果 $F_i = \prod_{R_i}(F)(i = 1, 2, \cdots, k)$ 的并集 $(F_1 \cup F_2 \cup \cdots \cup F_k)^+ \equiv F^+$，则称分解 ρ 具有函数依赖保持性。

算法 8-4 函数依赖保持性的判别算法。

输入：函数依赖集合 $F_1, F_2, \cdots, F_k$，令 $G = F_1 \cup F_2 \cup \cdots \cup F_k$。

输出：是否 $F^+ = G^+$。

方法：

depend_hold(F)
{for(每个 X→Y ∈ F)
    if (Y 不属于 X 关于 G 的闭包)
        { printf("F$^+ \neq$ G$^+$"); return false; }
return true;
}

【例 8-19】 将 $R = (\{A, B, C, D\}, \{A \rightarrow B, B \rightarrow C, B \rightarrow D, C \rightarrow A\})$ 分解为 关于 $U_1 = \{A, B\}$，$U_2 = \{A, C, D\}$ 两个关系，求 R_1, R_2，并检验分解的无损连接性和分解的函数依赖保持性。

解：$F_1 = \prod_{R_1}(F) = \{A \rightarrow B, B \rightarrow A\}$

$F_2 = \prod_{R_2}(F) = \{A \rightarrow C, C \rightarrow A, A \rightarrow D\}$

$R_1 = (\{A, B\}, \{A \rightarrow B, B \rightarrow A\})$

$R_2 = (\{A, C, D\}, \{A \rightarrow C, C \rightarrow A, A \rightarrow D\})$

$U_1 \cap U_2 = \{A, B\} \cap \{A, C, D\} = \{A\}$

$U_1 - U_2 = \{A, B\} - \{A, C, D\} = \{B\}$，$A \rightarrow B \in F$，

所以 ρ 是无损分解。

$F_1 \cup F_2 = \{A \rightarrow B, B \rightarrow A, A \rightarrow C, C \rightarrow A, A \rightarrow D\} \equiv \{A \rightarrow B, B \rightarrow C, B \rightarrow D, C \rightarrow A\} = F$

所以 ρ 是函数依赖保持性分解。

【例 8-20】 关系模式 $R(A,B,C,D)$ 函数依赖集 $F=\{A\to B,C\to D\}$，$\rho=\{R_1(AB),R_2(CD)\}$ 求 R_1,R_2，并检验分解的无损连接性和分解的函数依赖保持性。

解：$F_1=\prod_{R_1}(F)=\{A\to B\}$

$F_2=\prod_{R_2}(F)=\{C\to D\}$

$R_1(\{A,B\},\{A\to B\})$

$R_2(\{C,D\},\{C\to D\})$

$U_1\cap U_2=\{A,B\}\cap\{C,D\}=\phi$

$U_1-U_2=\{A,B\}$

$U_2-U_1=\{C,D\}$

$\phi\not\to AB\in F,\ \phi\not\to CD\in F$

$F_1\cup F_2=\{A\to B,C\to D\}=F$

所以 ρ 是函数依赖保持性分解。

所以 ρ 不是无损分解。

8.4.3 关系模式分解算法

前面已经讨论了函数依赖、多值依赖、无损连接与保持函数依赖等基本理论，现在讨论关系范式规范化方法，即对一个关系模式如何进行分解并应该达到什么样的范式要求？在对关系模式进行规范化之前，需对其进行分类。根据需求分析中得到的用户要求，可以将关系分为两类：第一类关系是静态关系模式，一旦数据已经加载，用户只能在这个关系上运行查询，而不必进行插入、删除或修改操作；第二类关系是动态关系模式，它需要频繁地进行插入、删除或修改操作。静态关系模式只需具有第一范式形式，当然具有更高范式更好，但动态关系模式至少应该具有第三范式，才能克服数据操作存在的异常。所以只讨论 3NF 以上的范式分解算法。

1. 分解的基本要求

分解后的关系模式与分解前的关系模式等价，即分解必须具有无损连接和函数依赖保持性。

2. 目前分解算法的研究结论

（1）若要求分解具有无损连接性，那么分解一定可以达到 BCNF。

（2）若要求分解保持函数依赖，那么分解可以达到 3NF，但不一定能达到 BCNF。

（3）若要求分解既保持函数依赖，又具有无损连接性，那么分解可以达到 3NF，但不一定能达到 BCNF。

3. 面向 3NF 且保持函数依赖的分解

算法 8-5 3NF 保持函数依赖分解算法。

输入：关系模式 $R\in 1NF$，R 的属性集合 U,F 是 R 的函数依赖集，G 是 F 的最小函数依赖集。

输出：R 的保持函数依赖的分解 ρ，ρ 中每一个关系模式是关于 F 在其上投影的 3NF。

算法实现：

① 对每一个不出现在 F 中的任何一个函数依赖中的属性 A，构造一个关系模式 $R(A)$；并将 A 从关系模式 R 中消去。

② 如果 F 中有一个函数依赖 $X \to A$，且 $X \cup A = U$，则 R 不用分解，算法终止。

③ 对 F 中的每一个函数依赖 $X \to A$，构造一个关系模式 $R(X, A)$。如果 $X \to A_1$，$X \to A_2, \cdots, X \to A_n$ 均属于 F，则构造一个关系模式 $R(X, A_1, A_2, \cdots, A_n)$。

定理 8-7 设关系模式 R 的分解 $\rho = \{R_1, R_2, \cdots, R_k\}$ 是算法 8-5 的输出结果，G 是 F 的最小函数依赖集，则 ρ 具有函数依赖保持性，而且 ρ 中每个关系模式都是 3NF。

证明：首先证明 ρ 具有函数依赖保持性。由算法可知，G 的每个函数依赖都出现在 ρ 的某个关系模式中。所以 ρ 对于 G 具有函数依赖保持性。由于 G 是 F 的最小函数依赖集，所以 G 与 F 等价。于是，ρ 对于 F 具有函数依赖保持性。

现在分三种情况证明 ρ 中任意关系模式都是 3NF。

(1) 当 R_i 由算法的第②步产生时，$\rho = \{R = R_i\}$，存在 $X \to A \in G$ 且 $\{X, A\} = U$。由于 G 是最小函数依赖集，X 是 R 的候选键。如果 A 是键属性，则 R 的所有属性都是键属性，所以 R 是 3NF。如果 A 是非键属性，则它是 R 的惟一非键属性。只需证明 A 既不能部分地依赖于任何候选键，也不能传递地依赖于任何候选键。

如果 A 部分地依赖于某个候选键 V，则存在 V 的一个真子集 W，使 $W \to A$ 成立。A 不属于 V 和 W。由于 $W \subset V$ 和 $V \subseteq X$，有 $W \subset X$。于是，$X \to A$ 和 $V \to A$ 同时成立，而且 $W \subset X$，与 G 是最小依赖集矛盾。所以，A 不能部分地依赖于某个候选键。

如果 A 传递依赖于一个候选键 V，则存在一个 W，使 $V \to W$，$W \to A$ 成立，$W \to V$ 不成立，A 不在 V 和 W 中。显然，由于 A 不在 V 和 W 中，V 和 W 必在 X 中。由于 $W \subseteq V$ 不成立，$W \neq X$，不然由 $V \subseteq X = W$ 可得 $W \to V$。于是，$X \to A$，$W \to A$ 和 $W \subset V$ 同时成立，与 G 是最小依赖集矛盾。总之 R 是 3NF。

(2) 如果 R_i 由算法的第①步产生，则 R_i 中无非主属性。R 是 3NF。

(3) 如果 R_i 由算法的第③步产生，则 R_i 的属性集合是 $\{X_i\} \cup \{A\}$，$X_i \to A$。显然，X 是 R_i 的键。我们可以使用(1)中方法证明 R 是 3NF。证毕。

算法 8-6 3NF 分解算法。

输入：关系模式 R，R 的属性集合 U 和最小函数依赖集 F。

输出：具有函数依赖保持性和无损连接性的分解 τ，τ 中所有关系模式都是 3NF。

方法：

(1) 调用算法 8-5 产生 R 的分解 $\rho = \{R_1, R_2, \cdots, R_n\}$；

(2) 构造分解 $\tau = \{R_1, R_2, \cdots, R_n, R_k\}$，其中 R_k 是由 R 的一个候选键 K 构成的关系。

定理 8-8 设关系模式 R 的分解 $\tau=\{R_1,R_2,\cdots,R_n,R_k\}$ 是算法 8-6 的输出结果，U 是 R 的属性集合，则 τ 具有函数依赖保持性和无损连接性，而且 τ 中每个关系模式都是 3NF。

证明：由定理 8-11 可知 $R_1,R_2,\cdots,R_n$ 都是 3NF。由于 R_k 中的属性都是主属性，所以 R_k 是 3NF，从而 τ 中的每个关系都是 3NF。

显然，τ 具有函数依赖保持性，因为 ρ 具有函数依赖保持性。

为了证明具有无损连接性，应用算法 8-3 给出的表格检验法来证明，表中对应于 R_k 的那行最终将变成全 a 类符号。设利用算法 8-1 时 $U-K$ 中的属性被加到 K^+ 中的次序是 $A_1,A_2,\cdots,A_m$。由于 K 是标识码，全部属性当然都会最终加到 K^+ 中。现在对 i 进行数学归纳，证明在表中对应于模式 R_k 的那行上的 A_i 列将在算法 8-3 的变换过程中变成 a_i。

归纳基础 $i=0$ 显然不成问题。表格在对应于 R_k 的行和属性 K 的列上的符号是 a 类符号。

现设结果对 $i-1$ 是对的，那么，A_i 将由于某一给定的函数依赖 $Y\to A_i$ 而被加到 X^+ 中，$Y\subseteq K\cup\{A_1,A_2,\cdots,A_{i-1}\}$。按算法 8-5，$YA_i$ 在 ρ 中，而表中在 R_k 行 $A_1,A_2,\cdots,A_{i-1}$ 列变成全 a 类符号后，对应于 YA_i 的行和对应于 R_k 的行在 Y 的属性列上变成全同（都是 a 类符号），于是这两行在 A_i 列上也将在算法 8-3 的执行过程中变成相同。但对应于 YA_i 的行在 A_i 列上有符号 a_i，故对应于 R_k 的行在 A_i 列上也变成 a_i。证毕。

【例 8-21】 将关系模式 $R(\{C,T,H,R,S,G\})$ 分解为一组保持函数依赖达到 3NF 的关系模式，其中，C 表示课程，T 表示教师，H 表示时间，R 表示教室，S 表示学生，G 表示成绩。函数依赖集 F 及其所反映的语义分别为：

$C\to T$ 每门课程仅有一位教师担任。

$HT\to R$ 在任一时间，一个教师只能在一个教室上课。

$HR\to C$ 在任一时间，每个教室只能上一门课。

$HS\to R$ 在任一时间，每个学生只能在一个教室听课。

$CS\to G$ 每个学生学习一门课程只有一个成绩。

解：在关系模式 $R(U,F)$ 中，设 $U=\{C,T,H,R,S,G\}$，最小函数依赖集 $F=\{C\to T,CS\to G,HR\to C,HS\to R,TH\to R\}$。按算法 8-5 进行分解：

(1) 不存在不出现在任何一个函数依赖中的属性。

(2) 不存在 F 中有一个函数依赖 $X\to A$，且 $X\cup A=U$。

(3) 对 F 中的每一个函数依赖 $X\to A$，构造一个关系模式 $R(X,A)$，这样 F 中共有 5 个函数依赖，所以该模式可以保持函数依赖地分解为如下一组 3NF 的关系模式：$\rho=\{CT,CSG,CHR,HSR,HRT\}$。

【例 8-22】 将例 8-21 关系模式 R 分解为一组 3NF 的关系模式，要求分解既具有无损连接性又保持函数依赖。

解：根据算法 8-5 得 $\sigma=\{CT,CSG,CHR,HSR,HRT\}$，

而 HS 是原模式的关键字,所以 $\tau = \{CT, CSG, CHR, HSR, HRT, HS\}$。

由于 HS 是模式 HSR 的一个子集,所以消去 HS 后的分解 $\{CT, CSG, CHR, HSR, HRT\}$ 就是具有无损连接性和保持函数依赖性的分解,且其中每一个模式均为 3NF。

4. 面向 BCNF 且具有无损连接性的分解

目前尚没有保持函数依赖的 BCNF 分解算法,下面仅给出具有无损连接性的分解算法。

算法 8-7 具有无损连接性的 BCNF 分解。

输入:关系模式 R 及其函数依赖集 F。

输出:R 的一个无损连接分解,其中每一个子关系模式都满足 F 在其上投影的 BCNF。

算法实现:

反复运用逐步分解定理,逐步分解关系模式 R,使每次分解都具有无损连接性,而且每次分解出来的子关系模式至少有一个是 BCNF 的,即:

(1)置初值 $\rho = \{R\}$。

(2)检查 ρ 中的关系模式,如果均属 BCNF,则转(4)。

(3)在 ρ 中找出不属于 BCNF 的关系模式 S,那么必有 $X \rightarrow A \in F^+$,(A 不包含于 X),且 X 不是 S 的关键字。因此 XA 必不包含 S 的全部属性。把 S 分解为 $\{S_1, S_2\}$,其中 $S_1 = XA, S_2 = (S-A)X$,并以 $\{S_1, S_2\}$ 代替 ρ 中的 S,返回(2)。

(4)终止分解,输出 ρ。

定理 8-9 算法 8-7 是正确的。

证明:在上述算法的第(3)步,

(1)由于 $S_1 \cap S_2 = X, S_1 - S_2 = A$,而且满足 $X \rightarrow A \in F$,S 分解为 $\{S_1, S_2\}$ 具有无损连接性。

(2)由于 R 中的属性有限,S_1 和 S_2 所包含的属性个数都比 S 少,所以经过有限次迭代,算法一定终止,ρ 的每一个关系模式都满足 BCNF,由于每步分解都具有无损连接性,最后分解当然是无损连接的。

【例 8-23】 $R = (ABCD, \{BC \rightarrow A\})$,分解 R 使分解后的关系达到 BCNF 且具有无损连接性。

解:$R_1 = (ABC, \{BC \rightarrow A\})$,$R_2 = (BCD, \{\emptyset\})$。

【例 8-24】 将例 8-21 中的关系模式 $R(\{C, T, H, R, S, G\})$ 分解成具有无损连接的 BCNF。

解:关系模式 R 的最小函数依赖集 $F = \{C \rightarrow T, CS \rightarrow G, HR \rightarrow C, HS \rightarrow R, TH \rightarrow R\}$。

(1)关系模式 R 的候选关键字为:HS。

由 CS 不包含候选关键字,$CS \rightarrow G$,根据算法(3)分解 R 为 $R_1(U_1)$ 和 $R_2(U_2)$,其中 $U_1 = \{C, S, G\}, U_2 = \{C, T, H, R, S\}$,并求得 R_1 和 R_2 上函数依赖最小集:

$R_1(CSG, \{CS \rightarrow G\})$(属于 BCNF)

$R_2(CTHRS, \{HS \rightarrow R, HT \rightarrow R, C \rightarrow T, HR \rightarrow C\})$

$\rho = \{R_1, R_2\}$

(2) 关系模式 R_2 候选关键字为: HS。

由 C 不包含候选关键字, $C \rightarrow T$, 分解 R_2 为 $R_3(U_3)$ 和 $R_4(U_4)$, 其中 $U_3 = \{C, T\}$ 和 $U_4 = \{C, H, R, S\}$, 并求得 R_3 和 R_4 上函数依赖最小集:

$R_3(CT, \{C \rightarrow T\})$ (属于 BCNF)

$R_4(CHRS, \{HS \rightarrow R, HR \rightarrow C\})$

$\rho = \{R_1, R_3, R_4\}$

(3) 关系模式 R_4 候选关键字为: HS。

由 HR 不包含候选关键字, $HR \rightarrow C$, 分解 R_4 为 $R_5(U_5)$ 和 $R_6(U_6)$, 其中 $U_5 = \{H, C, R\}$ 和 $U_6 = \{H, S, R\}$, 并求得 R_5 和 R_6 上函数依赖最小集:

$R_5(HRC, \{HR \rightarrow C\})$ (属于 BCNF)

$R_6(HSR, \{HS \rightarrow R\})$ (属于 BCNF)

$\rho = \{R_1, R_3, R_5, R_6\}$

(4) $\rho = \{R_1, R_3, R_5, R_6\}$, 或简单记为 $\rho = \{CSG, CT, HRC, HSR\}$, 它是 BCNF。

分解过程的图解如图 8-6 所示。

算法 8-7 存在两个问题:

第一, 分解结果不惟一。

在例 8-24 中, 第 2 次分解时如果选择 $HR \rightarrow S$, 则分解的最终结果为 CSG、CT、HRC 和 TRS。所以分解要结合语义和实际应用来考虑。

第二, 分解不保证是保持函数依赖的。

在例 8-24 中 $TH \rightarrow R$ 未能保持, 在分解后各模式的函数依赖的并集中没有逻辑蕴涵 $TH \rightarrow R$。

8.5 关系模式的优化

为了提高数据库系统的效率, 经过规范化的关系数据库模式还需要进行优化处理。关系模式的优化是根据需求分析和概念设计中定义的事务的特点, 对初始关系进行分解, 提高数据操作的效率和存储空间的利用率。本节介绍水平分解和垂直分解两种关系优化方法。

8.5.1 水平分解

水平分解是把关系元组分为若干子集合, 每个子集合定义为一个子关系, 以提高系统的效率。水平分解的规则如下:

(1) 根据"80% 与 20% 原则", 在一个大型关系中, 经常被使用的数据只是很有限的一部分。可以把经常被使用的数据分解出来, 形成一个子关系。

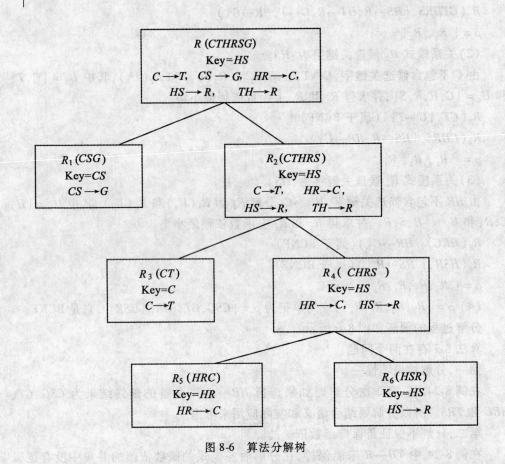

图 8-6　算法分解树

(2) 如果关系 R 上具有 n 个事务,而且多数事务存取的数据不相交,则 R 可分解为少于或等于 n 个子关系,使每个事务存取的数据形成一个关系。

8.5.2　垂直分解

设 $R(A_1,A_2,\cdots,A_k)$ 是关系模式。R 的一个垂直分解是 n 个关系的集合 $\{R_1(B_1,B_2,\cdots,B_v),\cdots,R_n(D_1,D_2,\cdots,D_m)\}$,其中 $\{B_1,B_2,\cdots,B_v\},\cdots,\{D_1,D_2,\cdots,D_m\}$ 是 $\{A_1,A_2,\cdots,A_k\}$ 的子集合。

垂直分解的基本原则是:经常在一起使用的属性从 R 中分解出来形成一个独立的关系,垂直分解提高了一些事务的效率,但也可能使某些事务不得不执行连接操作,从而降低了系统效率。于是,是否进行垂直分解取决于垂直分解后 R 上的所有事务的总效率是否得到了提高。垂直分解需要确保无损连接性和函数依赖保持性,即保证分解后的关系具有无损连接性和函数依赖保持性。可以使用 8.4 节介绍的算法,检查垂直分解的无损连接性和函数依赖保持性。

设关系 R 上的事务为 $T_1, T_2, \cdots, T_n$, T_i 的执行频率为 $f_i (i=1,2,\cdots,n)$, T_i 在 R 上存取的记录数为 LC_i, R_i 的记录长度为 L 字节数, U 是 R 的属性集合, 可以使用如下方法对 R 进行垂直分解:

(1) 考察 $T_1, T_2, \cdots, T_n$, 确定 R 中经常在一起使用的属性集合 $S_1, S_2, \cdots, S_k$。

(2) 确定 R 的垂直分解方案, 如:

$\{R_1(S_1), R_2(U-S_1)\}$,

$\{R_1(S_1), R_2(S_2), R_3(U-S_1-S_2)\}$,

$\cdots$

$\{R_1(S_1), R_2(S_2), \cdots, R_k(S_k), R_{k+1}(U-S_1-S_2-\cdots-S_k)\}$ 等。

(3) 计算垂直分解前 R 上的事务运行的总代价 $\mathrm{Cost}(R) = \sum_{i=1}^{n} f_i \cdot LC_i \cdot L$。

(4) 对每种方案 P 计算 R 上的事务运行的总代价 $\mathrm{Cost}(P)$。

(5) 若 $\mathrm{Cost}(R) \leq \min\{\mathrm{Cost}(P)\}$, 则 R 不做垂直分解; 若 $\mathrm{Cost}(R) > \min\{\mathrm{Cost}(P)\}$, 则选定方案 P_0, P_0 满足 $\mathrm{Cost}(P_0) = \min\{\mathrm{Cost}(P)\}$。

(6) R 按照分解方案 P_0 进行垂直分解。

(7) 使用 8.4 节的算法检查 R 的垂直分解是否具有无损连接性和函数依赖保持性。

(8) 如果 R 的垂直分解具有无损连接性或函数依赖保持性, 则分解结束。

(9) 如果 R 的垂直分解不具有无损连接性或函数依赖保持性, 则选择其他方案重新分并转 (7), 如果无其他方案可选则保持 R 不变。

8.6 关系查询优化

8.6.1 关系系统及其查询优化

关系查询优化是影响 RDBMS 性能的关键因素, 关系系统的查询优化既是 RDBMS 实现的关键技术又是关系系统的优点所在。查询优化的工作包括两个方面, 一方面是关系数据系统内部提供的优化机制, 一种是用户通过改变查询的运算次序和建立索引等机制进行优化, 本节重点讨论用户优化机制。

关系数据库查询优化的总目标是: 选择有效的策略, 快速求得给定关系表达式的值, 以减少查询执行的总开销。

在集中式数据库中, 查询的执行开销主要包括:

总代价 = I/O 代价 + CPU 代价

在多用户环境下:

总代价 = I/O 代价 + CPU 代价 + 内存代价

首先来看一个简单的例子, 说明为什么要进行查询优化。

【例 8-25】 在教学课程数据库(见例 3-6)中求选修了 2 号课程的学生姓名。用 SQL 表达：

SELECT S.Sname
FROM S,SC
WHERE S.S# = SC.S# AND SC.C# = '2';

假定学生-课程数据库中有 1 000 个学生记录,10 000 个选课记录,其中选修 2 号课程的选课记录为 50 个。

系统可以用多种等价的关系代数表达式来完成这一查询。

(1) $Q_1 = \Pi_{Sname}(\sigma_{S.S\#=SC.S\# \wedge SC.C\#='2'}(S \times SC))$

(2) $Q_2 = \Pi_{Sname}(\sigma_{SC.C\#='2'}(S \bowtie SC))$

(3) $Q_3 = \Pi_{Sname}(S \bowtie \sigma_{SC.C\#='2'}(SC))$

还可以写出几种等价的关系代数表达式,但分析这三种就足以说明问题了。我们将看到由于查询执行的策略不同,查询时间相差很大。

表达式(1)的查询执行时间分析：

① 计算广义笛卡儿积。

把 S 和 SC 的每个元组连接起来。一般连接的做法是：在内存中尽可能多地装入某个表(如 S 表)的若干块元组,留出一块存放另一个表(如 SC 表)的元组。然后把 SC 中的每个元组和 S 中每个元组连接,连接后的元组装满一块后就写到中间文件上,再从 SC 中读入一块和内存中的 S 元组连接,直到 SC 表处理完。这时再一次读入若干块 S 元组,读入一块 SC 元组,重复上述处理过程,直到把 S 表处理完。

设一个块能装 10 个 S 元组或 100 个 SC 元组,在内存中存放 5 块 S 元组 和 1 块 SC 元组,则读取总块数为：

$$\frac{1\,000}{10} + \frac{1\,000}{10 \times 5} \times \frac{10\,000}{100} = 100 + 20 \times 100 = 2\,100(块)$$

其中读 S 表 100 块。读 SC 表 20 遍,每遍 100 块。若每秒读写 20 块,则总计要花 105 秒。连接后的元组数为 $10^3 \times 10^4 = 10^7$。设每块能装 10 个元组,则写出这些块要花 $10^7/10/20 = 5 \times 10^4$ 秒。

② 作选择操作。

依次读入连接后的元组,按照选择条件选取满足要求的记录。假定内存处理时间忽略。这一步读取中间文件花费的时间(同写中间文件一样)需 5×10^4 秒。满足条件的元组假设仅 50 个,均可放在内存。

③ 作投影。

把第②步的结果在 Sname 上作投影输出,得到最终结果。

因此第一种情况下执行查询的总时间 $\approx 105 + 2 \times 5 \times 10^4 \approx 10^5$ 秒。这里,所有内存处理时间均忽略不计。

表达式(2)的查询执行时间分析：

①计算自然连接。

为了执行自然连接,读取 S 和 SC 表的策略不变,总的读取块数仍为 2 100 块花费 105 秒。但自然连接的结果比第一种情况大大减少,为 10^4 个。因此写出这些元组时间为 $10^4/10/20 = 50$ 秒。仅为第一种情况的千分之一。

②读取中间文件块,执行选择运算,花费时间也为 50 秒。

③把第②步结果投影输出。

第二种情况总的执行时间 ≈ 105 + 50 + 50 ≈ 205 秒。

表达式(3)的查询执行时间分析:

①先对 SC 表作选择运算,只需读一遍 SC 表,存取 100 块花费时间为 5 秒,因为满足条件的元组仅 50 个,不必使用中间文件。

② 读取 S 表,把读入的 S 元组和内存中的 SC 元组作连接。也只需读一遍 S 表共 100 块花费时间为 5 秒。

③ 把连接结果投影输出。

第三种情况总的执行时间 ≈ 5 + 5 ≈ 10 秒。

假如 SC 表的 C#字段上有索引,第①步就不必读取所有的 SC 元组而只需读取 C# = '2' 的那些元组(50 个)。存取的索引块和 SC 中满足条件的数据块总共 3~4 块。若 S 表在 S#上也有索引,则第②步也不必读取所有的 S 元组,因为满足条件的 SC 记录仅 50 个,涉及最多 50 个 S 记录,因此读取 S 表的块数也可大大减少。总的存取时间将进一步减少到数秒。

这个简单的例子充分说明了查询优化的必要性,同时也给出了一些查询优化方法的初步概念。下面给出查询优化的一般策略。

8.6.2 查询优化的一般准则

优化策略一般能提高查询效率,但不一定是所有策略中最优的。其实"优化"一词并不确切,也许"改进"或"改善"更恰当些。

1. **尽量先执行选择运算**

在优化策略中这是最重要、最基本的一条。它常常可使执行时间节约几个数量级,因为选择运算一般使计算的中间结果大大变小。

2. **在执行连接前对关系适当地预处理**

预处理方法主要有两种,在连接属性上建立索引和对关系排序,然后执行连接。第一种称为索引连接方法,第二种称为排序合并(SORT-MERGE)连接方法。

例如 S ⋈ SC 这样的自然连接,用索引连接方法的步骤是:

(1)在 SC 上建立 S#的索引;

(2)对 S 中每一个元组,由 S#值通过 SC 的索引查找相应的 SC 元组;

(3)把这些 SC 元组和 S 元组连接起来。

这样 S 表和 SC 表均只要扫描一遍。处理时间只是两个关系大小的线性函数。

用排序合并连接方法的步骤是:
(1) 首先对 S 表和 SC 表按连接属性 S#排序;
(2) 取 S 表中第一个 S#,依次扫描 SC 表中具有相同 S#的元组,把它们连接起来。

3. 将投影运算和选择运算同时进行

如有若干投影和选择运算,并且它们都对同一个关系操作,则可以在扫描此关系的同时完成所有的这些运算以避免重复扫描关系。

4. 把投影同其前或其后的双目运算结合起来,没有必要为了去掉某些字段而扫描一遍关系

5. 把某些选择同在它前面要执行的笛卡儿积结合起来成为一个连接运算,连接特别是等值连接运算要比同样关系上的笛卡儿积省很多时间

6. 找出公共子表达式

如果这种重复出现的子表达式的结果不是很大的关系,并且从外存中读入这个关系比计算该子表达式的时间少得多,则先计算一次公共子表达式并把结果写入中间文件是合算的。当查询的是视图时,定义视图的表达式就是公共子表达式的情况。

8.6.3 关系代数等价变换规则

优化策略大部分都涉及代数表达式的变换。关系代数表达式的优化是查询优化的基本课题。而研究关系代数表达式的优化最好从研究关系表达式的等价变换规则开始。

两个关系表达式 E_1 和 E_2 是等价的,可记为 $E_1 \equiv E_2$。

常用的等价变换规则有:

1. 连接、笛卡儿积交换律

设 E_1 和 E_2 是关系代数表达式,F 是连接运算的条件,则有:

(1) $E_1 \times E_2 \equiv E_2 \times E_1$

(2) $E_1 \bowtie E_2 \equiv E_2 \bowtie E_1$

(3) $E_1 \underset{F}{\bowtie} E_2 \equiv E_2 \underset{F}{\bowtie} E_1$

2. 连接、笛卡儿积的结合律

设 E_1, E_2, E_3 是关系代数表达式,F_1 和 F_2 是连接运算的条件,则有:

(1) $(E_1 \times E_2) \times E_3 \equiv E_1 \times (E_2 \times E_3)$

(2) $(E_1 \bowtie E_2) \bowtie E_3 \equiv E_1 \bowtie (E_2 \bowtie E_3)$

(3) $(E_1 \underset{F_1}{\bowtie} E_2) \underset{F_2}{\bowtie} E_3 \equiv E_1 \underset{F_1}{\bowtie} (E_2 \underset{F_2}{\bowtie} E_3)$

3. 投影的串接定律

$$\prod_{A_1, A_2, \cdots, A_n} (\prod_{B_1, B_2, \cdots, B_m} (E)) \equiv \prod_{A_1, A_2, \cdots, A_n} (E)$$

这里,E 是关系代数表达式。$A_i (i=1,2,\cdots,n)$,$B_j (j=1,2,\cdots,m)$ 是属性名,且

$\{B_1, B_2, \cdots, B_m\} \supseteq \{A_1, A_2, \cdots, A_n\}$。

4. 选择的串接定律

$$\sigma_{F_1}(\sigma_{F_2}(E)) \equiv \sigma_{F_1 \wedge F_2}(E)$$

这里，E 是关系代数表达式，F_1，F_2 是选择条件。选择的串接律说明选择条件可以合并。这样一次就可检查全部条件。

5. 选择与投影的交换律

$$\sigma_F(\Pi_{A_1, A_2, \cdots, A_n}(E)) \equiv \Pi_{A_1, A_2, \cdots, A_n}(\sigma_F(E))$$

这里，选择条件 F 只涉及属性 $A_1, \cdots, A_n$。若 F 中有不属于 $A_1, \cdots, A_n$ 的属性 $B_1, \cdots, B_m$ 则有更一般的规则：

$$\Pi_{A_1, A_2, \cdots, A_n}(\sigma_F(E)) \equiv \Pi_{A_1, A_2, \cdots, A_n}(\sigma_F(\Pi_{A_1, A_2, \cdots, A_n, B_1, B_2, \cdots, B_m}(E)))$$

6. 选择与笛卡儿积的交换律

如果 F 中涉及的属性都是 E_1 中的属性，则：

$$\sigma_F(E_1 \times E_2) \equiv \sigma_F(E_1) \times E_2$$

如果 $F = F_1 \wedge F_2$，并且 F_1 只涉及 E_1 中的属性，F_2 只涉及 E_2 中的属性，则：

$$\sigma_F(E_1 \times E_2) \equiv \sigma_{F_1}(E_1) \times \sigma_{F_2}(E_2)$$

若 F_1 只涉及 E_1 中的属性，F_2 涉及 E_1 和 E_2 两者的属性，则仍有：

$$\sigma_F(E_1 \times E_2) \equiv \sigma_{F_2}(\sigma_{F_1}(E_1) \times E_2)$$

7. 选择与并的交换

设 $E = E_1 \cup E_2$，E_1，E_2 有相同的属性名，则：

$$\sigma_F(E_1 \cup E_2) \equiv \sigma_F(E_1) \cup \sigma_F(E_2)$$

8. 选择与差运算的交换

若 E_1 与 E_2 有相同的属性名，则：

$$\sigma_F(E_1 - E_2) \equiv \sigma_F(E_1) - \sigma_F(E_2)$$

9. 投影与笛卡儿积的交换

设 E_1 和 E_2 是两个关系表达式，$A_1, \cdots, A_n$ 是 E_1 的属性，$B_1, \cdots, B_m$ 是 E_2 的属性，则：

$$\Pi_{A_1, A_2, \cdots, A_n, B_1, B_2, \cdots, B_m}(E_1 \times E_2) \equiv \Pi_{A_1, A_2, \cdots, A_n}(E_1) \times \Pi_{B_1, B_2, \cdots, B_m}(E_2)$$

10. 投影与并的交换

设 E_1 和 E_2 有相同的属性名，则：

$$\Pi_{A_1, A_2, \cdots, A_n}(E_1 \cup E_2) \equiv \Pi_{A_1, A_2, \cdots, A_n}(E_1) \cup \Pi_{A_1, A_2, \cdots, A_n}(E_2)$$

8.6.4 关系代数表达式的优化算法

可以应用上面的变换法则来优化关系表达式，使优化后的表达式能遵循8.6.2节中的一般原则。例如把选择和投影尽可能地早做（即把它们移到表达式语法树的下部）。

1. 关系代数表达式的优化算法

算法 8-8 关系表达式的优化。

输入:一个关系表达式的语法树。

输出:计算该表达式的程序。

算法:

(1)利用规则 4 把形如 $\sigma_{F_1 \wedge F_2 \cdots \wedge F_n}(E)$ 变换为 $\sigma_{F_1}(\sigma_{F_2}(\cdots(\sigma_{F_n}(E))\cdots))$。

(2)对每一个选择,利用规则 4~8 尽可能把它移到树的叶端。

(3)对每一个投影利用规则 3、9、10、5 中的一般形式尽可能把它移向树的叶端。

(4)利用规则 3~5 把选择和投影的串接合并成单个选择、单个投影或一个选择后跟一个投影。使多个选择或投影能同时执行,或在一次扫描中全部完成,尽管这种变换似乎违背"投影尽可能早做"的原则,但这样做效率更高。

(5)把上述得到的语法树的内节点分组。每一双目运算($\times$, $\bowtie$, $\cup$, $-$)和它所有的直接祖先为一组(这些直接祖先为 σ, $\prod$ 运算)。如果其后代直到叶子全是单目运算,则也将它们并入该组,但当双目运算是笛卡儿积($\times$),而且其后的选择不能与它结合为等值连接时除外。把这些单目运算单独分为一组。

(6)生成一个程序,每组节点的计算是程序中的一步。各步的顺序是任意的,只要保证任何一组的计算不会在它的后代组之前计算。

2. 关系系统的查询优化步骤

(1)把查询转换成某种内部表示。

通常用的内部表示是语法树,例 8-25 中的实例可表示为图 8-7 的语法树。

(2)把语法树转换成标准(优化)形式。

利用优化算法,把原始的语法树转换成优化的形式。图 8-7 优化后变成图8-8。

(3)选择低层的存取路径。

根据第(2)步得到的优化了的语法树计算关系表达式值的时候要充分考虑索引、数据的存储分布等存取路径,利用它们进一步改善查询效率。这就要求优化器去查找数据字典,获得当前数据库状态的信息。例如选择字段上是否有索引,连接的两个表是否有序,连接字段上是否有索引等,然后根据一定的优化规则选择存取路径。如本例中若 SC 表上建有 C#的索引,则应该利用这个索引,而不必顺序扫描 SC 表。

(4)生成查询计划,选择代价最小的。

查询计划是由一组内部过程组成的,这组内部过程实现按某条存取路径计算关系表达式的值。常有多个查询计划可供选择。例如在作连接运算时,若两个表(设为 R_1, R_2)均无序,连接属性上也没有索引,则可以有下面几种查询计划:

①对两个表进行排序预处理;

②对 R_1 在连接属性上建索引;

③对 R_2 在连接属性上建索引;

④在 R_1, R_2 的连接属性上均建索引。

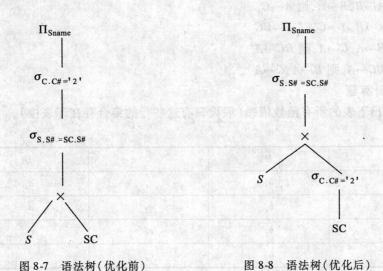

图 8-7 语法树（优化前）　　图 8-8 语法树（优化后）

对不同的查询计划计算代价,选择代价最小的一个。在计算代价时主要考虑磁盘读写的 I/O 数,内存 CPU 处理时间在粗略计算时可不考虑。

习题八

8.1 选择题

(1)属于 BCNF 的关系模式_____。

A)已消除了插入、删除异常

B)已消除了插入、删除异常、数据冗余

C)仍然存在插入、删除异常

D)在函数依赖范畴内,已消除了插入和删除的异常

(2)设 $R(U)$ 是属性集 U 上的关系模式。X,Y 是 U 的子集。若对于 $R(U)$ 的任意一个可能的关系 r,r 中不可能存在两个元组在 X 上的属性值相等,而在 Y 上的属性值不等,则称_____。

A)Y 函数依赖于 X　　　　B)Y 对 X 完全函数依赖

C)X 为 U 的候选键　　　　D)R 属于 2NF

(3)3NF 在_____规范为 4NF。

A)消除非主属性对键的部分函数依赖

B)消除非主属性对键的传递函数依赖

C)消除主属性对键的部分和传递函数依赖

D)消除非平凡且非函数依赖的多值依赖

(4)设 A,B,C 是一个关系模式的三个属性,下面结论正确的是_____。

A)若 $A \to B, B \to C$,则 $A \to C$

B)若 $A \to B, A \to C$,则 $A \to BC$

C)若 $B \to A, C \to A$,则 $BC \to A$

D)若 $BC \to A$,则 $B \to A, C \to A$

8.2 计算题

(1)列出下表的所有函数依赖(假设只有这些行的集合存在于表中)。

A	B	C	D
a_1	b_1	c_1	d_1
a_1	b_1	c_2	d_2
a_1	b_2	c_3	d_1
a_1	b_2	c_4	d_4

(2)设关系范式 R 的属性集合为 $\{A,B,C,D\}$,其函数依赖集 $F = \{A \to B, C \to D\}$,试求此关系的候选键。

(3)设 $F = \{AB \to E, AC \to F, AD \to BF, B \to C, C \to D\}$,试证 $AC \to F$ 是冗余的。

(4)设关系模式 R 的属性集合为 $\{A,B,C\}$,r 是 R 的一个实例,$r = \{ab_1c_1, ab_2c_2, ab_1c_2, ab_2c_1\}$,试求此关系的多值依赖集。

(5)下列关系模式最高属于第几范式同,并解释其原因。

①R 的属性集为 $\{A,B,C,D\}$,函数依赖集合 $F = \{B \to D, AB \to C\}$。

②R 的属性集为 $\{A,B,C,D\}$,函数依赖集合 $F = \{A \to B, B \to CD\}$。

③R 的属性集为 $\{A,B,C,D\}$,函数依赖集合 $F = \{A \to C, B \to D\}$。

④R 的属性集为 $\{A,B,C\}$,函数依赖集合 $F = \{A \to B, B \to A, C \to A\}$。

(6)设 R 的属性集为 $\{A,B,C,D,E,F\}$,函数依赖集合 $F = \{C \to E, B \to F, BC \to D, F \to A\}$。求解以下各题:

①计算 $C^+, F^+, (BC)^+, (CF)^+, (BCF)^+$。

②求出 R 的所有候选键。

③求 R 的最小函数依赖集。

④把 R 分解为 3NF,并使其具有无损连接性和函数依赖保持性。

(7)构造函数依赖集 $F = \{ABD \to A, C \to BE, AD \to BF, B \to E\}$ 的最小覆盖 M。

(8)已知关系模式 $R(CITY, ST, ZIP)$,$F = \{(CITY, ST) \to ZIP, ZIP \to CITY\}$ 以及 R 上的一个分解 $\rho = \{R_1, R_2\}$,$R_1 = \{ST, ZIP\}$,$R_2 = \{CITY, ZIP\}$ 求 R_1, R_2,并检验分解的无损连接性和分解的函数依赖保持性。

(9)已知关系模式 $R(U,F)$,$U = \{SNO, CNO, GRADE, TNAME, TAGE, OFFICE\}$,$F = \{(SNO, CNO) \to GRADE, CNO \to TNAME, TNAME \to (TAGE, OF-

FICE)}，以及 R 上的两个分解 $\rho_1 = \{SC, CT, TO\}$，$\rho_2 = \{SC, GTO\}$，其中 SC = {SNO, CNO, GRADE}，CT = {CNO, TNAME}，TO = {TNAME, TAGE, OFFICE}，GTO = {GRADE, TNAME, TAGE, OFFICE}。试检验 ρ_1, ρ_2 的无损连接性。

(10) 对学生-课程数据库查询信息系学生选修的课程名称：
SELECT Cname
FROM S, SC, C
WHERE S.S# = SC.S# AND SC.C# = C.C# AND S.Sdept = 'IS';
试画出用关系代数表示的语法树，并用关系代数表达式优化算法对原始的语法树进行优化处理，画出优化后的标准语法树。

第九章 数据库设计与实施

【学习目的与要求】

数据库设计是信息系统开发与建设中的核心技术。一个数据库应用系统的好坏很大程度上取决于数据库的设计是否合理。通过本章的学习，要求学生掌握数据库设计的基本步骤、用 E-R 图进行概念模型的设计、E-R 模型向关系模型的转换、物理结构设计方法、数据库应用系统的结构模型以及 ODBC 的基本概念。

9.1 数据库设计概述

数据库技术是信息资源开发、管理和服务的最有效手段，从小型的单项事务处理系统到大型的信息系统都利用了数据库技术来保证系统数据的整体性、完整性和共享性。目前，一个国家数据库的建设规模、信息量的大小和使用频率已成为衡量一个国家信息的重要标志。

数据库设计是指，在给定的应用环境下，创建一个性能良好的能满足不同用户使用要求的，又能被选定的 DBMS 所接受的数据格式。数据库设计是建立数据库及其应用系统的技术，是信息系统开发和建设中的核心技术。

9.1.1 数据库设计的内容与特点

数据库设计应与数据库应用系统设计相结合，即数据库设计包括两个方面：结构特性的设计与行为特性的设计。结构特性的设计就是数据库框架和数据库结构设计。其结果是得到一个合理的数据模型，以反映真实的事物间的联系；目的是汇总各用户的视图，尽量减少冗余，实现数据共享。结构特性是静态的，一旦成形，通常不再轻易变动。行为特性的设计是指应用程序设计，如查询、报表处理等。它确定用户的行为和动作。用户通过一定的行为与动作存取数据库和处理数据。行为特性现在多由面向对象的程序给出用户操作界面。

从使用方便和改善性能的角度来看，结构特性必须适应行为特性。数据库模式是各应用程序共享的结构，是稳定的、永久的结构。数据库模式也正是考察各用户的操作行为并将涉及的数据处理进行汇总和提炼出来的，因此数据库结构设计是否合理，直接影响到系统的各个处理过程的性能和质量，这也使结构设计成为数据库设计方法和设计理论关注的焦点，所以数据库结构设计与行为设计要相互参照，它们组成统一的数据库工程。这是数据库设计的一个重要特点。数据库设计过程如图 9-1 所示。

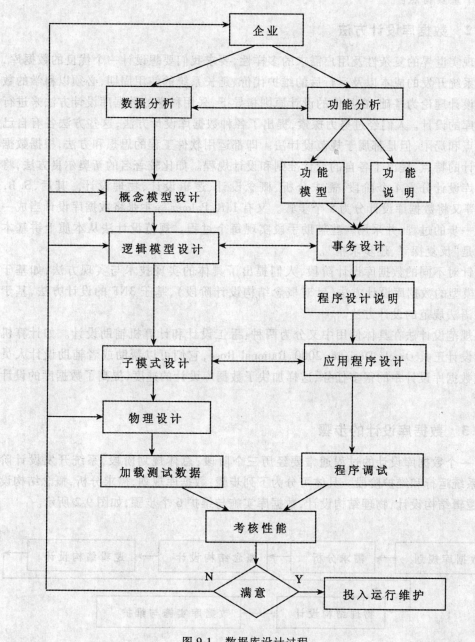

图 9-1　数据库设计过程

建立一个数据库应用系统需要根据各用户需求、数据处理规模、系统的性能指标等方面来选择合适的软、硬件配置，选定数据库管理系统，组织开发小组完成整个应用系统的设计。所以说,数据库设计是硬件、软件、管理等的结合,这是数据库设计的又一个重要特点。

9.1.2 数据库设计方法

现实世界的复杂性及用户需求的多样性,要求我们要想设计一个优良的数据库,减少系统开发的成本以及运行后的维护代价、延长系统的使用周期,必须以科学的数据库设计理论为基础,在具体的设计原则指导下,采用科学的数据库设计方法来进行数据库的设计。人们经过努力探索,提出了各种数据库设计方法,这些方法各有自己的特点和局限,但是都属于规范设计法。即都运用软件工程的思想和方法,根据数据库设计的特点,提出了各自的设计准则和设计规程。如比较著名的新奥尔良方法,将数据库设计分为4个阶段:需求分析、概念设计、逻辑设计、物理设计。其后,S.B. Yao等又将数据库设计分为5个步骤。又有I.R. Palmer等主张将数据库设计当成一步接一步的过程,并采用一些辅助手段实现每个过程。规范设计法从本质上讲基本思想是"反复探寻、逐步求精"。

针对不同的数据库设计阶段,人们提出了具体的实现技术与实现方法,如基于E-R模型的数据库设计方法(针对概念结构设计阶段),基于3NF的设计方法,基于抽象语法规范的设计方法。

规范设计法在具体使用中又分为两种:手工设计和计算机辅助设计。如计算机辅助设计工具Oracle Designer 2000、Rational Rose,它们可以帮助或者辅助设计人员完成数据库设计中的很多任务,这样加快了数据库设计的速度,提高了数据库的设计质量。

9.1.3 数据库设计的步骤

一个数据库设计的过程通常要经历三个阶段:总体规划阶段,系统开发设计阶段,系统运行和维护阶段。具体可分为下列步骤:数据库规划,需求分析,概念结构设计,逻辑结构设计,物理结构设计,数据库实施与维护6个步骤,如图9-2所示。

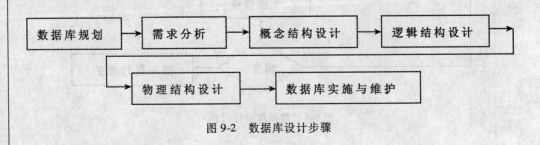

图9-2 数据库设计步骤

1. 数据库规划阶段

明确数据库建设的总体目标和技术路线,得出数据库设计项目的可行性分析报告;对数据库设计的进度和人员分工做出安排。

2. 需求分析阶段

准确弄清用户要求,是数据库设计的基础,它影响到数据库设计的结果是否合理与实用。

3. 概念结构设计阶段

数据库逻辑结构依赖于具体的 DBMS,直接设计数据库的逻辑结构会增加设计人员对不同数据库管理系统的数据库模式的理解负担,同时也不便于与用户交流,为此加入概念设计这一步骤。它独立于计算机的数据模型,独立于特定的 DBMS。它通过对用户需求综合、归纳抽象、形成独立于具体 DBMS 的概念模型。概念结构是各用户关心的系统信息结构,是对现实世界的第一层抽象(如图 9-3 所示)。

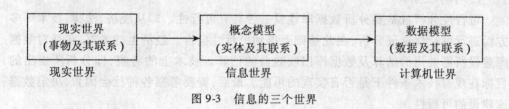

图 9-3　信息的三个世界

4. 逻辑结构设计阶段

使概念结构转换为某个 DBMS 所支持的数据模型,并进行优化。

5. 物理结构设计阶段

物理设计的目标是从一个满足用户信息要求的已确定的逻辑模型出发,设计一个在限定的软硬件条件和应用环境下可实现的、运行效率高的物理数据库结构。如选择数据库文件的存储结构、索引的选择、分配存储空间以形成数据库的内模式。

6. 数据库实施与维护阶段

设计人员运用 DBMS 所提供的数据语言及其宿主语言,根据逻辑结构设计及物理设计的结果建立数据库,编制与调试应用程序,组织数据入库,并进行试运行。数据库应用系统经过试运行后若能达到设计要求即可投入运行使用,在数据库系统运行阶段还必须对其进行评价、调整和修改。当应用环境发生了大的变化时,这时若局部调整数据库的逻辑结构已无济于事时,就应该淘汰旧的系统,设计新的数据库应用系统。这样旧的数据库应用系统的生命周期已经结束。

设计一个完善的数据库应用系统是不可能一蹴而就的,它往往是上述 6 个阶段的不断反复,图 9-1 清楚地显示了这一点。

同时需要指出的是,这个设计过程既是数据库设计过程,也是数据库应用系统的设计过程。这两个设计过程要紧密结合,相互参照。事实上,如果不了解应用系统对数据的处理要求,不考虑如何去实现这些要求,是不可能设计出一个良好的数据库结构的,因为数据库结构设计总是为了服务于数据库应用系统对数据的各种要求。

9.2 数据库规划

搞好数据库规划对于数据库建设特别是大型数据库及信息系统的建设具有十分重要的意义,对于单位的信息化建设也是非常重要的。

数据库在规划过程中主要是做下列工作:

1. 系统调查

调查,就是要搞清楚企业的组织层次,得到企业的组织结构图。

2. 可行性分析

可行性分析就是要分析数据库建设是否具有可行性。即从经济、法律、技术等多方面进行可行性论证分析,在此基础上得到可行性报告。经济上的考察,包括对数据库建设所需费用的结算及数据库回收效益的估算。技术上的考察,即分析所提出的目标在现有技术条件下是否有实现的可能。最后,需要考察各种社会因素,决定数据库建设的可行性。

3. 数据库建设的总体目标和数据库建设的实施总安排

目标的确定,即数据库为谁服务,需要满足什么要求,企业在设想战略目标时,很难提得非常具体,它还将在开发过程中逐步明确和定量化。因此,比较合理的办法是把目标限制在较少的基本指标或关键目的上,因为只要这些目标或目的达到了,其他许多变化就有可能实现,用不着过早地限制或讨论其细节。数据库建设的实施总安排,就是要通过周密分析研究确定数据库建设项目的分工安排以及合理的工期目标。

9.3 需求分析

需求分析就是分析用户的需要与要求。需求分析的结果是否准确将直接关系到后面的各个阶段并最后影响到数据库设计是否合理和实用。需求分析的结果是得到一份明确的系统需求说明书,解决系统做什么的问题。

9.3.1 需求分析的任务

需求分析的任务是通过详细调查现实世界要处理的对象(部门、企业),充分了解原系统(手工系统或老计算机系统)的工作概况,明确各用户的各种需求,在此基础上确定新的功能。新系统的设计不仅要考虑现时的需求还要为今后的扩充和改变留有余地,要有一定的前瞻性。

需求分析的重点是调查、收集用户在数据管理中的信息要求、处理要求、安全性与完整性要求。信息要求是指用户需要从数据库中获取信息的内容与性质。由用户的信息要求可以导出数据要求,即在数据库中需要存储哪些数据。处理要求是指用户要求完成什么样的处理功能,对处理的响应时间有什么要求,处理方式是批处理还是联机处理。

9.3.2 需求分析的方法

进行需求分析首先要调查清楚用户的实际需求并初步进行分析。与用户达成共识后再进一步分析与表达这些需求。

调查与分析用户的需求一般要4步:

1. 调查组织机构情况

包括了解该组织的部门组成情况,各部门的职责,为分析信息流程作准备。

2. 调查各部门的业务活动情况

包括了解各部门输入和使用什么数据,如何加工和处理这些数据、输出什么信息、输出到什么部门、输出结果的格式是什么,这是调查的重点。

3. 在熟悉了业务活动的基础上,协助用户明确对新系统的各种要求

包括信息要求、处理要求、完整性与安全性的要求。

4. 对前面调查结果进行初步分析,确定系统的边界

即确定哪些工作由人工完成,哪些工作由计算机系统来完成。

在调查过程中,可以根据实际采用不同的调查方法。常用的调查方法有以下几种:

(1)跟班作业。通过亲身参加业务工作来了解业务活动情况。

(2)开调查会。通过与用户座谈来了解业务活动情况及用户的需求。

(3)查阅档案资料。如查阅企业的各种报表、总体规划、工作总结、条例规范等。

(4)询问。对调查中的问题可以找专人询问,最好是懂点计算机知识的业务人员,他们更能清楚回答设计人员的询问。

(5)设计调查用表请用户填写。这里关键是调查用表要设计合理。

在实际调查过程中,往往综合采用上述方法。但无论何种方法都必须要用户充分参与、与用户充分沟通。在与用户沟通中最好与那些懂点计算机知识的用户多交流,因为他们更能清楚表达他们的需求。

9.3.3 需求分析的步骤

分析用户的需求可以采用如下4步的方式进行:分析用户的活动、确定新系统功能包括的范围、分析用户活动所涉及的数据、分析系统数据。下面结合图书馆信息系统的数据库设计来加以详细说明。

1. 分析用户的活动

在调查需求的基础上,通过一定抽象、综合、总结可以将用户的活动归类、分解。

如果一个系统比较复杂，一般采用自顶向下的用户需求分析方法将系统分解成若干个子系统，每个子系统功能明确、界限清楚。这样就得到了用户的多种活动。如一个"图书广场"的征订子系统经过调查后分析，主要涉及如下几种活动：查询图书、书店订书等。在此基础上可以进一步画出业务活动的"用户活动图"，通过用户活动图可以直观地把握用户的工作需求，也有利于进一步和用户沟通以便更准确了解用户的需求。图 9-4 画出了部分业务的"用户活动图"。

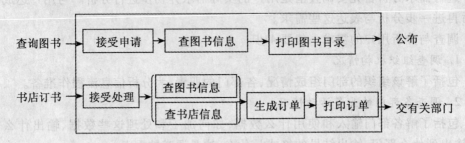

图 9-4　图书发行企业部分业务用户活动图

2. 确定系统的边界

用户的活动多种多样，有些适宜计算机来处理，而有些即使在计算机环境中仍然需要人工处理。为此，要在上述用户活动图中确定计算机与人工分工的界线，即在其上标明由计算机处理的活动范围（计算机处理与人工处理的边界。如图 9-4 在线框内的部分由计算机处理，线框外的部分由人工处理）。

3. 分析用户活动所涉及的数据

在弄清了计算机处理的范围后，就要分析该范围内用户活动所涉及的数据。最终的目的是数据库设计，是用户的数据模型的设计，分析用户活动主要就是为了研究用户活动所涉及的数据。为此这一步关键是弄清用户活动中的数据以及用户对数据进行的加工。在处理功能逐步分解的同时，他们所用的数据也逐级分解形成若干层次的数据流图。

数据流图（Data Flow Diagram，DFD）是描述各处理活动之间数据流动的有力工具，是一种从数据流的角度描述一个组织业务活动的图示。数据流图被广泛用于数据库设计中，并作为需求分析阶段的重要文档技术资料——系统需求说明书的重要内容，也是数据库信息系统验收的依据。

数据流图是从数据和数据加工两方面来表达数据处理系统工作过程的一种图形表示法，是用户和设计人员都能容易理解的一种表达系统功能的描述方式。

数据流图用上面带有名字的箭头表示数据流，用标有名字的圆圈表示数据的加工处理，用直线表示文件（离开文件的箭头表示文件读、指向文件的箭头表示文件写），用方框表示数据的源头和终点。图 9-5 就是一个简单的数据流图。

图 9-5 表示数据流 X 从数据源 S1 出发流向加工处理过程 P1，P1 在读取文件 F1

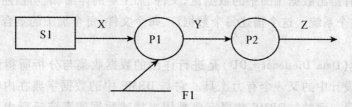

图 9-5　一个简单的数据流图

的基础上将数据流 X 加工成数据流 Y,再经加工处理过程 P2 加工成数据流 Z。

在画数据流图时一般从输入端开始向输出端推进,每当经过使数据流的组成或数据值发生变化的地方就用加工将其连接。注意:不要把相互无关的数据画成一个数据流,如果涉及文件操作则应表示出文件与加工的关系(是读文件还是写文件)。

在查询图书信息时,书店可能会查询作者的相关信息,从而侧面了解书的内容质量,所以需要"作者"文件;另一方面也会查询出版社的有关信息,以便与其联系,所以还需要"出版社"文件。这样,我们在图 9-4 的基础上,用数据流的表示方法得出相应的数据流图,如图 9-6 所示。

(a) 查询图书数据流图

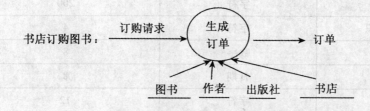

(b) 书店订购图书处理数据流图

图 9-6　图书管理系统内部用户活动图对应的各数据流图

4. 分析系统数据

数据流图中对数据的描述是笼统的、粗糙的,并没有表述数据组成的各个部分的确切含义,只有给出数据流图中的数据流、文件、加工等的详细、确切描述才算比较完整地描述了这个系统。这个描述每个数据流、每个文件、每个加工的集合就是所谓的数据字典。

数据字典(Data Dictionary,DD)是进行详细的数据收集与分析所得到的主要成果,是数据库设计中的又一个有力工具。它与 DBMS 中的数据字典在内容上有所不同,在功能上是一致的。DBMS 数据字典是用来描述数据库系统运行中所涉及的各种对象,这里的数据字典是对数据流图中出现的所有数据元素给出逻辑定义和描述。数据字典也是数据库设计者与用户交流的又一个有力工具,可以供系统设计者、软件开发者、系统维护者和用户参照使用,因而可以大大提高系统开发效率,降低开发和维护成本。

数据字典通常包括数据项、数据文件、数据流、数据加工处理 4 个部分。

(1)数据项。

数据项描述 = {数据项名,别名,数据项含义,数据类型,字节长度,取值范围,取值含义,与其他数据项的逻辑关系}

其中取值范围与其他项的逻辑关系定义了数据的完整性约束,是 DBMS 检查数据完整性的依据。当然不是每个数据项描述都包含上述内容或一定需要上述内容来描述。

如图书包含有多个数据项,其中各项的描述可以用表 9-1 来描述。

表 9-1　　　　　　　　　　图书各数据项描述

数据项名	数据类型	字节长度
图书编号	字符	6
书名	字符	80
评论	字符	200
出版社标识	字符	4
价格	数字	8
出版日期	日期	8
图书类别	字符	12

(2)数据文件。

数据文件描述 = {数据文件名,组成数据文件的所有数据项名,数据存取频度,存取方式}

存取频度是指每次存取多少数据,单位时间存取多少次信息等。存取方式是指是批处理还是联机处理,是检索还是更新,是顺序检索还是随机检索等。这些描述对于确定系统的硬件配置以及数据库设计中的物理设计都是非常重要的。对关系数据库而言,这里的文件就是指基本表或视图。如图书文件表可以描述如下:

图书 = {组成:图书编号、书名、评论、出版社标识、价格、出版日期、图书类别,存取频度:M 次/每天,存取方式:随机存取}

(3) 数据流。

数据流描述 = {数据流的名称,组成数据流的所有数据项名,数据流的来源,数据流的去向,平均流量,峰值流量}

数据流来源是指数据流来自哪个加工过程,数据流去向是指数据流将流向哪个加工处理过程,平均流量是指单位时间里的传输量,峰值流量是指流量的峰值。

(4) 数据加工处理。

数据加工处理描述 = {加工处理名,说明,输入的数据流名,输出的数据流名,处理要求}

处理要求一般指单位时间内要处理的流量,响应时间,触发条件及出错处理等。

对数据加工处理的描述不需要说明具体的处理过程,只需要说明这个加工是做什么的,不需要描述这个加工如何处理。

9.4 概念结构设计

在需求分析阶段,数据库设计人员在充分调查的基础上描述了用户的需求,但这些需求是现实世界的具体需求。在进行数据库设计中,设计人员面临的任务是将现实世界的具体事物转换成计算机能够处理的数据。这就涉及现实世界与计算机的数据世界的转换。人们总是首先将现实世界进行第一层抽象形成所谓的信息世界。在这里人们将现实世界的事物及其联系抽象成信息世界的实体及实体之间的联系,这就是所谓的实体-联系方法。

概念结构设计阶段就是将用户需求抽象为信息结构即概念模型的过程。实体-联系模型(Entity Relationship Model,E-R 模型)为该阶段的设计提供了强有力的工具。信息世界为现实世界与数据世界架起了桥梁,便于设计人员与用户的互动,同时把现实世界转换成信息世界,使我们朝数据世界又大大前进了一步。

由于在需求阶段得到的是各局部应用的数据字典及数据流图,因此在概念结构设计阶段就是首先得到各局部应用的局部 E-R 图,然后将各局部 E-R 图集成形成全局的 E-R 图。

9.4.1 设计各局部应用的 E-R 模型

为了清楚表达一个系统人们往往将其分解成若干个子系统,子系统还可以再分,而每个子系统就对应一个局部应用。由于高层的数据流图只反映系统的概貌,而中间层的数据流较好地反映了各局部应用子系统,因此往往成为分局部 E-R 模型的依据。根据信息理论的研究结果,一个局部应用中的实体数不能超过9个,不然就认为太大需要继续分解。

选定合适的中间层局部应用后,就要通过各局部应用所涉及的收集在数据字典中的数据,并参照数据流图来标定局部应用中的实体、实体的属性、实体的码、实体间的联系以及它们联系的类型来完成局部E-R模型的设计。

事实上在需求分析阶段的数据字典和数据流图中数据流、文件项、数据项等就体现了实体、实体的属性等的划分,为此,应从这些内容出发然后做必要的调整。

在调整中应遵守准则:现实中的事物能做"属性"处理的就不要做"实体"对待。这样有利于E-R图的处理简化。那么什么样的事物可以作为属性处理呢?实际上实体和属性的区分是相对的。同一事物在此应用环境中为属性在彼应用环境中就可能为实体,因为人们讨论问题的角度发生了变化。如在"图书广场"系统中,"出版社"是图书实体的一个属性,但当考虑到出版社有地址、联系电话、负责人等,这时出版社就是一个实体了。

一般可以采取下述两个准则来决定事物可不可以作为属性来对待:

(1)如果事物作为属性,则此事物不能再包含别的属性。即事物只是需要使用名称来表示,那么用属性来表示;反之,如果需要事物具有比它名称更多的信息,那么用实体来表示。

(2)如果事物作为属性,则此事物不能与其他实体发生联系。联系只能发生在实体之间,一般满足上述两个条件的事物都可作为属性来处理。

现在一一考察图9-6中的各个局部应用的E-R图。看似一个实体"图书"就能够满足查询图书的要求,但考虑到要联系出版图书的出版社(如汇款),所以除它的名称以外还需要知道地址、联系人等信息,故需要"出版社"这个实体,在图书实体中以出版社的标识来标明图书对应的出版社;另外考虑到一本图书可能有多个作者,一方面作者的数量在各本书中是不一样的,另一方面订购图书时可能还需要查询作者名字以外的其他信息,故还需要一个作者实体,考虑到作者的排名次序,作者与图书之间的联系有一个作者序号属性。其E-R模型如图9-7所示。

办理图书订购,无疑需要图书实体、书店实体,其E-R模型如图9-8所示(一些实体的属性在图9-7中有,故在本图中省略)。图书和书店之间发生订购联系,为了清楚表示这种联系,联系应具有订购日期、订购数量等属性。

9.4.2 全局E-R模型的设计

当所有的局部E-R图设计完毕后,就可以对局部E-R图进行集成。集成即把各局部E-R图加以综合连接在一起,使同一实体只出现一次,消除不一致和冗余。集成后的E-R图应满足以下要求:

(1)完整性和正确性,即整体E-R图应包含局部E-R图所表达的所有语义,完整地表达与所有局部E-R图中应用相关的数据。

第九章 数据库设计与实施

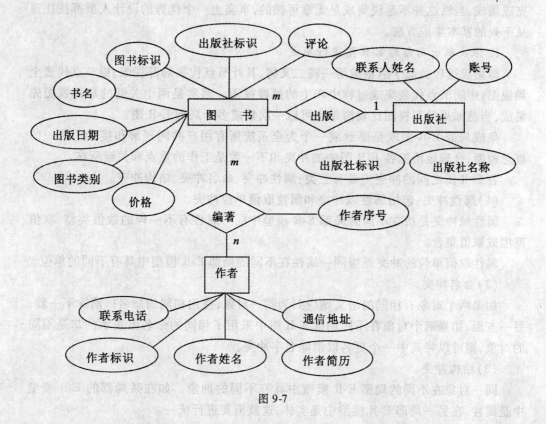

图 9-7

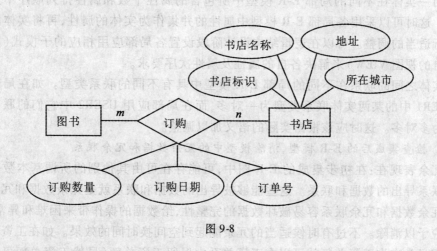

图 9-8

(2) 最小化, 系统中的对象原则上只出现一次。
(3) 易理解性, 设计人员与用户能够容易理解集成后的全局 E-R 图。
全局 E-R 图的集成是件很困难的工作, 往往要凭设计人员的工作经验和技巧来完成集成,当然这并不是说集成是无章可循的,事实上一个优秀的设计人员都往往遵从下列的基本集成方法。

1. 依次取出局部的 E-R 图进行集成

即集成过程类似于后根遍历一棵二叉树,其叶节点代表局部视图,根节点代表全局视图,中间节点代表集成过程中产生的过渡视图。通常是两个关键的局部视图先集成,当然如果局部视图比较简单也可以一次集成多个局部 E-R 图。

集成局部 E-R 图就是要形成一个为全系统所有用户共同理解和接受的统一的概念模型,合理地消除各 E-R 图中的冲突和不一致是工作的重点和关键所在。

各 E-R 图之间的冲突主要有三类:属性冲突、命名冲突、结构冲突。

(1) 属性冲突:包括属性域冲突和属性取值单位冲突。

属性域冲突是指在不同的局部 E-R 模型中同一属性有不一样的数值类型、取值范围或取值集合。

属性取值单位的冲突是指同一属性在不同的局部 E-R 模型中具有不同的单位。

(2) 命名冲突。

如果两个对象有相同的语义则应归为同一对象,使用相同的命名以消除不一致;另一方面,如果两个对象在不同局部 E-R 图中采用了相同的命名但表示的却是不同的对象,则可以将其中一个更名以消除名字冲突。

(3) 结构冲突。

同一对象在不同的局部 E-R 模型中具有不同的抽象。如在某局部的 E-R 模型中是属性,在另一局部 E-R 模型中是实体,这就需要进行统一。

同一实体在不同的局部 E-R 模型中所包含的属性个数和属性排列顺序不完全相同。这时可以采用各局部 E-R 模型中属性的并集作为实体的属性,再将实体的属性进行适当的调整。可以在逻辑结构设计阶段设置各局部应用相应的子模式(如建立各自的视图 VIEW)来解决各自的属性及属性次序要求。

实体之间的联系在不同的局部 E-R 模型中具有不同的联系类型。如在局部应用 USER1 中的某两实体联系类型为一对多,而在局部应用 USER2 中它们的联系类型变为多对多。这时应该根据实际的语义加以调整。

2. 检查集成后的 E-R 模型,消除模型中的冗余数据和冗余联系

冗余表现在:在初步集成的 E-R 图中,可能存在可由其他别的所谓基本数据和基本联系导出的数据和联系。这些能够被导出的数据和联系就是冗余数据和冗余联系。冗余数据和冗余联系容易破坏数据的完整性,给数据的操作带来困难和异常,原则上应予以消除。不过有时候适当的冗余能起到空间换时间的效果。如在工资管理中若需经常查询工资总额就可以在工资关系中保留工资总额(虽然工资总额可由工资的其他组成项代数求和得到冗余属性,但它能大大提高工资总额的查询效率)。不过在定义工资关系时应把工资总额属性定义成其他相关属性的和以利于保持数据的完整性。集成后的全局 E-R 模型如图 9-9 所示(省略了实体的属性)。

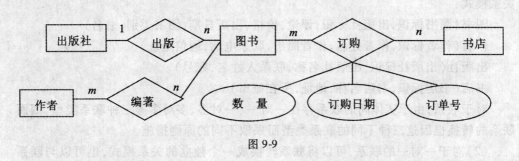

图 9-9

9.5 逻辑结构设计

逻辑模式设计的主要目标就是产生一个具体 DBMS 可处理的数据模型和数据库模式,即把概念设计阶段的全局 E-R 图转换成 DBMS 支持的数据模型,如层次模型、网状模型、关系模型等模型。

理论上讲,应选择最适合相应概念结构的数据模型,然后在支持该数据模型的 DBMS 中选择最合适的 DBMS。DBMS 的选择受技术、经济、组织等各方面因素的影响。技术上,要考虑 DBMS 是否适合当前的应用系统;经济上要考虑购买和使用的费用等,主要包括软件、硬件购置费用,DBMS 支持服务费,人员的培训费用等;组织上主要考虑工作人员对 DBMS 熟悉了解的程度。

事实上,有时企业本身选定了 DBMS,开发设计人员没有选择的余地;另一方面,设计人员也只能在自己熟悉的 DBMS 中进行选取。

逻辑结构设计一般分 3 步:

(1)将概念结构转换为一般的关系、网状或层次模型。

(2)将转换来的关系、网状、层次模型向 DBMS 支持下的数据模型转换,变成合适的数据库模式。

(3)对模式进行调整和优化。

由于目前最流行采用关系模型来进行数据库的设计,这里就介绍 E-R 图向关系模型的转换。

9.5.1 E-R 图向关系模型的转换

E-R 图由实体、实体的属性、实体之间的联系三个要素组成,因此 E-R 图向关系模型的转换就是解决如何将实体、实体的属性、实体间的联系转换成关系模型中的关系和属性以及如何确定关系的键。在 E-R 图向关系模式的转换中,一般遵循下列原则:

(1)对于实体,一个实体型就转换成一个关系模式,实体名成为关系名,实体的属性成为关系的属性,实体的键就是关系的键。如图 9-9 中的实体分别转换成如下关系模式：

图书(图书标识,出版社标识,评论,价格,出版日期,图书类别,书名)
作者(作者标识,作者姓名,作者简历,联系电话,通信地址)
出版社(出版社标识,出版社名称,联系人姓名,账号)
书店(书店标识,书店名称,地址,所在城市)

对于联系,由于实体间的联系存在一对一、一对多、多对多等三种联系类型,因而联系的转换也因这三种不同的联系类型而采取不同的原则措施。

(2)对于一对一的联系,可以将联系转换成一个独立的关系模式,也可以与联系的任意一端对应的关系模式合并。如果转换成独立的关系模式,则与该联系相连的各实体的键及联系本身的属性均转换成新关系的属性,每个实体的键均是该关系的候选键；如果将联系与其中的某端关系合并,则需在该关系模式中加上另一关系模式的键及联系的属性,两关系中保留了两实体的联系。

(3)对于一对多的联系,可以将联系转换成一个独立的关系模式,也可以与"多"端对应的关系模式合并。如果成为一个独立的关系模式,则与该联系相连的各实体的键以及联系本身的属性均转换成新关系模式的属性,"多"端实体的键成为新关系的键。若将其与"多"端对应的关系模式合并,则将"一"端关系的键加入到"多"端,然后把联系的所有属性也作为"多"端关系模式的属性,这时"多"端关系模式的键仍然保持不变。

如"出版"关系,由于其本身没有属性,最好将其与"多"端合并,将"一"端的键——"出版社标识"加入到图书实体中。

(4)对于多对多的联系,可以将其转换成一个独立的关系模式。与该联系相连的各实体的键及联系本身的属性均转换成新关系的属性,而新关系模式的键为各实体的键的组合。

如：编著关系(图书标识,作者标识,作者序号)
订购关系(图书标识,书店标识,订购日期,数量,订单号)

(5)对于三个或三个以上实体的多元联系可以转换成一个关系模式。与该联系相连的各实体的键及联系本身的属性均转换成新关系的属性,而新关系模式的键为各个实体的键的组合。

(6)自联系：在联系中还有一种自联系,这种联系可按上述的一对一、一对多、多对多的情况分别加以处理。如职工中的领导和被领导关系,可以将该联系与职工实体合并,这时职工号多次出现,但作用不同,可用不同的属性名加以区别,例如在合并后的关系中,再增加一个"上级领导"属性,存放相应领导的职工号。

(7)具有相同键的关系可以合并。为减少系统中的关系个数,如果两个关系模式具有相同的主键,可以考虑将它们合并为一个关系模式,合并时将其中一个关系模式的全部属性加入到另一个关系模式,然后去掉其中的同义属性,并适当调整属性的次序。

9.5.2 关系模型向特定的 RDBMS 的转换

形成一般的数据模型后,下一步就要将其向特定的 DBMS 规定的模型进行转换,这一转换依赖于机器,没有一个通用的规则,转换的主要依据是所选定的 DBMS 的功能及限制,好在这种转换比较简单,不会有太大的困难。

9.5.3 逻辑模式的优化

从 E-R 图转换来的关系模式只是逻辑模式的雏形,要成为逻辑模式还要进行调整和优化,以进一步提高数据库应用系统的性能。

优化是在性能预测的基础上进行的。性能一般用三个指标来衡量:单位时间里所访问的逻辑记录个数的多少,单位时间里数据传送量的多少,系统占用的存储空间的多少。由于在定量评估性能方面难度大,消耗时间长,一般不宜采用,通常采用定性判断不同设计方案的优劣。

关系模式的优化一般采用关系规范化理论和关系分解方法作为优化设计的理论指导,一般采用下述方法:

(1)确定数据依赖。用数据依赖分析和表示数据项之间的联系,写出每个数据项之间的依赖。即按需求分析阶段所得到的语义,分别写出每个关系模式内部各属性之间的数据依赖,以及不同关系模式属性之间的数据依赖。

(2)对于各个关系模式之间的数据依赖进行极小化处理,消除冗余的联系。

(3)按照数据依赖理论对关系模式一一进行分析,考察是否存在部分依赖、传递依赖、多值依赖,确定各关系模式分别属于第几范式。

(4)按照需求分析阶段得到的处理要求,分析这些模式对这样的应用环境是否合适,确定是否要对某些模式进行合并和分解。

在关系数据库设计中一直存在规范化与非规范化的争论。规范化设计的过程就是按不同的范式,将一个二维表不断进行分解成多个二维表并建立表之间的关联,最终达到一个表只描述一个实体或者实体间的一种联系的目标。目前遵循的主要范式有 1NF、2NF、3NF、BCNF、4NF 和 5NF 等。在工程中 3NF、BCNF 应用得最广泛。

规范化设计的优点是有效消除数据冗余,保持数据的完整性,增强数据库稳定性、伸缩性、适应性。非规范化设计认为现实世界并不总是依从于某一完美的数学化的关系模式。强制地对事物进行规范化设计,形式上显得简单,内容上趋于复杂,更重要的是会导致数据库运行效率的降低。

事实上,规范化和非规范化也不是绝对的,并不是规范化越高的关系就越优化,反之亦然。例如,当查询经常涉及两个或多个关系模式的属性时,系统进行连接运算,大量的 I/O 操作使得连接的代价相当高,可以说关系模型低效率的主要原因就是由连接运算引起的。这时可以考虑将几个关系进行合并,此时第二范式甚至第一范式也是合适的。但另一方面,非 BCNF 模式从理论上分析存在不同程度的更新异常和冗余。

事实上,设计人员总是在两难中进行选择,对一个具体应用,到底规范到何种程度,需要权衡响应时间和潜在的问题的利弊来决定。如对上述的几个关系只是经常进行查询而很少更新,那么将它们合并无疑是最佳的选择。

(5) 对关系模式进行必要的分解,提高数据操作的效率和存储空间的利用率。

被查询关系的大小对查询的速度有很大的影响,为了提高查询速度有时不得不把关系分得再小一点。有两种分解方法:水平分解、垂直分解。这两种方法的思想就是要提高访问的局部性。

水平分解是把关系的元组分成若干个子集合,定义每个集合为一个子关系,以提高系统的效率。根据"80/20 原则",在一个大关系中,经常用到的数据只是关系的一部分,约为 20%,可以把这 20% 的数据分解出来,形成一个子关系。如在图书馆业务处理中,可以把图书的数据都放在一个关系中,也可以按图书的类别分别建立对应的图书子关系,这样在对图书分类查询时将显著提高查询的速度。

垂直分解是把关系模式的属性分解成若干个子集合,形成若干个子关系模式。垂直分解是将经常一起使用的属性放在一起形成新的子关系模式。垂直分解时需要保证无损连接和保持函数依赖,即确保分解后的关系具有无损连接和保持函数依赖性。另一方面,垂直分解也可能使得一些事务不得不增加连接的次数。因此分解时要综合考虑使系统总的效率得到提高。如对图书数据可把查询时常用的属性和不常用的属性分置在两个不同的关系模式中,可以提高查询速度。

(6) 有时为了减少重复数据所占的存储空间,可以采用假属性的办法。

在有些关系中,某些数据多次出现。设某关系有函数依赖 $A \rightarrow B$,如果 B 的域所可取的值比较少,所占存储空间又比较大,另一方面 A 的域可取的值比较多,这样 B 的同一个值在 A 中多次出现。对这种情况,可以用一个假属性来代替属性 B,这个假属性的取值非常短,也许就是一些编号或标识。如学生的经济状况一般包括家庭人均收入的档次、奖学金等级、有无其他经济来源等,与其在学生记录中填写占用大量的存储空间,不如把经济状况分成几个类型。设 A 代表学号,B 代表经济状况,C 代表经济状况类型,则 $A \rightarrow B$ 的依赖分成两个函数依赖:$A \rightarrow C, C \rightarrow B$,这样 $A \rightarrow C$ 保留在原来的关系中,将 $C \rightarrow B$ 表示在另一个关系模式中,这样占用存储空间比较大的 B 的每个取值在两个关系中只出现一次,从而大大节约了存储空间。

9.5.4 外模式的设计

将概念模型转换成全局逻辑模型后,为了更好地满足各局部应用的需求,或某些应用系统的需要,需要结合具体 DBMS 的特点和局部应用的要求设计针对局部应用或不同用户的外模式。

外模式是用户看到的数据模式,各类用户有各自的外模式。目前关系数据库管理系统一般都提供了视图 VIEW 概念,这样可以利用一部分基表再加上按需为用户定制的视图就构成了用户的外模式。

在外模式的设计中,由于外模式的设计与模式的设计出发点不一样,在设计时的注重点是不一样的。在定义数据库模式时,主要是从系统的时间效率、空间效率、易维护性等角度出发。在设计用户外模式时,更注重用户的个别差异,如注重考虑用户的习惯和方便,这些主要包括:

(1)使用符合用户习惯的别名。

在合并各局部 E-R 图时,曾做消除命名冲突的工作,以便使数据库系统中同一关系和属性具有惟一的名字,这在设计数据库整体结构时是非常必要的。为此用 VIEW 机制在设计用户 VIEW 时重新定义某些属性名,即在外模式设计时重新设计这些属性的别名使其与用户习惯一致,以方便用户的使用。

(2)针对不同级别的用户定义不同的外模式,以保证系统的安全性要求。不想让用户知道的数据其对应的属性就不出现在视图中。

(3)简化用户对系统的使用。

如果某些局部应用经常用到某些复杂的查询,为了方便用户可以将这些查询定义为视图 VIEW,用户每次只对定义好的视图进行查询,从而大大简化了用户对系统的使用。

9.6 物理结构设计

数据库最终是要存储在物理设备上的。数据库在物理设备上的存储结构与存取方法称为数据库的物理结构。这样数据库的物理设计就是指为给定的一个逻辑数据模型选择最适合应用环境的物理结构。

数据库的物理设计与多种因素有关,除了应用的处理需求外,还与数据的特性(如属性值的分布、元组的长度及个数等)有关。此外,在物理设计时还得考虑 DBMS、操作系统以及计算机硬件的特性。从整个系统而言,数据库应用仅是其负荷的一部分。数据库的性能不但取决于数据库的设计,而且与计算机系统的运行环境有关,例如计算机是单用户还是多用户的,磁盘是数据库专用的还是全系统共享的,等等。

在进行数据库的物理设计时,首先是确定数据库的物理结构,然后是对所设计的物理结构设计进行评价。

9.6.1 数据库物理设计的内容与方法

数据库用户通过 DBMS 使用数据库,数据库的物理设计只能在 DBMS 所提供的手段范围内,根据需求和实际条件适当地选择。数据库的物理设计比起逻辑结构设计更依赖于 DBMS。所以设计者要详细阅读 DBMS 的有关手册,充分了解其限制并充分利用其提供的各种手段。

对关系数据库而言,关系数据库的物理模型的设计相对于其他模型是较为简单的,这是由于关系数据库模型提供了较高的逻辑数据和物理数据的独立性,而且大多数物理设计因素都由 DBMS 自动处理,留给设计人员进行设计控制的因素很少。

为确定数据库的物理结构,设计人员必须了解下面的几个问题:

(1)详细了解给定 DBMS 的功能和特点,特别是系统提供的存取方法和存储结构,因为物理结构的设计和 DBMS 息息相关。这可以通过阅读 DBMS 的相关手册来了解。

(2)熟悉系统的应用环境,了解所设计的应用系统中各部分的重要程度、处理频率及对响应时间的要求,因为物理结构设计的一个重要设计目标就是要满足主要应用的性能要求。

对于数据库的查询事务,需要得到如下信息:
①查询的关系;
②查询条件所涉及的属性;
③连接条件所涉及的属性;
④查询的投影属性。

对于事务更新需要得到如下信息:
①被更新的关系;
②每个关系上的更新操作条件所涉及的属性;
③修改操作要改变的属性值。

当然还需要知道每个事务在各关系上运行的频率和性能要求。上述信息对存取方法的选择具有重大的影响。

(3)了解外存设备的特性。如分块原则、分块的大小、设备的 I/O 特性等,因为物理结构的设计要通过外存设备来实现。

通常对于关系数据库物理设计而言,物理设计的主要内容包括:
①为关系模式选取存取方法;
②设计关系、索引等数据库文件的物理存储结构。

9.6.2 关系模式存取方法选择

数据库系统是多用户的共享系统,对同一个关系要建立多条存取路径才能满足多用户的多种应用,确定选择哪些存取方法,即建立哪些存取路径。在关系数据库中,选取存取路径主要是确定如何建立索引。例如,应把哪些域作为次键建立次索引,是建立单键索引还是建立组合索引,建立多少个索引才最合适,是否要建立聚簇索引,等等。

1. 索引存取方法选择面临的困难

所谓选择索引存取方法,实际上就是根据应用要求确定对关系的哪些属性列建立索引,哪些建立组合索引,哪些建立惟一索引等。索引选择是数据库物理设计的基

本问题之一,也是较为困难的。在比较各种索引方案从中选择最佳方案时,具体来说至少有以下几个方面的困难:

(1)数据库中的各个关系表不是相互孤立的,要考虑相互之间的影响。

(2)在数据库中有多个关系表存在,在设计表的索引时不仅要考虑关系在单独参与操作时的代价,还要考虑它在参与连接操作时的代价,该代价往往与其他关系参与连接操作的方法有关。

(3)索引的解空间太大,即使用计算机计算,也难以承受。即可能的索引组合情况太大,如果通过穷尽各种可能来寻求最佳设计,几乎是不可能的。

(4)访问路径与DBMS的优化策略有关。

优化是数据库服务器的一个基础功能。对于如何执行某一个事务,不仅取决于数据库设计者所提供的访问路径,而且还取决于DBMS的优化策略。如果设计者所认为的事务执行方式不同于DBMS实际执行事务的方式,则将导致设计结果与实际的偏差。

(5)设计目标比较复杂。

总的来说,设计的目标是要减少CPU代价、I/O代价、存储代价,但这三者之间常常相互影响,在减少了一种代价的基础上往往导致另一种代价的增加。因此人们对于设计目标往往难以精确、全面地描述。

(6)代价的估算比较困难。

CPU代价涉及系统软件和运行环境,很难准确估计。I/O代价和存储代价比较容易估算。但代价模型与系统有关,很难形成一个通用的代价估算公式。

由于上述原因,在手工设计时,一般根据原则和需求说明来选择方案,在计算机辅助设计工具中,也是先根据一般的原则和需求确定索引选择范围,再用简化的代价比较法来选择所谓的最优方案。

2. 普通索引的选取

选择索引的一般原则如下:

凡是满足下列条件之一,可以考虑在有关属性上建立索引:

(1)主键和外键上一般建立索引。这样做的好处有:

①有利于主键惟一性的检查。

②有助于引用完整性约束检查。

③可以加快以主键和外键作为连接条件属性的连接操作。

(2)如果一个(或一组)属性经常在查询条件中出现,则考虑在这个(或这组)属性上建立索引(或组合索引)。如图书关系中的"书名",由于其经常在查询条件中出现,故可以按"书名"建立普通索引。

(3)如果一个属性经常作为最大值或最小值等集函数的参数,则考虑在这个属性上建立索引。

(4)如果一个(或一组)属性经常在连接操作的连接条件中出现,则考虑在这个属性(或这个组)上建立索引。

(5)对于以读为主或只读的关系表,只要需要且存储空间允许,可以多建索引。

凡是满足下列条件之一的属性或表,不宜建立索引:

(1)不出现或很少出现在查询条件中的属性。

(2)属性值可能取值的个数很少的属性。例如属性"性别"只有两个值,若在其上建立索引,则平均起来每个索引值对应一半的元组。

(3)属性值分布严重不匀的属性。例如属性"年龄"往往集中在几个属性值上,若在年龄上建立索引,则每个索引值会对应多个相应的记录,用索引查询还不如顺序扫描。

(4)经常更新的属性和表。因为在更新属性值时,必须对相应的索引进行修改,这就使系统为维护索引付出较大的代价,甚至是得不偿失。

(5)属性的值过长。在过长的属性上建立索引,索引所占的存储空间比较大,而且索引的级数也随之增加,这样带来诸多不利之处。

(6)太小的表。太小的表不值得采用索引。

非聚簇索引需要大量的硬盘空间和内存。另外非聚簇索引在提高查询速度的同时会降低向表中插入数据和更新数据的速度。因此在建立非聚簇索引时要慎重考虑,不能顾此失彼。

3. 聚簇索引的选取

聚簇就是把某个属性或属性组(称为聚簇码)上具有相同值的元组集中在一个物理块内或物理上相邻的区域内,以提高某些数据的访问速度。即记录的索引顺序与物理顺序相同。而在非聚簇索引中索引顺序和物理顺序没有必然的联系。

聚簇索引可以大大提高按聚簇码进行查询的效率。例如要查询一个作者表,在其上建有出生年月的索引。若要查询1970年出生的作者,设符合条件的作者有50人,在极端的条件下,这50条记录分散在50个不同的物理块中。这样在查询时即使不考虑访问索引的I/O次数,访问数据也得要50次I/O操作。如果按出生年月采用聚簇索引,则访问一个物理块可以得到多个符合条件的记录,从而显著减少I/O操作的次数,而I/O操作会占用大量的时间,所以聚簇索引可以大大提高按聚簇查询的效率。

聚簇功能不但适用于单个关系,也适用于经常进行连接操作的多个关系,即把多个连接关系的元组按连接属性值聚簇存放。这相当于把多个关系按"预连接"的形式存放,从而大大提高连接操作的效率。

一个数据库可以建立多个聚簇,但一个关系中只能加入一个聚簇。因为聚簇索引规定了数据在表中的物理存储顺序。

在满足下列条件时,一般可以考虑建立聚簇索引:

(1)对经常在一起进行连接操作的关系可以建立聚簇,即通过聚簇键进行访问或连接是对该表的主要应用,与聚簇键无关的访问很少。如在书店关系中可以对

"书店标识"进行聚簇索引,在订购关系中可以对"书店标识"、"图书标识"、"订单号"建立组合聚簇索引。

（2）如果一个关系的一个（或一组）属性上的值重复率很高,则此关系可建立聚簇索引。对应每个聚簇键值的平均元组不要太少,太少则聚簇效果不明显。

（3）如果一个关系的一组属性经常出现在相等比较条件中,则该单个关系可建立聚簇索引。这样符合条件的记录正好出现在一个物理块或相邻的物理块中。例如,如果在查询中要经常检索某一日期范围内的记录,则可按日期属性聚簇,这样通过聚簇索引可以很快找到开始日期的行,然后检索相邻的行直到碰到结束日期的行。

在建立聚簇后,应检查候选聚簇中的关系,取消其中不必要的关系:
① 从聚簇中删除经常进行全表扫描的关系。
② 从聚簇中删除更新操作远多于连接操作的关系。
③ 不同的聚簇中可能包含相同的关系,一个关系可以在某一个聚簇中,但不能同时在多个聚簇中。

经过上述分析后,从各种方案中选取在某个方案中运行各种事务总代价最小的方案作为最佳方案。必须注意的是,聚簇只能提高某些应用的性能,而建立与维护聚簇的开销也是相当大的。因此聚簇码要相对稳定,以减少维护聚簇的开销。对关系建立聚簇索引,将导致关系中元组移动其物理存储位置并使原有关系中的索引失效,因此这些失效的关系必须重建。

9.6.3 确定系统的存储结构

确定数据的存放位置和存储结构要综合考虑存取时间、存储空间利用率和维护代价三个方面。这三个方面常常相互矛盾,因此需要权衡利弊,选取一个可行方案。

1. 确定数据的存放位置

为了提高系统的性能,应该根据应用情况将数据的易变部分和稳定部分、经常存取部分和不经常存取的部分分开存放,可以放在不同的关系表中或放在不同的外存空间等。

例如,将表和索引放在不同的磁盘上,在查询时,两个磁盘并行工作可以提高I/O操作的效率。一般来说在设计中应遵守以下原则:

（1）减少访问磁盘时的冲突,提高I/O的并行性。

多个事务并发访问同一磁盘组时,会因访盘冲突而等待。如果事务访问的数据分散在不同的磁盘组上,则可并行地执行I/O,从而提高性能。如将比较大的表采用水平或垂直分割的办法分放在不同的磁盘上,可以加快存取速度,这在多用户环境下特别有效。

（2）分散热点数据,均衡I/O负载。

经常被访问的数据称为热点数据。热点数据最好分散在多个磁盘组上,以均衡各个磁盘组的负荷,充分利用磁盘组并行操作的优势。

(3) 保证关键数据的快速访问,缓解系统的瓶颈。

对常用的数据应保存在高性能的外存上,相反不常用的数据可以保存在较低性能的外存上。如数据库的数据备份和日志文件备份等因只在故障恢复时才使用,可以存放在磁带上。

由于各个系统所能提供的对数据进行物理安排的手段、方法差异很大,因此设计人员必须仔细了解给定的 DBMS 在这方面能提供哪些方法,再针对应用环境的要求进行合理的物理安排。

2. 确定系统的配置参数

DBMS 一般都提供了一些系统配置参数、存储分配参数供设计人员和 DBA 对数据库进行物理优化。初始情况下,系统都为这些参数赋予了合理的缺省值。为了系统的性能,在进行物理设计时需要对这些参数重新赋值。

DBMS 提供的配置参数一般包括:同时使用数据库用户的个数,同时打开数据库对象数,缓冲区大小和个数,物理块的大小,数据库的大小,数据增长率的设置等。

在物理设计时对系统配置的调整只是初步的,在系统运行时还要根据系统实际运行情况进行进一步的调整,以期达到较佳的系统性能。

9.6.4 评价物理结构

在物理设计中设计人员要考虑的因素很多,如时间和空间的效率、维护代价和各种用户的要求,在综合考虑的基础上会产生多种方案,在对这些方案进行认真细致评价的基础上,从中选取一个较优的方案作为数据库的物理结构。

评价物理数据库的方法完全依赖于所选定的 DBMS,主要是从定量估算各种方案的存取时间、存储空间和维护代价着手,对估算的结果进行权衡和比较,从中选取一个较优的合理物理结构。如果该系统不符合用户的需求,则需要修改设计。

9.7 数据库的实施和维护

完成数据库的物理设计后,设计人员就要用 RDBMS 提供的数据定义语言和其他的实用程序将数据库的逻辑设计及物理设计描述出来,成为 RDBMS 可以接受的源代码,再经过调试产生目标模式,然后组织数据库入库,这就是数据库的实施阶段。数据库进入实施阶段后,由于应用环境在变化,数据库运行后物理存储也在变化,为了适应这些变化,就要对数据库设计不断进行评价、调整、修改等工作,这就是数据库的维护。

9.7.1 数据库的实施

数据库的实施一般包括下列步骤:

第九章 数据库设计与实施

1. 定义数据库结构

确定数据库的逻辑及物理结构后,就可以用选定的 RDBMS 提供的数据定义语言 DDL 来严格描述数据库的结构。

2. 数据的载入

数据库结构建立后,就可以向数据库中装载数据。组织数据入库是数据库实施阶段的主要工作。数据入库是一项费时的工作,来自各部门的数据通常不符合系统的格式,另外系统对数据的完整性也有一定的要求。对数据入库操作通常采取以下步骤:

(1)筛选数据。需要装入数据库的数据通常分散在各个部门的数据文件或原始凭证中,首先要从中选出需要入库的数据。

(2)输入数据。在输入数据时,如果数据的格式与系统要求的格式不一样,就要进行数据格式的转换。如果数据量小,可以先转换后再输入,如果数据量较大,可以针对具体的应用环境设计数据录入子系统来完成数据格式的自动转换工作。

(3)检验数据,检验输入的数据是否有误。一般在数据录入子系统的设计中都设计有一定的数据校验功能。在数据库结构的描述中,其中对数据库的完整性描述也能起到一定的校验作用,如图书的"价格"要大于零。当然有些校验手段在数据输入完后才能实施,如在财务管理系统中的借贷平衡等。当然有些错误只能通过人工来进行检验,如在录入图书时把图书的"书名"输错。

3. 应用程序的编码与调试

数据库应用程序的设计应与数据库设计并行进行,也就是说编制与调试应用程序与数据库入库同步进行。调试应用程序时由于数据入库尚未完成,可先使用模拟数据。

9.7.2 数据库试运行

应用程序调试完成,并且有一部分数据入库后,就可以开始数据库的试运行。这一阶段要实际运行应用程序,执行其中的各种操作,测试功能是否满足设计要求。若不满足就要对应用程序部分进行修改、调整及达到设计要求为止。数据库试运行主要包括下列内容:

(1)功能测试。实际运行应用程序,执行其中的各种操作,测试各项功能是否达到要求。

(2)性能测试,即分析系统的性能指标,从总体上看系统是否达到设计要求。

在组织数据入库时,要注重采取下列策略:

(1)要采取分批输入数据的方法。如果测试结果达不到系统设计的要求,则可能需要返回物理设计阶段,调整各项参数有时甚至要返回逻辑设计阶段来调整逻辑结构。如果试运行后要修改数据库设计,这可能导致要重新组织数据入库,因此在组织数据入库时,要采取分批输入数据的方法,即先输入少批量数据供调试使用,待调试合格后再大批量输入数据来逐步完成试运行评价。

(2)在数据库试运行过程中首先调试好系统的转储和恢复功能并对数据库中的数据做好备份工作。这是因为,在试运行阶段,一方面系统还不很稳定,软、硬件故障时有发生,会对数据造成破坏;另一方面,操作人员对系统还处于生疏阶段,误操作不可避免,因此要做好数据库的备份和恢复工作,把损失降到最低点。

9.7.3 数据库的运行和维护

数据库试运行结果符合设计目标后,数据库就可以正式投入运行。数据库投入运行标志着开发任务的基本完成和维护工作的开始。静止不变的数据库系统是没有的,只要系统存在一天,就得不断进行维护。维护就是要整理数据的存储,因为在数据库的运行中,由于数据的增删修改使数据库的指针变得越来越长,造成数据库中有很多空白或无用的数据,这就要加以整理,把无用数据占用的空间收回,把数据排列整齐。另外由于应用环境的变化,也需要对数据库进行重组织和重构造。

对数据库的维护工作主要由 DBA 完成,具体有以下内容:

1. 日常维护

日常维护指对数据库中的数据随时按需要进行插入、修改或删除操作。对数据库的安全性、完整性进行控制。在应用中随着环境的变化,有的数据原来是机密的,现在变得可以公开了,用户岗位的变化使得用户的密级、权限也在变化。同样数据的完整性要求也会变化。这些都需要 DBA 进行修改以满足用户的需求。

2. 定期维护

定期维护主要指重组数据库和重构数据库。重构数据库是重新定义数据库的结构,并把数据装到数据库文件中。重组数据库指除去删除标志,回收空间。

在数据库运行一段时间后,由于不断的增、删、改等操作使数据库的物理存储情况变坏,数据存储效率降低,这时需要对数据库进行全部或部分重组织。数据库的重组织,并不修改原设计的逻辑和物理结构。

当数据库的应用环境发生变化,如增加了新的应用或新的实体或取消了某些应用或实体,这些都会导致实体及实体间的联系发生变化,使原有的数据库不能很好地满足系统的需要,这时就需要进行数据库的重构。数据库的重构部分修改了数据库的逻辑和物理结构,即修改了数据库的模式和内模式。

在数据库运行期间要对数据库的性能进行监督、分析来为重组织或重构造数据库提供依据。目前有些 DBMS 产品提供了监测系统性能参数的工具,DBA 可以利用这些工具得到系统的性能参数值,分析这些数值为重组织或重构造数据库提供依据。

当然重构数据库的程度是有限的。若变化太大无法通过重构来满足新的需求或重构数据库的代价太高,这时就应该面对新的应用环境设计新的数据库系统,而原有的数据库系统的生命周期也就到此结束。

3.故障维护

数据库在运行期间可能产生各种故障,使数据库处于一个不一致的状态。如事务故障、系统故障、介质故障等。事务故障和系统故障可以由系统自动恢复,而介质故障必须借助 DBA 的帮助。发生故障造成数据库破坏,后果可能是灾难性的,特别是对磁盘系统的破坏将导致数据库数据全部丢失,千万不能掉以轻心。

具体的作法是:

(1)建立日志文件,每当发生增、删、改时就自动将要处理的原始记录加载到日志文件中。这项高级功能在数据库管理系统 SQL Server 2000 中是由系统自动完成的,否则需要程序员在编写应用程序代码时加入此项功能。

(2)建立复制副本用以恢复。DBA 要针对不同的应用要求制定不同的备份计划,以保证一旦发生故障能尽快将数据库恢复到某个时间的一致状态。

9.8 数据库应用的结构和开发环境

我们知道,一个具体的 DBMS 是安装在一个具体的操作系统之上的,在该 DBMS 之上又可以根据需要开发具体的应用系统。在开发数据库应用中,人们可以采用多种数据库应用模型以及不同的开发环境。分析各种应用模型之间的特点和优劣有助于我们在开发数据库应用系统中选取最佳的应用模型来更好地满足用户需求。

9.8.1 数据库应用模型

就数据库应用程序而言主要处理以下三种任务:获取用户输入并将结果输出给用户,即通常所说的界面表示;完成数据库中的各种数据的多种维护操作,即通常所言的数据存储;按预定的操作程序处理这些数据,即通常所言的业务处理。这样我们就把数据库应用程序按功能分成三个部分:用户界面、事务逻辑、数据存储。

数据库应用模型就是指数据库应用系统中的界面表示层、数据存储层、业务处理层和网络通信之间的布局与分布关系。

根据用户与数据之间所具有的层次来划分,数据库应用系统体系结构模型分别就是单层应用体系结构模型、两层应用体系结构模型、多层(可以是三层或三层以上)应用体系结构模型。

1.单层应用模型

应用程序没有将用户界面、事务逻辑和数据存取分开。在单层的数据库应用程序中,应用程序和数据库共享同一个文件系统,它们使用本地数据库或文件来存取数据。早期大型机通常编写这种体系结构的程序,当时的用户通过"哑终端"来共享大型机资源,"哑终端"没有任何处理能力,所有的用户界面、事务逻辑和数据存取功能都是在大型机上实现,这样当时使用单层体系结构而没有出现多层体系结构也就在情理之中。

2. 两层应用模型

PC 机的出现给应用程序模型的发展带来了巨大的推动力,因为 PC 机有了一定的处理能力,传统在大型机上实现的用户界面和部分事务逻辑被移到 PC 机上运行(这种 PC 机端的代码称为应用程序客户端),而大型机则提供部分事务逻辑处理和数据存取的功能(这种大型机端的代码称为应用程序服务器端)。这种模型通常称之为客户/服务器模型。根据事务逻辑在客户端和服务器端分配的不同,该种模型有图 9-10 所示的几种形式。

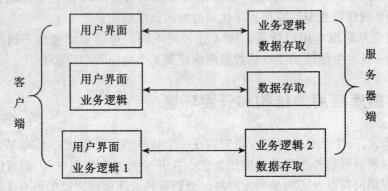

图 9-10　两层客户/服务器应用模型的三种形式

在两层应用体系结构模型中,数据的存取和管理独立出来由单独的、通常是运行在不同系统上的程序来完成,这样的数据存取和管理程序通常就是像 SQL Server 或 Oracle 这样的数据库系统。基于 C/S 结构的应用在局域网的应用中占绝大多数。

当用户界面单独为一层,事务逻辑或者说商业规则和数据处理合二为一构成另一层时,通常商业规则以存放在数据库服务器内的存储过程、触发器或其他数据库对象来体现。存储过程是数据库系统的一个重要功能,每个存储过程就是存储在数据库服务器上的一段程序,它指明如何进行一系列的数据库操作。存储过程可以直接被客户端调用,此外还有一种触发机制可以调用执行存储过程:当数据满足一定条件时,触发一个事件,引起相应的存储过程被调用执行。

关于 C/S 结构,一直有一种形象的比喻说法"瘦客户机,胖服务器"。所谓"胖"或者"瘦",是针对它们的要求或者说具备的功能而言,具备的功能越来越少称为"变瘦",反之称之为"变胖"。

C/S 结构模型的一个最大的好处在于:通过允许多用户同时存取相同的数据,来自一个用户的数据更新可以立即被连接到服务器上的所有用户访问。这种结构的缺点也很明显:当客户端的数目增加时,服务器端的负载会逐渐加大,直到系统承受不了众多的客户请求而崩溃。此外,由于商业规则的处理逻辑和用户界面程序交织在一起,因此商业规则的任何改动都将是费钱、费时、费力的。虽然两层结构模型为许多小规模商业应用带来简便、灵活性,但是对快速数据访问以及更短的开发周期的需求驱使应用系统开发人员去寻找一条新的应用道路,那就是多层应用体系结构模型。

3. 多层应用模型

在多层应用体系结构模型中,商业规则被进一步从客户端独立出来,运行在一个介于用户界面和数据存储的单独的系统之上,如图 9-11 所示。现在,客户端程序提供应用系统的用户界面,用户输入数据,查看反馈回来的请求结果。对于 Web 应用,浏览器是客户端用户界面,这时人们又称这种模型为浏览器/服务器应用结构模型或 Internet 数据库应用模型。对于非 Web 应用,客户端是独立的编译后的前端应用程序。商业中间层它负责接收和处理对数据库的查询和操纵请求,由封装了商业逻辑的组件构成,这些商业逻辑组件模拟日常的商业任务,通常是一种 COM 组件或者 CORBA 组件。数据层可以是一个像 SQL Server 这样的数据库管理系统,用于存放和管理用户数据。这时服务器就分为数据库服务器和应用服务器。

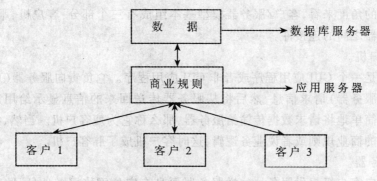

图 9-11 三层客户/服务器模型

在这种多层体系模型中,客户端程序不能直接存取数据,从而为数据的安全性和完整性带来保障。例如,如果在客户端设置访问的权限,那么当别有用心的用户用另外的工具来访问数据库中的数据时,我们就无能为力。这种结构带来的另一个好处就是应用系统的每一个部分都可以被单独修改而不会影响到另外两个部分。因为每一层之间是通过接口来相互通信的,所以只要接口保持不变,内部程序的变化就不会影响到系统应用的其余部分。例如商业规则可能需要经常变化,我们直接修改商业规则层就行了,只要保持接口不变,这种修改对客户来说是透明的,也就是说客户端软件不变,免去了对成百上千的客户端软件的更新、升级。

在多层体系结构模型中,各应用层并不一定要分布在网络上不同机器的物理位置上,而可以只是分布在逻辑上的不同位置,此外各应用层和网络物理拓扑之间并不需要有一一对应关系,每个应用层在物理拓扑上的分布可以按系统需求而变化。比如,商业中间层和数据处理层可以位于装有 IIS Web 服务器和 SQL Server 数据库服务器的同一台机器上。

使用多层体系结构模型为应用程序的生命周期带来诸多好处,包括:可重用性、适应性、易管理性、可维护性、可伸缩性。可以将自己创建的组件和服务共享和重用,并按需求通过计算机网络分发。可以将大型的、复杂的工程项目分解成简单安全的众多子模块,并分派给不同的开发人员或开发小组。可以在服务器上配置组件和服务以帮助跟踪需求的变化,并且当应用程序的用户基础、数据、交易量增加时可以重新部署。

多层应用程序将每个主要的功能隔离开来。用户显示层独立于商业中间层,而商业中间层独立于数据处理层。设计这样的多层应用程序在初始阶段需要更多的分析和设计,但在后期阶段会大大减少维护费用并且增加功能适应性。

在这种应用程序结构中客户端应用程序变得比在 C/S 这样的两层体系结构模型中更为小巧,因为服务组件已经分布在中间商业层。这种方式带来的结果是在用户上的一般管理费用降低,但是由于服务组件分布在不同的机器上,因此系统的通信量会大大增加。

从用户的角度来看,客户/服务器模型基本组成有三个部分:客户机、服务器、客户机与服务器之间的连接件。

(1) 客户机。

客户机是一个 GUI 应用程序或者非 GUI 应用程序。它负责向服务器(应用服务器或数据库服务器)请求信息,然后将从服务器传送回来的信息显示给用户。如果客户机只是简单地将请求数据传输给服务器,那么称它为瘦客户机。当然,它也可以承担大部分的商业规则或者说业务逻辑,这时客户机成了胖客户机。

(2) 服务器。

服务器向客户机提供服务。这样服务器要具有定位网络服务地址、监听客户机的调用并与之建立连接、处理客户机的请求等。由于服务器通常同时为多个客户机服务,服务器的配置也要求高速的处理器、大容量的内存和高质量的网络传输。多数情况下,服务器要连续运行以便为客户机提供持续的服务。

(3) 连接件。

客户机和服务器之间不仅需要硬件连接,更需要软件连接。对于应用系统来说,这种连接更多的是一种软件通信过程,对应用系统开发人员来说,客户机与服务器之间的连接主要是软件工具和编程函数(API)。过去,大多数前端客户用户程序都是专门为后端服务器而写的,所以不同的服务器的连接件各不相同,各客户应用程序不能支持所有的后端网络和服务器。近年来,各种连接客户机和服务器的标准接口或软件相继出现,有效地解决了上述问题,使 C/S 结构走向了"开放性"。如开放的数据库连接 ODBC,JDBC 等。

客户/服务器结构模型具有下列的主要技术特征:

① 功能分离。服务器是服务的提供者,客户机是服务的消费者。

② 资源共享。一个服务器可以同时为多个客户机提供服务。为此服务器必须具有并发控制等协调多客户机对资源共享访问的能力。

③ 定位透明。服务器可以驻留在与客户机相同或不同的处理器上，需要时，C/S 平台可通过重新定向服务来掩盖服务器位置。即用户不必知道服务器的位置，就可以请求服务器的服务。

④ 服务封装。客户机只需知道服务器接口，不必了解其逻辑。服务器是专用程序，客户机通过服务器提供的接口与服务器通信，由服务器确定完成任务的方式，只要接口不变，服务器的升级不会影响客户机。

⑤ 可扩展性。支持水平和垂直扩展，前者指可以增加或更改工作站；后者是指服务可以转移到新的服务器处理机上。

9.8.2 数据库应用开发环境 ODBC

传统上，数据库系统由数据库、数据库管理系统、数据库应用开发工具组成，每个厂商的产品自成体系，相互间不能进行对话。近年来，随着开放系统的提出，促进了数据库互访、互操作技术的发展。

1. ODBC 编程接口概述

ODBC(Open Database Connectivity)是 Microsoft Windows 的开放服务体系(Windows Open Services Architecture，WOSA)的标准组成部分，已成为人们广泛应用的数据库访问应用程序编程接口(API)。对数据库 API，它以 X/Open 和 ISO/IEC 的 Call-Level Interface(CLI)规范为基础，使用结构化查询语言(SQL)为访问数据库的语言。CLI 使用一种自然语言来调用函数，因此无需对使用它的编程语言进行扩展。为数据库用户和程序开发者隐蔽了异构环境的复杂性，提供了统一的数据库访问和操作接口，为应用程序的平台无关和可移植性提供了基础，为实现数据库间的操作提供了有力支持。这与内嵌式 API(Embedded SQL)不同，内嵌式 API 被定义为对使用它的语言的一种扩展，因此就需要使用该 API 的应用程序有一个单独的预编译过程。

一个基本的 ODBC 结构由应用程序、驱动程序管理器、驱动程序和数据源 4 个部分组成，图 9-12 表示了这 4 个部分的相互关系。

(1) 应用程序(Application)。

应用程序负责处理和调用 ODBC 函数。其主要任务如下：

① 连接数据库；

② 提交 SQL 语句给数据库；

③ 检索结果并处理错误；

④ 提交或回滚 SQL 语句的事务；

⑤ 断开与数据库的连接。

(2) 驱动程序管理器(Driver Manager)。

ODBC 驱动程序管理器是一个驱动程序库，负责应用程序和驱动程序的通信。

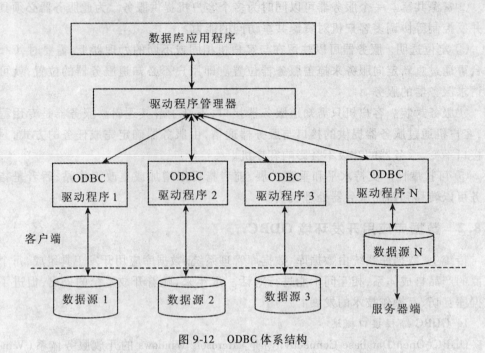

图 9-12 ODBC 体系结构

对不同的数据源,驱动程序将加载相应的驱动程序到内存中,并将后面的 SQL 请求传送给正确的 ODBC 驱动程序。

(3)驱动程序。

ODBC 应用程序不能直接存取数据库,应用程序的操作请求需要驱动程序管理器提交给正确的驱动程序。而驱动程序负责将对数据库的请求传送给数据库管理系统(DBMS),并把结果返回给驱动程序管理器。然后驱动程序管理器再将结果返回给应用程序处理。

(4)数据源(Data Source)。

数据源是连接数据库驱动程序与数据库管理系统(DBMS)的桥梁,它定义了数据库服务器名称、登录名和密码等选项。也可以这么说,数据源由用户所需访问的数据及其所处的操作系统平台、数据库系统和访问数据库服务器所需的网络系统组成。

这样,在使用 ODBC 开发数据库应用程序时,程序开发者只要调用 ODBC API 和 SQL 语句。至于数据的底层操作则由不同类型数据库的驱动程序来完成,它使程序开发人员从各种繁琐的特定数据库 API 接口中解脱出来。

2. ODBC 数据源的配置

使用 ODBC 编程之前,除了安装 ODBC 驱动程序外,还需要配置 ODBC 数据源。配置 ODBC 数据源的操作步骤如下(以 Windows 2000 为例):

(1)在控制面板中,将鼠标指向"管理工具",然后执行"数据源(ODBC)"命令,打开"ODBC 数据源管理器",如图 9-13 所示。

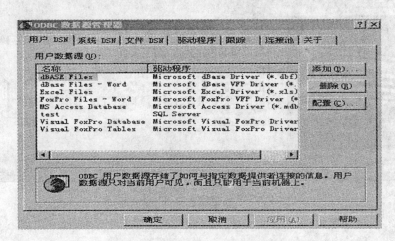

图 9-13　ODBC 数据源管理器

各选项卡的功能介绍如下：

①用户 DSN：显示当前登录用户使用的数据源清单。

②系统 DSN：显示可以由系统中全部用户使用的数据源清单。

③文件 DSN：显示了允许连接到一个文件提供程序的数据源清单。它们可以在所有安装了相同驱动程序的用户中被共享。

④驱动程序：显示所有已经安装了的驱动程序。

⑤跟踪：允许跟踪某个给定的 ODBC 驱动程序的所有活动,并记录到日志文件。

⑥连接池：用来设置连接 ODBC 驱动程序的等待时间。连接池也使应用程序能够使用一个来自连接池的连接,其中的连接不需要在每次使用时重建。一旦创建了一个连接并将它置于池中,应用程序就可以重新使用该连接而不需要执行整个连接过程,因而提高了性能。

⑦关于：显示有关 ODBC 核心组件的信息。

(2)在"系统 DSN"选项卡中,单击"添加",打开"创建数据源"对话框,在"名称"列表框中选驱动程序,如 SQL Server(这时创建 SQL Server 数据源),如图 9-14 所示。

(3)单击"完成"按钮,打开"建立新的数据源到 SQL Server"对话框,如图 9-15 所示。在名称文本框中填写数据源的名称如 test,在"服务器"下拉列表中选要连接到的服务器。

(4)单击"下一步"按钮,选择验证模式。

(5)单击"下一步"按钮,选择连接的默认数据库。

(6)单击"下一步"按钮,系统提示用户设置驱动程序使用的语言、字符集区域和日志文件等。

数据库系统原理与应用

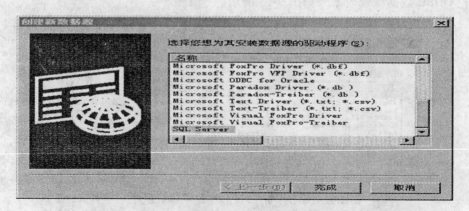

图 9-14 "创建新数据源"对话框

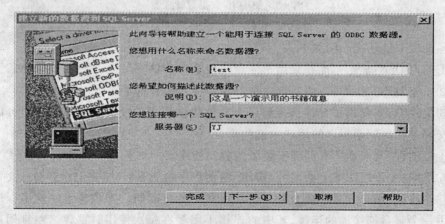

图 9-15 "建立新的数据源到 SQL Server"对话框

(7)单击"完成"按钮,出现"ODBC Microsoft SQL Server 安装",如图 9-16 所示。单击"测试数据源"按钮,测试数据源是否正确。若显示测试成功的消息,单击确定按钮回到"ODBC Microsoft SQL Server 安装"对话框。

(8)单击"确定"按钮,即创建了一个系统数据源 test。

3. ODBC 接口函数

ODBC 接口函数按照它们的作用可以分成如下 6 组:

• 分配和释放环境句柄、连接句柄、语句句柄;

• 连接;

• 执行 SQL 语句;

• 接收结果;

• 事务控制;

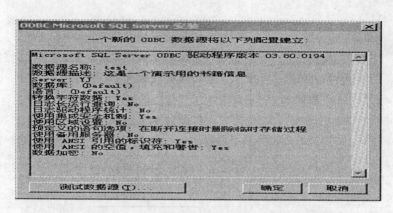

图 9-16 "ODBC Microsoft SQL Server 安装"对话框

● 错误处理和其他杂项。

（1）分配和释放。

这一组函数用于分配必要的句柄：连接句柄、环境句柄和语句句柄。环境句柄定义一个数据库环境，连接句柄定义一个数据库连接，语句句柄定义一条 SQL 语句。ODBC 环境句柄是其他所有 ODBC 资源句柄的父句柄。释放函数用于释放各种句柄以及与每个句柄相关联的内存。如 SQLAllocEnv 函数用于获取 ODBC 环境句柄。

（2）连接。

利用这些函数，用户能够与服务器建立连接，如 SQL Connect。

（3）执行 SQL 语句。

用户对 ODBC 数据源的存取操作，都是通过 SQL 语句来实现的。应用程序通过与服务器建立好了的连接向 ODBC 数据库提交 SQL 语句来完成用户的请求。如 SQLAllocStmt 函数。

（4）接收结果。

这一组函数负责处理从 SQL 语句结果集合中检索数据，并检索与结果集合相关的信息。如 SQLFetch 和 SQLGetData 函数。

（5）事务控制。

这组函数允许提交或重新运行事务。ODBC 的缺省事务模式是"自动提交"，也可以设置连接选项来使用"人工提交"模式。

（6）错误处理与其他事项。

该组函数用于返回与句柄相关的错误信息或允许取消一条 SQL 语句。ODBC 基本流程控制如图 9-17 所示。

现在非常流行用 ADO 接口来进行编程。ADO(ActiveX Data Objects)是一个封装了 OLE DB 功能的高层次对象模型接口。ADO 高度优化，已经能够用于诸如 Visual Basic、Visual C++、Delphi、PowerBuilder 等可视化编程环境中。实际上，ODBC 的

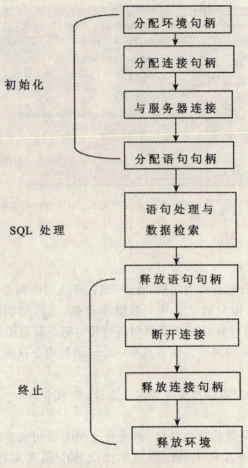

图 9-17 ODBC 应用系统基本流程控制

OLE DB 提供者允许用户通过 OLE DB 或 ADO 调用 ODBC 提供的所有功能。它们之间的关系由图 9-18 可知。

下面以 VB 编程环境为例,说明使用 ADO 进行数据库应用编程的主要环节:

(1) 在 Visual Basic 工作环境中设置 ADO 函数库。

(2) 使用 Connection 对象连接数据源。(cn 为 Connection 对象 set cn = New ADODB. Connection)

如:cn. Open "PROVIDER = MSDASQL;DSN = test;uid = xyq;pwd = xyq2004"

(3) 指定访问数据源的命令并执行。(recordsettest 为 Recordset 对象, set record-settest = New ADODB. Recordset)

如:recordsettest. Open "select * from book" ,cn,adOpenStatic,adLockOptimistic

Recordset 对象的 Open 方法将 SQL 语句传递到 Connection 对象指定的数据库,

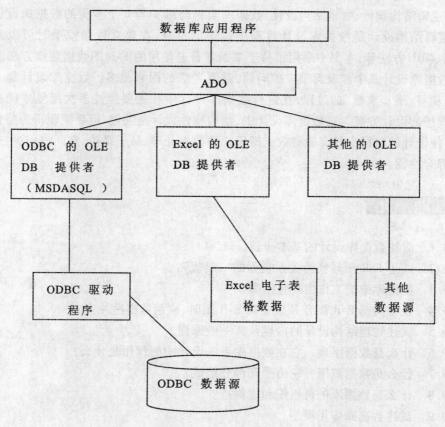

图 9-18 应用程序通过 ADO 调用 OLE DB 的模型

并将查询结果保存在 Recordset 对象中。

(4) 通过 Recordset 对象在客户端和服务端之间传递和处理数据。

如：recordsettest. MoveNext

(5) 关闭打开的对象，关闭连接。

如：recordsettest. Colse

set recordsettest = Nothing

cn. Close

set cn = Nothing

本章小结

本章重点介绍了数据库设计的步骤、数据库应用结构模型以及开放的数据库访问接口 ODBC。数据库设计的方法很多，本书采用了规划设计、需求分析、概念结构设计、逻辑结构设计、物理结构设计、数据库实施与维护等 6 个步骤的数据库设计方法。逻辑结构设计是数据库设计过程中讨论的重点，在建立数据模型时可以采用 E-R 图、ODL 方法等，本书中采用了易于掌握并普遍使用的 E-R 图数据建模方法。

数据库设计是个涉及面很广的问题，需要考虑的因素很多。数据库设计是一个"反复探寻，逐步求精"的过程，在进行数据库设计中往往要经过多次反复才能得到一个理想的设计方案。在数据库设计中，结构特性设计是关键，但要兼顾行为特性的设计，使设计的数据库具有能有效支持用户的数据处理、易于维护、空间占用少、效率高等综合性能。

习 题 九

9.1 简述数据库设计的基本步骤。

9.2 试述 E-R 图转换为关系模型的一般规则。

9.3 数据库维护工作主要包括哪些？

9.4 在将局部 E-R 图合并成全局 E-R 图时，应消除哪些冲突？

9.5 试述物理结构设计的内容及其一般原则。

9.6 什么是数据字典？它在数据库系统设计中的作用是什么？

9.7 什么是数据流图？它由哪几部分组成？

9.8 什么是数据库的再组织和重构造？

9.9 试述数据库应用模型。

9.10 试述 ODBC 数据库应用程序的体系结构。

第十章 数据库技术新发展

【学习目的与要求】

本章从面向对象数据库系统阐述数据仓库,进而简要介绍与数据仓库密切相关的一门信息处理技术:数据挖掘。学生应了解面向对象数据库系统的基本概念,掌握分布式数据库系统,理解数据挖掘的概念,弄清楚数据库新技术的应用领域。

10.1 面向对象数据库系统

10.1.1 面向对象数据库系统

面向对象数据库系统(Object Oriented DataBase System,OODBS),是数据库技术和面向对象程序设计相结合的产物。

从20世纪60年代至今的30多年中,信息系统数据库技术的发展已经经历了四代:第一代是文件系统。第二代是层次数据库系统。第三代是CODASYL(网状)数据库系统。第二代和第三代数据库实现了多个用户对同一数据库的共享,但是由于用户需求的增大以及技术的发展,这种数据库的缺点日益显现,例如,缺乏数据独立性以及冗余数据太大。由此催生了第四代关系数据库技术。每一种数据库技术的产生都使得程序员编程更为容易,但是都存在各自的缺点。

人们正在探索第五代数据库技术。随着面向对象技术的发展,基于面向对象技术的应用也得到了扩展,主要表现在以下几个方面:编程语言、人工智能、数据库技术和用户接口。将面向对象技术用于数据库系统设计出现了面向对象数据库技术。

基于面向对象数据模型以及数据库技术的研究大致是沿着面向对象技术的发展以及数据库传统技术的应用方向发展,一种是开发新的面向对象应用,表现在数据库技术方面即开发新的面向对象数据库系统,该数据库系统必须支持OO模型;另一种是在原有的面向对象编程语言(如C++)的基础上进行扩充,使其能够设计出能支持OO模型的数据库系统,在这些技术发展的同时,对传统的关系数据库以及SQL关系模型也要进行修整使其适用于面向对象技术。

在介绍面向对象数据库系统之前,先对面向对象技术作一个简要的介绍。

10.1.2 面向对象简述(OO)

随着计算机技术在应用领域的不断扩展,20世纪80年代后,面向对象成为了系统开发中的关键技术,其中出现了面向对象分析、面向对象设计、面向对象数据库以及面向对象编程等。

面向对象并非是一个新的概念,实际上已有二十几年的历史。寻其根源可以追溯到20世纪60年代的挪威。当时挪威计算中心的Kristen Nygaard和Ole-Johan Dahl开发了一种称做Simula 67的仿真语言。70年代出现了smalltalk,随后出现了C++等面向对象编程语言。基本的面向对象的概念是基于框架的知识表示和推理系统、面向对象编程环境、先进的面向对象人机接口系统所采用的共同方法。它们可能是将来建立高性能智能编程系统的一种形式。

1. 对象的特点

对象是现实生活中的事物在人脑中的反映。每一个对象描述客观世界中的一个实体,这个实体在面向对象数据库系统中构成了一个基本单元;对象是有状态的,对象的状态由一组属性值来表示,而且对象的状态是可以改变的,通过一系列的程序代码对对象的属性进行访问并修改对象的属性值,在面向对象里把属性放在对象的私有数据部分,而程序代码是属于对象的私有方法的。对象的属性和方法被封装在一起;对象与系统的其他对象之间可以传递消息,通过这种消息方式,外界可以获得消息的状态以及引用该对象的操作;后面将会介绍对象具有惟一的对象标识符。这样我们可以得出对象的三个基本特征。

(1)对象的属性(Property):是实体所具有的性质(外形与状态)。如一个人有身高、体重、肤色。所有的属性集构成了对象数据的数据结构。属性是可以嵌套的。

(2)对象的方法(Method):是实体所拥有的行为。如一个人笑、说、走等。对于方法可以从两个方面进行分析:一个是方法的接口,一个是方法的实现。通过方法的接口可以实现对方法的调用。

(3)对象的消息(Event,Message):是外界作用于实体的动作事件与消息。如一个人打、骂。对象接受消息并响应消息,在对象之间存在操作请求的时候才开始传递。它是对象与外界进行互相交流的一个界面。

2. 对象标识符(OID)

对象具有一个系统全局惟一的标识,称为对象标识符。不同的对象标识符类型具有不同的程序内持久性,程序内持久性对于在一个程序内的对象,对这个对象进行操作和查询访问的时候,该对象的对象标识符是不变的;那么同样对于在程序之间进行访问、操作对象时不需要改变任何接口,即对象标识符具有程序间持久性;对象的对象标识符在程序里实际是通过一个持久化了的对象指针表示的,通常有以下几种对象标识:

- 名标识。在程序设计中要求为每一个变量根据其使用范围的不同赋予一个变量名,这个变量名就在程序中有了一定的意义,因为变量名惟一地标识了变量。
- 值标识。这种标识在关系数据库里比较常见,值标识是用惟一的值来对对象进行标识,例如,一个元组的键值就是一个惟一的值标识。
- 内标识。内标识被大量地使用在面向对象数据库系统中。内标识与上面两种标识的差别在于,前两种标识符是由用户建立的,内标识不要求用户明确给定。

10.1.3 面向对象的数据模型(OO 模型)

程序的构成可以看做是算法与数据结构的合理组合,算法总是离不开数据结构的,算法只能适用于特定的数据结构。所以对于一个数据库设计来说,一个好的数据模型是十分必要的。

在面向对象数据库系统中数据库是同一个可共享的对象库互相联系的,可以说面向对象数据库系统实际上就是这样一个对象库的存储和管理者,这个对象库是由面向对象的数据模型所定义的对象的集合,所以对于面向对象数据库系统而言必须支持面向对象数据模型即 OO 模型。

在前面的内容中实际上已经谈到了面向对象数据模型的一些概念,如,对象和对象标识。在下面的内容中主要介绍一下面向对象数据模型的其他一些核心概念。

1. 类

类是面向对象程序设计与结构化程序设计的一个重要区别,类既能包含数据成员又能包含函数成员。类具有封装性,类里封装了可以供多个对象共享的属性和方法。我们把共享同样属性和方法的所有对象称为一个对象类,也就是我们这里所要讨论的类。一个对象可以看做一个类的实类。所有对象都共享一个定义,它们之间的区别仅仅在于类中实际的属性取值不同,也可以这么说,对象的建立过程也就是一个将抽象类实例化的过程。例如可以声明一个类:动物。那么对猫、狗、老虎等具体的动物来说都是动物类的一个实例,即对象。

面向对象数据库模式可以看做是类的集合。我们需要认识到类只能定义对象共有的属性和方法,对于那些对象特有的属性和方法需要分别各自重新定义,在面向对象数据库模式中提供了类层次结构。在面向对象程序设计中,把一个类声明为父类,那么对于每一个共享了这个类的对象需要独立声明特殊部分的,我们称之为子类。每个类有一个父类,所有的子类共有一个父类。

例如,在一个工厂里有行政人员、车间工作人员,还有秘书之类人员,同时与工厂效益息息相关的还有工厂的客户。把工厂的人员声明为一个"人"类。

通过图 10-1 展示了在工厂里人员的层次结构。在类"人"中我们定义了工厂有关人员共有的一些属性如:姓名、地址、通信方式,等;在第二层里定义了一个雇员类和一个顾客类。雇员类下面又分成三个特殊类:行政人员、工作人员和秘书等。对雇员类可以定义雇员的工作起始时间、工资等属性,下一层的三个类可以共享雇员类中

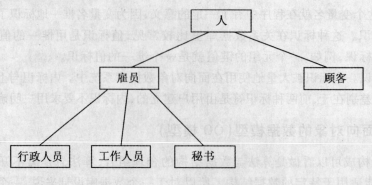

图 10-1 类的层次结构

的属性和方法,所以雇员类是第三层类的父类,在行政人员类里面我们定义行政人员的属性有:工作编号、每天的出勤情况、经费账号等;而车间工作人员类中我们需要定义工作人员每周的工作量、所在的车间号、是不是车间管理人员等;在秘书类中至少需要定义秘书每周的工作安排以及所在的办公室名称。另外就是顾客类了。一个工厂不仅需要对自己的员工进行管理,对顾客的联系方式以及顾客的信用度也要有一个记录。所以对顾客也要声明一个类。可以看出雇员和顾客是类"人"的子类,而行政人员、工作人员和秘书又是"雇员"类的子类。这就是类的层次结构。

2. 继承

在上面的工厂人员类的层次结构中,雇员可以访问类"人"中的属性,也就是雇员类继承了类"人"中的属性,继承可以分为单重继承和多重继承。上面的工厂人员类层次结构可以称为单重继承,多重继承可以理解为存在这样一个类,它是多个类的子类,同时继承了多个类的属性和操作,这些类都可以是它的父类。例如,对于两用沙发而言既可以做沙发又可以做床,对于这样的一个两用沙发类来说它既继承了沙发类的属性和方法又继承了床这个类的属性和方法。我们把这样的继承称为多重继承。

继承提供了一种信息重用机制,给对象的建立提供了有力的建模工具,这样在子类的定义里避免了重复定义,表现在数据库技术里面就是减少了数据的冗余。在面向对象数据模型里,继承是一个很重要的概念,需要对面向对象程序设计语言有一定的了解。

3. 封装

在类里封装了一系列属性值和操作方法,也就是对象的状态与行为都被封装在类里。通过这种封装操作使得对一个对象数据的访问不会破坏其他对象的数据。封装实现了数据的保护和对象之间的独立性。

由于对象的封装性,所以面向对象提供了消息来实现对象与外部的通信,通过消息使外部可以实现对对象的调用和存取。

10.1.4 面向对象数据库系统

这一节开始具体讨论面向对象数据库系统。面向对象数据库系统的开发设计通常采用三种途径:一种是在现有关系数据库中加入面向对象数据库的功能,侧重于对传统的关系数据库系统的性能优化,目前许多商业的关系数据库投资机构都在这方面进行了很多努力。另一种方法是采用面向对象的概念开发新一代的面向对象数据库系统。还有一种是通过在现有的关系数据库系统上扩展关系数据模型,增加对面向对象技术的支持,实现面向对象数据库系统。

1. 面向对象数据库系统的类型

面向对象数据库系统是面向对象技术和数据库技术结合的产物,所以面向对象数据库系统可以分为以下 3 种:

(1)纯面向对象型。纯面向对象数据库系统常常将数据库模型和数据库查询语言集成进面向对象中,整个系统完全按照面向对象的方法进行开发。例如,Matisse 是由 ODB/Intellitic 公司开发的一个对象数据库系统。

(2)混合型。这种类型的数据库系统是在当前的数据库系统中增加面向对象的功能,这样有利于利用原有关系数据库系统的设计经验和实现技术。例如,混合型数据库有瑞典的产品 EasyDB(Basesoft)。

(3)程序语言永久化型。程序语言的永久性、持续性是面向对象技术的一个重要概念。数据库中的存储系统对程序语言永久性的要求较高,这样使得整个系统能够面向程序员的角度进行开发,降低了开发难度,使得最终开发的产品更加人性化。例如,Objectstore。

2. 面向对象数据库设计语言(OODB 语言)

我们在关系数据库系统中使用的基本语言是 SQL,那么在面向对象数据库系统的设计中应该使用什么的语言进行描述呢?

面向对象数据库设计语言必须与面向对象的数据模型相符合,这种语言能够正确地描述对象之间的关系模式以及对象之间的操作,这样可以将面向对象设计语言看成是对象描述语言与对象操作语言的结合。

作为面向对象数据库设计语言首先需要对对象进行定义和操纵,对象的定义包括对类的定义,生成对象,实现对对象的存取、修改和撤销。其次面向对象数据库设计语言能够实现对对象的操作和方法的定义。最后面向对象数据库设计语言还能实现对对象的操纵,例如对对象的查询操作,等等。面向对象数据库设计语言与面向对象设计语言是有区别的,面向对象数据库设计语言可以看做是面向对象方法与面向对象程序设计语言在数据库方向的一个扩充,但是面向对象程序设计语言里要求所有的对象都通过消息的发送来实现,这会降低数据库的查询速度。

3. 面向对象数据库管理系统

很多人将面向对象数据库系统等同于面向对象数据库管理系统(OODBMS),然而这两个是不同的概念,前者是数据库用户定义数据库模式的思路,后者是数据库管理程序的思路。现在简要介绍一下面向对象数据库管理系统。

面向对象数据库管理系统也支持面向对象的数据模型,表现在支持对象间的限制和联系以及对象的逻辑结构,能够存储和处理各种对象。面向对象数据库管理系统还提供面向对象数据库语言,这些语言能够反映对象模型的灵活性,支持消息传递方式,实现了面向对象程序设计语言和面向对象数据库设计语言的连接。

4. 面向对象数据库管理系统的逻辑结构

面向对象数据库管理系统由对象子系统和存储子系统两大部分组成。

(1)对象子系统。

对象子系统主要包括模式管理、事务管理、查询处理、版本管理、长数据管理、外围工具等。

①模式管理:用于对面向对象数据库模式的管理,读模式源文件生成数据字典,对数据库进行初始化,建立数据库框架,实现完整性约束。

②事务管理:用于对并行事务和较长事务(持续的时间很长)进行管理,故障处理而且实现锁管理和恢复管理机制。

③查询处理:查询处理用于负责对象的创建和对象查询等请求,对查询进行优化设计,并处理由执行程序发送的消息。

④版本管理:对对象版本进行管理和控制,有利于面向对象数据库系统中的对象管理。版本管理是新一代数据库系统中最重要的建模要求之一,版本管理包括版本的创建、撤销、合并以及对版本信息的管理和维护等。

⑤长数据管理:用于实现对大型对象数据的管理。长的数据需要进行特殊的管理。

⑥外围工具:对象数据库的设计较复杂,这给用户的应用开发带来难度。要使OODBMS实用化,需要在数据库外层开发一些工具用以支持面向对象数据库设计和应用的辅助开发工具。主要的工具有:模式设计工具,类图浏览工具,类图检查工具,可视的程序设计工具,系统调试工具等。

(2)存储子系统。

存储子系统主要包括缓冲区管理和存储管理两个方面:

① 缓冲区管理:对对象的内外存交换缓冲区进行管理,同时处理对象标识符与存储地址之间的变换,即所谓的指针搅和问题。

② 存储管理:对物理存储空间进行管理。为了改进系统的性能,将预计在一起用的对象聚簇在一起,一般是将某一用户所指定的类等级(包括继承等级和聚合等级)的所有对象聚集成簇。面向对象的应用基本上是通过使用对象标识符来存取对象的。如果对象在内存里面,那么应用系统能够直接存取它们;如果对象不在内存,那么对象将被从外存检索出来。随着应用的深入,数据库会变得愈来愈大。为了提

高数据库的检索效率,可以采用杂凑(hashing)算法或采用 B 树(或 B⁺树)索引的方法,将对象的对象标识符快速地映射到它们的物理地址上。

10.1.5 对象-关系数据库

对象-关系数据库是面向对象数据库研究的一个重要方向,对象-关系数据库系统兼有关系数据库和面向对象的数据库两方面的特征。它既支持某种面向对象的数据模型,又支持传统数据库系统的特征。

对象－关系数据库还具有它所特有的特征,它允许扩充数据类型,能够在 SQL 中支持复杂的对象,同时它还支持面向对象中的继承概念。提供功能强大的通用规则系统,而且规则系统与其他的对象-关系能力是集成为一体的。

实现对象－关系数据库系统的方法主要有以下 5 种:

(1)从头开发对象-关系 DBMS,这种方法费时费力。

(2)在现有的关系型 DBMS 基础上进行扩展。

扩展方法有两种:

①对关系型 DBMS 核心进行扩充,逐渐增加对象特性。这是一种比较安全的方法,新系统的性能往往也比较好。

②不修改现有的关系型 DBMS 核心,而是在现有关系型 DBMS 外面加上一个包装层,由包装层提供对象-关系型应用编程接口,并负责将用户提交的对象-关系型查询映像成关系型查询,送给内层的关系型 DBMS 处理。这种方法系统效率会因包装层的存在受到影响。

(3)将现有的关系型 DBMS 与其他厂商的对象-关系型 DBMS 连接在一起,使现有的关系型 DBMS 直接而迅速地具有了对象-关系特征。

连接方法主要有两种:

①关系型 DBMS 使用网关技术与其他厂商的对象-关系型 DBMS 连接。但网关这一中介手段会使系统效率打折扣。

② 将对象-关系型引擎与关系型存储管理器结合起来。即以关系型 DBMS 作为系统的最底层,具有兼容的存储管理器的对象-关系型系统作为上层。

(4)扩充现有的面向对象的 DBMS,使之成为对象-关系型 DBMS。

(5)将现有的面向对象型 DBMS 与其他厂商的对象-关系型 DBMS 连接在一起,使现有的面向对象型 DBMS 直接而迅速地具有了对象-关系特征。

连接方法是:将面向对象型 DBMS 引擎与持久语言系统结合起来。即以面向对象的 DBMS 作为系统的最底层,具有兼容的持久语言系统的对象-关系型系统作为上层。

10.1.6 面向对象数据库与传统数据库的比较

1. 关系数据库系统的优点

关系数据库具有灵活性和建库简单性的优点,用户与关系数据库编程之间的接口是灵活的,这样便于对数据库的设计和管理。目前在多数关系数据库产品中都使用标准查询语言 SQL,这样的一个特点使用户可以自由地在不同的数据库平台上使用不同的数据库中的数据,不同程序接口的兼容性,提供了大量标准的数据存取方法。另外关系数据库的逻辑结构简单,从数据建模的角度来考虑,关系数据库具有相当简单的逻辑结构,简单结构便于建立逻辑视图,方便用户理解数据库的层次。数据库设计和规范化过程也简单易行和易于理解。关系数据库能够有效地支持许多数据库的应用。

2. 关系数据库系统的缺点

关系数据库的缺点主要表现在:数据表达能力差,关系数据库语言并不能直接用来描述实际应用中的有关信息,也就是它不能支持对象模型,使关系数据库对数据库的设计过程相比较而言是很复杂的;另外关系数据库支持长事务处理的能力比较差,关系数据库对环境的应变能力较差,这个缺点使关系数据库的成本和维护费用较高;同时最重要的是关系数据库对于复杂查询的功能也不是很理想,这样的系统使数据库的性能受到很大影响。

下面对面向对象数据库进行一个总的论述,以加深读者对面向对象数据库系统的了解,对面向对象数据库系统的开发有一定的了解,有效地利用其优点进行开发。

3. 面向对象数据库系统的优点

首先,面向对象数据库系统能有效地表达客观世界和有效地查询信息,主要表现在面向对象方法与关系数据库中发展的工程原理、软件工程、系统分析和专家系统领域的内容的结合。系统设计人员用 OODBMS 创建的计算机模型能更直接反映客观世界,最终不管用户是不是计算机专业人员,都很容易通过这些模型理解和评述数据库系统。采用面向对象的方法使对工程中一些复杂问题的解决变得简单可行,信息不需要人为地分解为细小的单元,OODBMS 扩展了面向对象的编程环境,支持高度复杂数据结构的直接建模。

其次,面向对象数据库系统的可维护性好,尤其在耦合性和内聚性方面,面向对象数据库使得数据库设计者可在尽可能少修改现存代码和数据的条件下对数据库结构进行修改,如果发现有不能适合原始模型的特殊情况,可以增加一些特殊的类来处理这些情况而不影响现存的数据。如果数据库的基本模式或设计发生变化,为与模式变化保持一致,数据库可以建立原对象的修改版本。这种先进的耦合性和内聚性也简化了在异种硬件平台的网络上的分布式数据库的运行。

最后,面向对象数据库解决了"阻抗不匹配"(impedance mismatch)问题。应用程序语言与数据库管理系统对数据类型支持的不一致问题,通常被称为阻抗不匹配问题。

4. 面向对象数据库系统的缺点

(1)技术还不成熟。面向对象数据库技术的根本缺点是这项技术还不成熟,还有待于完善。

（2）面向对象技术需要一定的训练时间。有专业人员认为，要成功地开发这种系统的关键是正规的训练，训练之所以重要是由于面向对象数据库的开发是从关系数据库和功能分解方法转化而来的，需要学习一套新的开发方法使之与现有技术相结合。此外，面向对象系统开发的有关原理始具雏形，还需一段时间在可靠性、成本等方面令人可接受。

（3）理论还需完善。例如从正规的计算机科学方面看，还需要设计出坚实的演算或理论方法来支持 OODBMS 的产品。

面向对象数据库的当前状况是：对面向对象数据库的核心概念渐渐取得了共同的认识，并开始了一系列标准化的工作；随着核心技术逐步解决，外围工具得到不断的开发；虽然对性能和形式化理论的担忧仍然存在，并且系统在实践中仍面临着新技术的挑战，但是面向对象数据库系统正在走向实用阶段。

10.2　分布式数据库系统

随着传统的数据库技术日趋成熟、计算机局域网络和 Internet 技术的迅猛发展，以分布式为主要特征的数据库系统的研究与开发越来越受到人们的关注，分布式数据库系统在信息处理和信息管理领域将得到进一步的发展和应用。

10.2.1　分布式数据库系统概述

1. 分布式数据库系统的定义与特点

分布式数据库系统是相对于集中式数据库系统而言的。集中式数据库系统就是数据库系统的所有成分都驻留在一台计算机内的，数据库系统的所有工作都在一台计算机上完成。这种系统的数据采取集中管理方式，要求主机或服务器有比较大的容量。随着计算机网络技术的迅猛发展和不断完善，使分布在不同地点的数据库系统互连成为可能，于是一些数据库系统开始从集中式走向分布式。

分布式数据库应用的实现目标就是采用支持分布式数据库的数据库管理系统，通过合理的分布设计，对必要的环境进行定义、创建和修改，将原来非分布式数据库的应用转换到分布式数据库的应用。因此，可以这样定义分布式数据库系统：分布式数据库系统是一个物理上分布于计算机网络的不同地点而逻辑上又属于同一系统的数据集合。

分布式数据库的实现实际上也是客户/服务器模式，它的结构如图 10-2 所示。在网络中的每一个运行数据库管理系统的计算机都是一个节点，对前端客户机来说，它们都是服务器。在网络环境中，每个具有多用户处理能力的硬件平台都可以成为服务器，也可成为工作站。服务器对共享数据的存取进行管理，而非数据库管理系统的处理操作可以由客户机来完成。

分布式数据库系统是在集中式数据库系统上发展起来的，但不是简单地把集中

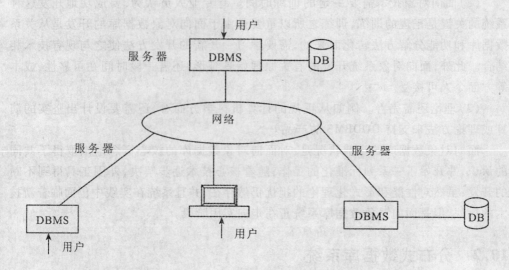

图 10-2 分布式数据库结构图

式数据库分散地实现,它具有自己的性质和特征。

分布式数据库系统相对于传统数据库有如下特点:

(1)数据的物理分布性。

分布式数据库系统中的数据不是集中存放在一个场地的一台计算机上,而是分布存储在由计算机网络联结起来的多台计算机上,所以,分布式数据库系统的数据具有物理分布性,这是与集中式数据库系统的最大区别之一。

(2)数据的逻辑整体性。

分布式数据库系统中的数据虽然物理上是分散在不同场地的计算机上,但这些分散的数据并不是不相关的,它们逻辑上属于同一个整体数据库,被分布式数据库系统的所有用户共享,并由一个分布式数据库管理系统统一管理。数据的逻辑整体性是与分散式数据库的最大区别。

(3)数据的分布透明性。

数据的分布透明性(Distribution Transparency)也称为分布独立性,数据的分布透明性是指用户只需关心整个数据库中有哪些数据,而不必关心数据存放在什么地方,不必关心数据的逻辑分片,不必关心数据是否被复制及复制副本的个数,也不必关心数据物理及其片段的位置分布的细节,同时也不必关心局部场地上数据库支持哪种数据类型。

(4)场地自治性。

场地自治性也称为站点自治性,系统中每个场地的计算机都有独立的自治处理能力,能独立执行局部的应用请求。每个场地的数据库又是整体数据库的一部分,可以通过网络协调处理全局的应用请求。这是分布式数据库系统与多处理机系统的区别,多处理机系统虽然也把数据分散存放于不同的数据库中,但从应用角度来看,这种数据分布与应用程序没有直接联系,所有的应用程序都由前端机处理,只不过对应用程序的执行是由多个处理机进行,这样的系统仍然是集中式数据库系统。

(5)数据冗余。

在集中式数据库系统中设法消除数据冗余,而在分布式数据库系统中数据冗余被看做是所需要的特性,被用来提高系统的可靠性、可用性和改善系统性能。例如,首先,如果在需要的节点复制数据,则可以提高局部的应用性。其次,当某节点发生故障时,可以对其他节点上的相同副本进行操作,不会因某一节点故障而造成整个系统的瘫痪。另外,系统可以选择用户最近的数据副本进行操作,减少通信代价,改善整个系统的性能。但是,增加数据冗余在方便检索,提高系统的查询速度的同时,也会不利于系统更新,增加系统维护的代价等,所以,应该尽量找到最佳冗余度。

(6)事务管理的分布性。

数据的分布性不可避免地造成事务执行和管理的分布性。也就是说,一个全局事务的执行可分解为在若干个站点上子事务的执行。同样,事务的原子性、一致性、可串行性、隔离性和永久性以及事务的恢复也都要考虑分布性。

(7)集中与自治相结合的控制机制。

在分布式数据库系统中,数据的共享有两个层次:一是局部共享,也就是同一站点上的用户可以共享本站点上局部数据库的数据,以完成局部应用;二是全局共享,即分布式数据库系统上的用户都可以共享在分布式数据库系统的各个站点上存储的数据,以完成全局应用。

2.分布式数据库系统的目标

分布式数据库系统的目标,也就是研制分布式数据库系统的目的和动机。

下面就分别介绍分布式数据库系统的几个基本目标。

(1)本地自治。

本地自治就是指分布式系统中的每一个站点的系统都是独立可以自治的系统,可以独立完成本地的操作,即使其他站点的计算机发生故障也不会受到影响。此外,本地自治还意味着本地数据都是由本地拥有和管理的,意味着不过分依赖其他站点,意味着所有站点都是平等的。然而,本地自治的目标并不能完全实现,只能是尽可能较大程度地来实现本地自治。

(2)可连续操作性。

可连续操作性指分布式数据库系统可以提供更高的可用性和可靠性。其中可靠性是指某个站点出现故障可能降低了应用水平,但不会影响整个系统的连续操作。可用性是指分布式数据库系统具有数据复制的功能,所以某个站点的故障可能对整个系统的连续操作没有任何影响。

(3) 分片独立性。

分布式数据库系统支持将数据分片,将数据以片段为单位存储在最经常使用的地方,从而使大部分操作可以在本地完成,从而降低网络的开销,并提高系统的性能。分片独立性由系统来确定所访问的分片存储在什么地方,使用户感到数据就像没有被分片。

(4) 复制独立性。

分布式数据库系统可以使用复制技术在不同的站点存储同一数据的副本,使用户并不会感觉到复制的存在。用户访问的是哪个副本由系统确定,意味着即使某个站点的副本被损坏了,也不会影响系统的操作。

(5) 分布式查询处理。

分布式查询处理是用户与分布式数据库系统的接口,用户可能在一个场地提出查询要求,而所要求查询的数据存储在另一个站点,这就要求系统找到一个最优的途径来完成分布式查询处理。

在分布式数据库系统中,通常以两种目标来考虑查询优化处理,其中一种就是以总代价最小为标准,总代价包括 CPU 代价、I/O 代价和数据通过网络传输的代价。在分布式数据库系统中,由于数据分片存储而且存在数据冗余,所以在查询处理中要考虑站点之间传递数据所需要的通信费用,从而增加了查询处理的总代价。另一种目标是以每个查询的响应时间最短为标准,因为分布式数据库系统是由多台计算机组成的,数据的分片存储和数据冗余也增加了查询的并行处理能力,从而可以缩短查询处理的响应时间,加快查询处理的速度。

(6) 分布式事务管理。

在分布式数据库系统中,一个事务可能会操作不同站点的数据,这就有了对分布式数据库事务管理的要求。事务管理功能分为两个层次:在每个站点上,由局部事务管理器进行局部事务的管理,这点和集中式数据库系统类似;而对整个分布式数据库系统,由驻留在各个站点上的分布式事务管理器共同协作,实现对分布式事务管理。

分布式事务管理主要包括两个方面:事务的恢复和并发控制。分布事务恢复常采用的技术是两段提交协议,它把一个分布事务的事务管理分为两类,一个是协调者,其他的是参与者。前者作出该事务是提交还是撤销的最后决定,后者则负责管理相应子事务的执行及在各自局部数据库上执行写操作。并发控制技术有基于封锁的方法、基于时标的方法等。

除了上述所说的几个基本目标以外,分布式数据库系统还有硬件独立性、操作系统独立性、网络独立性、DBMS 独立性等目标。

3. 分布式数据库系统的分类

在分布式数据库系统中,各个场地所用的计算机类型、操作系统和 DBMS 可能是不同的,各个节点计算机之间的通信是通过计算机网络软件实现的,所以局部场地的 DBMS 及其数据模型是对分布式数据库系统分类的主要考虑因素。根据构成各个局

部数据库的 DBMS 及其数据模型,可以将分布式数据库系统分为两类:

(1)同构型(homogeneous)DDBS,也有的称为同质型 DDBS。如果各个站点上数据库的数据模型都是同一类型的,则称该数据库系统是同构型 DDBS。但是,具有相同类型的数据模型若为不同公司的产品,它的性质也可能并不完全相同。

因此,同构型 DDBS 又可以分为两种:

①同构同质型 DDBS:如果各个站点都采用同一类型的数据模型,并且都采用同一型号的数据库管理系统,则称该分布式数据库系统为同构同质型 DDBS。

②同构异质型 DDBS:如果各个站点都采用同一类型的数据模型,但是采用了不同型号的数据库管理系统(例如分别采用了 SYBASE,ORACLE 等),则称该分布式数据库系统为同构异质型 DDBS。

(2)异构型(heterogeneous)DDBS。如果各个站点采用不同类型的数据模型,则称该分布式数据库系统是异构型 DDBS。

按构成各个局部数据库的 DBMS 及其数据模型进行分类是一种常见的方法。此外,还可以按照分布式数据库控制系统的类型对分布式数据库系统进行分类,分为集中型 DDBS、分散型 DDBS 和可变型 DDBS。

①如果 DDBS 中的全局控制信息位于一个中心站点,则称之为集中型 DDBS。

②如果在每一个站点上包含全局控制信息的一个副本,则称之为分散型 DDBS。

③在可变型 DDBS 中,将 DDBS 系统中的站点分成两组,一组站点包含全局控制信息副本,称为主站点。另一组站点不包含全局控制信息副本,称为辅站点。如果主站点数目为 1,则为集中型 DDBS。如果全部站点都是主站点,则为分散型 DDBS。

4. 分布式数据库系统的体系结构

分布式数据库是分布式数据库系统中各站点上数据库的逻辑集合,分布式数据库由两部分组成,一部分是所需要应用的数据的集合,称为物理数据库,它是分布式数据库的主体;另一部分是关于数据结构的定义,以及关于全局数据的分片、分布等信息的描述,称为描述数据库,也称为数据字典或数据目录。

一个系统的体系结构也称总体结构,它给出该系统的总体框架,定义整个系统的各组成部分及它们的功能,定义系统各组成部分之间的关系。分布式数据库系统的主要组成成分有计算机本身的硬件和软件,还有数据库(DB)、数据库管理系统(DBMS)和用户。其中数据库分为局部 DB 和全局 DB,数据库管理系统分为局部 DBMS 和全局 DBMS,用户也有局部用户和全局用户之分。图 10-3 是分布式数据库系统的参考体系结构。

图 10-3 从整体上可以分为两大部分:其中上半部分是分布式数据库所都有的部分,分为四级:

(1)全局外模式(Global External Schema),它是分布式数据库系统全局应用的用户视图,是全局概念模式的子集。

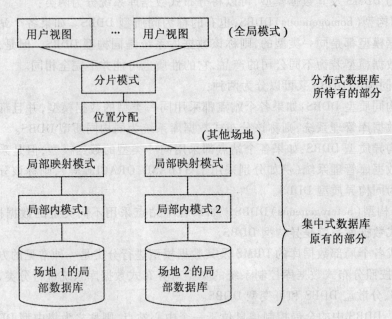

图 10-3 分布式数据库系统的参考体系结构

(2)全局概念模式(Global Conceptual Schema),它定义了分布式数据库系统中的所有数据的逻辑结构,使数据就像没有分布一样,因为站在用户或用户应用程序的角度,分布式数据库与集中式数据库没有多大区别,所以可以用集中式数据库的方法定义分布式数据库中所有数据的逻辑结构。全局概念模式中所用的数据模型应该易于向其他模式映射,通常采用关系模型,并由一组全局关系的定义组成。

(3)分片模式(Fragmentation Schema)。每一个全局关系可以分为若干个非重叠的部分,每一部分称为一个片段(fragment),也即数据分片。分片模式用于定义全局关系与片段之间的映射,这种映射是一对多的关系,一个全局关系可对应多个片段,而一个片段只来自一个全局关系。

(4)分布模式(Allocation Schema)。片段是全局关系的逻辑部分,一个片段在物理上可以分配到网络的一个或几个站点上,分布模式根据应用需求和分配策略定义片段的存放场地。分布模式的映像类型确定了分布数据库是冗余的还是非冗余的。若映像是一对多的,即一个片段可分配到多个节点上存放,则是冗余的分布数据库。若映像是一对一的,则是非冗余的分布数据库。

图 10-3 的下半部分是集中式数据库原有的体系结构,代表了各局部场地上局部数据库系统的基本结构,其中每个局部映射模式相对于集中式数据库来说就是概念模式,每个局部内模式相对于集中式数据库来说就是内模式。

10.2.2 分布式数据库系统的设计概述

1. 分布式数据库系统的创建方法和内容

分布式数据库系统的创建方法也就是分布式数据库系统的实现方法,大致可以分为两种:即集成法和重构法。

(1)集成法也称组合法,这是一种自底向上的创建方法,该方法利用现有的计算机网络和独立存在于各个站点上的现存数据库系统,通过建立一个分布式协调管理系统,将它们集成为一个统一的分布式数据库系统。用这种方法建立的分布式数据库系统,不仅要对网络系统的功能进行剖析,还需要对各个站点上原有的数据库系统进行剖析。除此之外,还需要解决数据的一致性、完整性以及可靠性。若用这种方法建立不是很大的数据库,则实现的周期会比较短,人力、物力的花费也会比较少,有利于保护投资,也比较容易让用户接受。

(2)用重构法建立数据库系统就是根据系统的实现环境和用户需求,按照分布式数据库系统的设计思想和方法,采用统一的观点,从总体设计做起,包括各站点上的数据库系统,重新建立一个分布式数据库系统。该方法可以按照统一的思想来考虑分布式数据库系统中的各种问题,有效地解决分布式数据库系统的数据一致性、完整性和可靠性,但是与集成法相比,它需要花费更多的人力物力,实现的周期也更长,系统建设的代价会比较大。采用该方法创建的分布式数据库系统通常是同构异质,甚至是同构同质的分布式数据库系统,因为同构型分布式数据库系统远比异构型分布式数据库系统容易实现。

分布式数据库系统设计的内容可包括分布式数据库的设计和围绕分布式数据库而展开的应用设计两个部分。分布式数据库设计的主要问题是全局模式设计和每个站点的局部数据库设计的问题,其中关键是数据库的全局模式应如何划分,并映射到合适的站点上。

2. 分布式数据库系统的设计方法

一般来说,分布式数据库系统设计方法有两种:一种是自底向上的设计方法,另一种是自顶向下的设计方法。前者从头开始设计分布式数据库,后者则通过聚集现存数据库来设计分布式数据库。

(1)自底向上的设计方法。

该方法将现有计算机网络及现存数据库系统集成,通过建立分布式协调管理系统来实现分布式数据库系统,如图10-4所示。

自底向上方法假定因为需要互联一些现存数据库,所以要形成一个多数据库系统,或由于对各站点已独立完成了数据库的概念说明,所以各站点上数据库的规格说明已是现存的。在这两种情况下,为了产生一个劝聚规格说明,都必须综合各站点的规格说明,以便得到分布式数据库的全局概念模式。

(2)自顶向下的设计方法。

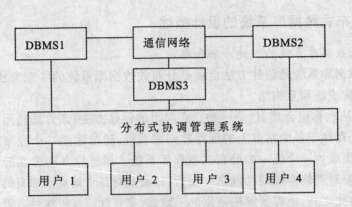

图 10-4　自底向上的分布式数据库设计方法

该方法通过需求分析,从总体上考虑分布式数据库的设计,包括各场地数据库的系统方案,如图 10-5 所示。

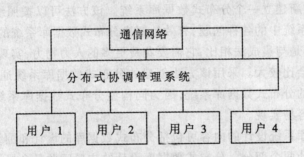

图 10-5　自顶向下的分布式数据库设计方法

自顶向下设计者假定设计者理解用户的数据库应用要求,并将它变换为形式规格说明。在这一过程中,设计者需要完成概念设计、逻辑设计和物理设计,将高级的、与计算机系统无关的规格说明逐渐转变成低级的、与计算机系统有关的规格说明。在许多情况下,设计者一般都是一部分使用自底向上的设计方法,一部分使用自顶向下的设计方法。

3. 自顶向下设计分布式数据库的步骤和内容

设计分布式数据库的一般方法包括五个阶段:需求分析、概念设计、逻辑设计、物理设计和分布设计。

需求分析主要收集用户数据库应用的非结构规格说明,并产生一种无歧义的定义和在设计数据库中要考虑的元素分类。概念设计有时候进一步分成视图设计和视图综合,产生全局、综合数据库模式的一种概念规格说明以及在此模式上执行应用的概念规格说明。逻辑设计将综合概念模式转换成一给定的 DBMS 类型的数据库模式。物理设计要遵照所选择的特定DBMS的能力和特征进行,并产生实现数据库物理访问结构的定义。

分布设计是分布式数据库设计相对于集中式数据库设计的新阶段,它位于逻辑设计和物理设计之间,以一个全局的、与站点无关的模式作为输入,以产生分布式数据库各站点的子模式作为输出结果。分布设计包括数据的分片设计和片段的位置分配设计。分片是指把一全局对象细分成若干逻辑片段的过程,而分配是指把各片段映射到一个或多个站点的过程,片段是合适的分配单位。

10.2.3 分布式数据库系统的安全技术

互联网的高速发展在推动分布式数据库发展的同时也增加了分布式数据库系统安全问题的复杂性。分布式数据库和它的管理系统作为信息数据的存储地和处理访问地,应能对信息数据的安全存储和安全访问提供服务,并具有安全防范的能力。

一般来说,分布式数据库面临着两大类安全问题:一类由单个站点的故障、网络故障等因素引起的,这类故障通常可以利用网络提供的安全性来实现安全防护,网络安全是分布式数据库安全的基础。另一类问题是来自本机或网络上的人为攻击,也就是所说的黑客攻击。目前黑客攻击网络的方式主要有窃听、假冒攻击、重发攻击、破译密文等。下面针对这类安全隐患介绍几种分布式数据库安全的关键技术。

1. 双向身份验证

为了防止各种假冒攻击,在执行真正的数据访问操作之前,要在客户和数据库服务器之间进行双向身份验证。例如,用户在登录分布式数据库时,或者分布式数据库系统服务器与服务器之间进行数据传输时,都需要验证身份。开放式网络应用系统一般采用基于公钥密码体制的双向身份验证技术。在该技术中,每个站点都生成一个非对称密码算法的公钥对,其中的私钥由站点自己保存,并可通过可信渠道将自己的公钥发布给分布式系统中的其他站点,这样任意两个站点均可利用所获得的公钥信息相互验证身份。

2. 库文加密

对库文进行加密是为了防止黑客利用网络协议、操作系统等的安全漏洞绕过数据库的安全机制而直接访问数据库文件。常用的库文加密方法为公钥制密系统。该方法的思想是给每个用户两个码,一个加密码,一个解密码,其中加密码是公开的,就像电话号码一样,但只有相应的解密码才能对报文解密,而且不可能从加密码中推导出解密码,因为该方法是不对称加密,也就是说加密过程不可逆。对库文的加密,系统应该同时提供几种不同安全强度、速度的加解密算法,这样用户可以根据数据对象的重要程度和访问速度要求来设置适当的算法。

3. 访问控制

在通常的数据库管理系统中,为了防止越权攻击,任何用户都不能直接对库存数据进行操作。用户访问数据的请求先要发送到访问控制模块进行审查,然后允许有访问权限的用户去完成相应的数据操作。用户的访问控制有两种形式：自主访问授权控制和强制访问授权控制。其中前者由管理员设置访问控制表，此表规定用户能够进行的操作和不能进行的操作；而强制访问授权控制先给系统内的用户和数据对象分别授予安全级别，根据用户、数据对象之间的安全级别关系来限定用户的操作权限。

10.2.4 分布式数据库系统的发展前景与应用趋势

分布式数据库兴起于 20 世纪 70 年代，繁荣于 80 年代，在 90 年代分布式数据库更以其在分布性和开放性等方面的优势获得了更多的青睐，其应用领域也从 OLTP 应用扩展到分布式计算、Internet 应用、数据仓库到高效的数据复制等领域。

数据库技术新的发展趋势向数据库研究提出了新课题，下面将分别介绍几种新趋势。

1. 数据服务器

在分布式环境中，利用工作站使计算机系统功能更有效地分布，并且将应用与数据分开，应用程序所在的工作站被称为应用服务器，而数据库所在的计算机称为数据服务器。

数据服务器是一种能向分布式应用提供访问远程数据服务器服务的方案，该方案常常作为实现分布式数据库的可选途径，把数据服务器作为分布式数据库系统的站点。

数据服务器方案有很多优势，主要表现在以下几个方面：

(1) 数据服务器非常适合分布式环境；

(2) 数据服务器可以充分利用先进的硬件体系结构来提高性能和可靠性；

(3) 数据服务器专门提供数据服务，功能专一，有利于提高数据库可用性和可靠性的特殊技术的实现；

(4) 数据服务器采用专门的数据库操作系统，实现数据库管理系统和操作系统的紧密耦合，使数据库管理的总体性能得到显著加强。

数据服务器虽然有这些优点，但是它的通信费用很大。由于关系数据模型的操作是面向成批数据处理的集合操作，所以关系数据模型是数据服务器方法支持的最自然的数据模型。因此目前几乎所有的数据服务器都是关系型的。

2. 分布式知识库

一个知识库为数据库补充了从已有信息演绎新信息的能力，它比一般数据库的功能更强，特别是它的查询处理能力远比关系数据库强得多，不论是新的应用领域还是传统数据库应用领域，分布式知识库具有更广阔的发展前景。

中国数字图书馆示范系统就是一个分布式的大型知识库，即以分布式海量数据库为支撑，基于智能检索技术和宽带高速网络技术的大型、开放、分布式信息库。

知识库是存储常用知识的内涵数据库和存储事实的外延数据库的联合体，用户查询通过外延数据库隐含地使用存储在内涵数据库中的知识,内涵数据库中的知识基本上比语义数据控制信息更加通用。知识库方法类似于数据库方法的模式分解,主要通过分解常用知识来解决难题。知识库系统的设计和实现中存在许多困难和问题,其中最重要的就是有关知识的表示、知识的一致性和知识库的查询处理。内涵数据库需要不断更新,但是更新频率比外延数据库小。

3. 分布式面向对象数据库

面向对象数据库和分布式数据库是两个正交的概念,两者的有机结合产生了分布式面向对象数据库,分布式面向对象数据库虽然刚发展起来不久,也还不是很完善,但是它有其自身的优点:第一,分布式面向对象数据库可以达到高可用性和高性能;第二,大型应用一般会涉及互相协作的各种人员和分布的计算设施,分布式面向对象数据库能很好适应这种情况;第三,面向对象数据库具有隐藏信息的特征,正是这个特征使面向对象数据库成为支持异构数据库的自然候选,但是异构数据库一般都是分布的,因此分布式面向对象数据库是其最好的选择。

分布式面向对象数据库的设计将具有从分布式数据库和面向对象数据库两方面所获得的经验,因为它们中有很多正交的问题。例如,用于分布式事务管理的技术可以用于集中式面向对象数据库中。

总之,随着分布式数据库系统的日益发展,新的应用趋势不断呈现,而且都有相似的特点,那就是开放性和分布性,这也正是分布式数据库系统的优势所在。可想而知,在当前的网络、分布、开放的大环境下,分布式数据库系统将会有更加长足的发展和应用,多媒体数据库系统技术、移动数据库技术、Web 数据库系统技术等也都已经并正在成为未来分布式数据库的新研究领域。

10.3 数据仓库与数据挖掘

10.3.1 数据仓库

1. 什么是数据仓库

近几十年以来,信息商业界致力于工商企业经营的自动化作业。为了满足这种需求,数据库与联机事务处理(OnLine Transaction Processing,OLTP)的技术应运而生。然而,传统的数据库与 OLTP 平台并不是为了分析数据而设计的,用户可以在一个 OLTP 平台上安装多个应用系统。就应用范围而言,它们的数据很可能是不正确甚至是互相抵触的。

为了要充分满足数据分析的需求,近几年来兴起了一种新的信息技术——数据仓库(Database Warehouse)。那什么是数据仓库呢?对于数据仓库的概念可以从两个层次予以理解:首先,数据仓库用于支持决策,面向分析型数据处理,它不同于企业现有的操作型数据库;其次,数据仓库是对多个异构的数据源有效集成,集成后按照

主题进行了重组,并包含历史数据,而且存放在数据仓库中的数据一般不再修改。为此我们为数据仓库下一个定义:

数据仓库不仅包含了分析所需的数据,而且包含了处理数据所需的应用程序,这些程序包括了将数据由外部媒体转入数据仓库的应用程序,也包括了将数据加以分析并呈现给用户的应用程序。

从数据仓库的定义可知,数据仓库有以下几个特点:

(1) 面向主题。

操作型数据库的数据组织面向事务处理任务,各个业务系统之间各自分离,而数据仓库中的数据是按照一定的主题进行组织。主题是一个抽象的概念,是指用户使用数据仓库进行决策时所关心的重点方面,一个主题通常与多个操作型信息系统相关。主题可以不止一个,但是不需要存储与主题无关的数据。

(2) 集成性。

操作型数据库通常与某些特定的应用相关,数据库之间相互独立,并且往往是异构的。而数据仓库中的数据是在对原有分散的数据库数据抽取、清理的基础上经过系统加工、汇总和整理得到的,消除了源数据中的不一致性,以统一的规范经过整理后存储在一起。所谓统一的规范指的是相同的数据类型、格式、度量等。

(3) 相对稳定性。

操作型数据库中的数据通常实时更新,数据根据需要及时发生变化。数据库的数据一旦进入数据仓库,一般情况下将被长期保留,不需要加以更新。在数据仓库中一般有大量的查询操作,有关数据的修改和删除操作相对来说很少,通常只需要定期的加载、刷新。

(4) 反映历史变化。

操作型数据库主要关心当前某一个时间段内的数据,而数据仓库中的数据通常包含历史信息,数据仓库的建设是面向企业的,是以现有企业业务系统和大量业务数据的积累为基础的。数据仓库不是静态的概念,只有把信息及时交给需要这些信息的使用者,供他们做出改善其业务经营的决策,信息才能发挥作用,信息才有意义。而把信息加以整理、归纳和重组,并及时提供给相应的管理决策人员,是数据仓库的根本任务。

因此,数据仓库是一个概念,不是一种产品。数据仓库建设是一个工程,是一个过程。数据仓库系统是一个包含 4 个层次的体系结构,如图 10-6 所示。

(1) 数据源:是数据仓库系统的基础,是整个系统的数据源泉,通常包括企业内部信息和外部信息。内部信息包括存放于 RDBMS 中的各种业务处理数据和各类文档数据。外部信息包括各类法律法规、市场信息和竞争对手的信息等。

(2) 数据的存储与管理:是整个数据仓库系统的核心。数据仓库的真正关键是数据的存储和管理。数据仓库的组织管理方式决定了它有别于传统数据库,同时也决定了其对外部数据的表现形式。要决定采用什么产品和技术来建立数据仓库的核

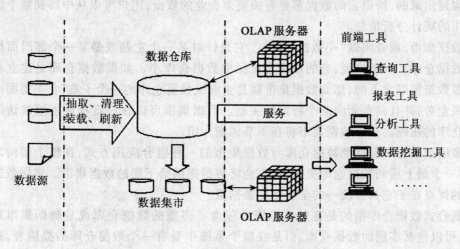

图 10-6　数据仓库系统体系结构

心,则需要从数据仓库的技术特点着手分析。针对现有各业务系统的数据,进行抽取、清理,并有效集成,按照主题进行组织。数据仓库按照数据的覆盖范围可以分为企业级数据仓库和部门级数据仓库(通常称为数据集市)。

（3）联机分析处理服务器(On Line Analytical Processing,OLAP):对分析需要的数据进行有效集成,按多维模型予以组织,以便进行多角度、多层次的分析,并发现趋势。其具体实现可以分为:ROLAP(Relational OLAP)、MOLAP(Multidimensional OLAP)和 HOLAP(Hybrid OLAP)。ROLAP 基本数据和聚合数据均存放在关系数据库管理系统(Relational DataBases Management System,RDBMS)之中。MOLAP 基本数据和聚合数据均存放于多维数据库中。HOLAP 基本数据存放于 RDBMS 之中,聚合数据存放于多维数据库中。

（4）前端工具:主要包括各种报表工具、查询工具、数据分析工具、数据挖掘工具以及各种基于数据仓库或数据集市的应用开发工具。其中数据分析工具主要针对 OLAP 服务器,报表工具、数据挖掘工具主要针对数据仓库。

2. 数据仓库的种类

数据仓库的种类很多,从不同的角度有不同的种类。从其规模与应用范围来加以区分,大致可以分为下列几种:

（1）标准数据仓库;
（2）数据集市;
（3）多层数据仓库;
（4）联合式数据仓库。

标准数据仓库是企业最常使用的数据仓库,它依据管理决策的需求而将数据加以整理分析,再将其转换至数据仓库之中。这一类的数据仓库是以整个企业为着眼点而构建出来的,所以它的数据都是有关整个企业的数据,用户可以从中得到整个组织运作的统计分析信息。

数据集市,或者叫做"小数据仓库"。它是针对某一个主题或是某一个部门而构建的数据仓库。一般来说,它的规模会比标准数据仓库小。如果数据仓库是建立在企业级数据模型之上的,那么数据集市就是企业级数据仓库的一个子集,它主要面向部门级业务,并且只是面向某个特定的主题。数据集市可以在一定程度上缓解访问数据仓库的瓶颈。关于数据集市将在下节详细介绍。

多层数据仓库是标准数据仓库与数据集市的一种组合应用方式,在整个架构之中,有一个最上层的数据仓库提供者,它会将数据提供给下层的数据集市。多层数据仓库的优点在于它拥有统一的全企业性数据源。

联合式数据仓库指的是在整体系统中包含了多重的数据仓库或是数据集市系统,也可以包括多层的数据仓库,但是在整个系统中要有一个数据仓库的提供者,这种数据仓库系统适合大型企业使用。

3. 数据集市

一般而言,数据集市是针对某一个部门或是某一个主题所创建的数据仓库系统。不论是哪种数据仓库,数据集市都起着十分重要的作用。例如,一个企业可以建立一个数据仓库,而企业内部的业务部门、市场部门、销售部门,则可以构建自己的数据集市。数据集市的规模会较标准数据仓库要小,但这是针对同一个企业而言,有可能一个大企业数据集市的规模会比一个小企业的整个数据仓库大许多。

事实上,数据仓库是企业级的,能为整个企业各个部门的运行提供决策支持手段;而数据集市是部门级的,一般只为某个局部范围的管理人员服务。有些供应商也称之为"部门数据仓库"(Departmental Data Warehouse)。

数据集市有两种,即独立的数据集市(Independent Data Mart)和从属的数据集市(Dependent Data Mart)。图 10-7 左边表示的是企业数据仓库的逻辑结构。可以看出,其中的数据来自各信息系统,把它们的操作数据按照企业数据仓库物理模型的定义转换过来。采用这种中央数据仓库的做法,可保证现实世界的一致性。

图 10-7 中间表示的是从属数据集市的逻辑结构。所谓从属,是指它的数据直接来自于中央数据仓库。显然,这种结构仍能保持数据的一致性。一般情况下,为那些访问数据仓库十分频繁的关键业务部门建立从属的数据集市,这样可以很好地提高查询的反应速度。因此,当中央数据仓库十分庞大时,一般不对中央数据仓库作非正则处理,而是建立一个从属数据集市,对它作非正则处理,这样既能提高响应速度,又能保证系统的易维护性,其代价是增加了对数据集市的投资。

4. 数据仓库中的几个数据

在一个数据仓库系统中包含了很多不同种类的数据,在此集中进行介绍。

(1)源数据。

数据仓库的数据来源多个于数据源,包括企业内部数据(生产、技术、财务、设

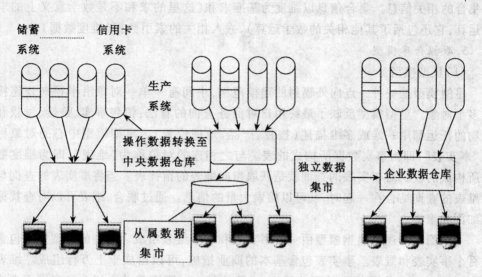

图 10-7 数据仓库与两种数据集市之间的关系

备、销售等),市场调查与分析,各种文档之类的外部数据。

(2)元数据。

元数据由管理员输入或由数据仓库系统自动生成,它们是描述整个数据仓库系统各个部分的描述性数据。一般而言,元数据就是"关于数据的数据"。在数据库中,元数据是对数据库各对象的描述;在关系数据库中,这种描述就是对表、列、数据库、视图和其他对象的定义。

(3)详细数据。

详细数据指的是由来源系统转入数据仓库的数据,它们依然可以反映出最细微的状态。例如,一笔订单的相关信息,某一产品是由哪一位顾客在什么时间购买的。详细数据存储在事实表之中,它们占用了非常大的磁盘空间。

(4)事实数据。

事实数据由 OLTP 系统转入,能够反映一项已经发生过的实情。例如,一笔订单,一笔提款交易。事实数据是最原始的数据,可以从中分析出所有可能的统计数据。

(5)索引参考数据(维度数据)。

索引参考数据指的是维度数据,它们主要是为了加快查询的速度而创建的。维度数据与事实数据不大一样,它们可以更新。根据用户的实际需要,还可以添加维度数据。

(6)集合信息。

在很多实际案例之中,数据仓库系统工程并不是一定要在网上存储所有的详细数据,可以根据用户的需求,将某一部分的详细数据加以集合,在数据仓库系统中存储集合的相关信息。集合信息以维度为基准求和(这里的求和不是数学意义上的求和运算,它还包括了其他相关的数学运算),嵌入相关的索引数据(维度数据)。

5. 数据仓库模型

(1)星型模型。

星型模型是一种一点向外辐射的建模范例,中间有一单一对象沿半径向外连接到多个对象。星型模型反映了最终用户对商务查询的看法:销售事实、赔偿、付款和货物的托运都用一维或多维描述(按月、产品、地理位置)。星型模型中心的对象称为"事实表",即为事实数据所构成的表。与之相连的对象称为"维表",即为维度数据所构成的表。对事实表的查询就是获取指向维表的指针表。当将事实表的查询与对维表的查询结合在一起时,就可以检索大量的信息。通过联合,维表可以对查找标准细剖和聚集。

一个简单的逻辑星型模型由一个事实表和若干维表组成。复杂的星型模式包含数百个事实表和维表。事实表包含基本的商业措施,可以由成千上万行组成。维表包含可用于 SQL 查找标准的商业属性,一般比较小。下面简单介绍在星型模式中能够改善查询性能的一些技术,当然,这些技术要和大型表联合在一起使用。

① 定义已有事实表中的聚集或新的聚集表。例如,详细销售情况和地区销售情况可存在于同一事实表中,用一个聚集批示器陈列区分出不同的行。另外,也可以创建一个地区销售情况聚集表。

② 分割事实表,使大多数查询只访问一部分。

③ 创建独立的事实表。

④ 创建惟一的数字索引或其他技术,用于改善集成性能。

图 10-8 给出一个在数据仓库经常采用的星型模型的例子。

大多数数据仓库都采用星型模型来表示多维概念模型。数据库中包含一张事实表,对于每一维都有一张维表。事实表中的每条元组包含有指向各个维表的外键和一些相应的测量数据。维表中记录的是有关一维的属性。

从图 10-8 中可以看出,事实表中的每一元组包含一些指针(是外键,主键在其他表中),每个指针指向一张维表,这就构成了数据库的多维联系,相应每条元组中多维外键限定数字测量值。在每张维表中除包含每一维的主键外,还有说明维的一些其他属性字段。维表记录了维的层次关系。

在数据仓库模型中执行查询的分析过程,需要花大量的时间在相关各表中寻找数据。星型模型是数据仓库的复杂查询,可以直接通过各维的层次比较、上钻、下钻等操作完成。

在数据仓库中除了维表和事实表的数据外,它还应当包含一些已预处理的综合数据。预处理的综合数据的组织可以有两种组织形式,预处理的综合数据可以通过创建一些概括表进行存储,以提高查询数据的速度。

(2)雪花模型。

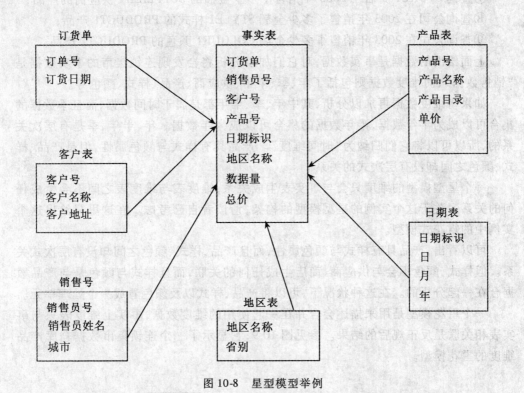

图 10-8 星型模型举例

雪花模型是对星型模型的扩展,每一个点都沿半径向外连接到多个点(见图 10-9)。雪花模型对星型的维表进一步标准化,它的优点是通过最大限度地减少数据存储量以及把较小的标准化表(而不是大的非标准化表)联合在一起来改善查询性能。由于采取了标准化及维的较低的粒度,雪花模型增加了应用程序的灵活性。但雪花也增加了用户必须处理的表的数量,增加了某些查询的复杂性。一些新的工具使用户避开了物理数据库模式,在概念层上操作,这些工具将用户查询映射到物理模式中。

雪花模型要对星型模型的维表作进一步层次化,原有的各维表可能被扩展为小的事实表,形成一些局部的"层次"区域。现以一个连锁集市为例,如果用户需求如下:

①查询公司在 2003 年的总销售金额;
②查询公司在 2003 年第一季度的销售金额;
③查询公司在 2003 年上半年的总销售金额;
④查询 SUPPLIER1 供应商于 2003 年提供了多少金额的产品;
⑤查询 SUPPLIER1 供应商于 2003 年提供了多少金额的 PRODUCT1 产品;
⑥查询 STORE1 商店于 2003 年销售了多少金额的 PRODUCT1 产品;

⑦查询STORE1商店于2003年销售了多少金额的SUPPLIER1供应商的产品；
⑧查询公司在2003年销售了多少金额STYLE1样式的PRODUCT1产品；
⑨查询公司在2003年销售了多少金额COLOUR1颜色的PRODUCT1产品。

上面给出的数据是事实数据，对它们加以分析将会发现连锁集市的事实数据是"销售数据"，而维度数据则包括了年、季、半年、供应商、产品、样式、颜色等。

如果将维度数据再加以分析，其中年、季、半年都是属于时间数据，而且季数据的集合可以成为半年数据，半年数据的集合可以成为年数据。年、半年、季是有层次关系的，所以可以将它们归纳为"时间维度"。产品具有样式与颜色属性，但是产品、样式、颜色之间却没有层次式的关系。

一个星型模型的维度只会与事实表生成关系，维度表与维度表之间不会生成任何的关系。关于这个实例的星型模型的构架，请读者自己考虑。在这里只给出这个实例中的雪花式模型。

可以看出，产品具有样式与颜色属性，而且产品、样式、颜色之间却没有层次式关系。但样式、颜色不会与供应商、商店生成任何的关联，而且样式与颜色是与产品数据合在一起分析的。在这种状况下，可以将产品、样式以及颜色看成一个处理单元。

一个雪花模型是用来描述会合并在一起使用的维度数据，事实上维度表只与事实表相关联是反正规后的结果。参见图10-9，它显示了一个连锁集市数据仓库产品维度的雪花模型。

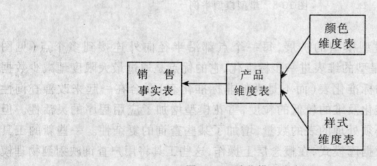

图10-9 雪花模型举例

(3) 混合模型。

混合模型是星型模型和雪花模型的一种折中模式，其中星型模型由事实表和标准化的维度表组成，雪花模型的所有维表都进行了标准化。在混合模型中，只有最大的维表才进行标准化，这些表一般包含一列列完全标准化的重复的数据。

混合模型的基本假设是事实数据是不会改变的，系统只会定期从OLTP系统转入新的历史数据。混合模型也是为了用户需求而设计的，为了要迎合用户不断更新的新需求，只需要更新或是添加外围表的维度表就可以了。因为维度数据比起事实数据少很多，所以添加或是重建维度表不会造成数据仓库系统太大的开销。图10-10

显示了一个以上述事实数据为例的连锁集市数据仓库产品维度的混合模型。

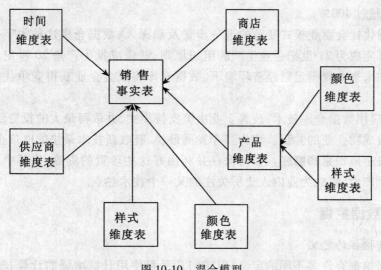

图 10-10 混合模型

6. 数据仓库的发展前景——数据仓库在电信行业中的发展

近些年电信市场竞争日剧,电信运营企业有电信、联通、移动、网通、铁通等,在各个业务领域内已初步形成多元化的竞争局面。同时,随着中国加入 WTO,国外的电信公司也会进入中国市场。在这样的形势下,作为行业老大的中国电信,正确及时的决策将是企业生存与发展最重要的环节。而要做好决策工作,就要更好地利用网络技术,利用最近几年才快速发展起来的数据仓库技术以及基于此技术的商业智能,深层次、多角度地挖掘、分析当前和历史的生产业务数据、客户信息、竞争对手的信息等相关环境的多种数据,发现其内在的规律,从而得到宝贵的决策支持信息,才能快速、准确地分析商业问题,并且对企业未来的生产计划和长远规划提供理论指导。

目前,世界上已有多个国家的电信公司正在利用数据仓库技术提升利润空间。

比利时国家电信经纪人使用数据仓库建立的顾客信息系统,其中数据仓库拥有超过 1 万亿字节的数据,包括 4 个多月的电话通信记录。通过欺骗检测功能,能够很快发现反常电话以及欺骗性的打电话方式,并能在造成重大经济损失之前终止这种欺骗行为。

此外,英国电信公司采用数据仓库应用系统保证了关键性业务的处理。

NCR 联合太平洋铁路公司,将几百个数据库合并转换成数据仓库应用系统,能准确识别豁免税购买,一年能节省 100 万美元营业税。通过在部分铁轨上提速,每月节省 30 万美元。应用系统在可支付账目、设备维护、市场营销、汽车和火车头调动等方面提高了操作效率,改进了服务质量。

随着各种计算机技术,如数据模型、网络技术和应用开发技术的不断进步,数据仓库技术本身也将不断发展，IDC 在 1997 年的一次对 62 家各种规模的采用了数据仓库的公司的调查表明，进行数据仓库项目开发的公司平均 2～3 年时间内 ROI（投资回报率）超过 400%。

由于现代社会商业模式变革的进一步普及和深入，数据仓库这种数字化定制经济模式很可能成为 21 世纪企业生产的组织原则，就像成批生产是 20 世纪的组织原则一样。在未来大规模定制经济环境下，数据仓库将成为企业获得竞争优势的关键武器。

目前，应用数据仓库技术，改善企业决策支持模式，并取得最大的投资回报，已经成为大多数成功企业的共识。作为当今发展最快、吸收新技术最快的电信企业，原始数据正在快速地积累和膨胀。如何保存并利用好这些珍贵的资源，将其中蕴藏的信息转化为生产力，将成为业内人士所关注的又一个技术热点。

10.3.2 数据挖掘

1. 数据挖掘的定义

对数据挖掘有许多不同的定义，但它们几乎都使用日益增强的计算技术和高级统计分析技术来揭示大型数据库中的可用关系。

我们从两个不同角度对数据挖掘加以定义。

（1）技术上的定义及含义。

数据挖掘（Data Mining）就是从大量的、不完全的、有噪声的、模糊的、随机的实际应用数据中，提取隐含在其中的、人们事先不知道的、但又是潜在有用的信息和知识的过程。与数据挖掘相近的同义词有数据融合、知识发现、知识抽取、数据分析和决策支持等。这个定义包括好几层含义：数据源必须是真实的、大量的、含噪声的；发现的是用户感兴趣的知识；发现的知识要可接受、可理解、可运用；并不要求发现放之四海而皆准的知识，仅支持特定的发现问题。

这里所说的知识发现，不是要求发现放之四海而皆准的真理，也不是要去发现崭新的自然科学定理或纯数学公式，更不是什么机器定理证明。实际上，所有发现的知识都是相对的，有特定前提和约束条件，面向特定领域，同时还要能够易于被用户理解，最好能用自然语言表达所发现的结果。

（2）商业角度的定义。

数据挖掘是一种新的商业信息处理技术，其主要特点是对商业数据库中的大量业务数据进行抽取、转换、分析、其他模型化处理，从中提取辅助商业决策的关键性数据。

简而言之，数据挖掘其实是一类深层次的数据分析方法。数据分析本身已经有很多年的历史，只不过在过去数据收集和分析的目的是用于科学研究。分析这些数据也不再是单纯为了研究的需要，更主要是为商业决策提供真正有价值的信息，进而获得利润。但所有企业面临的一个共同问题是：企业数据量非常大，而其中真正有价

第十章 数据库技术新发展

值的信息却很少,因此要从大量的数据中经过深层分析,获得有利于商业运作、提高竞争力的信息。

因此,数据挖掘可以描述为:按企业既定业务目标,对大量的企业数据进行探索和分析,揭示隐藏的、未知的或验证已知的规律性,并进一步将其模型化的先进有效的方法。

2. 数据挖掘的分类

数据挖掘作为一个工具,应用于很多领域。同时,数据挖掘是一个交叉学科领域,受多个学科的影响,包括数据库系统、统计学、机器学习等。由于数据挖掘源于多个学科,因此数据挖掘研究就产生了大量的、各种不同类型数据挖掘系统。这样,就需要对挖掘系统作一个清楚的分类。这种分类可以帮助用户区分数据挖掘系统,确定最适合其需要的数据挖掘系统。根据不同的标准,数据挖掘系统可以分类如下:

根据挖掘任务,可分为分类或预测模型发现、数据总结、聚类、关联规则发现、序列模式发现、依赖关系或依赖模型发现等。

根据挖掘对象可分为关系数据库、面向对象数据库、空间数据库、时态数据库、多媒体数据库以及 Web 数据库。

根据挖掘方法,可分为机器学习方法、统计方法、神经网络方法和数据库方法。机器学习包含归纳学习方法、基于案例学习、遗传算法等。统计方法包含回归分析、判别分析、聚类分析、探索性分析等。神经网络方法包含前向神经网络、自组织神经网络等。数据库方法主要是多维数据分析方法,另外还有面向属性的归纳方法。

3. 数据挖掘的数据来源

从数据挖掘的定义可以看出,数据挖掘就是从海量的数据信息中提取对人们有用的信息。那么这些海量信息存在于哪些地方?也就是说数据挖掘所依赖的数据来源有哪些呢?这主要取决于使用数据挖掘的用户所处的领域及所要实现的目标。目前,数据挖掘的数据来源有关系数据库、数据仓库、事务数据库、空间数据库等高级数据库、Web 数据库。下面分述如下。

(1)关系数据库。

日常使用的业务系统所使用的数据库,如管理系统中的记录、图书馆的图书数据库等就是常见的关系数据库。

(2)数据仓库。

大部分情况下,数据挖掘都要先把数据从数据仓库中拿到数据挖掘库或数据集市中,这有利于提高控制信息的速度,缩小搜索数据的范围。

(3)事务数据库。

一般来说,事务数据库由一个文件组成,其中每个记录代表一个事务。通常,一个事务包含一个惟一的事务标识、一个组成事务的项的列表。如在商店购买的商品。

数据仓库的建立是一项巨大的工程。数据仓库的建立需要很长的时间并花费数百万资金才能完成。如果只是为了数据挖掘,数据仓库是没有必要的。可以把一个或多个事务数据库集中到只读的数据挖掘库,把它当做数据集市,然后在它上面进行数据挖掘。

(4) 高级数据库。

近年来,数据库技术发生了很大的变化,由原来的单一数据库发展到面向对象数据库、对象-关系数据库、文本数据库等高级数据库。作为一项工具的数据挖掘,其数据库来源也可源自这些数据库系统。

对象-关系数据库基于对象-关系数据模型构造。该模型通过提供处理复杂对象的丰富数据类型和对象定位,扩充关系模型。此外,它还包含关系查询语言的特殊构造,以便管理增加的数据类型。

通过增加处理复杂数据类型、类层次结构,对象-关系数据模型扩充了基本关系模型。对象-关系数据库在业界和应用中正日趋流行。文本数据库是包含对象文字描述的数据库。通常,这种词描述不是简单的关键词,而是长句或短文,如产品介绍、警告信息、汇总报告、笔记或其他文档。文本数据库可以是结构化的(如 E-mail 消息),也可以是非结构化(如 Internet 上的网页)的,也有可能是良结构化的(如图书馆数据库)。通常,具有良好结构的文本可以使用关系数据库系统实现。

(5) Web 数据库。

利用 Web 数据库挖掘数据已成为了当今流行的简易而又切实可行的方法。在这里,数据对象被链接在一起,便于交互访问。如 Google,Yahoo 等。

4. 数据挖掘的体系结构

数据挖掘系统是数据仓库系统中非常重要的部分。然而,数据挖掘系统可以独立于数据仓库而存在。通常,数据挖掘产品都提供访问数据仓库、数据库以及其他外部数据源的接口。利用这些接口,数据挖掘工具可以通过多种渠道获得所需的数据。在提取数据时,数据挖掘工具需要进行一些预处理以保证进入挖掘库中的数据的正确性。

挖掘库是数据挖掘工具的核心部分。在挖掘库中存放了数据挖掘项目需要的数据、算法库和知识库。在算法库中存放了已经实现的挖掘算法,在知识库中存放着预先定义的和经过挖掘后发现的知识。

通常数据挖掘工具还提供了必要的编程 API,使用户可以对算法进行改造,将算法嵌入到最终用户的界面系统中。如图 10-11 所示。

如果从数据挖掘与数据库、数据仓库的耦合程序来看,数据挖掘可分为:不耦合(no coupling)、松散耦合(loose coupling)、半紧密耦合(semitight coupling)、紧密耦合(tight coupling) 4 种结构。现分述如下:

①不耦合:指数据挖掘与数据库仓库、数据库没有任何关系。输入数据是从文件中取出的,结果也是存放在文件中,这种结构很少使用。

②松散耦合:指利用数据仓库或数据库作为数据挖掘的数据源,其结果写入文件、数据库或数据仓库中,但不使用数据库及数据仓库提供的数据结构及查询优化

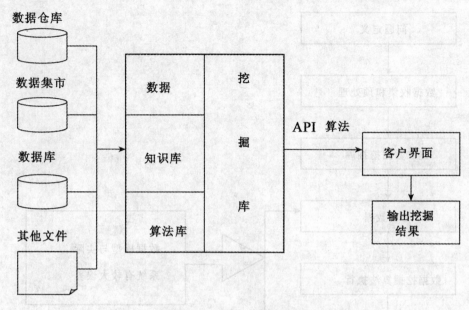

图 10-11　数据挖掘的体系结构

方法。

③半紧密耦合:指部分数据挖掘原语出现在数据仓库或数据库中,如,Aggregation,Histogram Analysis 等。

④紧密耦合:指将数据挖掘集成到数据库或数据仓库中,作为其中一个组成部分。

可以看出,数据挖掘系统应当与一个 DB(DataBase)/DW(Data Werehouse)耦合。松散耦合尽管不是很有效,但也比不耦合好,因为它可以使用 DB/DW 的数据和系统工具。人们对紧密耦合的期望是非常高的,但实现比较困难。半紧密耦合是松散耦合和紧密耦合的折中。

5. 数据挖掘的步骤

数据挖掘就是从大量不完全的、有噪声的、模糊的、随机的数据中提取人们事先不知道的、潜在的有用信息和知识的过程,这一过程可大致分为:问题定义(task definition)、数据收集和预处理(data prepration and preprocessing)、建立数据挖掘库(create data mining base)、分析数据(analysis data)、数据挖掘(data mining)算法执行、结果解释和评估(interpretation and evelution),最后实施。如图 10-12 所示。

(1)问题定义。

数据挖掘的目的是为了在海量的信息中提取有用且人们感兴趣的信息。因此了解什么知识成为整个过程中最为重要的一个阶段。在问题定义过程中,数据挖掘人员必须明确实际工作对数据挖掘的要求以及采用适当的学习算法(关于数据挖掘的

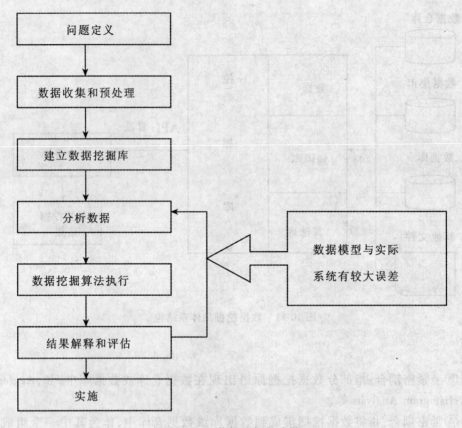

图 10-12 数据挖掘的步骤

算法,读者可参考邵峰晶、于忠清编著的《数据挖掘原理与算法》)。

(2) 数据收集和预处理。

现实世界的数据大都存在不完整的、含噪声以及不一致的现象。数据挖掘的最终结果是要得到对人们有用的信息,那么数据挖掘在了解知识的过程中必须对那些无用的信息加以处理。数据收集和预处理通过数据清理、数据集成和变换、数据归纳等过程来平滑噪声数据,识别、删除孤立点,并解决不一致来"清理"数据,使有用的数据结合起来集成在一个一致的数据存储中,消减掉高维数据。从初始特征中找出真正有用的特征,然后再对低维数据加以归纳,产生理想的分析结果。

数据经过预处理后,数据挖掘人员必须根据此时的数据建立数据挖掘库,以便于对数据进行分析。

(3) 分析数据。

建立数据挖掘库后,需要对数据进行分析,拟定初步的数据模型。这包括选择变量、选择记录集合、对变量进行转化或者创建新的变量。

(4)数据挖掘算法执行。

在模型初步建立后需要对模型加以分析,以确定最佳的算法。

(5)结果解释和评估。

在对数据模型赋予适当的算法后,必须对此过程进行合理的评估。如果模型和实际系统有较大的误差,则需要重新修改。否则,将数据作为辅助决策信息予以实施。

6. 数据挖掘的功能

数据挖掘通过预测未来趋势及行为,做出前瞻的、基于知识的决策。数据挖掘的目标是从数据库中发现隐含的、有意义的知识,主要有以下5类功能:

(1)自动预测趋势和行为。

数据挖掘自动在大型数据库中寻找预测性信息,以往需要进行大量手工分析的问题如今可以迅速直接由数据本身得出结论。例如由顾客过去的刷卡消费量预测其未来的刷卡消费量。使用的技巧包括回归分析、时间数列分析及类神经网络方法。

(2)关联分析。

数据关联是数据库中存在的一类重要的可被发现的知识。若两个或多个变量的取值之间存在某种规律性,就称为关联。关联可分为简单关联、时序关联、因果关联。关联分析的目的是找出数据库中隐藏的关联网。有时并不知道数据库中数据的关联函数,即使知道也是不确定的,因此关联分析生成的规则带有可信度。例如超市中相关的盥洗用品(牙刷、牙膏、牙线)放在同一货架上。在客户行销系统上,此种功能系用来确认交叉销售的机会以设计出吸引人的产品群组。

(3)聚类。

数据库中的记录可被化分为一系列有意义的子集,即聚类。聚类增强了人们对客观现实的认识,是概念描述和偏差分析的先决条件。聚类技术主要包括传统的模式识别方法和数学分类学。

(4)概念描述。

概念描述就是对某类对象的内涵进行描述,并概括这类对象的有关特征。概念描述分为特征性描述和区别性描述。前者描述某类对象的共同特征,后者描述不同类对象之间的区别。生成一个类的特征性描述只涉及该类对象中所有对象的共性。生成区别性描述的方法很多,如决策树方法、遗传算法等。

(5)偏差检测。

数据库中的数据常有一些异常记录,从数据库中检测这些偏差很有意义。偏差包括很多潜在的知识,如分类中的反常实例、不满足规则的特例、观测结果与模型预测值的偏差等。偏差检测的基本方法是,寻找观测结果与参照值之间有意义的差别。

7. 数据挖掘的常用技术

(1)人工神经网络。

人工神经网络技术对人工智能、形象思维的研究起着十分重要的作用,已广泛应用于语音、图像、文字识别、信号处理、市场预测等许多领域,因为它可以很容易地解决具有上百个参数的问题。神经网络常用于两类问题:分类和回归。

首先来看一下单一神经元模型,图 10-13 示例了一个神经元模型。神经元模型是参照人脑细胞的结构建立的。人脑细胞有很多神经末梢,这些神经末梢用于接收来自其他神经元细胞神经中枢的信号。每一个神经元细胞都有一个细胞抑止度,只有当外界的刺激信息超过了神经元细胞的细胞抑止度,神经元细胞才会处于激发状态。

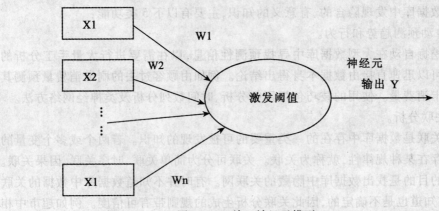

图 10-13　单一神经元模型

图 10-13 中的单一神经元模型可以接收多个输入,这对应着人脑细胞的多个神经末梢。在神经元中设置了一个激发阈值,这对应神经元细胞的细胞抑止度。

在结构上,可以把一个神经网络划分为输入层、输出层和隐含层(见图 10-14)。输入层的每个节点对应一个个的预测变量。输出层的节点对应目标变量,可有多个。在输入层和输出层之间是隐含层(对神经网络使用者来说不可见),隐含层的层数和每层节点的个数决定了神经网络的复杂度。

除了输入层的节点,神经网络的每个节点都与它前面的很多节点(称为此节点的输入节点)连接在一起,每个连接对应一个权重 W_{xy},此节点的值就是通过它所有输入节点的值与对应连接权重乘积的和作为一个函数的输入而得到的,我们把这个函数称为活动函数或挤压函数。

神经网络的每个节点都可表示成预测变量(节点 1,2)的值或值的组合(节点 3~6)。注意节点 6 的值已经不再是节点 1,2 的线性组合,因为数据在隐含层中传递时使用了活动函数。实际上如果没有活动函数,神经元网络就等价于一个线性回归函数。如果此活动函数是某种特定的非线性函数,那神经网络又等价于逻辑回归。

决定神经网络拓扑结构(或体系结构)的是隐含层及其所含节点的个数,以及节点之间的连接方式。要从头开始设计一个神经网络,必须要决定隐含层和节点的数

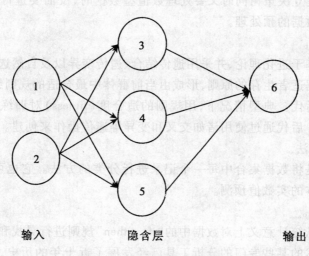

图 10-14　前向传播式神经网络

目,活动函数的形式,以及对权重做哪些限制等。当然如果采用成熟软件工具,它会帮用户决定这些事情。在诸多类型的神经网络中,最常用的是前向传播式神经网络,也就是图 10-14 所描绘的那种。

人工神经网络在实现的过程当中,有可能会出现预测值和实际值的差异,这时需要反复训练直到两者的值达到基本上一致。

(2)决策树。

决策树是一种分类器,是一棵有向、无环树。决策树提供了一种展示类似在什么条件下会得到什么值这类规则的方法。它类似于二叉树:树中的根节点没有父节点,所有其他节点都有且只有 1 个父节点;1 个节点可以没有或有 1~2 个子节点。如果节点没有子节点,则称为叶节点(leaf node),其他的称为内部节点(internet node)。数据挖掘中决策树是一种经常要用到的技术,可以用于分析数据,同样也可以用来进行预测。常用的算法有 CHAID、CART、Quest 和 C5.0。

建立决策树的过程,即树的生长过程是不断地把数据进行切分的过程,每次切分对应一个问题,也对应着一个节点。对每个切分都要求分成的组之间的"差异"最大。

各种决策树算法之间的主要区别就是对这个"差异"衡量方式的区别。对具体衡量方式算法的讨论超出了本书的范围,在此只需要把切分看成是把一组数据分成几份,份与份之间尽量不同,而同一份内的数据尽量相同。这个切分的过程也可称为数据的"纯化"。

决策树擅长处理非数值型数据,这与神经网络只能处理数值型数据相比,就免去了很多数据预处理工作。有些决策树算法甚至专为处理非数值型数据而设计,因此当采用此种方法建立决策树同时又要处理数值型数据时,反而要进行将数值型数据映射到非数值型数据的预处理。

(3) 遗传算法。

遗传算法是基于进化理论,并采用遗传结合、遗传变异以及自然选择等设计方法的优化技术。根据适者生存的原则,形成由当前群体中最合适的规则组成新的群体,以及这些规则的后代。典型情况下,用规则的适合度(fitness)对训练样本集的分类准确率进行评估。后代通过使用诸如交叉和变异等遗传操作来创建。

(4) 最近邻算法。

最近邻算法是将数据集合中每一个记录进行分类的方法。它也可用于预测,即返回给定位置样本的实数值预测。

(5) 规则推导。

规则推导即从统计意义上对数据中的"if...then"规则进行寻找和推导。

采用上述技术的某些专门的分析工具已经发展了近十年的历史,不过这些工具所面对的数据量通常较小。而现在这些技术已经被直接集成到许多大型工业标准的数据仓库和联机分析系统中。

8. 数据挖掘与数据仓库的关系

数据仓库不仅包含了分析所需的数据,而且包含了处理数据所需的应用程序,这些程序包括了将数据由外部媒体转入数据仓库的应用程序,也包括了将数据加以分析并呈现给用户的应用程序。

数据挖掘库中的内容不一定是数据仓库中提供的。它可以是数据仓库数据的一个子集。需要指出的是,数据挖掘是一个相对独立的系统,它可以独立于数据仓库系统而存在。数据仓库为数据挖掘打下了坚实的基础:包括数据抽取与加载、数据的预处理、数据的一致性处理。然而,数据挖掘系统可以单独完成这些过程。因此,在某种情况下,数据仓库不一定需要。

数据仓库本身是一个非常大的数据库,它储存着由组织作业数据库中整合而来的数据,特别是指从在线处理系统所得来的数据。将这些整合过的数据置放于数据仓库中,而公司的决策者则利用这些数据进行决策。但是,这个转换及整合数据的过程,是建立一个数据仓库最大的挑战,因为将作业中的数据转换成有用的策略性信息是整个数据仓库的重点。也就是说,数据仓库应该具有这样的数据:整合性数据(integrated data)、详细和汇总性数据(detailed and summarized data)、历史数据、解释数据的数据(metadata)。从数据仓库中挖掘出对决策有用的数据与知识,是建立数据仓库与使用数据挖掘的最大目的。而从数据仓库挖掘有用的数据,则是数据挖掘的研究重点,两者的本质与过程是有区别的。换句话说,数据仓库应先行建立完成,数据挖掘才能有效地进行,因为数据仓库本身所含数据是"干净"(不会有错误的数据掺杂其中)、完整的,而且是整合在一起的。因此,或许可说数据挖掘是从巨大数据仓库中找出有用信息的一种过程与技术。

10.4 数据库技术新应用

随着计算机应用领域的不断拓展和多媒体技术的发展,数据库已是计算机科学技术中发展最快、应用最广泛的重要分支之一,数据库技术的研究也取得了重大突破,它已成为计算机信息系统和计算机应用系统的重要技术基础和支柱。用户应用需求的提高、硬件技术的发展以及 Internet/Intranet 提供的丰富多彩的多媒体交流方式,促进了数据库技术与网络通信技术、人工智能技术、面向对象程序设计技术、并行计算技术等的相互渗透、互相结合,成为当前数据库技术发展的主要特征,形成了数据库新技术。数据库系统所涉及的研究与应用领域包括:数据模型研究,与新技术结合的研究,与应用领域结合的研究。

10.4.1 数据模型研究

数据库的发展集中表现在数据模型的发展。目前的研究主要经历了层次模型、网状模型、关系模型、语义模型、面向对象模型等的研究过程。从 20 世纪 60 年代末开始,数据库系统经历了从第一代层次数据库、网状数据库到第二代的关系数据库系统,关系数据库理论和技术在 70~80 年代得到长足的发展和广泛而有效的应用。80 年代,关系数据库成为应用的主流,几乎所有新推出的 DBMS 产品都是关系型的,它在计算机数据管理的发展史上是一个重要的里程碑,这种数据库具有数据结构化、最低冗余度、较高的数据独立性、易于扩充、易于编制应用程序等优点,目前较大的信息系统都是建立在关系数据库系统理论之上设计的。但是,这些数据库系统包括层次数据库、网状数据库和关系数据库,不论其模型和技术上有何差别,却主要是面向和支持商业和事务处理应用领域的数据管理。随着数据库应用领域对数据库需求的增多,传统的关系数据模型开始暴露出许多弱点。为了使数据库用户能够直接以他们对客观世界的认识方式来表达他们所要描述的世界,人们提出并发展了许多新的数据模型。这些尝试是沿着如下几个方向进行的。

1. 对传统的关系模型(1NF)进行扩充

引入少数构造器,使它能表达比较复杂的数据类型,增强其结构建模能力,我们称这样的数据模型为复杂数据模型。按照它们进行扩充的侧重点,复杂数据模型可分为两种:一种是偏重于结构的扩充,首先出现的这类模型是嵌套关系模型(2NF),它能表达"表中表",并且表中的一个域可以是一个函数(称为虚域)。另一种是侧重于语义的扩充,它支持关系之间的继承,也支持在关系上定义函数和运算符。但关系的结构仍然是一张平面表。"表中表"只能通过关系上定义的函数来模拟。

总的来说,在复杂数据模型和支持它们的数据库系统里,客观世界中的每一个实体都用一个元组和它的键(KEY)来表示。不支持太多的语义关联,不区分类和型。这种数据模型和数据库系统的主要缺点是不能保证客观世界中实体的确定性,实体的引用只能通过键和数据冗余来达到。其主要优点是支持这类模型的系统实现起来相对比较容易。

2. 全新的数据构造器和数据处理原语

提出全新的数据构造器和数据处理原语,以表达复杂的结构和丰富的语义。这类模型常常统称为语义数据模型。它们的特点是引入了丰富的语义关联(如 ISA,ISP),能更自然、更恰当地表达客观世界中实体间的联系。加上比较丰富的结构构造器(如 TUPLE,LIST,SET 等),因此它们也具有很强的结构表达能力。也许是由于它比较复杂,在程序设计语言和技术方面没有相应的支持,计算机硬件也没有发展到一定的程度,因此,它们都没有在数据库系统实现方面有重大的突破,至多被当做数据库设计中概念建模的一种工具(如 E-R 模型)。

3. 语义数据模型和 OO 程序设计方法的结合

在传统的数据模型基础上提出了第三代数据模型即面向对象的数据模型。面向对象的数据模型吸收了面向对象程序设计方法学的核心概念和基本思想。一个面向对象数据模型是用面向对象观点来描述现实世界实体(对象)的逻辑组织、对象之间限制、联系等的模型。一系列面向对象核心概念构成了面向对象数据模型,在此基础上产生了面向对象数据库、对象关系数据库等。

10.4.2 与新技术结合的研究

数据库新技术的研究主要是数据库技术与其他技术相结合而派生出来的新的研究领域,例如:
- 数据库技术与网络(分布处理)技术的结合,形成了分布式数据库系统;
- 数据库技术与并行处理技术相结合,形成了并行数据库系统;
- 数据库技术与多媒体技术相结合,形成了多媒体数据库系统;
- 数据库技术与人工智能相结合,形成了知识数据库系统和主动数据库系统;
- 数据库技术与模糊技术相结合,形成了模糊数据库系统等。

1. 分布式数据库系统

随着地理上分散的用户对数据库共享的要求,结合计算机网络技术的发展,在传统的集中式数据库系统基础上产生和发展了分布式数据库系统。从概念上讲,分布式数据库是物理上分散在计算机网络各节点上,而逻辑上属于同一个系统的数据集合。它具有数据的分布性和数据库间的协调性两大特点。系统强调节点的自治性而不强调系统的集中控制,且系统应保持数据的分布透明性,使应用程序编写时可完全不考虑数据的分布情况。无疑,分布式是计算机应用的发展方向,也是数据库技术应用的实际需求,其技术基础除计算机硬、软件技术支持外,计算机通信与网络技术当然是其最重要的基础。但分布式系统结构、分布式数据库由于其实现技术上的问题,当前并没有完全达到预期的目标,而客户/服务器体系结构却正在风行,广义的理解,C/S 也是一种分布式结构。按照 C/S 结构,一个数据处理任务至少是分布在两个不同的部件上完成。C/S结构把任务分为两部分，一部分是由前端(Frontend，即Client)运行应用程序，提供用户接口，而另一部分是由后端(Backend，即Server)提供特定服务，包括数据库或文件服务、通信服务等。客户机通过远程调用或直接请求应用程序提供服务，服务器执行所要求的功能后，将结果返回客户机．客户机和服务器通过网络来实现协同工作。C/S结构具有性能优越、保护投资、易于扩展和保证数据完整性等优点。当前，C/S技术日臻完善，客户机与服务器允许有多种选择，这样计算机系统就可以实现横向集成，即将来自不同厂家的、不同领域内最好的产品集成在一起，组成一个性能价格比最优的系统。当前已有多种数据库产品支持C/S结构，其中Sybase是较典型的代表。

分布式数据库应具有以下特点：

(1) 数据的物理分布性。

数据库中的数据不是集中存储在一个场地的一台计算机上，而是分布在不同场地的多台计算机上。它不同于通过计算机网络共享的集中式数据库系统。

(2) 数据的逻辑整体性。

数据库虽然在物理上是分布的，但这些数据并不是互不相关的，它们在逻辑上是相联系的整体。它不同于通过计算机网络互连的多个独立的数据库系统。

(3) 数据的分布独立性(也称分布透明性)。

分布式数据库中除了数据的物理独立性和数据的逻辑独立性外，还有数据的分布独立性。即在用户看来，整个数据库仍然是一个集中的数据库，用户不必关心数据的分片，不必关心数据物理位置分布的细节，不必关心数据副本的一致性，分布的实现完全由分布式数据库管理系统来完成。

(4) 场地自治和协调。

系统中的每个节点都具有独立性，能执行局部的应用请求；每个节点又是整个系统的一部分，可通过网络处理全局的应用请求。

(5) 数据的冗余及冗余透明性。

与集中式数据库不同，分布式数据库中应存在适当冗余以适合分布处理的特点，提高系统处理效率和可靠性。因此，数据复制技术是分布式数据库的重要技术。但分布式数据库中的这种数据冗余对用户是透明的，即用户不必知道冗余数据的存在，维护各副本的一致性也由系统来负责。

2. 并行数据库系统

并行数据库系统是并行技术与数据库技术的结合，它发挥多处理机结构的优势，将数据库在多个磁盘上分布存储，利用多个处理机对磁盘数据进行并行处理，从而解决了磁盘I/O瓶颈问题，通过采用先进的并行查询技术，开发查询间并行、查询内并行以及操作内并行，大大提高查询效率。其目标是提供一个高性能、高可用性、高扩展性的数据库管理系统，而在性价比方面，较相应大型机上的DBMS高得多。

(1) 并行数据库基本概念。

计算机系统性价比的不断提高迫切要求硬件、软件结构的改进。硬件方面，单纯依靠提高微处理器速度和缩小体积来提高性价比的方法正趋于物理极限；磁盘技术的发展滞后于微处理器的发展速度，使磁盘 I/O 颈瓶问题日益突出。软件方面，数据库服务器对大型数据库各种复杂查询和联机事务处理的支持使 QS 对响应时间和吞吐量的要求顾此失彼。同时，应用的发展超过了主机处理能力的增长速度，数据库应用（DSS、OLAP 等）的发展对数据库的性能和可用性提出了更高要求，能否为越来越多的用户维持高事务吞吐量和低响应时间已成为衡量 DBMS 性能的重要指标。

计算机多处理器结构以及并行数据库服务器的实现为解决以上问题提供了极大可能。随着计算机多处理器结构和磁盘阵列技术的进步，并行计算机系统的发展十分迅速，出现了 Sequent 等商品化的并行计算机系统。为了充分利用多处理器硬件，并行数据库的设计者必须努力开发面向软件的解决方案。为了保持应用的可移植性，这一领域的多数工作都围绕着支持 SQL 查询语言进行。目前已经有一些关系数据库产品在并行计算机上不同程度地实现了并行性。

将数据库管理与并行技术结合，可以发挥多处理器结构的优势，其性价比和可用性比相应的大型机系统要高得多。通过将数据库在多个磁盘上分布存储，可以利用多个处理器对磁盘数据进行并行处理，从而解决了磁盘 I/O 瓶颈问题。同样，潜在的主存访问瓶颈也可以通过开发查询间并行性（即不同查询并行执行）、查询内并行性（即同一查询内的操作并行执行）以及操作内并行性（即子操作并行执行），进而提高查询效率。

（2）并行数据库系统的功能。

一个并行数据库系统可以作为服务器面向多个客户机进行服务。典型的情况是，客户机嵌入特定应用软件，如图形界面、DBMS 前端工具 4GL 以及客户/服务器接口软件等。因此，并行数据库系统应该支持数据库功能、客户/服务器结构功能以及某些通用功能（如运行 C 语言程序等）。此外，如果系统中有多个服务器，那么每个服务器还应包含额外的软件层来提供分布透明性。

对于客户/服务器体系结构的并行数据库系统，它所支持的功能一般包括：

① 会话管理子系统，提供对客户机与服务器之间交互能力的支持。

② 请求管理子系统，负责接收有关查询编译和执行的客户请求，触发相应操作并监管事务的执行与提交。

③ 数据管理子系统，提供并行编译后查询所需的所有底层功能，例如并行事务支持、高速缓冲区管理等。

上述功能构成类似于一个典型的 RDBMS，不同的是并行数据库必须具有处理并行性、数据划分、数据复制以及分布事务等的能力。依赖不同的并行系统体系结构，一个处理器可以支持上述全部功能或其子集。

（3）并行数据库的结构。

并行数据库系统的实现方案多种多样。根据处理器与磁盘及内存的相互关系可

第十章 数据库技术新发展

以将并行计算机结构划分为三种基本类型,下面分别介绍这三种基本的并行系统结构,并从性能、可用性和可扩充性等三个方面来比较这些方案。

①共享内存(Shared-Memory)结构,又称 Shared-Everything 结构,简称 SE 结构。

Shared-Memory 方案中,任意处理器可通过快速互连(高速总线或纵横开关)访问任意内存模块或磁盘单元,即所有内存与磁盘为所有处理器共享,IBM3090,Bull 的 DPS8 等大型机,以及 Sequent,Encore 等对称多处理器都采用了这一设计方案。

并行数据库系统中,XPRS,DBS3 以及 Volcano 都在 Shared-Memory 体系结构上获得实现。但是迄今为止,所有的共享内存商用产品都只开发了查询间并行性,而尚未实现查询内并行性。

②Shared-Disk 。

Shared-Disk 方案中,各处理器拥有各自的内存,但共享共同的磁盘,每一处理器都可以访问共享磁盘上的数据库页,并将之拷贝到各自的高速缓冲区中。为避免对同一磁盘页的访问冲突,应通过全局锁和协议来保持高速缓冲区的数据一致性。

采用这一方案的数据库系统有 IBM 的 IMS/VS Data Sharing、DEC 的 VAX DBMS 和 Rdb 产品。在 DEC 的 VAX 群集机和 NCUBE 机上实现的 ORACLE 系统也采用此方案。

③分布内存(Shared-Nothing)结构,简称 SN 结构。

Shared-Nothing 方案中,每一处理器都拥有各自的内存和磁盘。由于每一节点可视为分布式数据库系统中的局部场地(拥有自己的数据库软件),因此分布式数据库设计中的多数设计思路,如数据库分片、分布事务管理和分布查询处理等,都可以在本方案中利用。

采用 Shared-Nothing 方案的有 Teradata 的 DBC,Tandem 的 Nonstop SQL 产品,以及 Bubba、Eds、Gamma、Grace、Prisma 和 Arbre 等原形系统,所有这些系统都开发了子查询间和查询内的并行性。

并行数据库系统作为一个新兴的方向,需要深入研究的问题还很多,但可以预见,由于并行数据库系统可以充分地利用并行计算机强大的处理能力,必将成为并行计算机最重要的支撑软件之一。

3. 多媒体数据库系统

媒体是信息的载体。多媒体是指多种媒体,如数字、正文、图形、图像和声音的有机集成,而不是简单的组合。其中数字、字符等称为格式化数据,文本、图形、图像、声音、视频等称为非格式化数据,非格式化数据具有数据量大、处理复杂等特点。多媒体数据库实现对格式化和非格式化的多媒体数据的存储、管理和查询,其主要特征有:

(1)多媒体数据库系统必须能表示和处理多种媒体数据。多媒体数据在计算机内的表示方法决定于各种媒体数据所固有的特性和关联。对常规的格式化数据使用常规的数据项表示。对非格式化数据,像图形、图像、声音等,就要根据该媒体的特点来决定表示方法。可见在多媒体数据库中,数据在计算机内的表示方法比传统数据库的表示形式复杂,对非格式化的媒体数据往往要用不同的形式来表示。所以多媒体数据库系统要提供管理这些异构表示形式的技术和处理方法。

(2) 多媒体数据库系统必须能反映和管理各种媒体数据的特性,或各种媒体数据之间的空间或时间的关联。在客观世界里,各种媒体信息有其本身的特性或各种媒体信息之间存在一定的自然关联。例如,关于乐器的多媒体数据包括乐器特性的描述、乐器的照片、利用该乐器演奏某段音乐的声音等。这些不同媒体数据之间存在自然的关联,包括时序关系(如多媒体对象在表达时必须保证时间上的同步特性)和空间结构(如必须把相关媒体的信息集成在一个合理布局的表达空间内)。

(3) 多媒体数据库系统应提供比传统数据库管理系统更强的适合非格式化数据查询的搜索功能,允许对 Image 等非格式化数据做整体和部分搜索,允许通过范围、知识和其他描述符的确定值或模糊值搜索各种媒体数据,允许同时搜索多个数据库中的数据,允许通过对非格式化数据的分析建立图示等索引来搜索数据,允许通过举例查询(Query by Example)或通过主题描述查询使复杂查询简单化。

(4) 多媒体数据库系统还应提供事务处理与版本管理功能。

4. 知识数据库系统和主动数据库系统

知识数据库系统的功能是把由大量的事实、规则、概念组成的知识存储起来,进行管理,并向用户提供方便快速的检索、查询手段。因此,知识数据库可定义为:知识、经验、规则和事实的集合。知识数据库系统应具备对知识的表示方法,对知识系统化的组织管理,知识库的操作,知识库的查询与检索,知识的获取与学习,知识的编辑,知识库的管理等功能。知识数据库是人工智能技术与数据库技术的结合。主动数据库(Active Data Base)是相对于传统数据库的被动性而言的。许多实际的应用领域,如计算机集成制造系统、管理信息系统、办公自动化系统中常常希望数据库系统在紧急情况下能根据数据库的当前状态,主动适时地做出反应,执行某些操作,向用户提供有关信息。主动数据库通常采用的方法是在传统数据库系统中嵌入 ECA(即事件-条件-动作)规则,在某一事件发生时引发数据库管理系统去检测数据库当前状态,看是否满足设定的条件,若条件满足,便触发规定动作的执行。目前,主动数据库的体系结构大多是在传统数据库管理系统的基础上,扩充事务管理部件和对象管理部件以支持执行模型和知识模型,并增加事件侦测部件、条件检测部件和规则管理部件。与传统数据库系统中的数据调度不同,它不仅要满足并发环境下的可串行化要求,而且要满足对事务时间方面的要求。目前,对执行时间估计的代价模型是有待解决的难题。

5. 模糊数据库系统

模糊性是客观世界的一个重要属性,传统的数据库系统描述和处理的是精确的或确定的客观事物,但不能描述和处理模糊性和不完全性等概念,这是一个很大的不足。为此,开展模糊数据库理论和实现技术的研究,其目标是能够存储以各种形式表示的模糊数据。数据结构和数据联系、数据上的运算和操作、对数据的约束（包括完整性和安全性）、用户使用的数据库窗口用户视图、数据的一致性和无冗余性的定义等都是模糊的,精确数据可以看成是模糊数据的特例;模糊数据库系统是模糊技术与数据库技术的结合。由于理论和实现技术上的困难,模糊数据库技术近年来发展不是很理想,但它已在模式识别、过程控制、案情侦破、医疗诊断、工程设计、营养咨询、公共服务以及专家系统等领域得到较好的应用,显示了广阔的应用前景。

当前数据库技术的发展呈现出与多种学科知识相结合的趋势,凡是有数据(广义的)产生的领域就可能需要数据库技术的支持,它们相结合后即刻就会出现一种新的数据库成员而壮大数据库家族,如数据仓库是信息领域近年来迅速发展起来的数据库技术,数据仓库的建立能充分利用已有的资源,把数据转换为信息,从中挖掘出知识,提炼出智慧,最终创造出效益;工程数据库系统的功能是用于存储、管理和使用面向工程设计所需要的工程数据;统计数据是来自于国民经济、军事、科学等各种应用领域的一类重要的信息资源,由于对统计数据操作的特殊要求,从而产生了统计学和数据库技术相结合的统计数据库系统等。数据库技术在特定领域的应用,为数据库技术的发展提供了源源不断的动力。

10.4.3　与应用领域结合的研究

数据库技术促进了很多应用领域的发展,反过来应用的需求也促进了数据库技术的发展。数据库技术被应用到特定的领域中,出现了工程数据库、地理数据库、统计数据库、科学数据库、空间数据库等多种数据库,使数据库领域中新的技术内容层出不穷。

1. 数据仓库

有关数据仓库的内容前面已经详细讲解,在这里不再详述。

2. 工程数据库

工程数据库是一种能存储和管理各种工程图形,并能为工程设计提供各种服务的数据库。它适用于 CAD/CAM、计算机集成制造(CIM)等通称为 CAX 的工程应用领域。工程数据库针对工程应用领域的需求,对工程对象进行处理,并提供相应的管理功能及良好的设计环境。工程数据库管理系统是用于支持工程数据库的数据库管理系统,主要应具有以下功能:

(1) 支持复杂多样的工程数据的存储和集成管理;
(2) 支持复杂对象(如图形数据)的表示和处理;
(3) 支持变长结构数据实体的处理;
(4) 支持多种工程应用程序;
(5) 支持模式的动态修改和扩展;
(6) 支持设计过程中多个不同数据版本的存储和管理;
(7) 支持工程长事务和嵌套事务的处理和恢复。

在工程数据库的设计过程中,由于传统的数据模型难以满足 CAX 应用对数据模型的要求,需要运用当前数据库研究中的一些新的模型技术,如扩展的关系模型、语义模型、面向对象的数据模型。

3. 统计数据库

统计数据是人类对现实社会各行各业、科技教育、国情国力的大量调查数据。采用数据库技术实现对统计数据的管理,对于充分发挥统计信息的作用具有决定性的意义。

统计数据库是一种用来对统计数据进行存储、统计(如求数据的平均值、最大值、最小值、总和等)、分析的数据库系统。它有以下特点:

(1)多维性是统计数据的第一个特点,也是最基本的特点。

(2)统计数据是在一定时间段(年度、月度、季度)末产生大量数据,故入库时总是定时地大批量加载。经过各种条件下的查询以及一定的加工处理,通常又要输出一系列结果报表。这就是统计数据的"大进大出"特点。

(3)统计数据的时间属性是一个最基本的属性,任何统计量都离不开时间因素,而且经常需要研究时间序列值,所以统计数据又有时间向量性。

(4)随着用户对所关心问题的观察角度不同,统计数据查询出来后常有转置的要求。

4. 空间数据库

空间数据库,是以描述空间位置,点、线、面、体特征的拓扑结构的位置数据,以及描述这些特征的性能属性数据为对象的数据库。其中的位置数据为空间数据,属性数据为非空间数据。其中,空间数据是用于表示空间物体的位置、形状、大小和分布特征等信息的数据,用于描述所有二维、三维或多维分布的关于区域的信息,它不仅具有表示物体本身的空间位置及状态的信息,还具有表示物体的空间关系的信息。非空间信息主要包含表示专题属性和质量描述数据,用于表示物体的本质特征,以区别地理实体,对地理物体进行语义定义。

由于传统数据库在空间数据的表示、存储和管理上存在许多问题,从而形成了空间数据库这门多学科交叉的数据库研究领域。目前的空间数据库成果大多以地理信息系统的形式出现,主要应用于环境和资源管理、土地利用、城市规划、森林保护、人口调查、交通、税收、商业网络等领域的管理与决策。

空间数据库的目的是利用数据库技术实现空间数据的有效存储、管理和检索,为各种空间数据库用户实用。目前,空间数据库的研究主要集中于空间关系与数据结构的形式化定义,空间数据的表示与组织,空间数据查询语言,空间数据库管理系统。

本章小结

本章从对象的基本概念入手,重点介绍了面向对象的数据库系统,在此基础上引入了与面向对象紧密相关的分布式数据库系统。分布式数据库应用的实现目标就是采用支持分布式数据库的数据库管理系统，分布式数据库的实现实际上也是客户/服务器模式。数据仓库具有面向主题、集成性、相对稳定性、反映历史变化等特点。数据仓库是一个概念，不是一种产品。数据仓库建设是一个工程，是一个过程。数据挖掘是一门新兴的技术，本章从技术和商业的角度下定义，数据挖掘系统是数据仓库系统中非常重要的部分。数据挖掘系统可以独立于数据仓库而存在。数据库的新应用主要是与不同的技术相结合而出现的各种不同性质的数据库，如工程数据库、空间数据库等都是数据库新技术的很好例证。

习 题 十

10.1 面向对象数据模型的基本思想和主要特点是什么？

10.2 分布式数据库有哪些特点？与集中式数据库相比，分布式数据库系统有哪些优点？

附录 A 上机实验指导

A1 实验目的和要求

1. 实验目的

通过本实验课程的学习,使学生掌握数据库管理系统的基本概念、操作方法和管理方法,能够根据用户应用需求设计出合理的数据库应用系统逻辑模型方案,并且实现之。

2. 实验要求

本实验课程主要介绍 Microsoft SQL Server 2000 系统的基本概念、基本知识;讲述数据库管理系统的安装、操作、设计、管理等基本概念及其操作方法;学习如何创建和管理数据库系统的步骤,为承担 DBA 角色做好准备。重点要求掌握 Transact-SQL,学会数据库应用系统逻辑模型的设计和实现。

要求:实验前认真准备,实验后提交实验报告,给出详细实验结果以及设计依据。实验报告的格式应采用统一封面、统一的实验报告纸。

封面应包括:课程名称、实验序号、名称、专业、班级、姓名、同组实验者、实验时间。

实验报告内容应包括:实验名称、目的、内容、实验步骤、实验记录、数据处理(或原理论证,或实验现象描述,或结构说明等)。

A2 实验环境介绍

1. 硬件设备要求

PC 机及其联网环境。

2. 软件设备要求

Windows 2000 操作系统;
MS SQL Server 2000 数据库管理系统。

A3 实验内容和学时分配

1. 实验内容

实验 1:服务器管理
实验 2:创建和管理数据库
实验 3:Transact-SQL——数据查询
实验 4:Transact-SQL——数据定义与数据更新
实验 5:数据库安全与保护——用户管理和权限管理
实验 6:数据库安全与保护——数据完整性
实验 7:数据库安全与保护——数据库的一致性和并发性
实验 8:数据库安全与保护——数据库的备份与恢复
实验 9:存储过程和触发器
实验 10:嵌入式 SQL 的使用
实验 11:简单系统开发(可作为课程设计)

2. 课时分配

实验	学时数	实验	学时数	实验	学时数
1	2	5	2	9	2
2	2	6	2	10	2
3	4	7	1	11	一周
4	2	8	1		

A4 各实验简述

实验 1:服务器管理

1. 实验目的

通过本实验使学生掌握 SQL Server 服务器启动、暂停和停止的方法,服务器注册、连接与断开的方法,服务器配置选项设置的方法。

2. 实验内容

(1)验证所使用的机器中 SQL Server 安装是否成功。
(2)练习停止和启动 SQL Server 服务。
(3)查看当前服务器的配置情况。
(4)进入企业管理器,熟悉它的操作环境。
(5)进入查询分析器,熟悉它的操作环境。

实验 2:创建和管理数据库

1. 实验目的

通过本实验使学生掌握创建、修改、删除数据库的方法,以及创建、修改、删除数据表的方法。

2. 实验内容

（1）使用企业管理器创建一个 STUDENT 数据库，并在库中创建 Student、Course 和 Study 三张表。表名及表中存储的数据内容题目中已给出，但表的结构要求学生根据存储数据的特点自行设计。

表名：Student

学号 sno	姓名 name	性别 sex	年龄 age	籍贯 native	所在系 department	通信地址 address
1101	王燕	女	20	北京	工程系	
1202	李波	男	21	上海	计算机系	
1203	陈建	男	19	长沙	计算机系	
1303	张斌	男	22	上海	经管系	
1305	张斌	女	20	武汉	经管系	

表名：Course

课程号 cno	课程名 cname	任课老师 teacher	先行课程号 pcno
C601	高等数学	周振兴	Null
C602	大学英语	王志伟	Null
C603	数据结构	刘剑平	C601
C604	操作系统	刘剑平	C603

表名：Study

学号 sno	课程号 cno	成绩 grade
1101	C601	90

学号 sno	课程号 cno	成绩 grade
1202	C601	72
1202	C602	85
1202	C603	87
1202	C604	
1203	C603	78
1203	C604	80
1305	C601	68
1305	C602	70

(2)在查询分析器中使用 CREATE DATABASE 语句创建 OrderCenter 数据库,并使用 CREATE TABLE 语句在库中创建 Products 表,表结构如下:

列 名	数据类型	能否空值
ProductID	INT	No
ProductName	VARCHAR(32)	No
Descriptions	VARCHAR(128)	Yes
Price	SMALLMONEY	No
InStock	BIT	Yes

(3)使用企业管理器创建一个名为 TestDB 的 10MB 的数据库,库中有一个叫 Exercise 的 2MB 的事务日志。在完成后,使用企业管理器通过增加一个文件把数据库扩大 5MB。

实验 3:Transact-SQL——数据查询

1. 实验目的

通过本实验使学生掌握 Transact-SQL 数据查询语句的使用方法。

2. 实验内容

在 STUDENT 数据库中,根据要求使用 SQL 完成下列操作,将 SQL 语句以 .sql 文件的形式保存在自己的目录下。

(1)查询选修了课程的学生的学号。

(2)查询学生学号和出生年份。

(3)查询计算机系学生的学号、姓名。

(4)查询年龄在20岁与22岁之间(包括20岁和22岁)学生的姓名和年龄。
(5)查询学生姓名中含有"波"字的学生情况。
(6)查询缺少学习成绩的学生的学号和课程号。
(7)查询选修C601课程的学生的学号和成绩,并按分数的降序排列。
(8)求选修了课程的学生人数。
(9)求课程C601的平均成绩。
(10)查询选修课程超过2门的学生的学号。
(11)查询参加学习的学生所学的课程号和总分。
(12)查询选修高等数学课程且成绩在80分以上的学生的学号、姓名。
(13)查询每一课程的间接先行课(即先行课的先行课)。
(14)查询年龄低于所有工程系学生的学生姓名、所在系、年龄。
(15)找出刘剑平老师所开全部课程的课程号、课程名。
(16)找出全部课程的任课教师。
(17)求学生1203所学课程的总分。
(18)找出所有姓张的学生的姓名和籍贯。
(19)找出至少一门课程的成绩在90分以上的女学生的姓名。
(20)求出每一年龄上人数超过2的男生的具体人数,并按年龄从小到大排序。

实验4：Transact-SQL——数据定义与数据更新

1. 实验目的
通过本实验使学生掌握Transact-SQL数据定义、数据更新语句的使用方法。

2. 实验内容
在STUDENT数据库中,根据要求使用SQL完成下列操作,将SQL语句以.sql文件的形式保存在自己的目录下。
(1)把学生的学号及他的平均成绩定义为一个视图GRADE_VIEW。
(2)创建一个从Student、Course、Study表中查出计算机系的学生及其成绩的视图computer_view,要求显示学生的学号sno、姓名name、课程号cno、课程名称cname、成绩grade。
(3)在Student表中依据学生姓名创建索引name_index。
(4)在Study表中依据sno和cno创建索引main_index。
(5)将课程C603的任课老师改为"赵明"。
(6)在Student表中插入两个学生的记录：
　　　　'1201','吴华','女',20,'成都','计算机系'
　　　　'1102','张军','男',21,'上海','工程系'
(7)删除年龄在21岁以上学生的记录。

实验 5：数据库安全与保护——用户管理和权限管理

1. 实验目的

通过本实验使学生理解数据库安全的概念，掌握创建用户的方法和分配权限的方法。

2. 实验内容

（1）使用企业管理器在自己的 SQL Server 中创建一个登录名 teacher，且
- 它使用 SQL Server 认证；
- 能够创建和修改数据库；
- 能访问 Pubs 数据库、Student 数据库和 OrderCenter 数据库，并且能够在这些库中分配语句和对象权限；
- 对 OrderCenter 数据库中的 products 表具有插入、修改和删除的权限。

（2）在查询分析器中使用 SQL 语句完成下列任务：
- 创建一个登录名 student，口令为 123，缺省数据库为 student；
- 将其加入到 Student 数据库的用户中；
- 将其加入到 Sysadmin 角色中；
- 将其加入到 Student 数据库的 db_owner 角色中；
- 授予他在 Student 数据库中创建视图、创建表的权限；
- 授予他对 Student 数据库中的 study 表具有所有权限，且可将这些权限授予他人；
- 撤销他对 Student 数据库中的 study 表的修改权限；
- 禁止他对 Student 数据库中的 study 表的删除权限。

实验 6：数据库安全与保护——数据完整性

1. 实验目的

通过本实验使学生理解数据库完整性约束的概念，掌握声明型数据完整性和过程型数据完整性的实现方法。

2. 实验内容

（1）在查询分析器中使用 CREATE TABLE 语句，在 Student 数据库中创建符合下表中完整性约束条件的学生表 S。

列名	数据类型	能否空值	默认值	键/索引	说明
sno	CHAR(6)	否		主键、聚集索引	学号
sn	CHAR(8)	否			姓名
age	NUMERIC(2)	否			年龄

数据库系统原理与应用

续表

列名	数据类型	能否空值	默认值	键/索引	说明
sex	CHAR(2)	否	'男'		性别
dept	CHAR(10)	否			所在系

（2）在查询分析器中使用 CREATE TABLE 语句，在 student 数据库中创建符合下表中完整性约束条件的选课表 SC。

列名	数据类型	能否空值	检查	键/索引	说明
sno	CHAR(6)	否		组合主键、聚集索引 外键 student(sno)	学号
cno	CHAR(8)	否		组合主键、聚集索引 外键 course(cno)	课程号
score	NUMERIC(2)		0～100		成绩

注：组合主键、聚集索引定义在 sno 和 cno 上；外键上还需定义一个非聚集索引。

（3）使用企业管理器为 Student 数据库创建一个 age_rule 规则，并将其绑定到学生表 S 的 age 列，使 age 在 18 到 50 之间取值。

（4）使用企业管理器为 Student 数据库创建一个 score_default 默认，并将其绑定到选课表 SC 的 score 列，设置该列的默认值为 0。

实验7：数据库安全与保护——数据库的一致性和并发性

1. 实验目的

通过本实验使学生理解数据库的一致性和并发性概念，掌握 SQL Server 的加锁机制。

2. 实验内容

在本实验中，将执行查询和数据修改语句，并且执行 sp_lock 来决定 SQL Server 在表上设置何种类型的锁。

为每条语句做以下操作：
USE pubs
执行 BEGIN TRAN
执行语句
执行 sp_lock

QS 执行 ROLLBACK TRAN

(1) 执行 sp_lock,现在是什么类型的锁？

    锁类型   数据库名

   (_____)   (_____)

   (_____)   (_____)

   (_____)   (_____)

   (_____)   (_____)

   (_____)   (_____)

   (_____)   (_____)

(2) UPDATE authors
SET au_lname = 'Linker'
WHERE au_id = '172-32-1176'

    锁类型   数据库名

   (_____)   (_____)

   (_____)   (_____)

   (_____)   (_____)

   (_____)   (_____)

   (_____)   (_____)

   (_____)   (_____)

(3) UPDATE authors
SET au_lname = 'Linker'
WHERE contract = 0

    锁类型   数据库名

   (_____)   (_____)

   (_____)   (_____)

   (_____)   (_____)

   (_____)   (_____)

   (_____)   (_____)

   (_____)   (_____)

(_____)   (_____)

(4) SELECT *
FROM authors
HOLDLOCK
WHERE au_id = '172-32-1176'

   锁类型   数据库名

  (_____)   (_____)

  (_____)   (_____)

  (_____)   (_____)

  (_____)   (_____)

  (_____)   (_____)

  (_____)

(5) SELECT *
FROM authors
HOLDLOCK
WHERE contract = 0

   锁类型   数据库名

  (_____)   (_____)

  (_____)   (_____)

  (_____)   (_____)

  (_____)   (_____)

  (_____)   (_____)

  (_____)   (_____)

(6) DELETE sales
WHERE stor_id = '6380'

   锁类型   数据库名

  (_____)   (_____)

  (_____)   (_____)

(_____)   (_____)
(_____)   (_____)
(_____)   (_____)
(_____)   (_____)

(7) DELETE sales
    WHERE qty = 20

         锁类型   数据库名
(_____)   (_____)
(_____)   (_____)
(_____)   (_____)
(_____)   (_____)
(_____)   (_____)
(_____)   (_____)

(8)试对上述实验的结果进行分析,总结 SQL Server 的加锁机制。

实验 8:数据库安全与保护——数据库的备份与恢复

1. 实验目的

通过本实验使学生掌握数据库备份的方法和数据库恢复的方法。

2. 实验内容

(1)通过查询分析器,为 Student 数据库创建一个全数据库备份,要求立即执行,备份设备叫 STUDENT_Bak_Full。

(2)使用企业管理器,为 Student 数据库创建一个增量备份,要求在 11:00 执行备份,备份设备叫 STUDENT_Bak_Differential。

(3)使用企业管理器,在 Student 数据库上创建一个日志备份,要求从上午 11:00 到 11:30 之间每隔 10 分钟做一次备份,备份设备叫 STUDENT_Bak_Log。

(4)分别使用企业管理器和查询分析器,从上面所做的备份中恢复 Student 数据库以及它的事务日志。

实验 9:存储过程和触发器

1. 实验目的

通过本实验使学生掌握存储过程、触发器的基本概念和创建方法。

2. 实验内容

(1) 在 Pubs 数据库中创建一个存储过程,当操作者运行它并传递作者的姓的任一部分后,返回所有关于这个作者的地址信息。

(2) 在 Pubs 数据库中创建一个触发器,只有当用户修改 sales 表的 qty 列的值时,触发器才被激活,用于调整 titles 表的 ytd_sales 列的值;如果用户修改的不是 qty 列的值,则触发器不被激活。

实验 10:嵌入式 SQL 的使用

1. 实验目的

通过本实验使学生掌握嵌入式 SQL 的 C 程序的开发方法。

2. 实验准备

(1) 安装 C 程序开发环境;

(2) 按照 7.3.2 节中介绍的方法配置 C 程序开发环境,并将 SQL Server 2000 的预编译器 NSQLPREP.EXE 从安装光盘的 X86\BINN 目录下复制到 D 盘中。

3. 实验内容

(1) 对 Student 数据库的 student 表逐行显示 name 为"张斌"的记录信息,并询问用户是否删除该信息,如果回答"y",那么删除当前行的数据。

(2) 在 Student 数据库的 course 表中插入一条记录,记录的值由程序决定。

附录 B Pubs 示例数据库的结构及数据表之间的关系

Authors —— 作者信息表

Column_name	数据类型	可为空	默认值	检查	键/索引	说明
au_id	varchar(11)	否		是①	聚集主键	作者标识
au_lname	varchar(40)	否			组合,非聚集	作者姓名
au_fname	varchar(20)	否			组合,非聚集	
phone	char(12)	否	'Unknown'			电话
address	varchar(40)	是				地址
city	varchar(20)	是				市
state	char(2)	是				州
zip	char(5)	是		是②		邮政编码
contract	bit	否				签约情况

① au_id CHECK 约束定义为 (au_id LIKE '[0-9][0-9][0-9]-[0-9][0-9]-[0-9][0-9][0-9][0-9]')。

② zip CHECK 约束定义为 (zip LIKE '[0-9][0-9][0-9][0-9][0-9]')。

Publishers —— 出版社信息表

Column_name	数据类型	可为空	默认值	检查	键/索引	说明
pub_id	char(4)	否		是①	聚集主键	出版社标识
pub_name	varchar(40)	是				出版社名称
city	varchar(20)	是				所在城市
state	char(2)	是				州
country	varchar(30)	是	'USA'			国家

① pub_id CHECK 约束定义为 (pub_id = '1756' OR (pub_id = '1622' OR (pub_id = '0877'

OR (pub_id = '0736' OR (pub_id = '1389')))) OR (pub_id LIKE '99[0-9][0-0]')。

Stores —— 书店信息表

Column_name	数据类型	可为空	默认值	检查	键/索引	说明
stor_id	char(4)	否			聚集主键	书店标识
stor_name	varchar(40)	是				书店名称
stor_address	varchar(40)	是				地址
city	varchar(20)	是				所在城市
state	char(2)	是				州
zip	char(5)	是				邮政编码

Titles —— 图书信息表

Column_name	数据类型	可为空	默认值	检查	键/索引	说明
title_id	varchar(6)	否			聚集主键	图书标识
title	varchar(80)	否			非聚集	书名
type	char(12)	否	'UNDECIDED'			图书分类
pub_id	char(4)	是			外键 publishers (pub_id)	出版社标识
price	money	是				价格
advance	money	是				预付款
royalty	int	是				版税
ytd_sales	int	是				当年销量
notes	varchar(200)	是				评论
pubdate	datetime	否	GETDATE( )			出版日期

Sales —— 图书订购情况表

Column_name	数据类型	可为空	键/索引	说明
stor_id	char(4)	否	组合主键,聚集索引[1],外键 stores(stor_id)	书店标识

Column_name	数据类型	可为空	键/索引	说明
ord_num	varchar(20)	否	组合主键,聚集索引①	订单号
ord_date	datetime	否		订购日期
qty	smallint	否		数量
payterms	varchar(12)	否		付款期限
title_id	varchar(6)	否	组合主键,聚集索引①外键 titles(title_id)	图书标识

① 组合主键、聚集索引定义在 stor_id、ord_num 和 title_id 上。

Titleauthor —— 图书、作者联系表

Column_name	数据类型	可为空	键/索引	说明
au_id	varchar(11)	否	组合主键,聚集索引①,外键 authors(au_id)②	作者标识
title_id	varchar(6)	否	组合主键,聚集索引①,外键 titles(title_id)③	图书标识
au_ord	tinyint	是		作者序号
royaltyper	int	是		版税分担情况

① 组合主键、聚集索引定义在 au_id 和 title_id 上。
② 此外键在 au_id 上还有一个非聚集索引。
③ 此外键在 title_id 上还有一个非聚集索引。

Discounts —— 折扣幅度表

Column_name	数据类型	可为空	键/索引	说明
discounttype	varchar(40)	否		折扣类型
stor_id	char(4)	是	外键 stores(stor_id)	书店标识
lowqty	smallint	是		数量范围
highqty	smallint	是		数量范围
discount	float	否		折扣

Employee —— 出版社雇员信息表

Column_name	数据类型	空	默认值	检查	键/索引	说明
emp_id	varchar(9)	否		是①	主键,非聚集	雇员标识
fname	varchar(20)	否			组合聚集②	
minit	char(1)	是			组合聚集②	姓名
lname	varchar(30)	否			组合聚集②	
job_id	smallint	否	1		外键 jobs(job_id)	工作标识
job_lvl	tinyint	否	10			工作级别
pub_id	char(4)	否	'9952'		外键 publishers(pub_id)	出版社标识
hire_date	datetime	否	GETDATE()			雇用日期

① CHECK 约束定义为 (emp_id LIKE '[A-Z][A-Z][A-Z][1-9][0-9][0-9][0-9][0-9][FM]') OR(emp_id LIKE '[A-Z]-[A-Z][1-9][0-9][0-9][0-9][0-9][FM]')。

② 组合聚集索引定义在 lname、fname 和 minit 上。

Jobs —— 工作信息表

Column_name	数据类型	可为空	默认值	检查	键/索引	说明
job_id	smallint	否	IDENTITY(1,1)		主键,聚集	工作标识
job_desc	varchar(50)	否	是①			工作名称
min_lvl	tinyint	否		是②		最低级别
max_lvl	tinyint	否		是③		最高级别

① DEFAULT 约束定义为 ("New Position - title not formalized yet")。

② min_lvl CHECK 约束定义为 (min_lvl >= 10)。

③ max_lvl CHECK 约束定义为 (max_lvl <= 250)。

pub_info —— 出版社徽标图像表

Column_name	数据类型	可为空	键/索引	说明
pub_id	char(4)	否	主键,聚集,外键 publishers(pub_id)	出版社标识

附录 B Pubs 示例数据库的结构及数据表之间的关系

续表

Column_name	数据类型	可为空	键/索引	说明
logo	image	是		徽标
pr_info	text	是		出版社简介

Roysched —— 销售范围及版税情况表

Column_name	数据类型	可为空	键/索引	说明
title_id	varchar(6)	否	外键 titles(title_id)	图书标识
lorange	int	是		销量范围
hirange	int	是		
royalty	int	是		版税

上面给出了 Pubs 数据库中 11 张数据表的结构，具体数据内容读者可到数据库中查看，这里就不再一一列出。下面给出这 11 张数据表之间的关系图：

403

数据库系统原理与应用

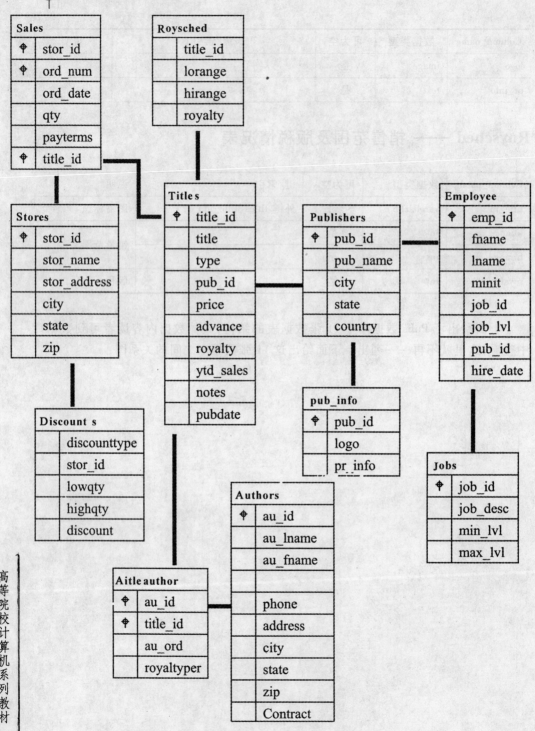

注：图中符号 ⊕ 表示主关键字中的属性。

参考文献

1. 赵津燕. 数据库管理与应用技术. 北京:中国水利水电出版社,2004
2. 袁鹏飞. SQL Server 数据库应用开发技术. 北京:人民邮电出版社,2000
3. 龚波. SQL Server 2000 教程. 北京:希望电子出版社,2002
4. 袁鹏飞,孙军安. SQL Server 2000 数据库系统管理. 北京:人民邮电出版社,2001
5. 周绪,管丽娜. SQL Server 2000 入门与提高. 北京:清华大学出版社,2002
6. 江帆. SQL Server 2000 Analysis Services 学习指南. 北京:机械工业出版社,2001
7. 杨得新. SQL Server 2000 开发与应用. 北京:机械工业出版社,2003
8. 张莉,王强. SQL Server 数据库原理与应用教程. 北京:清华大学出版社,2003
9. 崔魏. 数据库系统及应用. 北京:高等教育出版社,2003
10. 郑若忠,宁冯. 数据库原理. 长沙:国防科技大学出版社,1999
11. 萨师煊,王珊. 数据库系统概论. 北京:高等教育出版社,2004
12. 周傲英,俞荣华等译. 数据库原理、编程与性能. 北京:机械工业出版社,2002
13. 史嘉权. 数据库系统基础教程. 北京:清华大学出版社,2000
14. 赵津燕. 数据库管理与应用开发技术. 北京:中国水利水电出版社,2004
15. 施伯乐,丁宝康等. 数据库教程. 北京:电子工业出版社,2004
16. 周立柱,冯建华等. SQL Server 数据库原理——设计与实现. 北京:清华大学出版社,2004
17. David M. Kroenke. 数据库原理. 北京:清华大学出版社,2004
18. 沈兆阳. SQL Server 2000 OLAP 解决方案——数据仓库与 Analysis Services. 北京:清华大学出版社,2001
19. 邵峰晶,于忠清. 数据挖掘原理与算法. 北京:中国水利水电出版社,2003
20. (加)Jiawei Han, Micheline Kamber 著. 数据挖掘概念与技术,范明,孟小峰等译. 北京:机械工业出版社,2001
21. 林宇等. 数据仓库原理与实践. 北京:人民邮电出版社,2003